GEF中国湿地保护体系规划型项目成果丛书

中国湿地保护地管理

主编　马广仁　刘国强

副主编　鲍达明　李　琰　马超德　袁　军

科学出版社

北　京

内 容 简 介

本书内容来源于全球环境基金（GEF）"增强湿地保护地子系统管理有效性，保护具有全球意义的生物多样性"项目部分技术成果，是在总结项目经验和成果基础上形成的知识产品，包括 GEF 中国湿地保护体系规划型项目及成效、湿地保护体系评价、湿地资源动态监测与保护地规划、湿地保护地政策研究、湿地保护技术指南、湿地保护能力建设和保护地管理工具等方面内容。

本书可供湿地保护地管理人员、研究人员、规划设计人员及其他有关人士参阅。

审图号：GS(2019)5830 号

图书在版编目（CIP）数据

中国湿地保护地管理/马广仁,刘国强主编. —北京:科学出版社,2019.12
（GEF 中国湿地保护体系规划型项目成果丛书）
ISBN 978-7-03-063020-9

Ⅰ. ①中… Ⅱ.①马… ②刘… Ⅲ. ①沼泽化地–自然资源保护–中国
Ⅳ.①P942.078

中国版本图书馆 CIP 数据核字(2019)第 244566 号

责任编辑：张会格 / 责任校对：郑金红
责任印制：吴兆东 / 封面设计：刘新新

科 学 出 版 社 出版
北京东黄城根北街 16 号
邮政编码：100717
http://www.sciencep.com

北京虎彩文化传播有限公司 印刷
科学出版社发行 各地新华书店经销
*
2019 年 12 月第 一 版 开本：787×1092 1/16
2022 年 1 月第二次印刷 印张：25 1/8
字数：596 000
定价：298.00 元
(如有印装质量问题，我社负责调换)

"GEF 中国湿地保护体系规划型项目成果丛书" 编委会

《中国湿地保护地管理》编委会

主　编：马广仁　刘国强

副主编：鲍达明　李　琰　马超德　袁　军

编　委（按姓氏笔画排序）：

于广志	于秀波	马克明	马晓晖
丰庆荣	王一博	王月华	王春玲
王逸群	田　昆	代玉丽	吕金平
朱永红	刘　宇	孙玉露	李　杰
杨占峰	杨永峰	杨苏文	宋东风
张大为	张明祥	张晓云	张渊媛
陈家宽	陈康娟	范隆庆	林　琳
周杨明	赵有贤	姜鲁光	栗晓禹
夏少霞	高作锋	郭　杉	陶思明
蒋爱军	温亚利	雷光春	魏伯阳

序　一

——在 2017 年 12 月湿地保护体系国际研讨会上的总结讲话（代序）

在过去 20 年，我国的湿地保护工作发展得非常好。当前，全球环境基金（Global Environment Facility，GEF）中国湿地保护体系规划型项目的实施也为我国湿地保护事业增添了一笔新的业绩。我希望该项目的实施能够促成我国湿地保护和湿地科学发展迈上一个新台阶，并对湿地保护事业的发展起到很好的示范作用。

在我看来，该项目在湿地保护体系建设与发展方面取得了三个方面的成果。

一是总结分享了国内外关于湿地保护体系建设的经验。建立和完善湿地保护体系实际上是一个很复杂的事情，该项目在实施中实践并推广了很多有益的国内外经验，为给国家提出有价值的建议做了很好的铺垫。

二是示范应用了湿地修复与保护的技术及模式，涉及湿地的保护修复、科研监测、合理利用、栖息地管理、科普宣教和社区参与等方面，获得了很好的经验，为湿地事业的发展奠定了良好的基础。

三是在促进湿地保护体系建设中取得了显著成效，体现了湿地保护与管理的系统性。该项目对如何扩大湿地保护的面积，如何提升湿地保护与管理的有效性，如何完善湿地保护体系，进行了有益的探索和创新实践。

针对未来湿地保护体系建设发展，我认为应加强以下三个方面的重点工作。

一是在湿地保护体系建设中进一步加强顶层设计。湿地保护体系建设尚缺乏顶层设计，当前，国家所有的保护地都是采用"自下而上"的申报方式。今后，我们应该加强顶层设计，对全国的湿地资源进行统筹规划，全国"一盘棋"，把资源和资金优先用于亟待保护的保护地建设上。

二是加强对保护地建设的科学指导。这实际上是延续上述第一项重点工作的观点，目前湿地概念的泛化要引起注意。所谓的湿地是一个生态系统。湿地要素包括水、湿地土壤、植被，这三个要素凑在一起，才形成了一个湿地生态系统，而这个生态系统具有它特殊的功能。水当然是基本要素，但不能因为有水就说是湿地。所以，我提出来的要求就是，一定要把生态系统整体性概念引进到湿地保护和建设的总体设计中来，保护湿地生态系统的结构、功能和过程。希望大家都能够回归到一个比较客观的科学概念，来开展湿地保护和湿地建设。

三是进一步加强科普教育，引导公众参与，这是我们体系建设的一个很重要的组成部分。发动公众力量，提高公众意识，通过公民的广泛参与来科学地推动我国的湿地保护事业，实现湿地及生物多样性保护的目标，是我们下一步的工作重点。

　　我欣喜地看到，全球环境基金中国湿地保护体系规划型项目取得的成果为业界同行提供了广泛而有益的借鉴。我希望在这样一个新起点、新时代，在十九大精神的指引下，我们大家携手共进，迎接湿地保护的美好明天。

中国科学院院士

国家湿地科学技术专家委员会主任

序 二

根据 2014 年公布的第二次全国湿地资源调查结果,全国湿地总面积 5360.26 万 hm^2,受保护湿地面积 2324.32 万 hm^2,与第一次调查同口径比较,湿地面积减少了 339.63 万 hm^2。截至 2018 年 2 月,全国共有 602 个湿地类型的自然保护区,898 个国家湿地公园,湿地保护率为 49.03%。

为了增加我国的湿地保护地面积,提升湿地保护成效,我国政府与全球环境基金共同启动了"加强中国湿地保护体系,保护生物多样性"规划型项目(以下简称中国湿地保护体系规划型项目),GEF 赠款为 2600 万美元,由联合国开发计划署(UNDP)和联合国粮食及农业组织(Food and Agriculture Organization of the United Nations,FAO)作为国际执行机构,由国家林业局(现为国家林业和草原局)及七省(自治区)林业部门作为国内执行机构负责具体项目实施。

项目的宗旨是通过加强中国湿地保护地子系统的建设,强化湿地生态系统的保护管理,从而惠益全球生物多样性保护。本项目主要有三项核心成果,即通过增强湿地生态代表性及管理能力,加强了湿地保护地子系统的建设;通过将湿地保护地各项因素纳入部门规划主流化进程,减少了湿地保护地的外部威胁;增强了有关湿地保护地的知识管理、经验共享和意识教育。

从全国来看,当前是我国湿地保护事业取得重大突破的一个关键时期。2016 年 11 月 30 日,国务院办公厅印发了《湿地保护修复制度方案》(国办发〔2016〕89 号),这是继 2004 年国务院办公厅印发《关于加强湿地保护管理的通知》(国办发〔2004〕50 号)以来,又一个专门关于湿地保护的重要文件,标志着我国湿地保护从"抢救性保护"转向了"全面保护"的新阶段,对全国湿地保护各项工作提出了更高要求。

在正实施的中国湿地保护体系规划型项目中,他们担负着引进国际湿地保护与修复新理念、新机制、新技术、新模式的责任,在协助各级湿地主管部门贯彻落实《湿地保护修复制度方案》和全面保护湿地的过程中,已经并将继续发挥重要作用。

中央项目和各省级项目办公室在国家、省和示范点层面,围绕加强湿地保护体系建设,在推动湿地保护主流化进程,推广湿地保护恢复技术,推进湿地生物多样性调查监测、社区参与、知识管理与分享、宣传教育等方面,开展了大量探索性和示范性工作,有效提高了我国湿地保护体系管理有效性和可持续性,使具有全球重要意义的我国湿地生物多样性得到了更加有效的保护。

为了总结中国湿地保护体系规划型项目的成效与经验,促进项目成果在全国示范和推广,项目指导委员会决定编写"GEF 中国湿地保护体系规划型项目成果丛书"。该丛书的作者都是直接参与或指导项目实施的专家、技术人员、管理人员，他们从不同侧面和角度总结了湿地保护与管理的成功实践、方法、案例和模式。我相信，该丛书的出版将有助于推动我国湿地保护事业再上新台阶。

国家林业和草原局（国家公园管理局）副局长

GEF 中国湿地保护体系规划型项目指导委员会主任

序　三

作为一个致力于全球发展的组织，联合国开发计划署的工作范围遍及全球 170 个国家和地区，旨在通过知识和经验分享，建立一个更为美好的未来，促进政府与当地社区之间的合作，推动私营部门参与到实现联合国可持续发展目标（SDG）的进程中。我们为建立各种政策、法律法规等机制提供支持，致力于推动可持续发展主流化的进程，加强能力建设和合作伙伴关系的建立，加大宣传教育和推广工作的力度等。这些优先领域及我们在生物多样性保护领域所开展的长期探索，为促进平等和包容性的可持续发展奠定了坚实的基础。

在 2015 年 9 月 25 日召开的联合国可持续发展峰会上，来自世界各国的领导人通过了《2030 年可持续发展议程》，该议程涵盖了在 2030 年前消除贫困、应对不公平和不公正现象及应对气候变化等领域的 17 个可持续发展目标。通过在各种可持续发展动议中开展合作，我们将有机会实现《2030 年可持续发展议程》中有关和平、经济繁荣、人类福祉及保护地球方面的目标。联合国开发计划署与各成员国的各级政府部门精诚合作，确保在实施各种基层项目时将可持续发展目标纳入其中，并将可持续发展目标纳入各国的社会经济发展规划之中。

生物多样性可在许多方面促进人类福祉。我们将这些惠益称为生态服务。生态服务包括可持续提供的木材、药材、可食用动植物。此外，生态服务也包括部分间接服务，如土壤的形成、作物的授粉、养分的再循环、地下水的补充、污染物的固定、气候的变缓、流域的调控等。生态服务还可以提供文化价值、满足娱乐需求、作为旅游资源、增加物业价值等。国际社会日益将生物多样性保护视为实现可持续发展的一个关键优先领域。在各种国际性的节日，如每年 5 月 22 日举行的"国际生物多样性日"，2010 年的"国际生物多样性年"，2011～2020 年的"联合国生物多样性十年"及当前的《2030 年可持续发展目标》中，联合国开发计划署均积极参与各种旨在提高公众对生物多样性保护意识的宣传活动。这些宣传活动依托我们与合作伙伴的长期合作项目进行开展，并纳入我们的各种项目活动中。

所有生态系统类型都提供多种生态服务，但湿地生态系统是至今所有生态系统类型中价值最大的。2014 年，Costanza 等对全球不同生态系统服务价值开展的一项全面研究显示，平均而言，河口 [29 000 美元/（年·hm^2）]、红树林 [194 000 美元/（年·hm^2）]、洪泛区沼泽湿地 [25 700 美元/（年·hm^2）] 和开阔水域 [12 500 美元/（年·hm^2）] 的单位价值分别是农田 [5600 美元/（年·hm^2）]、热带森林 [5400 美元/（年·hm^2）]、温带森林 [3000 美元/（年·hm^2）] 和草地 [4200 美元/（年·hm^2）] 单位价值的若干倍。该项研究揭示了保护和维护湿地的重要性。我们不应将湿地改造为城市或农田用地，也不应将湿地改造为森林，更不应将湿地认为是荒地。湿地应纳入各级政府部门的生态保护红线，而不应遭逢退化和毁坏的厄运。

　　健康的湿地将为人类的发展提供一个重要的安全环境。在帮助建设中国领导人所倡导的生态文明方面,湿地是一个重要的因素。全世界也已开始意识到这一重要性。为此,联合国开发计划署通过与多个国际项目合作,帮助中国实现这一目标。

　　中国的湿地是许多珍稀鸟类(如鹤、鹳、天鹅、雁鸭等),以及部分濒危哺乳动物(如河狸、水獭和驼鹿等)的重要栖息地。除此以外,数百种鱼类、昆虫、水生植物和其他物种对于湿地的健康与可持续性也具有至关重要的作用。如果没有那些依赖于湿地生存的各种物种,湿地就会变得恶臭不堪,从而成为疾病的发源地。如果没有存在于湿地的天然植被,它们就不可能为人们提供庇荫之处、净化水源、阻挡洪水、在干旱时期提供洁净水,也无法为人们抵御沿海台风的侵袭。

　　保护湿地是我们义不容辞的责任。因此,必须提高人们对湿地规划、分区、保护和管理的认识程度。我们必须扩大保护地网络,将更多的湿地纳入保护地网络,提高管理水平,并达到国际高标准的要求。中国通过新增国际重要湿地,可以向世人展示其能够认识到湿地的重要性,关心湿地的保护并且可以有效地管理这些湿地。通过将县级保护区升级为省级保护区,或者将省级保护区升级为国家级保护区,我们可以确保这些湿地得到更大程度的重视和更多的管理投资。与此同时,通过建立湿地公园或国家公园,我们可以帮助公众更好地了解湿地、欣赏湿地之美、认识湿地的需求,并提供自然保护方面的支持。

　　中国在湿地保护方面已采取了许多令人瞩目的行动。联合国开发计划署在此向中国财政部、国家林业和草原局及相关林业厅(局)表示感谢,感谢他们将我们选定为实施"生命主流化"(MSL)规划型项目 6 个子项目(累计投资 2000 万美元)的主要合作伙伴。"生命主流化"规划型项目共有 7 个子项目,总投资 2600 万美元。联合国开发计划署-全球环境基金(UNDP-GEF)"生命主流化"计划旨在让人们逐步认识到湿地的重要性,提高公众及政府部门对湿地价值的认识程度。本规划型项目涵盖的湿地项目点分布在中国的各个地区,从南到北、从东到西都有。本项目旨在通过建立新标准、采纳创新方法、让当地不同的族群参与其中,并且推广各种最佳实践,更好地保护中国所有的湿地。

　　为总结本规划型项目在实施过程中取得的丰硕成果并且推广这些成果,该书汇集了该规划型项目过去 5 年间各种项目活动和示范活动的最佳实践与经验教训。它表明,必须将湿地保护工作纳入多个不同政府部门的议事日程主流化进程之中。此外,它还展示了可以开展哪些活动,来建立不同政府部门之间及政府部门与公众之间的合作伙伴关系。最后,该书还提供了有关全球环境基金实施的其他项目及类似国际项目实施方法的经验。本规划型项目有助于推动全球环境基金的知识管理和经验分享,并将继续在其他地区推广其知识和经验,以便让更多的人群从中受益。

Agnes Veres

联合国开发计划署驻华代表处驻华代表

前　言

1992 年我国加入《关于特别是作为水禽栖息地的国际重要湿地公约》（简称《湿地公约》），此后很多国际组织为我国湿地保护工作提供了急需的资金和技术支持，为我国湿地保护事业的迅速发展做出了重要贡献。全球环境基金作为一个推动解决全球环境问题的资金机制，从 20 世纪 90 年代末就开始通过一系列项目助力中国湿地保护事业，为我国引进了国际上先进的湿地保护技术、经验和管理模式，对提高我国湿地管理水平发挥了积极作用。

经过 20 年卓有成效的努力，至 21 世纪第 2 个十年初，我国的湿地保护事业取得了令人瞩目的成效，得到国际社会的高度认可，尤其是建立起以湿地自然保护区、湿地公园和保护小区为主体的湿地保护体系，在保护重要湿地生态系统和珍稀濒危物种栖息地方面发挥了主阵地作用。

毋庸置疑，我国湿地保护体系还存在明显空缺，许多具有保护价值的湿地未被纳入保护体系，湿地保护体系的管理有效性尚待提高，湿地保护体系的保护效果尚有较大提升空间。在此背景下，全球环境基金在第五增资期安排了 2600 万美元的赠款用于支持"加强中国湿地保护体系，保护生物多样性"规划型项目（后文简称 GEF 规划型项目），包括中央项目 300 万美元、大兴安岭项目 400 万美元、安徽项目 300 万美元、江西项目 600 万美元、湖北项目 300 万美元、海南项目 300 万美元、新疆项目 400 万美元。该规划型项目旨在促进中国湿地保护体系可持续发展，保护具有全球重要意义的湿地生物多样性。

国家林业局（现为国家林业和草原局）湿地保护管理中心（现为湿地管理司）和调查规划设计院负责协调整个规划型项目的执行工作，并具体负责实施中央项目和大兴安岭项目，各项目所属省林业厅及相关保护地管理机构负责各自项目的实施工作。联合国开发计划署担任除江西项目之外的 6 个项目的国际执行机构，联合国粮食及农业组织担任江西项目的国际执行机构。各项目执行期均为 5 年，其中海南项目率先于 2013 年 6 月启动，江西项目于 2017 年 6 月最晚启动。

由联合国开发计划署执行的 6 个项目自 2013 年陆续启动以来，迄今已实施了将近 5 年。这 5 年正值十八大"五位一体"总体布局的指引下，是我国湿地保护工作迅速发展、取得突出成效的一个时期，湿地保护在生态文明建设中的地位更加突出。党中央、国务院明确把"湿地面积不低于 8 亿亩[①]"列为 2020 年我国生态文明建设的主要目标之一，并纳入了国家"十三五"规划纲要；《生态文明体制改革总体方案》明确了"建立湿地

---

①1 亩≈667m²

大兴安岭项目

新疆项目

中央项目

安徽项目

湖北项目

江西项目

海南项目

图　例

★　北京　　首都

○　天津　　省级行政中心

━━·未定━━　国界

------　省、自治区、
　　　　直辖市界

━·━·━　特别行政区界

1：30 000 000

规划型项目 6+1 分布示意图

保护制度""开展水流和湿地产权确权试点"等 50 多项改革任务；2016 年 11 月 30 日，国务院办公厅以国办发〔2016〕89 号文件印发了《湿地保护修复制度方案》，标志着湿地工作从"抢救性保护"转向了"全面保护"的新阶段；2017 年 11 月，"湿地"被首次纳入了国土资源部《土地利用现状分类》国家标准。

与国家湿地保护主体工作相契合，GEF 中国湿地保护体系规划型项目之中央项目"增强湿地保护地子系统管理有效性，保护具有全球意义的生物多样性"，一方面肩负统筹协调其他 6 个省级项目的重任，另一方面紧密服务国家湿地保护大局，积极引进国际湿地保护与修复新理念、新机制、新技术和新经验，在国家层面围绕增强湿地保护地子系统的管理有效性、助推湿地保护主流化进程、指导地方开展湿地保护实践及促进知识管理和经验共享等主题开展了大量探索性和示范性项目活动，取得了令人欣慰的成效，为全国湿地保护事业快速发展做出了积极贡献，使我国具有全球重要意义的湿地生物多样性得到了更加有效的保护。

为了广泛宣传项目成果，使我国湿地保护工作者能够充分了解和借鉴项目经验，特将项目部分技术成果进行整理，汇编成册公开出版。由于承担项目任务的单位和专家较多，各技术报告在内容和体例上差别较大，为了便于读者阅读，国家林业和草原局 GEF 湿地项目办公室组织各承担单位和专家对报告内容进行了修订提升，对体例进行了统一规定，并按照逻辑关系进行了章节编排。全书共分为七章。

第一章中国湿地保护体系规划型项目及成效，介绍了 GEF 中国湿地保护体系规划型项目在实施过程中开展的工作、取得的成效，对整个项目实施过程中取得的成果、亮点进行梳理点评，对如何将项目成果应用于湿地保护管理实践提出了建议。

第二章湿地保护体系评价，介绍了湿地保护地的评估技术和案例，包括可在全国推广应用的《湿地生态系统服务价值评估技术规程》，我国提名国际湿地城市的评价标准，长江流域洪水对湿地的影响和相关政策启示及海岸线变化对滨海湿地的影响研究。

第三章湿地资源动态监测与保护地规划，分享了宁夏开展湿地动态监测的经验，展示了国家层面湿地管理信息系统，分析了湿地保护地功能分区的特殊性和管理策略，最后对全国湿地保护体系进行了空缺分析，并提出了改进策略。

第四章湿地保护地政策研究，紧扣当前湿地保护体制机制改革的重大需求，在充分借鉴国外湿地保护相关政策的基础上，提出了湿地保护修复政策与制度框架，阐述了湿地总量管控政策建议，并对自然保护区条例中涉及湿地的部分内容提出了修订建议。

第五章湿地保护技术指南，阐明了在划定湿地生态保护红线、规范湿地渔业活动、控制湿地水环境污染及管控基础设施对湿地的负面影响时需要遵循的原则和技术要求。

第六章湿地保护能力建设，介绍了提高保护地融资能力、湿地保护管理人员能力要求和提高相关人员能力的途径。

第七章保护地管理工具，介绍了以结果为导向的 UNDP-GEF 项目管理方法，以及本项目着力从国外引进推广的保护地管理工具——管理有效性跟踪工具（METT）和湿地生态系统健康指数（EHI）在湿地保护成效评价中的应用和建议。

由于项目开展了许多开创性和探索性的工作，部分成果和经验难免不够成熟和完善，加之编者水平有限，因而本书可能存在不足之处，敬请读者批评指正。

编委会

2018 年 4 月 29 日

致　　谢

　　本书是全球环境基金"增强湿地保护地子系统管理有效性，保护具有全球意义的生物多样性"项目的主要成果汇编，也是"GEF 中国湿地保护体系规划型项目成果丛书"的重要组成部分。

　　本项目能够顺利实施并取得丰硕成果，要归功于以各种方式参与或指导项目工作的各级领导和同事们的共同努力，尤其要感谢财政部国际财金合作司、国家林业和草原局国际合作司的大力支持，感谢联合国开发计划署的精心指导，感谢国家林业和草原局湿地管理司（中华人民共和国国际湿地公约履约办公室）、调查规划设计院对项目实施工作的悉心组织，感谢承担项目咨询任务的专家学者提交的高水平成果报告。

　　在本书编辑过程中，承担项目任务的各位专家根据出版要求对原有成果报告进行了修订提升，他们积极配合的态度，以及专业、高质量的稿件是本书得以面世的基础；项目办公室的各位同仁及统稿专家为本书的编辑工作付出了艰辛的努力。

　　最后还要特别感谢中国科学院陈宜瑜院士、国家林业和草原局李春良副局长和联合国开发计划署驻华代表处驻华代表文霭洁女士（Agnes Veres）在百忙之中为本书作序。

目　　录

第一章　中国湿地保护体系规划型项目及成效

湿地是生物多样性最为丰富的生态景观之一，被誉为"地球之肾"。为了系统地保护湿地生物多样性及其所提供的生态服务功能，我国于 1992 年加入了《关于特别是作为水禽栖息地的国际重要湿地公约》（简称《湿地公约》）。这显示出我国致力于湿地保护与修复工作的国家意志。

经过数代人的不懈努力，目前我国已形成了以自然保护区、湿地公园为主体，其他保护形式为补充的湿地保护体系。根据国家林业局湿地管理中心的资料，截止到 2018 年 2 月，全国共有 602 个湿地类型的自然保护区，898 个国家湿地公园，57 个国际重要湿地，湿地保护率为 49.03%，这对保护具有区域乃至全球重要意义的生物多样性贡献巨大。

然而，我国湿地保护与修复的任务依然艰巨且紧迫。经济的迅速发展及人类生产生活对湿地资源依赖程度的提高，致使湿地及其生物多样性承受的压力日益增大，再加上湿地保护政策法规尚不够健全、体制机制尚有待完善、决策人员和社会公众的湿地保护意识尚有待提高等因素，我国湿地面积持续减少、功能退化的现象仍然普遍存在。

近年来，中央及地方各级政府采取了一系列行政和政策措施，在一定程度上规范了湿地保护与修复工作，在很大程度上保护了湿地及其生物多样性。迈入 21 世纪之后，我国在新形势下先后实施了多个重大工程和项目，其中包括全球环境基金中国湿地保护体系规划型项目。

第一节　立项背景、项目目标与任务

GEF 中国湿地保护体系规划型项目于 2013 年启动，是我国湿地保护领域最大的国际赠款项目，GEF 赠款总额为 2600 万美元，国内现金与实物配套 1.31 亿美元，包括 1 个中央层面的项目，以及 6 个省级层面的项目，分别在黑龙江和内蒙古、安徽、湖北、海南、江西与新疆实施。国家林业局统筹协调整个规划型项目的执行工作，并负责具体实施中央和大兴安岭项目；安徽、湖北、海南、新疆、内蒙古、黑龙江和江西各省份林业厅及相关保护地管理局负责各自项目的实施（图 1.1.1）。项目的国际执行机构方面，除了江西子项目由联合国粮食及农业组织担任国际执行机构外，其他 6 个子项目均由联合国开发计划署担任国际执行机构。该项目旨在增强中国湿地保护管理有效性，促进湿地保护体系可持续发展，最终保护具有全球重要意义的湿地生物多样性。

图 1.1.1　GEF 中国湿地保护体系规划型项目指导委员会

一、立项背景

2011～2012 年，由我国财政部、国家林业局向全球环境基金（GEF）理事会提出关于中国湿地保护体系规划型项目的立项申请，并按照要求递交了项目文件。该项目自设计之初，就以解决湿地保护与修复的实际问题为导向。因此，在准备项目文件期间，各有关单位和专家带着问题开展了大量的调查研究，包括我国湿地保护和修复中所面临的威胁因素及应对途径与措施，我国湿地对于亚洲乃至全球生物多样性保护的重要意义，如何运用国际湿地保护和修复的方法、工具及经验做到"他山之石可以攻玉"，等等。

（一）社会经济背景

中国是世界上生物多样性最为丰富的 12 个国家之一，湿地生物多样性也极为丰富[①]。中国的生物多样性保护对于全球自然保护工作至关重要。随着我国的改革开放，经济发展突飞猛进，在全球范围内的影响力逐渐扩大。中国经济的快速发展过程中也出现了一些生态环境问题，导致生物多样性减少甚至丧失。中国生物多样性遭遇的威胁可以说是全球生物多样性锐减的一个缩影，很具有代表性。中国在保护生物多样性、湿地保护和修复、平衡经济发展与资源合理利用方面的实践经验对全球自然资源保护事业具有很高的参考价值。

（二）中国的水资源危机

湿地可为不断增多的人口、农业、渔业及工业的发展提供清洁水资源，对于国民经济的发展至关重要。鉴于中国水资源匮乏、人口众多、经济发展迅猛，湿地的重要性至

---

① 引自英文的项目框架文件（UNDP，2012，Programme Framework Document of China Wetland Protected Area System）

少在理论上被认为很高，其作用不仅表现在保障供水方面，而且还表现在保护丰富的生物多样性方面。湿地在水资源供给、净化水质、调节和防洪方面提供的生态系统服务功能是其他类型的生态系统所不能及的，对湿地生态系统及其生物多样性的保护直接关系到整个生物区的健康和完整。因此，湿地生态系统及其生物多样性的保护是解决我国水资源危机的现实需要。

（三）中国湿地及其全球重要性

中国的湿地独具特色，主要体现在以下几个方面。①中国拥有《湿地公约》所认定的全部 42 种湿地类型。②湿地总面积大，位居亚洲第一，世界第四。③湿地分布广泛，从华北的寒温带到华南热带地区，从沿海到内地，以及从平原和江河三角洲地区到高原地区均有分布。④湿地类型的地区性差异明显。例如，华东地区的河流湿地相对更多，东北地区的沼泽湿地分布更广，而长江中下游流域和青藏高原的湖泊湿地则非常丰富。⑤湿地生物多样性极为丰富，包括 101 个科，6500 多种植物，其中有 100 种植物属于濒危物种，如中华水韭（*Isoetes sinensis*）、宽叶水韭（*Isoetes japonica*）、水松（*Glyptostrobus pensilis*）、水杉（*Metasequoia glyptostroboides*）等。中国湿地栖息着 50 种雁鸭（Anatidae），占全球总种群数的 30%，此外，还分布有 54% 的亚洲濒危湿地鸟类，拥有全球 15 种鹤类中的 9 种[①]。

综上所述，中国的湿地生态系统及其生物多样性在全球占有至关重要的位置，保护好中国的湿地生态系统及其生物多样性，对全球生态安全及保护具有全球重要意义的生物多样性至关重要。

（四）中国湿地受到多种威胁

1）栖息地丧失和退化

目前，很多湿地被排干用于农业灌溉，被大坝隔开用于蓄水，或者用河堤、公路彼此隔开，从而隔断了很多水生动物在上游繁殖区和下游摄食区之间的迁移路线，影响了很多水生动物的流动。同时，数百个大坝改变了水流及其化学状况，导致了天然河流的破碎化，阻断了鱼类的迁徙，致使以养鱼为生的当地居民被迫移民。目前，农业开垦和城镇开发是导致湿地丧失和退化的主要因素，这在人口稠密的沿海与沿湖地区尤为严重。在这些地区，由于围海（湖）造田，每年湿地丧失面积高达 2 万 hm^2。其中滨海湿地是受影响最为严重的湿地，其丧失的主要原因是城镇、工业开发或农业开垦。据估算，20 世纪 50 年代至 80 年代末期，全国滨海湿地大约有一半（超过 200 万 hm^2）被开垦，其中 100 万 hm^2 湿地被开垦用于建设城镇和工业区，119 万 hm^2 湿地被用于农业开发和盐业生产。

2）自然资源的过度开采

中国的很多野生动物物种，包括依存于湿地的物种（如水禽）受狩猎的影响，其种

---

① 引自英文的项目框架文件（UNDP，2012，Programme Framework Document of China Wetland Protected Area System）

群数量已降至极低的水平。除狩猎外，人们对很多湿地物种，尤其是蛙类和蝾螈等两栖动物的需求，致使上述威胁进一步加剧。究其根源，这些需求来自于不断发展的传统中草药贸易、人们食用野生动物的习惯及贩卖部分珍稀贵重物种（如猎鹰）等。对野生淡水和海洋物种的过度捕捞现象在很多的地方仍然非常严重，致使许多常见的贸易种已处于濒危状态，包括鲟鱼、河鲀和银鱼等。另外，如白鲟等一些物种则在野外已完全消失。同时，受农业开垦和不合理利用的影响，中国的红树林面积正大幅下降，从 1950 年的 50 000hm² 下降至 2010 年的 14 000hm²，减少了 72%。珊瑚礁是最为重要的海洋生态系统之一，拥有丰富的自然资源，然而，不合理的采集活动使得中国的珊瑚礁已受到严重破坏。据估算，目前中国大约 80%的珊瑚礁已遭破坏。

3）污染

中国环境与发展国际合作委员会 2010 年发布的数据显示，在全国定期被监测的 1200 条江河中，有 850 条已经受到污染[①]。50%的湖泊处于富营养化状态，并对渔业和农业发展及人类健康造成危害。海洋栖息地也正受到来自江河的泥沙、金属和化肥的污染。水中的氮含量超标，导致水华现象的增多。使用未经处理的水资源将对各地区，特别是贫困地区的发展造成影响。造成这些污染问题的主要原因是农业径流及工业和家庭污水排放。

4）气候变化

海平面的上涨已经并将继续威胁到很多滨海栖息地。在过去 40 年里，极端气候现象如洪涝、旱灾、严寒、酷暑等出现的频率和强度都显著增多。在过去 30 年里，登陆中国的台风频率和强度也增加了一倍。气候变化已对湿地造成了显著影响，影响到水流、水温、pH 和氧含量的季节性分布情况，继而危及湿地物种的生存，降低了湿地的生态系统服务功能，进而将对整个生态系统，包括迁徙物种栖息地的适宜性构成潜在的不利影响。

5）外来入侵物种

随着农业生产方式的变化、景观格局的改变、气候变化、大面积的植树造林，以及全球物种贸易日益频繁，来自外来物种入侵的风险在逐渐加剧，而作为一种相对脆弱的生态系统类型，湿地遭遇来自外来物种入侵的风险就尤为突出。例如，外来物种（水葫芦、互花米草等）、其他水生杂草、软体动物、引入的甲壳类动物、鱼类、淡水龟和麝鼠等哺乳动物，正对中国的湿地造成严重威胁和破坏。斑马贻贝影响水流，使得中国南部和东南沿海的当地动物种群和生态系统受到严重破坏。此外，中国长江流域及以南的湖泊湿地中的克氏原螯虾对防洪堤造成破坏，并且对很多当地的甲壳类动物和其他动物种群造成了严重危害。

6）非法狩猎

日益增加的对生物资源的开采活动对湿地生物多样性甚至整个湿地生态系统造成

---

① 参见中国环境与发展国际合作委员会 2010 年工作报告

了直接和间接的不利影响，导致很多湿地水鸟种群数量急剧下降。非法狩猎湿地动物、采集野生动物的蛋（卵）与不合理的捕捞活动，导致湿地濒危物种及其生物多样性的丧失，以及水生动物繁殖、哺育和栖息地的丧失。

二、项目目标

针对上述湿地所面临的问题和威胁，湿地保护从业者，无论是政策决策者，还是从事湿地生态保护的一线工作人员，一直以来都在寻求解决之道。

在研判国内湿地资源现状、威胁因素、湿地保护新形势等多种因素的背景下，中国湿地保护体系规划型项目应运而生。该项目的宗旨是通过加强中国湿地保护地子系统，增强其全球重要湿地生态系统的保护管理，从而实现保护全球生物多样性的效益。

项目的总体目标是：加强湿地保护地子系统的能力，有效应对现有的和不断增加的对全球重要生物多样性产生威胁的因素。

三、项目任务

根据项目文件所设定的目标，本项目主要有三项基本任务，即湿地保护体系建设、湿地保护主流化与湿地保护信息共享。其中，建立和完善湿地保护体系就是增加湿地保护地面积、填补保护空缺、加强已有保护地的管理、提升保护地管理的有效性。

（一）通过增强湿地生态代表性及管理能力，加强湿地保护地子系统的建设

该任务的目的是推动湿地保护地子系统本身及国家湿地法规的建设，建立跨部门湿地保护协调机制，增强国家层面的湿地规划、实施、监测和制度化管理的能力。

（1）提出全国湿地保护地管理相关法规的修订建议，增强湿地保护地子系统的保护管理。其包括与国家林业局的其他司局、环境保护部（现为生态环境部）和其他政府部门密切合作，对《中华人民共和国自然保护区条例》（以下简称《自然保护区条例》）提出修订建议使之更具灵活性和可操作性，同时对此前已拟定的《湿地保护条例（草案）》提出修订建议。

项目设计之时，国家林业局已完成《湿地保护条例（草案）》，其主要内容包括湿地生态供水系统、补偿体系、湿地资源开发审批制度和湿地调查，以及湿地监测评估体系等。本项目将通过行政管理体系，并与更多相关部门开展更广泛的讨论，来推动这一进程的发展。

（2）制定不同类型的湿地保护地管理和分区的全国性指南，包括不同湿地生态系统和野生动植物（尤其是水鸟）的保护法规，为应对特定的威胁因子、保护独特的湿地动态变化和生物多样性提供专门的措施。针对不同类型的湿地保护地，制定不同的湿地保护地管理和分区指南。基于保护地层面的项目经验，开发针对湿地保护地的相关管理工具，包括湿地保护地管理计划模板、湿地生物多样性现状及水质和水量监测规范等。

（3）增加湿地保护体系中的湿地数量，争取 2020 年实现天然湿地受保护比例达到55%的目标，通过各种形式的保护地增强湿地的适应性。基于不同湿地类型的代表性及

对适应气候变化的考虑，开展湿地保护地覆盖状况的系统评估。在湿地保护地子系统中增加湿地保护地的数量，将天然湿地在整个湿地保护体系中的占比从 50.3%提高至 55%①。努力将至少 6 个湿地保护地列入《国际重要湿地名录》，提升其保护地位和国际影响力，增加其经费预算。

（4）将至少 20 处湿地保护地从现有的省级自然保护区升级为国家级自然保护区，增强湿地保护地的保护地位和影响力，所开展的工作包括：①保护地的生物多样性调查；②制定与国际标准一致的管理计划；③人员培训；④提供和购买保护地监测和巡护设备。

（5）开展有战略意义的培训活动，增强国家林业局在规划和监测全国湿地保护地和国际重要湿地方面的监管能力。在项目准备阶段，通过能力评估计分卡，已确定了此方面的具体需求，培训活动将据此展开。本项目与国家林业局调查规划设计院和其他教育机构密切合作，为该培训计划的制度化提供支持。此外，本项目将参照其他指南（如东盟编制的指南），推动制定和采纳一系列针对省级和项目区层面的湿地保护地管理人员的专业能力指南。该项培训活动将在国家级、省级和项目区层面针对湿地保护管理人员开展，参加培训的总人数达到 500 人。

（6）引进和试点国际先进的方法和工具，如生态系统健康指数（EHI），将其作为监测管理工具。在项目准备阶段，本项目已开发了生态系统健康指数，将在各省级项目的试点保护区进行验证和推广。

（二）通过湿地保护主流化进程，减少湿地保护地的外部威胁

该任务主要面向今后大型基建和资源利用项目的设计，使其能够充分考虑到湿地保护的需求，并对今后社会经济发展战略和计划的制定产生影响，使之兼顾到湿地保护与资源利用问题。

（1）建立一个跨部门协调机制，增强国家林业局与其他相关单位之间的协调，这些部门包括农业、环保、矿产、国土资源和水利部门。该机制将作为一个常设委员会，拥有明确授权，由国家林业局湿地保护管理中心（现为湿地管理司）负责管理，国家林业局调查规划设计院和国家林业局野生动植物保护与自然保护区管理司（现野生动植物保护司）提供协助。通过该跨部门协调机制的工作，加强上述机构在开展跨部门协调方面的能力，提升解决跨部门问题的能力，提高林业部门建设性地参与《生物多样性公约》的能力，以及履行《湿地公约》的综合能力。

（2）通过和实施一个体系，使湿地保护地免受部门开发活动的影响。该体系可以包括建立基础设施开发和运行的标准，发布有关在湿地保护地内及周边地区开展渔业、水产养殖和农业活动的官方指南。在上述体系制定方面，各部委已经有很好的基础，已经制定了相关的规则和标准，但是这些文件尚缺乏对湿地生态保护问题的系统考虑。国家林业局作为协调湿地保护的主管部门，应牵头制定上述体系，并利用这些文件修订相关标准和评估有关计划，或者作为相关部门与国家林业局之间的协调依据。

（3）开展湿地生态系统服务的价值评估，为决策提供技术支撑。本项目希望可以在

---

① 由于湿地最小统计面积由第一次全国湿地资源调查的 100hm² 调整为第二次全国湿地资源调查的 18hm²，因此，在 2016 年项目中期评估时，该项目的天然湿地保护比例由 55%调整为 50%

湿地生态系统服务价值评估方面积极开展一些探索实践，为决策提供实证参考，还希望可以建立一个用于湿地保护技术和经验交流的数据库。

（4）制定湿地保护体系融资计划，确定湿地保护地的管理需求、出资现状和最佳融资情况，以及为保障资金可持续性提供政策措施建议。评估湿地可持续融资计划，确定潜在的融资机制及其适用性，并提出具体对策建议，如提高门票价格、建立信托基金、引入基础设施项目的补偿机制等。探讨和实施具有中国特色的融资机制，通过生态补偿计划促进保护地融资的可能途径。研究成果希望能为省级层面的工作提供指导。

（三）增强有关湿地保护地的知识管理、经验共享和意识教育

该任务希望可以推动不同政府部门之间有关湿地生态和自然资源保护的信息共享。

（1）建立虚拟数据库，为湿地保护地管理者的决策提供必要信息。湿地保护地数据共享平台将基于现有的内部数据库，包含所有主要湿地的基本情况和位置数据、所有湿地自然保护区的边界数据，以及有关每个保护区的关键特征、物种和脆弱性的信息。这些数据将作为当地持续监测保护区状况的基准数据，并遵照"亚洲湿地资源清查"所推广的数据调查规程。该数据库将面向公众开放，成为全国生物多样性信息系统（National Biodiversity Information System，NBIS）的一个组成部分。

（2）开展和加强湿地保护地宣教活动，提高决策者和公众的保护意识，使之认识到湿地保护与全国水资源安全之间的联系。

（3）建立"湿地保护地规划项目指导与协调论坛"，包括建立中国湿地保护体系规划型项目的 7 个子项目之间的协调机制。

第二节　项目实施成效与经验

GEF 中国湿地保护体系规划型项目自启动以来，围绕既定目标开展了大量活动，在增强湿地保护地子系统的管理有效性，助推湿地保护主流化进程，开展地方湿地保护实践，以及促进知识管理和经验共享等方面成效显著，积累了丰富的经验。

一、湿地保护主流化

从全球和国家层面来看，生物多样性主流化是联合国《生物多样性公约》和《中国生物多样性保护战略与行动计划》要求的优先任务。从湿地保护的角度看，湿地保护主流化即将湿地保护与修复工作纳入到国家和地方各级政府的相关政策、法规、制度、计划和发展规划中，使其成为相关部门日常工作的重要内容。GEF 中国湿地保护体系规划型项目的实施，显著推动了湿地保护与修复主流化工作。

首先，项目直接支持了国家和省级层面的《湿地保护修复制度方案》的编制工作，且项目的指导单位和成员单位全程参与了《湿地保护修复制度方案》的编制工作，为《湿地保护修复制度方案》的编制提供了直接的技术和资金支持。具体地，项目通过分包合同的方式委托国家林业局经济发展研究中心承担《湿地保护修复制度方案》主体内容的

调研与编制工作，为方案出台提供了核心技术支撑。项目还依托自身规划型优势，依托 6 个省级项目，为地方编制省级湿地保护修复制度方案提供了直接的技术支持，安徽省、海南省、内蒙古自治区、黑龙江省、湖北省和江西省先后颁布并实施了省级《湿地保护修复制度实施方案》。

其次，项目支持制定和发布了一系列标准、规范和导则，实实在在地推动了湿地保护与修复工作的主流化，在国家、试点省和试点保护区层面起到了带头作用，树立了良好的榜样，如以下几个规范性文件。

（1）中央项目组织编制了《生态系统服务价值评估技术规程》《湿地保护地从业人员能力标准》《在保护地内及周边地区开展渔业、水产养殖业和农业活动指南》《中国湖泊、河流、库塘及滨海湿地水环境污染控制指南》《湿地生态保护红线划定技术指南》《中国湿地生态红线制度》等文件。

（2）大兴安岭项目组织编制了《退化栖息地和濒危物种恢复计划》《大兴安岭地区生物多样性保护与可持续利用行动计划》《大兴安岭湿地保护地融资计划》等文件。

（3）新疆项目组织编制了《新疆维吾尔自治区湿地保护与修复工作实施方案》《新疆维吾尔自治区重要湿地确认办法》《新疆维吾尔自治区湿地公园管理办法（暂行）》《两河源自然保护区监测技术规程》《新疆维吾尔自治区卡拉麦里山有蹄类野生动物自然保护区管理条例》《新疆自然保护区生物多样性监测技术规范》《新疆自然保护区及湿地社区生态旅游区建设与服务规范》《吉木乃县萨吾尔山冰川水资源保护区域管理条例》等文件。

（4）安徽项目组织编制了《安徽省生态保护红线》《安徽省湿地名录管理办法》《安徽升金湖国家级自然保护区管理办法》《安徽升金湖国家级自然保护区管理计划》《安徽省湿地公园生态修复技术规程》《省级湿地公园建设规范》《安徽省湿地植被修复技术规程（DB34/T 2831—2017）》等安徽省级行业标准。

（5）湖北项目组织编制了《湖北省湿地保护修复制度方案》，2017 年由省政府发布《湖北省湿地保护修复制度方案》并贯彻执行。该项目组织编制了《四湖流域（荆州）湿地保护行动计划》《湖北省湿地自然保护区融资计划编制指南》《湖北省湿地自然保护区监测手册》等文件。

（6）海南项目组织编制了《海南省湿地保护条例》《海南省重要湿地和一般湿地认定（DB46/T 448—2017）》《海南省湿地公园管理办法（试行）》《海南省自然保护区工作人员能力标准（试行）》《东寨港沿海及红树林湿地周边的渔获物捕捞尺寸标准》《海南省红树林生态修复手册》《海南省社区主导生态旅游指南》《东寨港周边社区可持续渔业操作指南》等文件。

这些规范性的文件在国家及当地的湿地保护与修复方面起到了积极作用，在一定程度上对试点省、试点保护地的湿地保护与修复工作起到了规范和引领作用。

二、湿地保护地管理有效性

在增强湿地保护地管理有效性方面，GEF 中国湿地保护体系规划型项目采用生态系统途径，从系统观出发，全面调研了各项目省重要湿地现状、存在问题及保护与管理的空缺，并借助项目伞形结构的独特优势，对各省级项目内容进行了系统设计，为促进我国湿地保护地面积增加，提升现有湿地保护地管理能力，助力国际重要湿地提名，开展保护地监测、培训与能力建设，以及推进湿地城市创建工作发挥了积极作用。

在项目的促进和支持下，项目区域新增保护地面积约 190 万 hm^2，详见表 1.2.1，提高了湿地生态系统总体的服务功能。项目积极支持建立湿地生物多样性监测体系，科学制定监测指标和技术规范，并支持相关保护地开展动植物和环境要素的动态监测工作，为湿地保护提供基础数据支持。

表 1.2.1　GEF 项目实施期间新增保护地面积统计表（截至 2018 年 6 月）　（单位：hm^2）

类别	大兴安岭项目	新疆项目	安徽项目	湖北项目	海南项目	合计
基线	3 100 300	—			285 600	3 385 900
现状	4 218 820	3 940 000	—	297 379.64	343 970	8 800 169.64
新增	1 118 520	239 307	175 347	297 379.64	58 370	1 888 923.64

数据来源：GEF 中国湿地保护体系规划型项目-中央项目办公室

项目积极推动并支持了多处具有代表性的湿地保护地作为国际重要湿地的提名工作，其中安徽升金湖国家级自然保护区已于 2015 年底正式列入《国际重要湿地名录》，内蒙古大兴安岭汗马国家级自然保护区和湖北网湖湿地省级自然保护区于 2018 年正式列入《国际重要湿地名录》。项目支持国家林业和草原局开展了中国首批湿地城市认证考察和推荐工作，促进了湿地保护与修复在湿地规划及建设中的主流化，2018 年底，中国所申报的常德、常熟、东营、哈尔滨、海口、银川被《湿地公约》列为国际湿地城市（http://www.shidi.org/sf_ABAB067A0C1340D79C60519FF468A76A_151_yuyanqi.html[2018-12-22]）。这些工作有效扩大了我国在《湿地公约》履约方面的国际影响力。

项目在管理和实施中积极探索了与时俱进的途径和方式，有效利用"互联网+湿地（保护与修复）"模式，引入互联网技术和手段，将其应用于项目的管理、沟通、协调及能力建设，建立并积极推进规划型项目的"互联网+湿地"沟通与协调机制。具体地，规划型项目组织召开网络会议，讨论项目管理和执行中的问题，共商对策，分享项目管理经验，增进了各个子项目之间的沟通与交流，有效地提高了规划型项目的实施效率及资金使用效率。

值得一提的是，规划型项目通过"互联网+湿地"网络会议的模式，确定了 11 项交叉领域的活动，其中包括：①湿地保护区（湿地公园）管理计划；②湿地信息系统数据库建设；③流域（区域）综合管理规划；④湿地保护融资计划；⑤生态系统健康指数（EHI）（监测）；⑥生态补偿（生态服务付费、动物损害补偿）；⑦湿地保护与利用导则、指南、管理办法；⑧湿地保护人员从业标准；⑨湿地生态系统价值评估；⑩培训及能力建设；⑪项目产出与成果总结、展示和出版。"互联网+湿地"模式的引入，加强了各省份子项目间的沟通、交流与协作，极大地提升了规划型项目的管理效率，取得了良好的效果。

三、湿地保护地方实践

在规划型项目实施期间，各省份的子项目开展得有声有色，已经完成终期评估的大兴安岭项目、安徽项目、湖北项目和海南项目均获得了 GEF 终期评估专家"满意"的综合评价。以下为各省级项目湿地保护与修复示范等方面所取得的成果举例。

（一）大兴安岭项目

UNDP-GEF"增强大兴安岭地区保护地网络的有效管理项目"自 2013 年启动至今，围绕推进湿地与生物多样性保护主流化、增强保护地网络的管理有效性及开展项目区层面的保护管理示范等主题开展了多层面、多角度的探索和实践，取得了引人注目的成效。

项目推动建立了大兴安岭地区生物多样性保护跨省协调机制，黑龙江和内蒙古共同组建了大兴安岭生物多样性保护委员会，极大地推动了湿地保护和修复工作在两省份的主流化，促进了湿地保护工作经验成果的共享，为跨省保护提供了很好的参考模式和借鉴经验。

项目支持编制和实施了湿地保护管理办法、计划、指南和标准，包括《退化栖息地和濒危物种恢复计划》《大兴安岭地区生物多样性保护与可持续利用行动计划》《大兴安岭湿地保护融资计划》《黑龙江多布库尔国家级自然保护区管理计划》《内蒙古根河源国家湿地公园管理计划》等。

项目支持评估湿地生态系统服务价值，建立了跨省生物多样性动态监测体系，开发了湿地保护管理信息系统，在示范点制定并实施了物种保护与栖息地恢复计划，完善了社区共管机制，开展了形式多样的宣传活动，推行了替代生计实践，促进了生物多样性保护与可持续利用（图 1.2.1）。

图 1.2.1　大兴安岭鱼类资源调查

大兴安岭项目开展了社区替代生计方面的探索。在内蒙古根河源国家湿地公园内放牧的鄂温克人的生活方式发生了巨大转变，他们改变了传统的"狩猎"生活方式，依托森林开展生态旅游，发展驯鹿观光旅游产业，开发和销售各种鹿产品，收入有了很大的提高。驯鹿经济已经成为鄂温克人收入的主要来源。通过发展生态旅游，鄂温克人扩大了传统文化在社会发展中的影响，增加了经济收入，实现了生计替代，更自发地、主动地参与到生态保护中来。

从具体数字来看项目取得的成效。在项目存续期间，新增保护地面积为 111.85 万 hm^2，其中包括 106.4 万 hm^2 湿地类型保护地；助力内蒙古大兴安岭汗马国家级自然保护区列入《国际重要湿地名录》，面积为 45 723 万 hm^2；支持黑龙江多布库尔国家级自然保护区开展替代生计活动，引导保护区内 248 户种养殖户中的两户迁出保护区，促使其年新增收入 1 万～2 万元，鼓励了超过 60%的种养殖户，增强了他们迁出保护区的主观意愿，提高了湿地保护意识和保护效率，具有积极的示范作用；超过 1500 人次接受项目培训，女性占比约为 20%，超额完成了项目预期的 300 人次的目标；项目累计为两个项目示范点采购了 35 万美元的监测、巡护及办公设备，提高了项目示范点的监测、巡护能力；将 12 个试点保护地的管理有效性得分从基线水平的 44%提升至 55%以上；将大兴安岭地区内蒙古和黑龙江两省林管局的能力评估记分卡的得分分别从 41%和 49%的基线提升至均超过 60%的目标值。

（二）新疆项目

新疆项目加强了当地综合协调机构建设，成立了新疆 GEF "加强阿尔泰山两河源自然保护区有效管理项目"指导委员会，并在自治区层面和景观层面均成立了项目协调领导小组。管理机构上，项目设立自治区 GEF 项目执行办公室，下设 4 个 GEF 项目执行办公室。2018 年 5 月，阿勒泰地区启动了 "阿尔泰山生态保护管理规划项目"，该项目的设计思路与 GEF 规划型项目生态保护和建设理念相同，阿勒泰地委行署高度支持规划工作，与自治区林业厅、阿尔泰山国有林管理局形成一个整体的领导小组，在体制和机制上给予强有力的保障。

项目积极发展多种替代产业，增加牧民家庭收入，促进哈萨克牧民从资源的使用者转变为守护者，鼓励哈萨克妇女从事手工艺品制作，促使家庭收入平均提高 2000 元/月，实现自然保护与社区发展的 "双赢"。

项目在自治区、阿尔泰山国有林管理局、保护区及周边社区等层面开展各类培训班，先后举办了自治区湿地及自然保护区管理的培训班、观摩交流会、生物多样性保护跨行业规划研讨等各类培训学习 14 期，培训业务骨干 566 人次。项目为阿尔泰山林业系统及相关保护区专业技术人员举办 12 期培训班，参加人员 550 人次。为提高保护区人员能力、水平，项目邀请相关领域专家，共举办培训班 30 期，培训相关人员 915 人次。项目培训保护区牧民 18 期，参加人数 447 人次，总结推广多项牧民替代生计，如图 1.2.2 所示。该项目共计举办了 74 期培训班，培训人员 2478 人次，显著提升了湿地相关从业人员及社区的能力。

图 1.2.2　新疆项目支持社区开展替代生计培训——民族手工艺品制作

创建特色生态文明宣传与教育基地，提高了全社会保护生态环境的意识。例如，新疆项目支持和帮助当地观鸟、拍鸟人士出版《阿勒泰野鸟》一书，该书对了解阿勒泰地区鸟类资源具有重要的参考价值，对普及鸟类知识、推动我国的观鸟事业具有积极意义。

新疆项目还积极开展了跨境野生动物保护实践，在蒙古国代表团访问中国阿尔泰山两河源自然保护区期间，中蒙双方代表召开了座谈会，签署了《中蒙阿勒泰-萨彦生态区域生物多样性保护合作备忘录》，对跨国界野生动物保护具有重要的意义。

（三）安徽项目

项目积极推动安徽省湿地保护网络体系建设工作。安徽省在项目期内新增湿地保护地面积 175 347hm^2，开展的湿地价值评估、湿地空缺分析等课题研究为决策部门提供参考。经安徽省政府批准，省林业厅、省环境保护厅等部门联合公布第一批安徽省重要湿地名录 52 处，总面积约 45 万 hm^2（图 1.2.3）。

项目在保护区层面积极探索保护地社区共管模式的建立和创新，实现湿地保护与增加当地居民收入的"双赢"。例如，贵池十八索省级自然保护区与当地社区签订了共管协议，并在十八索学校开展了多项学生的活动；又如，在扬子鳄国家级自然保护区开展社区共建，发展生态农业项目，增加当地居民的收入。

项目的实施过程中，始终重视男女参与项目机会的平等，提高妇女地位。项目积极鼓励保护区女性参与到项目活动中，通过与项目的交流并参与项目的活动，部分保护区技术类女性员工得到了提拔。

图 1.2.3　升金湖（安徽项目支持升金湖国家级自然保护区成功申报国际重要湿地）

项目积极开展湿地保护的宣传与教育活动。2015 年，安徽项目利用第 34 届安徽省"爱鸟周"活动，开展鸟类科普知识讲座、科普知识展览等活动，全省有 17 个市、县（区）开展了"爱鸟周"专题宣传活动 81 次，全省累计直接参加人数达 19 900 余人次。

在项目实施过程中，安徽省提供了 4837.5 万美元的配套资金，项目还带动了安徽宿松县华阳河湖群省级自然保护区的沙特贷款项目、池州杏花村湿地公园的德国贷款项目，凸显了国际项目资金的增量效应和示范带动作用。

（四）湖北项目

该项目探索了湿地保护与大江大湖水资源管理相协调的做法，强力推进拆除围网并成功安置 4000 名渔民。洪湖原有渔业围网养殖面积 15.5 万亩，围网长度达到 200 万 m，有 1634 户 1.2 万专业渔民常年生活在保护区，以船为家、以渔为生，对洪湖湿地保护造成了严重影响。2016 年，由湖北省政府牵头，在项目支持的洪湖湿地国家级自然保护区拆除围网养殖设施，将所有以船为家的渔民全部搬迁到岸上居住。截至 2016 年年底，已有 92%的围网被拆除，极大地提升了湿地保护的成效（图 1.2.4）。

图 1.2.4　洪湖湿地生态恢复效果显著（左图为拆围前，右图为拆围后）

在项目的支持和全程参与下，湖北项目制定了《四湖流域（荆州）湿地保护行动计划》，该计划已经通过荆州市人民政府的审核通过，由洪湖流域湿地保护管理委员会印发。在项目点龙感湖国家级自然保护区协助推行"一区一法"，为湖北省划定生态红线提供了技术支持。

在加强自然保护区湿地保护管理能力建设方面，在项目的支持下，湖北项目完成了省湿地生态系统管理培训计划，在 4 个示范保护区成立了共管委员会，与 4 个示范保护区签订了共管协议，制定了 3 个示范保护区管理计划、3 个示范保护区融资计划、8 个试点保护区监测计划。

（五）海南项目

GEF 海南湿地保护体系项目的实施，一方面推动了海南湿地保护进入国际视野，得到了有关国际组织和专家的支持，另一方面项目的实施进程和成效，也对国内外湿地保护产生了重要影响。

项目致力于湿地保护政策和技术标准体系建设，全程参与了湿地保护立法，编制了一批湿地管理办法和技术标准，进一步完善了湿地保护管理制度建设。项目依靠能力支持进入省级湿地管理层面，积极推动湿地保护成为社会主流发展重点，省政府决定将 32 万 hm^2 湿地纳入总体规划进行管控。项目将湿地保护视野扩大到保护地周边社区，帮助当地农户更新观念，科学制订社区发展计划，参与湿地保护与修复活动，依托保护地资源发展替代经济。这些活动和举措都有效地促进了湿地保护与修复在政策、管理与实践中的主流化，有助于减轻湿地退化的外部压力，提高了湿地保护与修复的有效性。

项目助力科研保护红树植物，使基本丧失自然繁育能力的濒危物种红榄李不会灭绝，团水虱防治研究也取得领先技术成果。项目所倡导成立的红树林湿地保护体系联盟，省林业主管部门明确表示在项目结束后，将由海南省野生动植物保护管理局负责管理，切实巩固项目建设成果，继续抓好项目后续计划的落实（图 1.2.5）。

图 1.2.5　海南项目推动成立海南省红树林湿地保护体系联盟

海南项目开展了卓有成效的红树林保护宣传工作，如"湿地日""生态进校园""海大课堂分享""媒体沙龙""媒体湿地保护考察"等多样化的宣传活动。项目积极与媒体合作，以讲述的方式拍摄表现人与自然和谐相处的视频。例如，反映儋州市新盈墩吉村渔民与红树林友好相处的《红树林边好生活》，在中央电视台上播放后取得较好效果。海南是我国唯一的省域国际旅游岛，来到海南的国内外客人，大多会到湿地生态景区参观考察。项目制作的湿地宣教牌、电视宣传片、报刊文字等，都会给游客留下深刻记忆，并传播到全国乃至世界各地。

最后，需要说明的是，江西项目在 2017 年 6 月正式启动，许多项目工作正在实施中，因此，江西项目的进展没有总结到本章内容之中。

四、湿地保护知识管理与共享

项目为决策者编制手册、编写出版物、进行媒体报道与博客推送和开展户外活动等，组织经验分享研讨会，分享相关经验。作为 GEF 中国湿地保护体系规划型项目中央层面的综合性项目，将确保对其他 6 个子项目进行协调，并监测整个项目的实施进度，与其他 6 个子项目的所有参与方组织召开年度经验分享论坛。项目确保与中国生物多样性伙伴关系框架（CBPF）指导委员会进行密切协调，并向该委员会报告。GEF 中国湿地保护体系规划型项目下各个子项目的成就、知识和经验将以中英文的形式归纳存档，并广泛推广。

湿地保护知识管理与共享方面，项目开发了湿地保护信息平台，促进了湿地知识共享和交流，在一定程度上打破了信息片段化、分割式管理的壁垒；开展了多种形式的科普教育活动，大力宣传湿地的生态功能与社会效益；积极组织开展宣传活动，组织出版了大量宣传保护湿地的书籍、画册和拍摄了宣传保护湿地的视频，收到了良好的宣传教育效果。

项目已经发布的出版物包括《湿地与气候变化》《中国湿地公园建设研究》《国家湿地公园宣教指南》《国家湿地公园生态监测指南》《国家湿地公园湿地修复技术指南》《阿勒泰野鸟》《扬子鳄与它的家族》《湖北水鸟野外手册》《东寨港鸟类图鉴》《三亚红树林鸟类》《大兴安岭的故事》等。

举办国际研讨会、开展培训活动是促进知识管理与共享的最直接、最有效、最具参与性的一项工作。各项目在实施期间，各自都开展了多场有针对性的培训研讨班。其中，2016 年 12 月 4～6 日在海南省海口市举办的"湿地保护体系国际研讨会"影响最大。该研讨会旨在展示中国湿地保护的最新成果，分享国内外湿地保护体系建设的成功经验，共商新时代湿地保护的新方略。来自相关政府部门、国内外非政府组织、大专院校、科研院所和湿地保护管理机构的专家和管理者，一共 260 多人参加了本次会议。来自国内外湿地领域的专家就国内外湿地保护政策与保护体系、湿地修复和模式、湿地监测与调查技术、湿地大数据和公民科学、湿地应对气候变化的影响与应对措施展开了深入讨论，本次会议的新理念、新机制、新技术和新经验将对中国湿地保护管理产生深远影响（http://www.forestry.gov.cn/main/111/content～1056849.html[2018-10-27]）（图 1.2.6）。

图 1.2.6   中央项目与海南项目组织召开湿地保护体系国际研讨会（海口，2017 年 12 月）

五、湿地保护宣传教育

引入媒体宣教新模式，增强宣传教育效果。项目为了提升公众和管理者的湿地保护意识，充分发挥媒体的巨大作用，利用一些影响大、覆盖面广的报刊、电视和网络等媒体，聘请专家、学者开展宣传教育，提升公众和管理者湿地保护的相关知识和意识。项目还利用《中国绿色时报》，以专刊的形式，连续刊登项目成果、湿地知识、面临的挑战等报道，收到了良好的效果。由于媒体具有覆盖面广、速度快、语言通俗易懂等特点，媒体的参与极大地提高了项目意识提升和知识普及的效果。项目还利用全国湿地保护座谈会和其他一些影响较大的会议与活动的契机，积极参与项目成果推介、知识普及和意识提升工作。

六、实施 GEF 规划型项目的探索与经验

生物多样性规划型项目是对那些具有方向性、战略性的重大生物多样性问题进行集中、专题的研究，包括不同子项目、不同角度、不同相关方、不同地区、不同层次、不同学科等分工合作攻关，共同为一个总目标做出贡献。但如何管理好规划型项目，全球还没有一套成熟的办法。GEF 中国湿地保护体系规划型项目是我国所设计并实施的重要规划型项目，在这方面做出的很多成功尝试，为 GEF 规划型项目适应中国国情的管理探索出了一条成功之路。

该规划型项目的基本经验包括如下 12 个方面。

（1）项目成立 GEF 中国湿地保护体系规划型项目指导委员会。由原国家林业局主管副局长任指导委员会主任，财政部国际司、国家林业局国际合作、国家林业局湿地保护管理中心、国家林业局调查规划设计院、各项目省林业厅及联合国开发计划署（UNDP）和联合国粮食及农业组织（FAO）为成员单位。委员会的成立确保了规划型项

目和各子项目能够同时支持政府的战略、满足地方保护地的技术需求。这种国际项目管理的新模式，成为项目成功的根本保障。

（2）项目活动直接为国家湿地保护体系建设的政策与实践服务。国家林业局湿地保护管理中心主任担任 GEF 中国湿地保护体系规划型项目-中央项目主任，直接将国家湿地保护政策需求纳入到中央项目活动之中，项目的成果直接用于国家湿地保护政策与工程实践之中，确保本项目能够直接为国家湿地保护管理的重点战略和优先任务服务。

（3）项目建立项目指导委员会年度会议制度。该制度旨在审查各个项目的年度执行进展，找出存在的问题，并就重大关切事项决策，共同把握规划型项目的战略方向。该年会的参与人员包括规划型项目指导委员会成员、各子项目所在省林业厅湿地办人员，以及各子项目的项目办公室人员。

（4）探索建立一个跨部门的项目协调机制，增强了项目主管单位（国家林业局）与其他相关单位之间的协同增效，加强了中国履行《湿地公约》国家委员会各成员单位之间的精诚合作，为委员会开展活动提供支持，从而进一步推动了项目成果的主流化。

（5）探索建立项目间沟通协调机制。规划型项目中的中央项目、各省级项目之间可以平行互访，就项目实施情况进行面对面交流，以促进经验互鉴。自各个子项目启动以来，就建立了微信平台，每两个月至少举行一次微信研讨会，积极沟通交流项目实施中的问题和经验，为伞形规划型项目的管理工作树立了很好的榜样。

（6）探索了专家团队共享机制，发挥规划型项目的独特优势。自 GEF 建立以来，中国已经连续实施了数个 GEF 项目，培养和锻炼了一批高水平的专家队伍。在项目实施过程中，积极探索了专家队伍共享机制，对一些承担同类任务的国际、国内专家在各子项目间适当共享。此种做法最大限度地发挥了专家的专业所长，节约了实施成本。这些专家也承担了项目间沟通、交流和联系的"纽带"作用，促进了信息共享，取得了显著的项目成效。

（7）跨省合作提升了湿地保护的水平。如同跨国界的湿地一样，在中国国内也有大量的湿地分布于两个或两个以上行政区域之间，对于这类湿地，任何单方面的保护行动、保护效果都会受到影响。要有效保护这类湿地，必须是跨界的双方或多方在统一的框架下联合行动，协同公关，才能确保湿地的保护或恢复达到预期的效果。大兴安岭项目是规划型项目中唯一一个跨省的项目，包括内蒙古和黑龙江两个省份，为此，大兴安岭项目在 2016 年专门成立了大兴安岭生物多样性保护委员会，着重推进跨省湿地保护的协作。目前，项目充分利用大兴安岭生物多样性保护委员会和项目指导委员会的平台，制定并完善了跨界合作的工作机制，现已开展了跨界湿地的联合调查与监测等工作。本项目的这类活动，将为国内跨界湿地的保护提供了技术和经验支持。

（8）引入国际先进理念和方法，牢记 GEF 项目的"初心"。为了利用先进的国际经验和技术，提升国家林业局的湿地管理、保护与恢复水平，项目借助 GEF 项目的资源和专家优势，积极引进国际先进理念、技术和方法及最佳实践。项目通过聘请国际专家、开展国际合作研究、举办国际活动、举行国际研讨会、邀请国际专家参与网络年会、赴国外实地考察调查等方式，引进国际先进理念和技术并直接运用于项目试验示范，不仅为完善我国的湿地保护技术和提升我国保护地管理水平做出贡献，还通过项目的实施，建立并加深了与国际上的交流与合作。

（9）涵盖多个 GEF 重点领域，协同增效效果明显。项目除了关注湿地生态系统的保护与恢复外，还注重 GEF 重点领域间的协同增效问题。首先是针对气候变化的影响，将生物多样性应对气候变化作为重要活动给予重点支持。推动实现生物多样性和气候变化两大环境热点问题在社区层面的协同增效。项目为此专门设计了湿地管理应对气候变化的相关活动，聘请了气候变化应对专家开展相关的活动，项目已开展的活动包括冻土研究、碳封存、评估碳汇等。这些活动不仅加强了湿地保护和恢复，还加强了项目的协同增效，完全符合全球环境基金关于鼓励不同领域结合的要求。

（10）项目重视全球效益，促进具有全球重要意义的湿地生物多样性保护。本项目将全球效益作为核心任务之一，从设计到实施都把全球效益作为重中之重。本项目将增加湿地保护地面积、助力保护地升级、提升湿地保护地管理水平作为主要目标，并且将应对气候变化、开展国际水域合作及举办援外的成果推介培训活动的湿地，以及那些具国际生物多样性保护意义的湿地，尤其是一些在国际迁徙鸟类中占有重要地位的湿地作为重点，如海南的东寨港国家级自然保护区。

（11）坚持政府主导、地方拥有、国际参与的项目实施模式。鉴于以往国际项目对政府决策的支持与影响力度不足的问题，项目从设计之初即与政府的湿地主管部门紧密联系，使政府部门从项目设计、实施、成果验收到成果使用全程参与并起主导作用。这不仅确保了项目活动与国家的优先任务完全一致，更为重要的是，保证了项目成果能够直接为政府部门所采纳。具体做法是，在项目在设计之初，政府部门即作为项目的有机组成部分参与设计。

（12）围绕公众开展活动，使项目影响落到实地。湿地的保护、修复与可持续利用是一个社会性问题，需要所有利益相关方的参与，尤其是生产生活与湿地相关的公众的参与，更是湿地保护成效的重要因素。为此，本项目围绕公众参与制订并实施了很多活动，提升了公众的意识和知识，调动了公众参与的积极性，主动配合及参与政府主导的湿地保护行动。具体活动包括：湖北项目支持的洪湖流域大湖"拆围"加强了湿地的保护。

第三节　湿地保护体系展望

GEF 中国湿地保护体系规划型项目旨在增强中国湿地保护体系管理有效性，减缓和降低湿地生物多样性面临的威胁。项目历经 5 年的实施，成果颇丰，成效显著，在推进湿地保护法制建设、创新管理机制、完善湿地保护修复制度、制定湿地保护管理技术指南、提高公众湿地保护意识、建立湿地管理示范模式和拓宽湿地保护国际合作等方面进行了积极的探索并取得了宝贵的经验。这些探索与经验都极大地促进了我国湿地保护体系建设，使我国的湿地保护与修复工作站在了一个新的、更高的起点上。

然而，不管是从国际还是国内层面来看，湿地保护依然是国际自然保护领域的薄弱环节。我国湿地面临面积减少、功能退化、生物多样性下降等突出问题，经济社会发展对湿地水、土地、生物资源的需求还将长期存在，湿地立法缺失、资金投入不足、科技支撑薄弱、湿地保护管理能力不强等在一定时期内还将制约湿地工作健康发展，到2020年湿地面积稳定在8亿亩的目标任重道远。在我国积极推进生态文明建设的大背景下，湿地保护正从"抢救性保护"向"全面保护"转变，急需进一步推进中国湿地保护体系建设。

首先，要顺应新时代的保护形势，继续扩大湿地保护面积，提高湿地保护率。当前我国的湿地保护体系尚存在很多保护空缺，一些关键物种的栖息地和代表性湿地生态系统尚未得到有效保护。未来应进一步增加湿地保护面积，提高湿地保护率，做到全面系统保护。为此，需要树立整体性保护的理念，加强湿地关键生态过程的保护。

其次，需要继续提升湿地保护体系的管理有效性。目前我国湿地保护体系在全国湿地保护管理工作中发挥着中坚作用，但很多湿地保护地仍然存在管理体制不顺畅、机构与人员管理能力不足、资金短缺、保护设施建设滞后、与周边社区协调不够等问题，严重制约了保护地体系管理有效性的发挥，影响了湿地保护效果。今后应采取多种手段和措施，如推进保护地升级、推动国际重要湿地提名、完善监测体系、加强人员培训与能力建设等，积极提高保护地体系的管理有效性。

再次，要继续推进湿地保护主流化进程。在我国工业化城镇化进程中，湿地面临的压力日益增大，进一步协调好湿地保护与经济发展的关系至关重要。今后应进一步将湿地保护纳入到其他相关部门的规划和计划中，将湿地保护作为其工作的优先事项。地方政府也应该积极承担起湿地保护的责任，将湿地保护落实到地方工作实践中。

最后，继续提高公众的湿地保护意识。随着社会经济的发展，人民生活水平的提高，公众对优美环境的需求越来越高，但依然对湿地的价值与功能认识不足。今后应加强湿地宣传教育、知识传播分享，提高公众参与湿地保护的积极性、主动性，使保护湿地成为公众的自觉行为。

第二章　湿地保护体系评价

　　我国湿地保护体系是指以湿地类型自然保护区为主体,自然保护区、湿地公园、自然保护小区等多种形式共同组成的保护地体系。如何认识湿地的价值?如何评估湿地现状与变化趋势?如何分析导致湿地变化的影响因素?要客观科学地回答上述问题,就需要开展湿地保护体系评价。

　　本章从湿地生态系统服务价值评估技术规程,我国提名国际湿地城市的认证过程,湿地保护工程效益评估及海岸线变化对滨海湿地影响等方面,探讨了湿地保护体系评价的具体内容与方法,并针对长江中下游湿地和滨海湿地进行案例分析。上述探索对完善湿地保护体系评价具有重要意义。

第一节　湿地生态系统服务价值评估技术规程

　　湿地是稀缺的自然资源,与人类的生存、繁衍、发展息息相关。湿地不仅直接为人类生产、生活提供了必要的天然食品和生产原料,而且具有涵养水源、净化水质、蓄洪防旱、控制土壤侵蚀、促淤造陆、调节气候和维护生物多样性等重要生态服务功能,湿地还为人类提供运动休闲、娱乐、游憩等服务场所。健康的湿地生态系统是国家生态安全的重要组成部分,是经济社会可持续发展的重要基础。

　　目前,我国已初步建立了以湿地类型自然保护区为主体,湿地公园、自然保护小区及其他保护形式为补充的湿地保护体系,全国湿地保护率为43.51%,其中自然湿地保护率为45.33%(国家林业局,2014)。随着社会经济的快速发展,我国湿地面临水质污染、过度捕捞和采集、围垦、外来物种入侵及工程建设占用五大威胁,党和国家领导高度重视湿地保护,确定了到2020年我国湿地保有量8亿亩的保护红线。

　　尽管我国已开展了大量有关自然资源和生态系统的经济价值评估研究,但是由于各项研究工作之间缺乏协同作用,特别是对湿地生态系统服务价值评估缺乏深入细致的研究,往往造成湿地生态系统服务评估价值大大超过补偿价值,评估数据的社会认可度低,无法使得湿地保护政策发生重大转变,建立"生态系统服务付费"的机制受到阻碍。建立科学的湿地生态系统服务价值评估方法及标准,合理评估湿地生态系统服务价值,正确认识湿地的重要性,对增强湿地保护意识、提高湿地保护能力具有重要的意义。

　　本研究以物质计量为基础开展湿地价值评估,从湿地产品、调节大气、水文调节、净化去污、拦截泥沙、消浪促淤护岸、休闲娱乐、环境教育、文化景观、维护生物多样性、生存栖息地等方面,构建和应用系统完整的湿地生态系统服务价值评估指标体系,反映了各项湿地生态系统服务功能,体现了湿地生态系统的类型和区域差异特点,保证了价值评估的客观合理性;适用于不同行政区单元、自然流域单元、保护管理主体单元或其他自然空间单元的湿地生态系统服务价值评估,体现了湿地保护在国家生态安全和生态文明建设中的地位和作用，逐步实现了对全国不同空间尺度的湿地生态系统服务进行全面、客观地分析评价，为各级政府和非政府组织加强湿地保护管理和合理利用提供决策依据。

一、评估现状分析

20 世纪初，美国为了给迁徙鸟类和其他珍稀动物提供栖息地而在全球率先开展了湿地评价。20 世纪 80 年代以来，许多国家的学者都进行了生态系统服务功能的量化研究。最初的模型仅能评价湿地的部分功能，故其评价结果只能表达湿地的部分价值。随着评价方法的不断完善，评价的空间区域和功能类型都有所扩展，一些定量分析法也逐渐引入。典型代表研究主要有：Costanza 等（1997）综合了国际上已经出版的各种不同方法对生态系统服务功能价值的评估研究结果，开展了对全球生物圈生态系统服务功能价值的估算，湿地生态系统服务价值评估是其中的一部分；自 2001 年《千年生态系统评估》项目宣布启动以来，95 个国家的 1300 多名科学家参与了生态系统服务功能价值的评估工作，在流域、国家及全球等不同尺度上同时开展，对推动生态系统服务功能价值评估与应用具有重要意义，同样该评估研究包括了湿地生态系统服务功能价值评估。

中国生态系统服务功能价值评估工作源于 20 世纪 80 年代初开始的森林资源价值核算研究。1995 年侯元兆等的《中国森林资源核算研究》，第一次比较全面地对中国森林资源涵养水源、防风固沙、净化空气价值进行了评估，拉开了我国生态系统服务功能价值评估的帷幕。湿地生态系统价值评估工作始于 21 世纪初期，李文华等的《生态系统服务功能价值评估的理论、方法与应用》，构建了生态系统服务功能价值评估方法体系，并对森林生态系统、草地生态系统、农田生态系统、湿地生态系统的服务功能价值进行了评估；孟庆义等的《北京水生态服务功能与价值》，建立了北京水生态服务功能价值评估指标体系和评估方法，核算了水生态系统服务功能价值，并提出了水生态服务管理对策；欧阳志云等《中国陆地生态系统服务功能及其生态经济价值的初步研究》，从生态系统的服务功能着手，探讨了中国生态系统的间接经济价值；谢高地等《中国自然草地生态系统服务价值》，在对草地生态系统服务价值根据其生物量订正的基础上，逐项估计了各类草地生态系统服务价值，得出全国草地生态系统每年的服务价值。同时，吕宪国、崔丽娟、庄大昌、张晓云、傅娇艳、曹春香等，也对湿地生态系统服务功能价值评估做了大量研究，研究的主流方法是依据《千年生态系统评估》所确定的方法，评估体系和指标因人而异，主要可以分为土地类型当量法、物质量价值估算法等，但缺乏被广泛认可的评估方法和指标体系。

本研究全面检索和收集了国际、国内有关湿地生态系统服务价值评估的方法、技术指标及有关技术标准规范，同时对比森林、草地等生态系统服务价值评估研究成果，评价当前湿地生态系统服务价值评估的基本观点、存在问题和价值评估与生态补偿标准的关系等，重点研究湿地生态系统服务价值评估对湿地生态效益补偿工作的支持作用。本研究调研了国内对湿地生态系统服务价值评估做过研究的中国科学院遥感与数字地球研究所、东北地理与农业生态研究所、地理科学与资源研究所、生态环境研究中心，中国林业科学研究院，北京林业大学等学术机构，与有关专家沟通交流，归纳了国内有关湿地生态系统服务价值评估技术方法、指标体系、评估参数等，确定了本项目湿地生态系统服务价值评估方法、评估程序、指标体系、参数采集、评估成果构成等。本研究确定了广泛认可的评估方法，作为《湿地生态系统服务价值评估技术规程》的基本方法，构建了系统完整的价值评估指标体系及其评估参数，明确了参数的采集方法，确定了《湿地生态系统服务价值评估技术规程》。

二、价值评估指标体系、价值类型与评估流程

（一）指标体系

湿地生态系统服务价值评估指标体系分为三级，一级指标 4 个、二级指标 11 个、三级指标 27 个。湿地生态系统服务价值评估指标体系详见图 2.1.1。

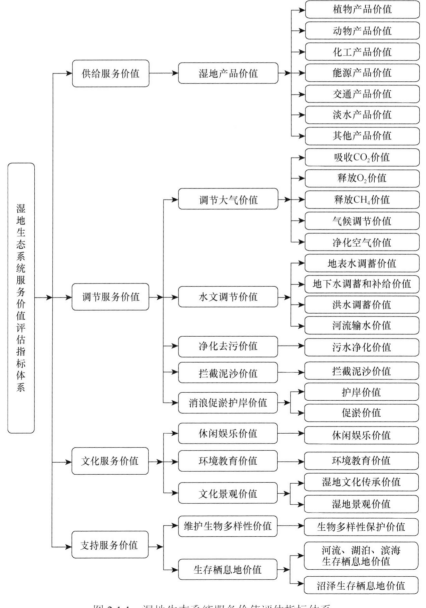

图 2.1.1　湿地生态系统服务价值评估指标体系

（二）价值类型

湿地作为一种重要的生态系统，其生态服务类型划分为供给服务、调节服务、文化服务和支持服务四大类，服务价值包括直接使用价值、间接使用价值、存在价值、选择价值。湿地生态系统服务价值评估指标体系和价值类型详见表 2.1.1。

表 2.1.1 湿地生态系统服务价值评估指标体系和价值类型

序号	服务类型	生态服务	释义	价值类型
1	供给服务	湿地产品	主要是指湿地生态系统向外界提供的植物产品、动物产品、化工产品、能源产品、交通产品、淡水产品，以及其他产品等	直接使用价值
2	调节服务	调节大气	主要指湿地生态系统通过吸收 CO_2 和释放 O_2、CH_4 等来调节大气组分和温室气体含量的服务。主要包括吸收 CO_2、释放 O_2、释放 CH_4、气候调节和净化空气等服务	间接使用价值
		水文调节	是指湿地生态系统通过渗透、输水、蓄水作用，具有的消洪、调节径流、补充地下水、输水等服务。主要包括地表水调蓄、地下水调蓄和补给、洪水调蓄、河流输水等服务	间接使用价值
		净化去污	主要指湿地植被对氮、磷等营养元素及重金属元素的吸收转化和滞留，实现水质、土壤净化的服务	间接使用价值
		拦截泥沙	主要指湿地生态系统通过减缓水流促进泥沙沉降，从而达到拦截泥沙的服务	间接使用价值
		消浪促淤护岸	主要指滨海湿地中潮间砂质和淤泥海岸、红树林沼泽等湿地生态系统具有较高的消浪促淤、抵御风暴潮的服务。主要包括护岸、促淤等服务	间接使用价值
3	文化服务	休闲娱乐	是指人们依托湿地景观及其生态环境开展旅游和休闲活动获得的身体和精神愉悦，恢复体能的服务	直接使用价值
		环境教育	是指湿地为人类提供环境教育和科研对象与场所产生的服务	直接使用价值
		文化景观	主要指湿地作为人类重要的精神文化源泉，提供人类科学与艺术创造灵感，孕育和发展不同地域、宗教和民俗文化等。包括湿地文化传承、湿地景观等服务	存在价值
4	支持服务	维护生物多样性	湿地是地球上生物多样性最丰富的生态系统之一，可提供极强地长期维护生物多样性的服务	选择价值
		生存栖息地	是指湿地为各类动植物的生存、繁衍提供了丰富的食物资源及多样化栖息与繁殖环境的服务	存在价值

（三）评估流程

1. 确定评估对象与范围

根据评估工作的目的和任务，以及实际的湿地生态系统类型及其分布特点，在地形图或卫星影像资料上确定评估对象及其具体范围界线。

2. 制定价值评估方案

结合具体的湿地生态系统的特点，依据本研究确定的《湿地生态系统服务价值评估技术规程》要求，制定具体的湿地生态系统服务价值评估方案。

3. 收集评估基础资料

根据湿地生态系统服务价值评估指标体系各参数统计计算的要求，广泛收集评估区域内湿地生态系统服务价值评估所需要的各种基础数据，特别是最新卫星影像资料、统计资料、长期定位监测资料等，确保数据的现势性和准确性。

4. 现地调查

结合已收集资料情况，按照湿地生态系统服务价值评估要求，在卫星影像图或地形图上布设野外现地调查的样线、样点，全面完成各类现地调查样点、样线数据的采集。

5. 资料分析整理

对所有收集和采集到的数据进行系统地整理、统计和分析。

6. 服务价值计算

根据《湿地生态系统服务价值评估技术规程》中各种服务价值的计算方法和分析整理的资料，计算和汇总评估范围内湿地生态系统服务价值。

7. 价值评估报告编制

按照规定格式编写价值评估报告。湿地生态系统服务价值评估流程图见图 2.1.2。

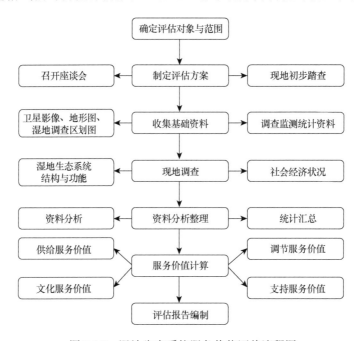

图 2.1.2　湿地生态系统服务价值评估流程图

三、评估数据的调查与采集

（一）湿地产品

1. 植物产品

查阅当地近三年统计资料，结合现地调查，获得木材、薪柴年产量及饲草料、芦苇、稻、莲藕、菱角、芡实、藻类和水生花卉等年产量，也可根据相关监测资料统计分析获取，除木材和薪柴外，植物产品数量以近三年平均值计。

植物产品必须是评估区域内直接生产的，产品产量是直接获取的，也可通过调查种植面积（hm^2）和单位面积产量（m^3/hm^2、t/hm^2、kg/hm^2）来计算。年木材产量根据采伐乔木林面积（hm^2）、单位面积蓄积量（m^3/hm^2）、出材率等计算；年薪柴产量根据灌木林面积（hm^2）、单位面积年产薪柴量（m^3/hm^2 或 t/hm^2）等计算；饲草料、芦苇、稻、莲藕、菱角、芡实、藻类及水生花卉等以近三年收获的植物产品产量平均值作为其年产量。单价以现地调查为主，若无法现地获得可参考公用参数。

2. 动物产品

查阅当地近三年统计资料，结合现地调查，获得鱼类、虾类、贝类、蟹类、珍珠、鸭、鹅等年产量，也可根据相关监测资料统计分析获取，动物产品产量以近三年平均值计。

动物产品必须是评估区域内直接生产的，产品产量是直接获取的，也可通过调查养殖面积（hm^2）和单位面积年提供商品产量（t/hm^2、kg/hm^2）来计算。单价以现地调查为主，若无法现地获得可参考公用参数。

3. 化工产品

查阅当地近三年统计资料，结合现地调查，获得盐、硝等化工产品年产量（t 或 kg）和单价，也可根据相关监测资料统计分析获取，化工产品产量以近三年平均值计。

化工产品必须是评估区域内直接生产的，产品产量是直接获取的。单价以现地调查为主，若无法现地获得可参考公用参数。

4. 能源产品

查阅当地近三年统计资料，结合现地调查，获得评估区域内年发电量，也可根据相关监测资料统计分析获取，能源产品产量以近三年发电量平均值计。

水力发电量必须是从评估区域内生产的能源产品。收集电站装机容量（万 kW）、年发电量（万 kW·h）等数据。单价以现地调查为主，若无法现地获得可参考公用参数。

5. 交通产品

查阅当地近三年统计资料，结合现地调查，获得水上货运、客运数量或航运总里程，也可根据相关监测资料统计分析获取，交通产品数量以近三年水上货运、客运数量平均值计。

航运总里程必须是评估区内实际航道长度（km），货运（t）、客运（人）数量是每年实际通过评估区域航道上的交通产品数量。单价以现地调查为主，若无法现地获得可参考公用参数。

6. 淡水产品

查阅当地近三年统计资料，结合现地调查，获得评估区域湿地供应工业、农业和城镇居民生活使用的淡水总量，也可根据相关监测资料统计分析获取，淡水产品数量以近三年工业、农业和城镇居民生活使用的淡水数量平均值计。

淡水产品数量是从评估区域内直接服务于居民生活用水和产业用水。居民生活用水分城镇居民生活用水和农村居民生活用水，产业用水分为第一产业（农业）用水、第二产业（工业）用水和第三产业（行政事业、工商业、餐饮业、洗浴业、环境用水等）用水，单位采用（m^3 或 t）。单价以现地调查为主，若无法现地获得可参考公用参数。

7. 其他产品

查阅当地近三年统计资料，结合现地调查，获得其他产品数量和单价，也可根据相关监测资料统计分析获取，其他产品数量以近三年平均值计。

根据评估区域实际情况，不包括在上述 6 种湿地产品中的、对价值计算结果影响比较大的其他产品，可以自行补充。

（二）调节大气

1. 吸收 CO_2

采用遥感影像解译方法，区划判读评估区域不同湿地类型，求算各湿地类型面积（hm^2）；调查收集评估区域不同湿地类型中各类湿地植被及浮游植物单位面积净初级生产力（t/hm^2），将各湿地类型面积与单位面积净初级生产力相乘得到不同湿地类型年生物量（干重 t）。若无法获取评估区域内不同湿地类型的净初级生产力，可以参考公用参数。

参照近海浮游植物的光合作用方程，浮游植物每生产 1g 干物质能固定 3.67g CO_2，释放 2.67g O_2；根据光合作用方程，湿地植被每生产 1g 干物质能固定 1.63g CO_2，释放 1.20g O_2。初级产品干湿比按 1∶20 计算，碳税标准为 700 元/t。

年吸收 CO_2 量（t）= 浮游植物年生物量（干重 t）×3.67+湿地植被年生物量（干重 t）×1.63

2. 释放 O_2

采用遥感影像解译方法，区划判读评估区域不同湿地类型，求算各湿地类型面积（hm^2）；调查收集评估区域不同湿地类型中各类湿地植被及浮游植物单位面积净初级生产力（t/hm^2），将各湿地类型面积与单位面积净初级生产力相乘得到不同湿地类型年生物量（干重 t）。若无法获取评估区域内不同湿地类型的净初级生产力，可以参考公用参数。

参照近海浮游植物的光合作用方程，浮游植物每生产 1g 干物质能固定 3.67g CO_2，释放 2.67g O_2。根据光合作用方程，湿地植被每生产 1g 干物质能固定 1.63g CO_2，释放 1.20g O_2。初级产品干湿比按 1∶20 计算，工业制氧价格为 400 元/t。

年释放 O_2 量（t）= 浮游植物年生物量（干重 t）×2.67+湿地植被年生物量（干重 t）×1.20

3. 释放 CH_4

采用遥感影像解译方法，区划判读评估区域泥炭沼泽，求算评估区域泥炭沼泽面积

（hm²），也可根据相关监测资料分析获取，计算出每年评估区域内泥炭沼泽释放的 CH_4 量（t）。然后按照 CH_4-C 与 CO_2-C 的换算系数 2.75 将碳税标准 700 元/t 进行转换，计算释放 CH_4 价值。若无法获取每年评估区域内泥炭沼泽释放的 CH_4 量，也可以采用公用参数。

4. 气候调节

通过现地调查或查阅当地统计资料，获得评估区域多年平均河流、湖泊、库塘水面蒸发量（mm）及水面面积（hm²），计算水面蒸发所吸收的热量和水面蒸发的水量。

湿地生态系统水面蒸发吸收热量可以调节温度和空气湿度。年吸收热量（J）=多年平均水面蒸发量（mm 换算为 m）×水面面积（hm² 换算为 m²）×1000（t 换算为 kg）×水的汽化热（$2.26×10^6$J/kg）。年增加空气湿度（水汽 m³）=多年平均水面蒸发量（mm 换算为 m）×水面面积（hm² 换算为 m²）。

水面蒸发降低气温的价值按照减少的空调制冷消耗进行计算，空调的能效比为 3.0，1kW·h=$3.6×10^6$J。水面蒸发增加大气湿度的价值采用减少的加湿器使用消耗进行计算，以市场上常见的家用加湿器 32W 来计算，将 1m³ 水转化为蒸汽耗电量约为 125kW·h。电价采用当地居民生活平均电价或参照公用参数。

5. 净化空气

通过现地调查或查阅当地统计资料，获得评估区域多年平均河流、湖泊、库塘水面面积（hm²），以及评估区域平均负离子浓度（个/cm³）和月均单位面积降尘量[t/（km²·月）]，分别计算河流、湖泊、库塘增加负离子量（个）和降低粉尘数量（kg），也可根据相关监测统计资料分析获取。评估区域平均负离子浓度（个/cm³）和月均单位面积降尘量[t/（km²·月）]无法获取时可以参照邻近区域或相似区域数据。

空气负离子：实际测定表明，溪流、瀑布等有流动水的附近，空气负离子浓度比平均空气负离子浓度高出 5～8 倍，比有林地区的平均浓度高出 3～4 倍。净化空气价值按照流动水面空气中所含负离子数量价值计算。年负离子总数（个）=河流、湖泊、库塘水面面积（m²）×高度（河流、湖泊、库塘上方 10m）×1 000 000（m³ 换算为 cm³）×平均负离子浓度（732 个/cm³）×倍数（一般取下限 5）。

大气降尘：指大气中自然降落于地面上的颗粒物，其粒径多在 10μm 以上，用每月降落于单位面积地面上颗粒物的重量表示[t/（km²·月）]，是大气监测的重要内容。湿地吸收降尘、净化空气价值按照湿地吸收的降尘量（t）计算。年降尘总量（t）=评估区域月平均降尘量[t/（km²·月）]×评估区域河流、湖泊、库塘面积（hm²）/100（hm² 换算为 km²）。

依据相关研究，负离子生成的单位价值为 2.08 元/10^{10} 个，降低粉尘单位价值为 150 元/t。

（三）水文调节

1. 地表水调蓄

查阅当地河流、湖泊水文监测统计资料，结合现地调查资料，获得评估区域地表水资源总量（m^3）及当地地表水单位调蓄水价（元/m^3）。地表水资源总量以近三年平均值计。单位调蓄水价采用当地综合水价。

2. 地下水调蓄和补给

查阅当地河流、湖泊水文监测统计资料，结合现地调查资料，获得评估区域地下水资源总量（m^3）和地下水单位调蓄水价（元/m^3），地下水资源总量以近三年平均值计。

地下水调蓄和补给分为地下水调蓄和地下水补给机会成本两部分。

地下水调蓄量：由于一般地区都是降雨量小于水面蒸发量。因此，地下水调蓄价值计算中，使用年地下水资源量作为地下水调蓄量（m^3）。若评估区域缺少地下水资源量时，可以利用评估区域所属地单位面积平均地下水资源量与评估区域面积计算获得。单位调蓄水价采用当地综合水价。

地下水补给机会成本：将回补的地下水量（m^3）按照评估区域面积（m^2），换算成深度（m），如没有该水资源回补地下，则地下水埋深就会增加相应深度，即抽取地下水时扬程就会增加相应高度，多付出的成本即为地下水补给机会成本。单位补给机会成本大致为 0.40 元/m^3。

3. 洪水调蓄

查阅当地河流、湖泊水文监测统计资料，结合现地调查资料，获得评估区域河流长度、宽度、洪水流量、洪水频率及水库防洪库容和人工水渠与坑塘、稻田等面积，计算评估区域湿地洪水调蓄能力。洪水调蓄能力以近三年平均值计。

洪水调蓄能力是通过衡量湿地水体能够容纳调蓄的洪水量来体现的，湿地包括水库、河流、湖泊、人工水渠和坑塘、稻田。河道调蓄量根据河道长度、宽度、调蓄深度计算，调蓄深度一般取 1～3m，年调蓄量（m^3）=河道长度（m）×河道宽度（m）×河道调蓄深度（m）；水库具有一定的调蓄库容，根据统计资料可以获取评估区域内水库的防洪库容（m^3）；其他湿地（人工水渠和坑塘、稻田等）调蓄能力稍弱，调蓄深度一般取0.5～1.0m，年调蓄量（m^3）=（人工水渠和坑塘+稻田）面积（m^2）×湿地调蓄深度（m）。

4. 河流输水

查阅当地河流水文监测统计资料，结合现地调查资料，获得评估区域河流年平均径流量（m^3）、河道长度（km），计算评估区域河流年平均输水能力，河流年平均径流量以近三年平均值计。如果没有评估区域河流年平均径流量，而有其上游和下游的河流年平均径流量，可根据河流长度采用内插法求算评估区域河流年平均径流量。

河流年平均输水量=河流年平均径流量（m^3）×河道长度（km）

（四）净化去污

查阅当地环境监测统计资料，结合现地调查，获得每年向评估区域湿地排放的污水数量（m^3）、污染物的含量和当地污水处理厂的污水处理单位成本（元/m^3），如实际排入湿地污水数量大于评估区域湿地纳污能力，计算时采用最大纳污能力值，反之则采用实际排入湿地的污水数量计算。

（五）拦截泥沙

通过遥感影像解译或现地调查获取评估区域湿地拦截泥沙范围及泥沙沉积厚度，计算出每年拦截泥沙数量（m³），同时调查当地人工和机械清运泥沙单位成本（元/m³）。也可以根据评估区域内河流年输沙量，推算每年拦截泥沙数量（m³）。

（六）消浪促淤护岸

1. 护岸

通过遥感影像解译或现地调查获取评估区域海岸线总长度（km）和所在地区单位面积国内生产总值（元/km²），计算出受侵蚀海岸线面积（km²）。或现地调查受侵蚀海岸线面积（km²）。

2. 促淤

通过遥感影像解译或现地调查获取评估区域由于淤积新增的陆地面积（km²）和所在地区单位面积国内生产总值（元/km²）。

（七）休闲娱乐

调查收集评估区域年旅游总人次（人次）、旅游人均消费（元/人）、旅游总收入、旅游收入结构，统计分析旅游人均消费时要从中扣除环境教育所占份额。旅游总人次和旅游人均消费以近三年平均值计。

湿地生态系统价值贡献系数可根据评估区域湿地面积占评估区域总面积的比例得到，旅游人均消费以现地调查为准。

（八）环境教育

调查收集评估区域年环境教育人数（科学考察、中小学生科普教育、摄影爱好者、湿地观鸟者等）、距离省会城市的千米数和湿地面积。湿地环境教育价值区位调节系数根据评估区域距离省会城市的距离和湿地管理类别查公共参数表得到。湿地环境教育平均价值以现地调查为准。

（九）文化景观

1. 湿地文化传承

湿地文化传承单位价值采用当地或相近区域已有研究成果，湿地文化传承价值调节系数依据评估区域的主体湿地类型查公用参数表得到。

2. 湿地景观

湿地景观单位价值采用当地或相近区域已有研究成果，湿地景观价值调节系数依据评估区域的主体湿地类型查公用参数表得到。

（十）维护生物多样性

调查收集评估区域内野生鸟类种数及分布、野生维管植物种数及分布和所在行政省份内野生鸟类种数与野生维管植物种数。

湿地生物多样性评估指标将物种多样性和生态系统多样性作为一级指标，下设二、三级亚指标，用生物多样性指数（BI）表征生物多样性。

生物多样性指数（BI）计算公式如下。

BI =（A 物种多样性+ B 生态系统多样性）/10=[（A_1 物种多度+ A_2 物种相对丰度+ A_3 物种稀有性）+（B_1 物种地区分布+ B_2 生境类型+ B_3 人类威胁）]/10 = [（A_{11} 维管植物种数+ A_{12} 鸟类种数+ A_{21} 维管植物种数在行政省份内的占比+ A_{22} 鸟类种数在行政省份内的占比+ A_{31} 珍稀植物+ A_{32} 珍稀鸟类）+（B_{11} 50%以上的维管植物广布性+ B_{12} 50%以上的鸟类广布性+ B_{21} 生境稀有性+ B_{22} 生境多样性+ B_{31} 生境开发强度+ B_{32} 周边生境类型）]/10

按照公共参数表和上面公式计算得到评估区域生物多样性指数（BI）。

根据评估区域生物多样性指数（BI），查公共参数表获得对应的单位面积价值，单位面积价值中 R 为物价指数，由湿地面积和单位面积价值计算维护生物多样性价值。

（十一）生存栖息地

1. 河流、湖泊、滨海生存栖息地

查阅当地环境监测统计公报资料，收集评估区域内水质等级。水质等级价值系数依据评估区域的水质等级查公用参数表得到。河流、湖泊、滨海生存栖息地单位价值采用当地或相近区域已有研究成果。

2. 沼泽生存栖息地

通过遥感影像解译或现地调查获取评估区域内生境类型数量（个）或植被总盖度（%），沼泽湿地生境多样性价值调节系数依据评估区域的生境类型数或植被总盖度查公用参数表得到。沼泽生存栖息地单位价值采用当地或相近区域已有研究成果。

四、评估价值计算

（一）供给服务价值

湿地产品价值计算公式为

$$V_1 = V_{11} + V_{12} + V_{13} + V_{14} + V_{15} + V_{16} + V_{17} \qquad (2.1.1)$$

式中，V_1 为湿地产品价值；V_{11} 为植物产品价值；V_{12} 为动物产品价值；V_{13} 为化工产品价值；V_{14} 为能源产品价值；V_{15} 为交通产品价值；V_{16} 为淡水产品价值；V_{17} 为其他产品价值。

1）植物产品价值

植物产品包括木材、薪柴、饲草料、芦苇、稻、莲藕、菱角、芡实、藻类、水生花

卉等，价值计算公式为

$$V_{11} = \sum_{i=1}^{n} Y_{11i} \times P_{11i} \qquad (2.1.2)$$

式中，V_{11} 为植物产品价值；Y_{11i} 为第 i 种植物产品产量年平均值；P_{11i} 为第 i 种植物产品单价；i 为湿地植物产品种类。主要湿地植物产品单价以当地调查价格为准或参考公共参数。

2）动物产品价值

动物产品包括湿地水生动物产品和畜产品等，如鱼类、虾类、贝类、蟹类、珍珠、鸭、鹅等。动物产品价值计算公式为

$$V_{12} = \sum_{i=1}^{n} Y_{12i} \times P_{12i} \qquad (2.1.3)$$

式中，V_{12} 为动物产品价值；Y_{12i} 为第 i 种动物产品产量年平均值；P_{12i} 为第 i 种动物产品单价；i 为湿地动物产品种类。主要湿地动物产品单价以当地调查价格为准或参考公共参数。

3）化工产品价值

化工产品包括湿地中生产的盐、硝等化工原料产品。化工产品价值计算公式为

$$V_{13} = \sum_{i=1}^{n} Y_{13i} \times P_{13i} \qquad (2.1.4)$$

式中，V_{13} 为化工产品价值；Y_{13i} 为第 i 种化工产品产量年平均值；P_{13i} 为第 i 种化工产品单价；i 为湿地化工产品种类。主要湿地化工产品单价以当地调查价格为准或参考公共参数。

4）能源产品价值

能源产品主要是指利用湿地水资源建立水电站所发的电。能源产品价值计算公式为

$$V_{14} = Y_{14} \times P_{14} \qquad (2.1.5)$$

式中，V_{14} 为能源产品价值；Y_{14} 为发电量年平均值；P_{14} 为入网平均电价或直接用户使用电价。入网平均电价使用调查价格，直接用户电价以当地调查价格为准或参考公共参数。

5）交通产品价值

交通产品主要是指水上货运和客运等。交通产品价值计算公式为

$$V_{15} = \sum_{i=1}^{n} Y_{15i} \times P_{15i} \qquad (2.1.6)$$

式中，V_{15} 为交通产品价值；Y_{15i} 为第 i 种交通产品数量年平均值；P_{15i} 为第 i 种交通产品单价；i 为湿地交通产品种类。主要湿地交通产品单价以当地调查价格为准或参考公共参数。

6）淡水产品价值

淡水产品包括工业、农业、第三产业和城镇及农村居民生活使用的淡水。淡水产品价值计算公式为

$$V_{16} = \sum_{i=1}^{n} Y_{16i} \times P_{16i} \qquad (2.1.7)$$

式中，V_{16} 为淡水产品价值；Y_{16i} 为第 i 类用户淡水用量年平均值；P_{16i} 为第 i 类用户淡水产品单价；i 为淡水用户种类。各类用户淡水单价以当地调查价格为准或参考公共参数。

7）其他产品价值

以上 6 类湿地产品之外的其他产品价值计算。其他产品价值计算公式为

$$V_{17} = \sum_{i=1}^{n} Y_{17i} \times P_{17i} \qquad (2.1.8)$$

式中，V_{17} 为湿地其他产品价值；Y_{17i} 为第 i 种湿地其他产品产量年平均值；P_{17i} 为第 i 种湿地其他产品单价；i 为湿地其他产品种类。

（二）调节服务价值

1. 调节大气价值

调节大气价值计算公式为

$$V_{21} = V_{211} + V_{212} - V_{213} + V_{214} + V_{215} \qquad (2.1.9)$$

式中，V_{21} 为调节大气价值；V_{211} 为吸收 CO_2 价值；V_{212} 为释放 O_2 价值；V_{213} 为释放 CH_4 价值；V_{214} 为气候调节价值；V_{215} 为净化空气价值。

1）吸收 CO_2 价值

不同湿地类型吸收 CO_2 价值计算公式为

$$V_{211} = \sum_{i=1}^{n} A_{211i} \times Y_{211i} \times 700 \qquad (2.1.10)$$

式中，V_{211} 为吸收 CO_2 价值；A_{211i} 为评估区域不同湿地类型面积（hm^2）；Y_{211i} 为不同湿地类型单位面积吸收 CO_2 量 [$t/(hm^2 \cdot a)$]；碳税标准为 700 元/t；i 为评估区域不同湿地类型；a 代表年（以下相同）。

2）释放 O_2 价值

不同湿地类型释放 O_2 价值计算公式为

$$V_{212} = \sum_{i=1}^{n} A_{212i} \times Y_{212i} \times 400 \qquad (2.1.11)$$

式中，V_{212} 为释放 O_2 价值；A_{212i} 为评估区域不同湿地类型面积（hm^2）；Y_{212i} 为不同湿地类型单位面积释放 O_2 量 [$t/（hm^2 \cdot a$)]；工业制氧价格为 400 元/t；i 为评估区域不同湿

地类型。

3）释放 CH_4 价值

不同评估区域泥炭沼泽释放 CH_4 价值（负价值）计算公式为

$$V_{213} = Y_{213} \times P_{213} \times 700 \times 2.75 \qquad (2.1.12)$$

式中，V_{213} 为释放 CH_4 价值；Y_{213} 为评估区域泥炭沼泽面积（hm^2）；P_{213} 为评估区域单位面积 CH_4 排放量（t/hm^2），单位面积 CH_4 排放量以调查数据为准或参考公共参数；碳税标准为 700 元/t；2.75 为 CH_4 与 CO_2 换算系数。

4）气候调节价值

气候调节价值即湿地水面蒸发调节气候价值，包括降低气温价值和增加大气湿度价值，计算公式为

$$V_{214} = (Y_{2141} \times P_{214}) / (3.6 \times 10^6 \times \alpha) + \beta Y_{2142} \times P_{214} \qquad (2.1.13)$$

式中，V_{214} 为气候调节价值；α 为空调能效比（取 3.0；徐丽红，2008）；β 为 $1m^3$ 水蒸发的耗电量（取 125kW·h；刘晓丽等，2006）；Y_{2141} 为河流、湖泊、库塘蒸发所吸收的热量（J）；Y_{2142} 为河流、湖泊、库塘水面蒸发的水量（m^3）；P_{214} 为电价 [元/（kW·h）]。$1kW·h = 3.6 \times 10^6 J$，电价采用当地居民生活平均电价或参照公用参数。

5）净化空气价值

净化空气价值包括增加负离子价值和降低粉尘价值，计算公式为

$$V_{215} = V_{2151} + V_{2152} \qquad (2.1.14)$$

式中，V_{215} 为净化空气价值；V_{2151} 为增加负离子价值；V_{2152} 为降低粉尘价值。

a. 增加负离子价值

增加负离子价值计算公式为

$$V_{2151} = Y_{2151} \times P_{2151} \qquad (2.1.15)$$

式中，V_{2151} 为增加负离子价值；Y_{2151} 为评估区域河流、湖泊、库塘水面增加的负离子量（10^{10} 个）；P_{2151} 为负离子生成的单位价值（根据市场上负离子发生器产生负离子所需费用，得出负离子生成单位价值为每 10^{10} 个 2.08 元）。

b. 降低粉尘价值

降低粉尘价值计算公式如下：

$$V_{2152} = Y_{2152} \times P_{2152} \qquad (2.1.16)$$

式中，V_{2152} 为降低粉尘价值；Y_{2152} 为评估区域河流、湖泊、库塘降低粉尘数量；P_{2152} 为降低粉尘单位价值（参照工业粉尘处理成本，降低粉尘的单位价值为 150 元/t）。

2. 水文调节价值

水文调节价值计算公式为

$$V_{22} = V_{221} + V_{222} + V_{223} + V_{224} \qquad (2.1.17)$$

式中，V_{22} 为水文调节价值；V_{221} 为地表水调蓄价值；V_{222} 为地下水调蓄和补给价值；V_{223} 为洪水调蓄价值；V_{224} 为河流输水价值。

1）地表水调蓄价值

地表水调蓄价值计算公式如下：

$$V_{221} = Y_{221} \times P_{221} \qquad (2.1.18)$$

式中，V_{221} 为地表水调蓄价值；Y_{221} 为评估区域地表水资源总量（m³）；P_{221} 为地表水单位调蓄价格（元/m³）。

2）地下水调蓄和补给价值

地下水调蓄和补给价值计算公式为

$$V_{222} = V_{2221} + V_{2222} \qquad (2.1.19)$$

式中，V_{222} 为地下水调蓄和补给价值；V_{2221} 为地下水调蓄价值；V_{2222} 为地下水补给价值。

a. 地下水调蓄价值

地下水调蓄价值计算公式如下：

$$V_{2221} = Y_{2221} \times P_{2221} \qquad (2.1.20)$$

式中，V_{2221} 为地下水调蓄价值；Y_{2221} 为评估区域地下水资源总量（m³）；P_{2221} 为地下水单位调蓄价格（元/m³）。地下水单位调蓄价格采用当地综合水价（元/m³）。

b. 地下水补给价值

地下水补给价值计算公式如下：

$$V_{2222} = Y_{2222} \times P_{2222} \qquad (2.1.21)$$

式中，V_{2222} 为地下水补给价值；Y_{2222} 为评估区域地下水资源总量（m³）；P_{2222} 为单位补给机会成本（0.40 元/m³）。

3）洪水调蓄价值

洪水调蓄价值计算公式为

$$V_{223} = Y_{223} \times P_{223} \qquad (2.1.22)$$

式中，V_{223} 为洪水调蓄价值；Y_{223} 为评估区域洪水调蓄能力（m³）；P_{223} 为单位水库库容造价。水库建设单位库容投资为 6.11 元/m³。

4）河流输水价值

河流输水价值计算公式为

$$V_{224} = Y_{224} \times P_{224} \qquad (2.1.23)$$

式中，V_{224} 为河流输水价值；Y_{224} 为评估区域河流年平均输水量（m³·km）；P_{224} 为单位输水价格 [元/（m³·km）]。评估区域单位输水价格以现地调查为准。

3. 净化去污价值

污水净化价值计算公式为

$$V_{23} = Y_{23} \times P_{23} \qquad (2.1.24)$$

式中，V_{23} 为污水净化价值；Y_{23} 为评估区域年平均净化污水量（m³）；P_{23} 为污水处理单位成本（元/ m³）。评估区域污水处理单位成本以现地调查为准。

4. 拦截泥沙价值

拦截泥沙价值计算公式为

$$V_{24} = A_{24} \times Y_{24} \times P_{24} \qquad (2.1.25)$$

式中，V_{24} 为拦截泥沙价值；A_{24} 为泥沙沉积区面积（m²）；Y_{24} 为泥沙沉积平均厚度（m）；P_{24} 为清运泥沙单位价值（元/m³）。评估区域清运泥沙单位价值以现地调查为准。

5. 消浪促淤护岸价值

消浪促淤护岸价值计算公式为

$$V_{25} = V_{251} + V_{252} \qquad (2.1.26)$$

式中，V_{25} 为消浪促淤护岸价值；V_{251} 为护岸价值；V_{252} 为促淤价值。

1）护岸价值

滨海湿地护岸价值计算公式为

$$V_{251} = A_{251} \times P_{251} \qquad (2.1.27)$$

式中，V_{251} 为护岸价值；A_{251} 为受侵蚀海岸区域总面积（km²）；P_{251} 为单位面积国内生产总值（元/km²）。

2）促淤价值

滨海湿地促淤价值计算公式为

$$V_{252} = A_{252} \times P_{252} \qquad (2.1.28)$$

式中，V_{252} 为促淤价值；A_{252} 为新增陆地面积（km²）；P_{252} 为单位面积国内生产总值（元/km²）。

（三）文化服务价值

1. 休闲娱乐价值

休闲娱乐价值计算公式为

$$V_{31} = Y_{31} \times P_{31} \times R_{31} \qquad (2.1.29)$$

式中，V_{31} 为休闲娱乐价值；Y_{31} 为评估区域年平均旅游人数（人次）；P_{31} 为旅游人均消费（元/人次）；R_{31} 为湿地生态系统价值贡献系数。旅游人均消费以当地调查价格为准或参考全国旅游人均消费（已扣除环境教育价值）903 元/人次（2013 年）。湿地生态系统价值贡献系数用湿地面积占评估区域总面积比例表示。

2. 环境教育价值

环境教育价值计算公式为

$$V_{32} = A_{32} \times P_{32} \times R_{32} \tag{2.1.30}$$

式中，V_{32} 为环境教育价值；A_{32} 为评估区域湿地面积（hm^2）；P_{32} 为湿地环境教育平均价值（元/hm^2）；R_{32} 为湿地环境教育价值区位调节系数。环境教育平均价值以当地调查价格为准或参考全国湿地环境教育平均价值 382 元/hm^2；湿地环境教育价值区位调节系数依据评估区域距离省会城市距离和湿地管理类别参考公共参数得到。

3. 文化景观价值

文化景观价值计算公式为

$$V_{33} = V_{331} + V_{332} \tag{2.1.31}$$

式中，V_{33} 为文化景观价值；V_{331} 为湿地文化传承价值；V_{332} 为湿地景观价值。

1）湿地文化传承价值

湿地文化传承价值计算公式为

$$V_{331} = A_{331} \times Y_{331} \times P_{331} \tag{2.1.32}$$

式中，V_{331} 为湿地文化传承价值；A_{331} 为评估区域湿地面积（hm^2）；Y_{331} 为湿地文化传承价值调节系数；P_{331} 为湿地文化传承单位价值。湿地文化传承单位价值采用当地或相近区域已有研究成果，湿地文化传承价值调节系数依据评估区域的主体湿地类型查公用参数表得到。

2）湿地景观价值

湿地景观价值计算公式为

$$V_{332} = A_{332} \times Y_{332} \times P_{332} \tag{2.1.33}$$

式中，V_{332} 为湿地景观价值；A_{332} 为评估区域湿地面积（hm^2）；Y_{332} 为湿地景观价值调节系数；P_{332} 为湿地景观单位价值。湿地景观单位价值采用当地或相近区域已有研究成果，湿地景观价值调节系数依据评估区域的主体湿地类型查公用参数表得到。

（四）支持服务价值

1. 维护生物多样性价值

生物多样性保护价值计算公式为

$$V_{41} = A_{41} \times P_{41} \tag{2.1.34}$$

式中，V_{41} 为生物多样性保护价值；A_{41} 为评估区域湿地面积（hm^2）；P_{41} 为评估区域单位面积生物多样性保护价值（元/hm^2）。

2. 生存栖息地价值

生存栖息地价值计算公式为

$$V_{42} = V_{421} + V_{422} \tag{2.1.35}$$

式中，V_{42} 为生存栖息地价值；V_{421} 为河流、湖泊、滨海生存栖息地价值；V_{422} 为沼泽生存栖息地价值。

1）河流、湖泊、滨海生存栖息地价值

评估区域河流、湖泊、滨海生存栖息地价值计算公式为

$$V_{421} = A_{421} \times Y_{421} \times P_{421} \qquad (2.1.36)$$

式中，V_{421} 为河流、湖泊、滨海生存栖息地价值；A_{421} 为评估区域河流、湖泊、滨海生存栖息地面积（hm^2）；Y_{421} 为水质等级价值调节系数；P_{421} 为河流、湖泊、滨海生存栖息地单位价值。水质等级价值系数依据评估区域的水质等级查公用参数表得到，河流、湖泊、滨海生存栖息地单位价值采用当地或相近区域已有研究成果。

2）沼泽生存栖息地价值

沼泽生存栖息地价值计算公式为

$$V_{422} = A_{422} \times Y_{422} \times P_{422} \qquad (2.1.37)$$

式中，V_{422} 为沼泽生存栖息地价值；A_{422} 为评估区域沼泽面积（hm^2）；Y_{422} 为沼泽湿地生境多样性价值调节系数；P_{422} 为沼泽生存栖息地单位价值。沼泽湿地生境多样性价值调节系数依据评估区域的生境类型数或植被总盖度查公用参数表得到，沼泽生存栖息地单位价值采用当地或相近区域已有研究成果。

（五）评估价值汇总

评估区域湿地生态系统服务价值采用表 2.1.2 进行汇总计算。

表 2.1.2　评估区域湿地生态系统服务价值汇总表

价值类别		产品类别	物质量		价值/万元	
			单位	数量	单价	分项价值
供给服务价值	湿地产品价值	植物产品	t、kg			
		动物产品	t、kg			
		化工产品	t			
		能源产品	kW·h			
		交通产品	人·km、t·km			
		淡水产品	t			
		其他产品				
调节服务价值	调节大气价值	吸收 CO_2	t			
		释放 O_2	t			
		释放 CH_4	t			
		气候调节	kW·h、m^3			
	净化空气	增加负离子	10^{10} 个			
		降低粉尘	t			
	水文调节价值	地表水调蓄	m^3			
	地下水调蓄和补给	地下水调蓄	m^3			
		地下水补给	m^3			

价值类别		产品类别	物质量		价值/万元	
			单位	数量	单价	分项价值
调节服务价值	水文调节价值	洪水调蓄	m³			
		河流输水	m³·km			
	净化去污价值	污水净化	m³			
	拦截泥沙价值	拦截泥沙	m³			
	消浪促淤护岸价值	护岸	km²			
		促淤	km²			
文化服务价值	休闲娱乐价值	休闲娱乐	人次			
	环境教育价值	环境教育	人次			
	文化景观价值	湿地文化传承	hm²			
		湿地景观	hm²			
支持服务价值	维护生物多样性价值	生物多样性保护	BI			
	生存栖息地价值	河流、湖泊、滨海生存栖息地	hm²			
		沼泽生存栖息地	hm²			
总价值/（万元/a）						
单位面积价值/［万元/（hm²·a）］						

五、评估案例

（一）安徽升金湖国家级自然保护区湿地生态系统服务价值评估

安徽升金湖国家级自然保护区湿地生态系统服务总价值为 402 319.72 万元/a，单位湿地面积服务价值为 28.82 万元/（hm²·a）。升金湖保护区湿地生态系统服务总价值包括供给服务价值、调节服务价值、文化服务价值、支持服务价值 4 个方面。

1. 供给服务价值

升金湖保护区湿地生态系统向外界提供的产品主要分为：植物产品、动物产品和淡水产品三类，供给服务总价值为 26 868.46 万元/a，详见表 2.1.3。

表 2.1.3　安徽升金湖国家级自然保护区湿地生态系统供给服务价值表

价值类别	产品类型	价值/（万元/a）	总价值/（万元/a）
供给服务	植物产品　水稻	19 500.16	26 868.46
	动物产品　鱼、虾、蟹、其他水产品	7 158.92	
	淡水产品　农业灌溉和人居用水	209.38	

1）植物产品价值

升金湖保护区内水稻种植面积为 5416.71hm²，主要是两季稻和三季稻，每季亩产约400kg，湿地生态系统提供植物产品价值为 19 500.16 万元/a。

2）动物产品价值

升金湖保护区内主要动物产品有鱼类、虾类、蟹类和其他水产品。鱼类年均产量5720t，参考单价 10 元/kg；虾类年均产量35t，参考单价 40 元/kg；蟹类年均产量38.33t，参考单价 55 元/kg；其他水产品年均产量1209t，参考单价 9 元/kg。湿地生态系统提供动物产品价值为7158.92 万元/a。

3）淡水产品价值

根据《2013 年池州市水资源公报》，升金湖保护区所在贵池区和东至县农业用水量4.17 亿 m³，农田灌溉亩均用水量399.1m³，农业用水参考单价0.03 元/t。农村居民人均日用水 90L，保护区内农田面积3400hm²，农地面积4600hm²。升金湖保护区湿地生态系统提供淡水产品价值为209.38 万元/a。

2. 调节服务价值

安徽升金湖国家级自然保护区湿地生态系统调节服务价值主要包括调节大气、水文调节、净化去污、拦截泥沙 4 类，调节服务总价值为345 410.92 万元/a。详见表 2.1.4。

表 2.1.4　安徽升金湖国家级自然保护区湿地生态系统调节服务价值表

价值类别		产品类型	价值/（万元/a）	总价值/（万元/a）
调节服务	调节大气	吸收 CO₂	16 824.71	345 410.92
		释放 O₂	6 994.00	
		气候调节	86 837.23	
	净化空气	增加负离子	2 253.39	
		降低粉尘	349.29	
	水文调节	地表水调蓄	22 367.34	
		地下水调蓄和补给	803.24	
		洪水调蓄	195 914.28	
		河流输水	12 662.00	
	净化去污	污水净化	135.44	
	拦截泥沙	拦截泥沙	270.00	

1）调节大气价值

升金湖保护区地势平坦，土层深厚、肥沃。植物种类丰富，其中最主要的湿地植被类型为水生植被型与沼泽植被型两大类。水生植物和草本沼泽植物可通过光合作用固定大气中的 CO₂，并向大气释放 O₂，从而调节大气成分。

升金湖保护区湿地生态系统水面面积包括湖泊湿地 11 357.44hm²、河流湿地296.00hm²、人工湿地1520.35hm²（不含水稻田），共计 13 173.79hm²。湿地生态系统水面面积广，大量的水汽蒸发吸收热量可以调节温度和空气湿度，气候调节功能强。

升金湖保护区河流湿地水面流动可产生负离子，同时湿地水面可吸收降尘，从而降低空气中的粉尘含量，达到净化空气的效果。

a. 吸收 CO_2、释放 O_2 价值

依据第二次全国湿地资源调查数据，保护区内湿地植被面积为 3745.76hm^2，单位植被面积初级生产力 17.5tC/（hm^2·a），升金湖湿地吸收 CO_2 价值为 16 824.71 万元/a，释放 O_2 价值为 6994.00 万元/a。

b. 气候调节价值

升金湖当地年平均蒸发量 1350mm；将 1m^3 水转化为蒸汽耗电量约为 125kW·h；电价 0.56 元/（kW·h）。水的汽化热 2.26×10^6J/kg；空调能效比 3；1kW·h=3.6×10^6J。蒸发的水量 17 784.62×$10^4$$m^3$，价值为 51 871.23 万元/a；吸收的热量 4.02×10^{17}J，价值为 86 837.23 万元/a；取二者最高价值 86 837.23 万元/a。

c. 净化空气价值

保护区内河流湿地面积 296.00hm^2，增加负离子价值为 2253.39 万元/a。水面面积 13 173.79hm^2，降低粉尘价值为 349.29 万元/a。

2）水文调节价值

升金湖保护区生态系统湿地拥有丰富的地表水资源，既可避免汛期大量的雨水形成洪涝灾害，又可通过洪水径流调节为旱季提供水资源。同时湿地生态系统又是地下水的主要补给来源，对维持地下水的平衡起着重要作用。

升金湖保护区湿地生态系统具有巨大的渗透能力和蓄水能力，洪水调蓄价值巨大。保护区内具有洪水调蓄能力的湿地类型主要有：湖泊湿地、河流湿地、人工湿地及水稻田等。

升金湖保护区位于黄湓河流域内，直接注入升金湖的河流有黄湓河、唐田河，黄湓河为流域正源。黄湓河、唐田河平水年入湖水量分别为 7.70 亿 m^3、2.04 亿 m^3，湿地生态系统所带来的河流输水价值非常可观。

a. 地表水调蓄价值

根据《2013 年池州市水资源公报》，升金湖保护区所在贵池区和东至县地表水资源总量为 38.16 亿 m^3，根据保护区面积可得保护区内地表水资源量为 22 367.34 万 m^3。升金湖保护区当地综合水价 1 元/m^3，升金湖保护区湿地生态系统地表水调蓄价值为 22 367.34 万元/a。

b. 地下水调蓄和补给价值

根据《2013 年池州市水资源公报》，升金湖保护区所在贵池区和东至县地下水资源总量为 1.37 亿 m^3，根据保护区面积可推算保护区地下水资源量为 803.24 万 m^3，综合水价 1 元/m^3，湿地生态系统地下水调蓄和补给价值为 803.24 万元/a。

c. 洪水调蓄价值

升金湖常水位 10.75m，对应容积 0.8 亿 m^3，丰水位 13.44m，对应容积 3.63 亿 m^3，可调蓄容积 2.83 亿 m^3；河流湿地总面积 296.00hm^2，调蓄深度 1m；库塘运河等人工湿地总面积 1520.35hm^2，水稻田总面积 5416.71hm^2，调蓄深度 0.5m。升金湖保护区湿地生态系统洪水调蓄价值为 195 914.28 万元/a。

d. 河流输水价值

黄溢河、唐田河平水年入升金湖水量分别为 7.70 亿 m^3、2.04 亿 m^3，水源工程综合水价为 0.13 元/ m^3，升金湖保护区湿地生态系统河流输水价值为 12 662.00 万元/a。

3）净化去污价值

升金湖保护区湿地生态系统具有强大的污水净化能力，对氮、磷等营养元素及重金属元素具有吸收转化和滞留作用，同时湿地生态系统水生植物能减少湖区悬浮物，使湖水水质变清，增加水体透明度，有利于植物的光合作用，提高水体含氧量，促进水体生态平衡。2013 年贵池区和东至县共有 10 个排污口，排入污水总量为 5134.7 万 m^3，可推算升金湖保护区接纳污水量为 300.97 万 m^3，污水处理费用 0.45 元/t，升金湖保护区湿地生态系统提供污水净化价值为 135.44 万元/a。

4）拦截泥沙价值

升金湖保护区湿地生态系统具有拦截泥沙价值，每年约 9 万 t 泥沙从黄溢河上中游推入湖中，清淤费用 15 元/ m^3，升金湖湿地生态系统拦截泥沙价值 270.00 万元/a。

3. 文化服务价值

安徽升金湖国家级自然保护区湿地生态系统具有休闲娱乐、环境教育和文化景观服务价值，总价值为 1994.55 万元/a。详见表 2.1.5。

表 2.1.5　安徽升金湖国家级自然保护区湿地生态系统文化服务价值表

价值类别		产品类型	价值/（万元/a）	总价值/（万元/a）
文化服务	休闲娱乐	休闲娱乐	451.50	1994.55
	环境教育	环境教育	380.10	
	文化景观	湿地文化传承	547.27	
		湿地景观	615.68	

升金湖保护区是中国主要的鹤类越冬地之一，具有独特的生态旅游资源。近年来越来越多的海内外游客慕名到升金湖旅游观光，越来越多的专家学者、鸟类爱好者也来到升金湖进行科研考察、摄影。

同时安徽升金湖湿地文化的可持续发展是对湿地景观的保护、湿地文化的传承，推动着社会的进步与发展，为人类提供了一个永续研究和利用的可能。

1）休闲娱乐价值

据不完全统计，升金湖年均观光旅游人数约 5000 人次，人均消费 903 元/人次（全国旅游人均消费），升金湖保护区湿地生态系统休闲娱乐价值为 451.50 万元/a。

2）环境教育价值

安徽升金湖保护区湿地生态系统可提供环境教育价值的湿地面积包括湖泊 11 357.44hm²、河流 296.00hm²、沼泽 784.46hm²，环境教育平均价值 382 元/hm²（全国湿地环境教育平均价值），评价区域权重值 0.8，环境教育价值为 380.10 万元/a。

3）文化景观价值

文化景观价值包括湿地文化传承价值和湿地景观价值。安徽省升金湖保护区湿地生态系统具有湿地文化传承价值和湿地景观价值的湿地面积包括湖泊 11 357.44hm²、河流 296.00hm²、沼泽 784.46hm²。湿地文化传承单位价值 400 元/hm²，湿地景观单位价值 450 元/hm²，价值调节系数 1.1，湿地文化传承价值为 547.27 万元/a，湿地景观价值为 615.68 万元/a。

4. 支持服务价值

安徽升金湖国家级自然保护区湿地生态系统具有维护生物多样性和提供生存栖息地的支持服务价值，总价值为 28 045.79 万元/a。详见表 2.1.6。

表 2.1.6　安徽升金湖国家级自然保护区湿地生态系统支持服务价值表

价值类别		产品类型	价值/（万元/a）	总价值/（万元/a）
支持服务	维护生物多样性	生物多样性保护	25 248.94	28 045.79
	生存栖息地	河流、湖泊、滨海生存栖息地	2 605.51	
		沼泽生存栖息地	191.34	

升金湖是全国迄今保存较为完好的天然湖泊，是长江中下游极少受到污染的淡浅水湖泊。保护区内无工矿企业，没有污水浊流，流入湖内的河流均发源于森林茂密的山区，具有良好的水质、丰富的有机质、众多的水生植物，且结构合理、生境多样。升金湖保护区湿地生态系统多样化的资源和条件为各类生物的生存、繁衍提供了有利条件，具有维护生物多样性的价值。

同时升金湖保护区湿地生态系统优良的环境和充足的饵料，吸引了大量珍稀水禽来此觅食过冬。该区域是鸟类迁徙不可缺少的越冬地和停歇地，具有生存栖息地价值。

1）维护生物多样性价值

动植物资源数据采用调查数据和《安徽省升金湖国家级自然保护区湿地价值和承载力评估报告》数据。物价指数（R）1.5%，自然湿地面积 12 437.9hm²，单位面积价值 20 000R 元/hm²。维护生物多样性价值为 25 248.94 万元/a。

2）生存栖息地价值

升金湖保护区湖泊湿地 11 357.44hm²、河流湿地 296.00hm²，水质等级价值调节系数 1.1，生存栖息地单位价值取 2032.57 元/（hm²·a）；沼泽湿地 784.46hm²，沼泽湿地生境多样性价值调节系数 1.2，生存栖息地单位价值取 2032.57 元/（hm²·a）。河流、湖泊、滨海生存栖息地价值为 2605.51 万元/a，沼泽生存栖息地价值为 191.34 万元/a。

5. 价值结构分析

安徽升金湖国家级自然保护区湿地生态系统服务价值中，水文调节价值和调节大气价值较大，分别占总价值的 57.60% 和 28.15%；其次是维护生物多样性价值、植物产品价值和动物产品价值，分别占总价值的 6.28%、4.85% 和 1.78%；生存栖息地价值、文化景观价值、休闲娱乐价值、环境教育价值、拦截泥沙沉积物价值、淡水产品价值和净化去污价值较小，累计占总价值的 1.34%。升金湖保护区湿地生态系统价值结构详见图 2.1.3。

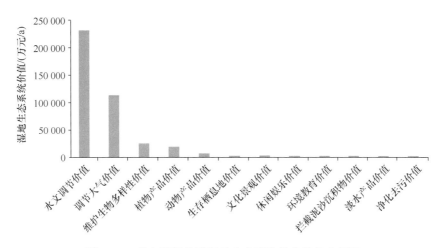

图 2.1.3　升金湖保护区湿地生态系统价值结构分析图

6. 评估结论与存在问题

1）评估结论

a. 调节服务价值高

升金湖保护区湿地生态系统在调节大气和水文调节等方面发挥了重要作用，产生了显著的服务价值，调节服务价值占湿地生态系统总价值的 85.85%。

b. 维护生物多样性价值显著

升金湖保护区冬季气候温暖、湖水不冻，为鸟类栖息提供了得天独厚的自然条件，是鸟类的重要越冬地与繁殖地，有效地保护和维持了湿地生态系统的完整性、稳定性与连续性。

c. 文化服务价值较低

由于升金湖保护区尚未开发旅游，不能完全统计保护区的旅游人数，因此文化服务价值偏低。但是，到升金湖保护区湿地游览、观鸟的人数呈逐年增加的趋势，且今后升金湖保护区可作为环保教育基地和科普教育基地，因此升金湖保护区的文化服务价值还有很大的提升发展空间。

2）存在问题

a. 升金湖周边环境污染不容忽视

升金湖周边因无工业污染，水质总体良好，但是湖区周围的乡镇未建立完善的污水处理设施和固体废弃物处理场，周边农村人口居住分散，大量生活污水和垃圾未经处理便直接排入升金湖，加之近年来沿湖餐饮业、分散式畜禽养殖场、水产养殖业产生的有机物污染，农业过度使用化肥、农药等造成的污染，以及湖泊内源污染的综合影响，使升金湖周边环境污染问题日趋严重。

b. 过度围网养殖造成生态压力较大

由于历史遗留的问题，升金湖湖面一直由当地政府对外发包养殖，因此大面积湖区水面被养殖围网占据，湿地自然资源和鸟类栖息环境受到一定影响。湖区内围网，特别是养蟹规模的不断扩大，使水生植物大量减少甚至消失，净化水质的能力下降，影响了湖区生态系统功能及水产养殖业的可持续发展。

c. 水土流失较为严重

20 世纪 80 年代末，升金湖周边因滥伐森林、毁林开荒，生态环境急剧恶化，水土流失严重，升金湖河床和湖底均抬高 1m 以上。泥沙淤积加剧了湖泊沼泽化进程，沼泽化进程的结果是挺水植物区向浮水和沉水植物区延伸，并加剧了围垦。这对湖泊湿地的生态系统产生了不利影响，野生动植物的栖息环境遭到了破坏。

7. 保护管理对策建议

1）加强环境污染治理

利用新技术新手段，开展农业清洁生产，合理施肥，增施微生物肥料，提高肥料利用率；逐渐减少化学农药的施用量，推广高效、低毒、低残留农药；同时建立废水、废弃物处理中心，减少湿地水体污染。

2）坚持全面保护，适度利用，和谐发展

对现有湖区围网进行整顿，严格控制湖区围网总量。做到围网面积适宜、布局合理、设施规范、结构优化，使养殖业能够健康可持续发展。

3）加强水土保持，预防湿地生态退化

在保护好湿地周边现有植被的基础上，对周边荒滩、河道两侧实施人工植树种草，提高植被覆盖度，以减少水土流失；通过修建拦沙坝、护堤等水土保持措施，预防泥沙淤塞河床、淤积湖底。

（二）海南东寨港国家级自然保护区湿地生态系统服务价值评估

海南东寨港国家级自然保护区湿地生态系统服务总价值为 137 497.89 万元/a，单位湿地面积服务价值为 36.34 万元/（hm²·a）。东寨港湿地生态系统服务总价值包括供给服务价值、调节服务价值、文化服务价值、支持服务价值 4 个方面。

1. 供给服务价值

海南东寨港国家级自然保护区湿地生态系统供给服务总价值为 6816.33 万元/a。保护区地处沿海，位于热带季风海洋性气候区，适宜的气候、水文条件，独特的地貌特征，大面积集中连片的红树林和宽阔的港湾滩涂水域，使东寨港湿地具有丰富的生物多样性。保护区内不仅植物产品丰富，依靠海水灌养，还有大量鱼、虾、蟹等动物产品。东寨港保护区内同时也提供了海上运输的条件，曲口码头至铺前码头之间有客船来往。

东寨港湿地生态系统供给服务价值主要包括植物产品、动物产品和交通产品。其中湿地动物产品价值最大，为 5895.00 万元/a，占供给服务总价值的 86.48%；其次是植物产品价值，为 911.33 万元/a，占供给服务总价值的 13.37%；交通产品价值较小，为 10.00 万元/a，占供给服务总价值的 0.15%。详见表 2.1.7。

表 2.1.7　海南东寨港国家级自然保护区湿地生态系统供给服务价值表

价值类别		产品类型	价值/（万元/a）	总价值/（万元/a）
供给服务	植物产品	木材	911.33	6816.33
	动物产品	鱼、虾、蟹	5895.00	
	交通产品	轮渡	10.00	

2. 调节服务价值

海南东寨港国家级自然保护区湿地生态系统调节服务总价值为 121 126.36 万元/a，滨海湿地生态系统具有调节大气、水文调节、净化去污的功能，同时红树林湿地生态系统还具备消浪促淤护岸的特殊功能。

1）调节大气

吸收 CO_2、释放 O_2 及产生 CH_4 是红树林湿地生态系统一项重要功能。土壤中有机碳被植物根系、微生物和土壤动物在有氧或无氧条件下进行分解利用，红树林发达的根系和丰富的凋落物使红树林能够维持自身有机质的循环，而陆源及海水中的有机碳又可被红树林土壤机制沉淀，从而使红树林成为热带海岸带生态系统中养分和有机质的重要来源。

东寨港保护区海岸线总长度为 84km，湿地总面积为 3783.14hm^2，年均蒸发量为 1831.5mm，能够蒸发水量并吸收热量，气候调节功能突出。

东寨港湿地红树林在增加负离子、降低粉尘数量上价值巨大，成片的红树林和大面积的水面能够增加空气中负离子含量，同时水蒸气和植物能够吸附吸收空气中的粉尘，净化空气。

2）水文调节

东寨港东有演州河，南有三江河（又称罗雅河），西有演丰东河和西河，4 条河流汇集港内出海，每年约有 7 亿 m^3 河水流入东寨港，港口能够有效地调蓄地表水、调节河流输水。

3）净化去污

红树林湿地生态系统可净化海水，吸收污染物，降低海水富营养化程度，防止赤潮发生。红树林湿地生态系统是一个多级净化系统，通过吸附沉降、植物的吸收等作用降解和转化污染物，从而使水体质量得到改善；同时林下的多种微生物能分解林内污水中的有机物和吸收有毒的重金属，从而起到净化去污的作用。

4）消浪促淤护岸

红树林拥有密集而发达的支柱根，牢牢扎入淤泥中形成稳固的支架，使红树林可以在海浪的冲击下屹立不动，还能有效地滞留陆地来沙，减少近岸海域的含沙量。红树林的支柱根不仅支持着植物本身，也保护了海岸免受风浪的侵蚀。

东寨港湿地生态系统水文调节价值最大，为 79 100.00 万元/a，占调节服务价值的 65.31%；其次是调节大气价值，为 39 246.63 万元/a，占调节服务价值的 32.40%；消浪促淤护岸和净化去污价值较小，分别占调节服务价值的 2.03%、0.26%。详见表 2.1.8。

表 2.1.8　海南东寨港国家级自然保护区湿地生态系统调节服务价值表

价值类别	产品类型	价值/（万元/a）	总价值/（万元/a）
调节服务	调节大气	吸收 CO_2　　2 149.26	121 126.36
		释放 O_2　　904.16	
		释放 CH_4　　−23.40	
		气候调节　　33 831.38	
		增加负离子　　2 284.92	
		降低粉尘　　100.31	
	水文调节	地表水调蓄　　70 000.00	
		河流输水　　9 100.00	
	净化去污	污水净化　　317.14	
	消浪促淤护岸	护岸　　2 462.59	

注：表中负值代表释放 CH_4 是负值

3. 文化服务价值

海南东寨港国家级自然保护区湿地生态系统文化服务总价值为 961.48 万元/a，红树林湿地生态系统具有休闲娱乐、环境教育和文化景观价值。

红树林的生态环境及独特的景观是重要的生态旅游资源，东寨港湿地能够为周边居民提供一个良好的休闲游憩地，为广大社区民众、青少年、旅游者提供了一个认识湿地、提高环保意识的教育场所。同时红树林湿地环境持续保存，是对湿地景观的保护、湿地文化的传承，为人类提供了一个永续研究和利用的可能。

东寨港湿地生态系统文化景观价值最大，为 436.96 万元/a，占文化服务价值的 45.45%；其次是休闲娱乐价值，为 380.00 万元/a，占文化服务价值的 39.52%；环境教育价值较小，占文化服务价值的 15.03%。详见表 2.1.9。

表 2.1.9　海南东寨港国家级自然保护区湿地生态系统文化服务价值表

价值类别	产品类型	价值/（万元/a）	总价值/（万元/a）
文化服务	休闲娱乐	休闲娱乐　　380.00	961.48
	环境教育	环境教育　　144.52	
	文化景观	湿地文化传承　　187.27	
		湿地景观　　249.69	

4. 支持服务价值

海南东寨港国家级自然保护区湿地生态系统的支持服务总价值为8593.72万元/a,红树林湿地生态系统具有维护生物多样性和提供生存栖息地的价值。

东寨港红树林湿地生态系统为海洋动物提供了良好的生长发育环境,吸引了深水区的动物来到红树林区内觅食栖息、生产繁殖。由于红树林生长于亚热带和温带,并拥有丰富的鸟类食物资源,因此红树林还是候鸟的越冬场和迁徙路线上的中转站,更是各种海鸟的觅食栖息、生产繁殖的场所。红树林湿地生态系统为各类生物的生存、繁衍提供多样化的资源和条件;具有保护生物多样性、提供生存栖息地的价值。

湿地生态系统维护生物多样性价值最大,为 7747.87 万元/a,占支持服务价值的90.16%;其次是生存栖息地价值,为 845.85 万元/a,占支持服务价值的 9.84%(表 2.1.10)。

表 2.1.10　海南东寨港国家级自然保护区湿地生态系统支持服务价值表

价值类别		产品类型	价值/（万元/a）	总价值/（万元/a）
支持服务	维护生物多样性	生物多样性保护	7747.87	8593.72
	生存栖息地	河流、湖泊、滨海生存栖息地	845.85	

5. 价值结构分析

东寨港国家级自然保护区湿地生态系统服务价值中,水文调节价值和调节大气价值较大,分别占总价值的 57.53%和28.54%;其次是维护生物多样性价值、动物产品价值和消浪促淤护岸价值,分别占总价值的 5.63%、4.29%和1.79%;植物产品价值、生存栖息地价值、文化景观价值、休闲娱乐价值、净化去污价值、环境教育价值和交通产品价值较小,累计占总价值的2.22%。东寨港湿地生态系统价值结构详见图 2.1.4。

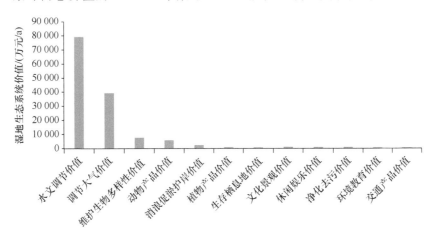

图 2.1.4　东寨港湿地生态系统价值结构分析图

6. 评估结论与存在问题

1）评估结论

海南东寨港国家级自然保护区湿地生态系统服务总价值为 137 497.89 万元/a,单位湿地面积服务价值为 36.34 万元/（hm²·a）。湿地调节服务价值最大，占湿地总价值的 88.09%；支持服务价值突出，占湿地总价值的 6.25%；供给服务价值显著，占湿地总价值的 4.96%；文化服务价值占湿地总价值的 0.70%。

2）存在问题

（1）过度捕捞。近年来，海鲜价格猛涨，大量群众进入红树林区捕捞经济动物，红树林区的捕捞网具种类越来越多、网眼越来越小、电鱼现象屡禁不止，使红树林区的生物多样性保护受到严峻挑战。

（2）污染威胁。保护区范围内和外围均有虾塘养殖，附近还有养猪场，养殖业产生的大量污水几乎未经处理就直接排放到东寨港内；同时，周边村庄部分生活污水和垃圾直接排放或倾倒，这也对红树林造成了一定的影响。林外裸滩养殖及浅水水域养殖问题令人担忧，大量的林外滩涂被用于贝类养殖，无序的养殖威胁底栖动物生物多样性，干扰鸟类尤其是涉禽的栖息和觅食。养殖过程中，大量使用抗生素和农药，不仅污染了滩涂，还毒杀了害虫天敌，破坏了红树林生态系统的食物链和食物网。

（3）建设干扰。修筑和维护海堤占用了大量土地，海堤堵截了红树林滩涂的自然海岸地貌，限制了陆地生态系统和海洋生态系统的物质、能量和信息的交流，进而影响到生态系统的自我维持力，带来了环境问题；同时，桥路的开通给东寨港鸟类等生物资源带来严重的影响，且会加剧污染。

（4）病虫危害。近年来病虫对红树林的危害非常严重，蛾类和团水虱在东寨港潮沟两侧的红树林繁衍，大面积的红树林在虫害蛀蚀基部后死亡。团水虱的危害加速了东寨港红树林的退化，使林分质量不断下降。

7. 保护管理对策建议

1）加强管护力度

加强湿地的管护力度，有效控制保护区内人为捕捞、养殖等经济活动，对于下海捕捞、养殖鸭猪等行为严格控制。在部分区域通过围网、加密巡护频率等手段，减少人为扰动，提高资源监管效率。

2）完善污水处理系统

由于东寨港附近村庄密集、人口众多，许多污染物未经处理便直接排放至湿地内，解决好生活垃圾和生活污水处理问题，能够有效地缓解湿地污染问题。

3）加强科研监测和宣教能力

以监测本底资源和开展常规科研项目为主，进一步加强保护区自身的科研能力建设，同时加强对保护区周边社区的基础宣传教育，调动群众参与保护湿地的积极性。

小结

通过对国内外湿地生态系统服务价值评估现状系统分析可知，国外有关研究虽然起步较早，但是由于区域差异性较大，研究成果在国内不宜直接应用；国内有关研究起步晚，缺乏系统的研究成果。基于 CBPF-MSL 项目平台，根据我国湿地保护管理需要和资源分布特点，按照合理、实用、可操作的原则，确定湿地生态系统服务价值评估指标体系，涵盖了所有湿地类型和空间区域，体现了湿地生态系统的区域和类型差异及物质量基础上的价值评估，突出了湿地补偿制度建立的需求和制定湿地保护宏观政策的要求，并通过实际案例对评估方法进行了验证。在评估价值指标的确定上，兼顾了不同湿地类型，设置适宜的评价指标，力求相对全面，具有可比性；在评估价值指标的计算上，采用合理的评价指标计算方法，力求生态机制明晰、计算方法具体，并规定了公用参数和调节系数；在价值指标计算结果上，充分体现了湿地生态系统的特点、区域差异、类型差异，利于价值对比分析。

今后应将湿地生态系统与森林生态系统、荒漠生态系统、草原生态系统、海洋生态系统进行空间综合，按照国土全覆盖的思路，探索不同空间尺度的湿地生态系统服务价值形成机制和价值评估，进一步研究湿地生态系统服务价值的尺度转换与区域湿地生态系统服务价值的评估。

本节作者：王逸群　薄乖民　国家林业和草原局西北调查规划设计院

第二节　国际湿地城市认证

《湿地公约》已经成为国际上重要的自然保护公约，受到各国政府的重视。在湿地保护中，城市及城市化与湿地之间的相互作用关系日益密切。鉴于此，湿地公约在 2012 年第十一届缔约方大会上探讨建立"湿地城市认证"体系的可行性，在 2015 年第十二届缔约方大会上通过了"湿地城市认证"决议，各缔约国有必要在履约事务中积极推进"湿地城市认证"工作。

然而，国际湿地城市认证工作是湿地公约推行的一项全新工作，没有经验可循，因此该项工作一直进展缓慢。为了加快推进国际湿地城市认证工作，湿地公约秘书处于 2017 年 6 月 15 日在公约网站上向各缔约国发布外交公告，正式启动湿地城市认证工作。中国积极推进国际湿地城市认证工作，不仅是履约事务中的重要一环，而且在国际社会中具有重要的示范作用。中国开展国际湿地城市认证工作的成功经验，可以为尚未开展该项工作的其他缔约国提供重要借鉴和参考，同时也使湿地公约可以进一步完善湿地城市认证体系。

一、湿地公约与湿地城市

为保护迁徙水鸟及其栖息地，来自 18 个国家的代表在伊朗拉姆萨尔于 1971 年 2 月 2 日共同签署了《关于特别是作为水禽栖息地的国际重要湿地公约》（Convention on Wetlands of International Importance especially as Waterfowl Habitat），简称《湿地公约》

（The Convention on Wetlands），又称《拉姆萨尔公约》（Ramsar Convention）。各国政府加入《湿地公约》成为其缔约方时，需要指定至少一块国际重要湿地，并在生态学、植物学、动物学、湖沼学及水文学方面具有独特的国际意义的湿地。《湿地公约》已经成为国际上重要的自然保护公约，受到各国政府的重视。目前，湿地公约的缔约方数量已达到了 170 个国家。

1992 年，中国加入《湿地公约》。2005 年，在《湿地公约》第九届缔约方大会上，中国第一次当选为公约常委会成员国。2007 年，由中央机构编制委员会办公室批准成立了"中华人民共和国国际湿地公约履约办公室"，以全面提高中国履行《湿地公约》的能力，承担相应国际责任与义务，进一步促进并强化全国湿地保护管理工作。时至今日，中国国内湿地保护事业蓬勃发展，目前已有国际重要湿地 57 块，行业管理水平极大提高，但对外履约工作还处于起步阶段，仍有较大的提升空间。

湿地公约一直是全球自然保护平台的推动者和参与者，其核心理念是保护和合理利用湿地资源，为子孙后代留下宝贵的发展基础。该公约的初衷是保护迁徙水鸟栖息地，随着自然保护理念的演变，过渡到了生态系统保护，是联合国框架下可持续发展的重要多边政府间协定。该公约目前拥有 2372 块国际重要湿地，保护湿地面积达到 2.53 亿 hm^2（https://www.ramsar.org[2019-9-27]），可以说是全球最大的保护地网络。

湿地公约意识到全球有超过 50% 的居民居住在城市，并以每年 4% 的速度增加，到 2030 年将增加至 80%。尽管城市仅仅占全球地表面积的 2%，却占用了 75% 的自然资源，并产生 70% 的废弃物，排放 75% 的二氧化碳。经济社会发展的决策者、市场主导者、主要消费者均在城市里，城市的生态足迹超过其面积的几十倍乃至几百倍。近年来，国际社会更加强调地方政府、城市在生物多样性保护中的作用。《生物多样性公约》秘书处等国际组织共同成立了"全球城市与生物多样性伙伴关系组织"。

早在 2006 年，我国杭州西溪湿地保护恢复的成就引起了湿地公约秘书处的高度重视，湿地公约秘书长及相关人员多次访问杭州西溪国家湿地公园，随即启动了城市湿地保护的相关研究与湿地公约缔约方大会决议。在湿地公约第十一届缔约方大会（2012年）上通过了 XI.11 号决议-《城市和城郊湿地的规划与管理原则》（https://www.ramsar.org/document/resolution-xi11-principles-for-the-planning-and-management-of-urban-and-peri-urban-wetlands[2012-7-13]）。XI.11 号决议要求公约探讨建立"湿地城市认证"体系的可行性，展示城市与湿地之间的紧密关系，提供积极的品牌宣传机会。

在湿地公约第 47 次常务委员会会议期间，韩国提交报告，汇报了韩国组织召开的湿地公约城市认证研讨会的情况。常委会通过 47-27 号决定，要求秘书处为第 48 次会议准备相关文件，并邀请了突尼斯、世界自然基金会（World Wide Fund for Nature，WWF）、湿地公约科技审议小组（STRP）和韩国针对湿地城市认证体系，共同起草决议草案。该决议草案于 2015 年在湿地公约第十二届缔约方大会上通过（XII.10，湿地公约的湿地城市认证）（Ramsar，2015）。

湿地城市认证体系鼓励邻近且依赖湿地（主要是国际重要湿地，但也包括其他湿地）的城市，吸纳公众参与湿地管理活动，提高公众的湿地保护意识（专栏 2.1.1）。同时，在城市规划和决策中考虑到湿地保护，从而与湿地建立一种积极的互动关系。

专栏 2.1.1　湿地城市的定义

《湿地公约》认定的湿地城市（城镇、人口密集区），能做到可持续地利用和保护其领域内或附近的国际重要湿地及其他湿地，维护湿地的生态特征与文化传统，开展湿地环境教育，支持可持续的、有活力的、创新的经济社会发展。湿地城市认证中的"湿地"主要包括城市湿地、城郊湿地。城市湿地是位于城市、城镇、卫星城边界内的湿地；城郊湿地是毗连城市区域、位于城市和农村之间的湿地。此外，还有许多湿地尽管在空间上不与城市相邻，但是通过水文循环与城市具有密切关系。因此，湿地城市认证中的湿地，可以扩展为对城市所依赖的生态系统服务有重要贡献的湿地。湿地城市认证是一项自愿性湿地保护措施，新认证的城市将加入全球湿地城市网络。

　　资料来源：Ramsar，2015；王会等，2017；马梓文和张明祥，2015

二、湿地城市的认证标准及认证程序

2015 年第十二届缔约方大会上《湿地公约》第XII.10 号决议提出推进国际湿地城市认证工作，其中附录第 13 条款给出了"在国际湿地公约中通过湿地城市认证的候选者必须符合的六条国际标准"；2017 年发布的《湿地城市认证提名表》将这 6 项标准细化为 9 项要求，称之为"A 组：基于保护和合理利用湿地的标准"；此外，《湿地城市认证提名表》中还增加了 2 项补充标准，具体包括 3 项要求，称之为"B 组：补充标准"。具体内容如下所示。

（一）基于保护和合理利用湿地的标准

基于保护和合理利用湿地的标准又称 A 组标准，包括 6 项标准，并通过 9 项具体（A.1 至 A.9）要求进行申报，具体说明如下。

标准 1：如果一个城市有一个或多个国际重要湿地或其他重要湿地全部或部分位于城市范围内或其附近区域，并为该城市提供一系列生态系统服务，则可以考虑认证为湿地城市。

A.1 列出完全或部分在城市行政边界的国际重要湿地的名称（注意使用湿地公约信息表中所述的官方国际重要湿地名称和代码）。

A.2 列出完全或部分在城市行政边界的其他重要湿地的名称。说明所列湿地的合法保护状态，如国家级/省级自然保护区、国家湿地公园等。

标准 2：如果一个城市已经采取了措施保护湿地及其服务，包括生物多样性及水文的完整性，则可以考虑认证为湿地城市。

A.3 如果一个城市可以证明其发展中避免了湿地的退化和破坏，则可以考虑认证为湿地城市。描述城市正在实施的用于预防湿地退化和丧失的国家和/或地方政策，法规和监管手段，城市管理计划等。

标准 3：如果一个城市开展了有效的湿地恢复和/或管理措施，则可以考虑认证为湿地城市。

A.4 如果一个城市能够证明其积极鼓励将恢复或创建湿地作为城市要素，特别是对水管理的基础设施，则可以考虑认证为湿地城市。提供城市内部作为城市基础设施要素的湿地建设或恢复的具体实例（实施措施的地点和总结），如控制淹水、调节气候、提高水质、提供娱乐等。

标准4：如果一个城市考虑到在其管辖范围内，湿地在综合空间/土地利用规划中面临的挑战和机遇，则可以考虑认证为湿地城市。

A.5 如果一个城市能够证明其将湿地的重要性作为空间规划和综合城市管理的要素（如通过综合流域管理、空间分区、水资源管理、交通基础设施建设、农业生产、燃料供应、扶贫、污染治理、洪水风险管理、减少灾害风险等），则可以考虑认证为湿地城市。描述确保湿地重要性被充分考虑作为空间规划和综合城市管理要素的措施（政策、程序、指导、立法等）。

标准5：如果一个城市已提交当地适用的信息，用于提高公众对湿地价值的认识，并鼓励各利益相关者通过建立湿地教育/信息中心等方式合理利用湿地，则可以考虑认证为湿地城市。

A.6 如果一个城市能够证明其在决策和城市规划与管理中对土著、地方社区和民间团体采取了包容性、赋权性和参与性的原则，则可以考虑认证为湿地城市。描述土著和地方社区如何参与湿地相关问题的管理。

A.7 如果一个城市可以证明其已经提高了公众对湿地价值观念的认识，并鼓励各种利益相关者和社区合理利用湿地，如建立湿地教育或信息中心、定期传播湿地资料、建立和实施学校教育计划等，则可以考虑认证为湿地城市。

A.8 如果一个城市能够证明其已积极推广世界湿地日（2月2日）的活动，以提高对湿地及其对城市的重要性的认识，则可以考虑认证为湿地城市。描述该城市为庆祝世界湿地日举办的活动。

标准6：如果一个城市已建立一个地方委员会，该委员会拥有适当的湿地知识和经验，代表相关利益方通过提交湿地城市提名表及采取适当措施完成认证要求的各项义务，来支持湿地公约湿地城市认证，则可以考虑认证为湿地城市。

A.9 如果一个城市可以证明其已经建立了一个地方委员会（或类似的结构）来支持和推动湿地城市认证的目标，则可以考虑认证为湿地城市。委员会应该具备适当的湿地知识和经验，且是利益相关者和社区的代表。描述委员会的成员、任务及其运作。

（二）补充认证标准

补充认证标准又称为B组标准，包括2项目标准和3项要求，具体说明如下。

补充标准1：如果在城市管辖范围内制定和实施了关于水质、卫生管理的相关标准，则可以考虑认证为湿地城市。

B.1 如果一个城市可以证明其已经使用了水质和卫生标准，包括含固体废物和废水（工业、家庭和雨水）收集和处理的废物管理设施，则可以考虑认证为湿地城市。描述为确保水质和卫生达标制定的标准、政策和规章制度。

补充标准 2：如果一个城市认识和考虑到湿地的社会经济和文化价值及更广泛的生态系统服务，并在决策中建立了良好的实践以考虑和保护它们，则可以考虑认证为湿地城市。

B.2 如果一个城市可以证明它主动认识到了湿地的生态系统服务，并在城市规划决策中充分考虑湿地生态系统服务，则可以考虑认证为湿地城市。在适当的情况下，应特别注意湿地在可持续农业、林业、渔业、旅游和湿地的文化价值。描述如何确认不同的供给、调节、文化和支持生态系统服务，并将其向人类社会提供社会福祉处纳入规划和决策。

B.3 如果可以证明当地社区和湿地之间有密切联系，则可以考虑认证为湿地城市。描述当地社区如何参与湿地的合理使用，以及社区如何从湿地提供的服务中受益。

（三）认证程序

2017 年 6 月 15 日湿地公约秘书处正式向缔约方发送了关于征求湿地城市认证申请的外交函。国际湿地城市认证工作正式启动。在湿地公约按照国际程序评选出湿地城市以前，各国可根据各自的国情制定国内申请程序，对我国而言，国际湿地城市的认证程序如图 2.2.1 所示。

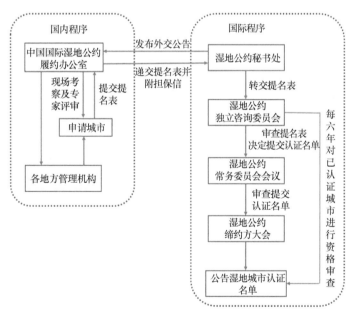

图 2.2.1 湿地城市认证程序（修改自王会等，2017）

根据湿地公约的要求和湿地城市认证标准，中华人民共和国国际湿地公约履约办公室（简称履约办）向全国各省、自治区林业厅、各森工集团公司、新疆生产建设兵团林业局印发《国际湿地城市认证提名暂行办法》《国际湿地城市认证提名指标》等文件。一些省份提交了国际湿地城市认证申请。履约办组织专家自 2017 年 8 月中旬开始陆续对申报城市进行了现场考察，并组织专家召开了国际湿地城市提名认证评审会。2017 年 10 月，履约办向湿地公约秘书处递交经过评审通过的湿地城市提名表。

目前，湿地公约秘书处已向独立咨询委员会递交了接收到的提名名单及其相应提名表，由独立咨询委员会对各申请城市提交的提名表进行审查。

2018 年 4 月下旬召开的湿地公约常务委员会第 54 次会议上，国际湿地城市认证独立咨询委员会对湿地城市认证工作做专题汇报，提请常务委员会审议批准达到认证标准的城市名单，并提交给缔约方会议。2018 年 10 月于迪拜召开的第十三届缔约方大会上湿地公约秘书处公布了获得湿地城市认证的城市名单，并颁发相应认证证书。

三、开展国际湿地城市认证的意义

城市湿地位于城市和城郊地区，中国的城市湿地占据了几乎 10%的国内湿地总面积。它具有与人类居住区共生的特殊地位，为人类提供了独特的生态系统服务。城市湿地在涵养水源、净化水质方面提供了巨大的经济价值和生态价值，提高了城市抵御洪水和干旱的能力，为当地居民提供了休闲场所，为旅游业发展、环境教育、生物多样性和气候变化减缓、适应发挥了巨大作用。随着社会经济的发展、城市人口的增加和城市化进程的加快，城市湿地日益成为稀缺资源，主要表现为城市湿地的保护与开发利用之间的矛盾。

城市湿地是城市绿色基础设施的重要组成部分。近年来，中国政府已经认识到了湿地保护和恢复的紧迫性，在湿地领域颁布了若干重要文件，如《湿地保护管理规定》《湿地保护修复制度方案》等，形成了湿地保护修复方面的国家顶层制度设计，但在实施层面存在一些现实障碍，如跨部门的协调、融资、监测、绩效评价等，需要按照国家相关政策要求，结合实施层面的实际情况，制定工作制度、方案和方法指南，落实到具体实践中。此外，"全域旅游"的概念最近成为中国城市发展和经济增长的趋势，城市景观整体呈现较快速的改变。

开展国际湿地城市认证的最重要意义在于其创建过程中的湿地宣传教育，将湿地的多重生态系统服务价值广泛传播，让社会公众、市场、决策者、城市经营者充分认识到湿地的多重生态服务功能，将湿地保护与可持续利用纳入城市空间规划、国土规划体系中，确保湿地的生态系统服务价值造福社会。

四、中国的国际湿地城市认证提名过程

湿地公约秘书处发布关于开展湿地城市认证的外交公告后，中国履约机构积极响应，国家林业局先后发布了《国际湿地城市认证提名暂行办法》及《国际湿地城市认证提名指标》，国际湿地城市认证工作在中国有序展开。

（一）国内评审阶段申请城市所提交材料的要求

依据中国《国际湿地城市认证提名暂行办法》中的要求，各城市在申报初期应向中华人民共和国国际湿地公约履约办公室提交的支撑材料包括如下。

（1）城市所在地省级人民政府的推荐函。

（2）国际湿地城市推荐书。

（3）行政区域内应当有一处（含以上）国家重要湿地（含国际重要湿地）或者国家级湿地自然保护区或者国家湿地公园等，并且湿地率在 10%以上，湿地保护率不低于50%。

（4）已经把湿地保护纳入当地国民经济和社会发展规划，编制了湿地保护专项规划，基本保障了湿地保护修复的投入需求。

（5）已经成立湿地保护管理的专门机构，配置专职的管理和专业技术人员，开展湿地保护管理工作。

（6）已经颁布湿地保护相关法规规章，并且将湿地面积、湿地保护率、湿地生态状况等保护成效指标纳入城市生态文明建设目标评价考核等制度体系。

（7）已经建立专门的湿地宣教场所，面向公众开展湿地科普宣传教育和培训。建立了湿地保护志愿者制度，组织公众积极参与湿地保护和相关知识传播活动。

该城市针对第（3）条所列湿地开展了以下工作。

（1）已经采取湿地保护或者恢复措施并且取得较好成效。

（2）已经建立湿地生态预警机制，制定实施管理计划，开展动态监测和评估，在遇到突发性灾害事件时有防范和应对措施，以维持湿地生态特征稳定。

（3）湿地利用方式符合全面保护及可持续利用原则，同时综合考虑湿地保护及湿地生态、经济、文化等多种功能有效发挥。

履约办组织专家对推荐材料进行初步审核后，对审核通过的城市，由专家组进行现场评估，各城市根据专家意见进一步提交相应材料，以进行最后的专家评审。审核通过的城市需按照 2017 年 8 月 8 日履约办印发的《国际湿地城市认证提名指标》的通知进一步修改和提交支撑材料。

需要说明的是，《国际湿地城市认证提名暂行办法》和《国际湿地城市认证提名指标》中列出的提交材料中除省政府的推荐函和推荐书以外，其他支撑材料是重复的，申报城市只需提交一份材料即可。此外，在专家组现场评估结束后，各城市还应按照《国际湿地城市认证提名指标》所列的内容编制一份考察报告，以及准备一份视频资料。该视频资料将作为城市宣传片在专家评审会中播放，视频时长不超过 10min，应重点体现湿地与城市的关系。

（二）我国湿地城市认证提名的评审标准

基于湿地公约第 XII.10 号决议中对湿地城市认定的相关标准，结合我国在湿地保护与管理中的实践经验，履约办制定了"国际湿地城市认证提名专家打分表"（表 2.2.1），采取专家打分的方式，用以从国内所有申请城市中评选出能够向湿地公约秘书处提交提名表的城市名单。

该打分表总分 100 分，各项得分的总分即为该城市最终得分。值得注意的是，在打分表最后一栏中，列出了否定性指标，即在所依托的重要湿地中一旦出现非法活动，专家可以一票否决该城市提名资格。这也体现出我国对湿地中违法活动的零容忍，体现了我国加强湿地保护和管理的决心。

表 2.2.1 国际湿地城市认证提名专家打分表

序号	指标类型	指标名称	单项分值	具体内容	打分说明
1	资源本底	重要湿地	8	建有 1 个国际重要湿地或者国家级湿地自然保护区或者国家湿地公园（基本条件）	符合基本条件为 5 分，每增加 1 个国际重要湿地或国家级湿地自然保护区或国家湿地公园加 1 分，总分不超过 8 分
2		湿地率	9	≥10%，且湿地率较第二次全国湿地资源调查有所提高	10%≤湿地率<15%，7 分 15%≤湿地率<20%，8 分 湿地率≥20%，9 分 湿地率为辖区内的湿地面积占国土面积的比例，需独立计算
3		湿地保护率	8	第二次全国湿地资源调查成果，包括国家公园、自然保护区、自然保护小区、湿地公园、湿地多用途管理区、海洋公园、海洋特别保护区、风景名胜区、饮用水水源保护区、森林公园 10 种保护形式，保护率≥50%	50%≤湿地保护率<55%，6 分 55%≤湿地保护率<60%，7 分 湿地保护率≥60%，8 分 湿地保护率为湿地面积占湿地总面积的比例，需独立计算
4		湿地保护规划	8	（1）当地"十三五"国民经济和社会发展规划 （2）湿地保护专项规划 （3）多规合一、城市总体规划、土地利用总体规划等的湿地保护措施 （4）地方对湿地保护投入证明	4 个条件同时满足的为 8 分，每减少 1 个条件扣 2 分
5	保护管理条件	湿地保护专门机构	8	当地编办文件；地级城市所辖主要湿地（湿地率≥6%）县级政府成立专门管理机构，配备专门人员	成立专门湿地保护管理机构（编办文件为准）6 分；地级城市所辖主要湿地县级政府成立专门管理机构，配备专门人员为 2 分
6		湿地保护规章	8	当地人大或政府颁布实施的湿地保护法规、规章和其他规范性文件	有湿地保护相关法规规章的，其中由政府通过的为 7 分，由人大通过的为 8 分
7		生态文明考核指标体系	10	将湿地面积、湿地保护率、湿地生态状况等保护成效指标纳入生态文明建设目标评价考核制度体系的湿地保护成效指标或文件，以及实施情况说明	纳入生态文明建设目标评价考核制度体系的湿地保护成效指标或文件为 6 分；实施情况较好的为 4 分
8		组织机构	3	成立国际湿地城市申报领导小组和办公室	已成立国际湿地城市申报领导小组和办公室的为 3 分
9		水资源管理	8	（1）面源污染的管控措施 （2）点源污染防控和处理措施 （3）节水和综合利用 （4）重要湿地水质和水量保障措施	4 个条件同时满足的为 8 分，每减少 1 个条件扣 2 分
10		合理利用湿地	6	湿地生态旅游、相关产业开展情况及产生的效益	根据湿地合理利用情况，酌情给分

续表

序号	指标类型	指标名称	单项分值	具体内容	打分说明
11	科普宣教与志愿者制度	湿地宣教	6	（1）宣教场所的建设及运行情况说明	2分
				（2）世界湿地日开展的活动	2分
				（3）开展的其他宣教活动	2分
12		湿地保护志愿者制度	3	（1）湿地保护志愿者制度	1分
				（2）志愿者参与人数及活动开展情况	1分
				（3）社区参与情况（协会、观鸟会或自然保护组织等）	1分
13	所依托重要湿地的管理	湿地保护或恢复措施	10	（1）湿地保护或恢复项目的立项文件	根据湿地保护、恢复的经费投入，以及开展情况和效果酌情给分
				（2）经费投入情况	
				（3）保护或恢复开展情况和效果	
14		湿地监测、管理计划及生态预警机制	5	（1）湿地监测数据与监测分析报告	3分
				（2）国际重要湿地管理计划及应急预案	2分
15		否定性指标	近年来未在重要湿地内非法从事以下活动	（1）开（围）垦、填埋、排干湿地或者擅自改变湿地用途 （2）永久性截断湿地水源 （3）向湿地超标排放污染物 （4）破坏湿地野生动物栖息地和鱼类洄游通道 （5）破坏湿地及其生态功能的其他活动	是否存在否定性指标，如果存在，则一票否决
			其他	在其他湿地未发生重大破坏湿地的行为和案件	

五、中国首批获湿地城市认证的城市特色

（一）江苏常熟市

近年来"小微湿地"开始出现在人们的视野中，它的含义广泛，包括小型的湖泊、坑塘、河浜、季节性水塘、壶穴沼泽、泉眼、丹霞湿地等自然湿地和雨水湿地、湿地污水处理场、养殖塘、水田、城市小型景观水体等人工湿地。由此可见，小微湿地是更易与人们的日常生活产生联系的湿地。

常熟市是一个典型江南水乡的湿地城市，人口密度高达 1183 人/km^2，城镇化率为75%，城乡一体化程度高，"湿地与城市"的关系非常密切。常熟市以南京大学常熟生态研究院为依托，积极开展小微湿地恢复工程和合理利用湿地的实践，打造出独具特色的乡村湿地模式，取得了不俗的成效，并开始向国际社会积极推广其丰富的建设经验。目前已建有典型的乡村湿地包括沉海圩乡村湿地、蒋巷村乡村湿地、泥仓溇乡村湿地。

1. 沉海圩乡村湿地

沉海圩乡村湿地以乡村自然河流为纽带，将分布于其中的核心湿地区、稻田湿地区、果林种植区、水质修复湿地区、村落生活区、公共服务区六大区域连接起来，形成了集湿地自然环境、湿地农业生产、滨水乡村生活、休闲旅游观光为一体的乡村湿地（图 2.2.2）。

图 2.2.2 沉海圩乡村湿地实景（常熟市人民政府供图）

2. 蒋巷村乡村湿地

经过科学规划和多年建设，蒋巷村乡村湿地现已形成"蒋巷工业园""村民蔬菜园""民新家园""蒋巷生态园"和"千亩无公害优质粮油生产基地"五大主要板块，并建设有污水生态处理设施、小型沼气池、秸秆气化站、大气环境自动监测站等配套设施。蒋巷村作为"全国文明村"和"国家级生态村"，其发展历程贯穿着生态理念，是发展"绿色能源、循环经济"的典范，是中国现代化新农村的典型代表（图 2.2.3）。

图 2.2.3 蒋巷村乡村湿地实景（常熟市人民政府供图）

3. 泥仓溇乡村湿地

从 2012 年开始，泥仓溇湿地乡村在前期推行生态农业建设的进程中，开展了节水灌溉工程来处理部分农业面源污染，意图打造循环农业、农业湿地来为周边百姓服务。2015 年以来，泥仓溇湿地乡村内开展的工程有农村污水净化（包括农村生活污水的集中式处理和分散式处理）、农田尾水净化及畜禽养殖废水净化；自然湿地恢复包括河滨带恢复、水上林带恢复、水八仙种植等；有机农业包括桑基鱼塘、蛙稻共生、稻鱼共生；江南文化展示包括江南农耕文化和非物质文化遗产展示（图 2.2.4）。

图 2.2.4　泥仓溇乡村湿地实景（常熟市人民政府供图）

（二）湖南常德市

1. 海绵城市建设

常德市在节水和综合利用方面，一直以节水优先和创新理念特色作为基础。通过海绵城市建设试点，进一步落实节水和综合利用方案措施。常德市城区内的丁玲公园、白马湖文化公园等通过海绵城市建设试点，践行节水和综合利用。鼎城区、桃源县、汉寿县、津市市、安乡县等地积极推进洞庭湖湿地农业综合利用示范区项目建设，取得了明显的效果。

2015 年，常德市被确定为全国首批海绵城市建设试点城市。2013 年以来，常德市人民政府与德国汉诺威水协合作，实施"水敏性城市"理念，通过科学的水力及水动力模型模拟、精准的水位水量控制、巧妙的封闭式调蓄池运行原理，最大限度地把雨水、污水分开。以"水生态、水安全、水环境、水文化、水资源"五位一体治理为重点，统筹推进河湖连通活水、绿化截污净水、道路小区蓄水、防涝减灾排水、水文化水旅游亲水五大工程建设。五大工程计划建设项目 148 个，投资 78.15 亿元，已完成规划项目 89 个，投资 55.58 亿元，完成了一批精品样板工程，基本实现了"小雨不积水、大雨不内涝、水体不黑臭"的设定目标，初步形成了可推广、可复制的常德经验。

2016 年，财政部、住建部、水利部在常德举办全国海绵城市培训班，从以下 4 个方面进行了重点推介。一是推介海绵城市项目建设的可持续性。在海绵城市建设项目中，注重项目全生命周期能力建设，统筹考虑项目建设的外部效应和内部效应。二是推介拉长海绵城市建设的产业链条。海绵城市建设带来了人才培训、低影响开发雨水系统构件制造、水生动植物繁育与供给等诸多产业。三是推介海绵城市建设提高了公众生态保护意识，并让市民实实在在享受到了建设带来的蓝天净水的成果。四是推介用海绵城市建设成果发展全域旅游。

常德的青山绿水、河湖湿地是最宝贵的旅游资源。在实施内河水系综合治理工程建设中，注重融入大量湿地旅游元素，赋予其城市景观、生态廊道、旅游休闲等新功能，生态、休闲、健康、美丽、文化五大元素更加凸显，海绵城市建设成果转化为了实实在在的"美丽经济"。

2. 穿紫河湿地恢复

常德市在建设海绵城市的过程中，大力开展城市主要河流——穿紫河的湿地恢复工作。一是从市城区雨污分离着手，在穿紫河河道两岸共建立8个湿地生态站，每个站点均建有调蓄池、雨污水泵站、生态滤池，及时地对雨污水进行了净化处理，确保了穿紫河水质改善，目前已达Ⅳ类水质（图2.2.5）。二是恢复穿紫河湿地及其与沅水和柳叶湖的水文过程，恢复城市湿地景观和湿地文化，提高雨水资源化利用效率，促进新老城区融合和均衡发展，创新了海绵城市开发建设新模式。三是开展穿紫河流域综合治理项目，包括驳岸风光带建设、沿线机埠新建与改造、特色商业街建设、水上观光游览等，建成后的风光带与沿线的大小河街、德国风情街、婚庆产业园、水上巴士观光融为一体，不仅还原了穿紫河清流本色，优化了内河生态环境，而且实现了亲水、戏水、商居、休闲、娱乐、旅游的一体化，成为常德市的核心旅游价值资源（图2.2.6）。

图2.2.5　穿紫河恢复前（左）后（右）水体对比（常德市人民政府供图）

图2.2.6　穿紫河修复后全貌（常德市人民政府供图）

（三）海南海口市

1. 河流湿地恢复

美舍河曾经是周边百姓常年不敢开窗的黑臭水体，海口市在美舍河湿地公园建设中将其打造成一个水污染治理的示范样板和典范。2016 年 3 月以来，海口市政府采取综合施策、标本兼治的策略，引入社会资本，推行"公私合营（PPP）+总承包（EPC）+跟踪审计+全程监管"模式开展水体治理工作，其中美舍河是水环境治理 PPP 项目的重点工作，主要通过"控制截污、海绵含蓄、生态构建"的治理思路来实施。

海口市水务局作为美舍河水环境综合治理 PPP 项目的实施机构，组成了以城市水务处为主，抽调海口市供排水管理处和海口市堤防工程建设管理中心等下属单位负责人和骨干技术人员参加的项目管理组，确保每个施工点位均派驻专人对每天施工情况进行管理、监督、协调和计量等。坚持主要领导每天对施工现场进行检查，及时督促施工进展和协调解决施工中遇到的困难和问题，分管领导驻点办公，确保各项工作任务第一时间落实到位，高效有序地推进项目建设。

经过短短半年来的治理，美舍河已经发生了巨大的变化。一是水质明显改善。定期监测数据表明，美舍河水体透明度、溶解氧、氧化还原电位、氨氮 4 项指标已经全面达标，水体质量已达到国家、省、市治理要求。二是 5 个生态修复示范段建设成效喜人。建成一个八级梯田湿地，可日处理 0.5 万 t 生活污水。同时，在美舍河东风桥生态修复段，种植了 3000 多株红树林，使得海口成为除三亚外第二个在城市内河种植红树林的城市。随着环境的改善，美舍河湿地公园成为市民休憩的好去处，很好地诠释了"绿水青山就是金山银山""山水林田湖是一生命共同体"的生态理念（图 2.2.7）。

图 2.2.7 恢复后的美舍河（海口市人民政府供图）

2. 湿地文化保护

国内最深厚的红树林保护文化。在红树林种植区域，自古以来从官方至民间，都有公文、碑帖等形式的规定或约定，来约束村民行为，以保护红树林。例如，海口市美兰区演丰镇边海村委会林市村发现的 1789 年该村村志中保护红树林的"保林十诫"；三江镇发现的立于 1845 年（清道光二十五年）的官府禁令保护红树林的石碑等。

自然-文化遗产综合体。羊山湿地涵括了淡水泉、河流、洪泛区、沼泽、湖泊、池塘、水库等湿地类型，堪称"湿地博物馆"。羊山湿地有国家二级重点保护植物水菜花、水蕨和野生稻；目前仅分布于琼北火山熔岩地区的植物有水菜花和水角。在羊山地区，还有1200年历史、号称海南"都江堰"的塘陂-水坝-自流灌渠系统；融水利、灌溉、通行、水生生物生境于一体的火山石蛇桥；当地百姓自古沿用的水环境净化系统火山石多塘-沟渠；儒本村400多年历史的四眼井、遵谭镇"六神庙"前的让升井（珠崖井）等火山石古井系统，充分展示了羊山的生态智慧。

（四）山东东营市

东营市依托黄河三角洲国家级自然保护区，开展了很好的湿地修复工作。黄河水是黄河口湿地生态系统的塑造者，黄河口湿地修复与保护离不开黄河水的作用。据测算，黄河口湿地每年生态需水量约为 4.0 亿 m^3（不含中途消耗量），湿地修复主要利用黄河调水调沙期间流量加大的有利时机，为黄河口湿地补给淡水资源。因此，东营市开展了黄河河口湿地保护淡水补给工程，并进行了可行性研究。

通过修筑围坝、引水渠，修建引水闸、连通闸、泄水闸，恢复水循环，在雨季蓄积雨水，在黄河丰水期大量引入黄河水，以蓄淡压碱等措施对退化湿地进行修复，该市先后修复湿地30多万亩（图2.2.8）。自2010年开始，该市连续实施了刁口河流路生态调水工程，黄河故道断流34年后重新实现全线恢复过水，补水面积达到4000多公顷，每年蓄水3500万 m^3。湿地面积不断扩大，湿地生态功能不断加强。

图 2.2.8　湿地植被恢复（左：修复前，右：修复后）（东营市人民政府供图）

在生物多样性保护方面，黄河口湿地重点实施了东方白鹳繁殖招引、黑嘴鸥繁殖地改良、鸟类栖息地改造、鸟类补食区建设等工程项目（图2.2.9），鸟类种类由建区时的187种增加到368种，东方白鹳和黑嘴鸥繁殖种群数量、繁殖巢数量均创建区以来的最高纪录，已成为东方白鹳重要的繁殖地和全球第二大黑嘴鸥繁殖地。

（五）宁夏银川市

银川市历史上有"七十二连湖"之称，湿地分布密度大、范围广、数量多。然而，快速的城市建设使得"七十二连湖"逐渐萎缩。

图 2.2.9　栖息地修复（左：修复前，右：修复后）（东营市人民政府供图）

　　为了重现"七十二连湖"的生态景观，银川市近十多年来相继实施了大规模的湿地保护与恢复工程项目建设，逐步建立和形成了合理、完整的湿地保护体系。建成了集防洪、排水、生态、景观、旅游等多种功能于一体的爱伊河工程，连通银川西部 6 个拦洪库和 2 个滞洪区，接引银川平原 10 余条沟道，沿途连接了七子连湖、华雁湖、海宝湖、小西湖和阅海等 10 余个重要湿地，修复水系 32km，形成水面 1700 多公顷，成为市区重要的湿地生态带和风景线。根据宁夏回族自治区建设"黄河金岸"的规划，重点建设了银川黄河湿地公园、银川黄河外滩国家湿地公园，实施了银川市东南水系建设工程和西北部水系整治工程，对鸣翠湖、宝湖、月牙湖、南湖、章子湖、孔雀湖等湖泊、沼泽湿地，实施了扩湖整治、退田（塘）还湿和水系连通等项目建设，保护与恢复湿地面积 5000 多公顷，新增湿地面积 800hm^2，恢复湿地植被 300 多公顷。结合城市园林绿化建设，对南塘湖、流芳园、丽景湖、金波湖等市内小型湖泊进行清淤改造，对红花渠、四二干沟等城市"龙须沟"进行了集中整治，建成了一批以湖泊、水系为主体景观的公园绿地，为市民营造了舒适的生态空间。

　　银川湿地面积的扩大和生物栖息地的恢复，改善了城市的环境质量，形成了一道水不断流、绿不断线、景不断链的湿地生态屏障和"不是江南、胜似江南"的湿地景观，同时对保护以珍稀鸟类为主的湿地生物多样性起到了关键性的作用。据监测，自 2002年以来，银川市区空气湿度从 30%提高到了目前的 50%。在强调生态效益的同时，银川市委、市政府注重发挥湿地的社会效益和经济效益，合理利用湿地资源，大力发展湖泊湿地生态旅游、湿地水生植物种植、湿地水产品养殖和傍水住宅等湿地经济，以湿地资源利用为特征的绿色生态型产业的兴起，成为银川市重要的经济增长点。

（六）黑龙江哈尔滨市

　　哈尔滨市多年来开展了丰富多彩的湿地科普宣教活动，在提高公众湿地保护意识方面取得了不俗的成绩。

　　哈尔滨市建有湿地宣教馆 6 处，湿地志愿者千余人，已出版系列湿地旅游宣教出版物 17 套，年接待湿地游客百万人次。哈尔滨市教育局把湿地知识编入中小学义务教育教材中，组织开展第二课堂和户外湿地宣教活动。广泛深入的保护宣传教育带动了湿地周边社区的经济发展。哈尔滨哈东沿江湿地省级自然保护区实行社区共建，解决了劳动力就业问题，年收入 1.7 亿元。

哈尔滨市不仅有 2 月 2 日"世界湿地日"，同时黑龙江根据本省湿地景观特色，将 6 月 10 日设立为"黑龙江省湿地日"。每年"世界湿地日"和"黑龙江省湿地日"，哈尔滨市辖的各湿地公园、保护区、市（区）林业局，均开展相关的科普、宣传和教育活动。

开展的其他宣教活动可以归为三类：一是湿地走近市民生活。除世界湿地日、黑龙江省湿地日外，哈尔滨市有哈尔滨湿地节、爱鸟周、环松花江马拉松比赛（简称哈马）、湿地自行车比赛、冬泳等一系列的比赛活动。二是课堂内外讲湿地。哈尔滨市教委将湿地科普与中小学生课堂有机结合。同时，依托现有的重要湿地资源，开展课堂内外相结合的湿地科普宣教活动，形成独具特色的校园湿地课堂。三是湿地内外宣湿地。哈尔滨市的太阳岛国家湿地公园、松北国家湿地公园、白鱼泡国家湿地公园、哈东沿江湿地省级自然保护区等也不定期地开展内容丰富的公众宣教活动，包括中小学第二课堂课程、爱鸟周和相关的公众科普宣教活动。

国际湿地城市认证工作在中国的成功开展，将是各地方进行湿地保护的动力，进而有助于维持重要的湿地生态特征，减少对具有全球重要意义的生物多样性的威胁，实现湿地的可持续利用；有助于推动各地方政府制定和实施更有针对性的湿地规划方案和保护法规，在湿地保护与管理方面取得更好的工作成果。国际湿地城市认证每 6 年复审一次，这就要求已经获得认证的城市切实履行湿地保护策略，以此为契机，继续扩大湿地保护的成果。中国按照湿地公约要求的时间框架，顺利完成了此次湿地城市认证提名工作，极大地提高中国公约事务的参与度和中国的影响力，有利于推广中国湿地保护工作的经验和成就，树立良好的国际形象，更好地维护国家利益。

本节作者：雷光春　刘云珠　北京林业大学生态与自然保护学院

第三节　长江中下游洪水影响与湿地保护工程效益评估

湿地为人类提供了养分循环、净化水质、防蓄洪水、物种栖息地等生态服务，被誉为"地球之肾""生命的摇篮""物种的基因库"。因此，加强湿地保护是维护国土生态安全和促进经济社会可持续发展的重要举措。长江中下游湿地是我国最大的人工和自然复合的湿地生态系统，也是我国湿地资源最丰富的地区之一。然而，长江中下游同时也是历史上洪水频发区，湿地调蓄洪水的功能在该区域非常重要。

20 世纪 90 年代，长江中下游的特大洪水，导致长江干流沙市、监利、螺山、汉口、九江水位超过警戒水位的时间分别长达 57 天、82 天、81 天、84 天和 94 天；导致湖北、江西、湖南、安徽、浙江、福建、江苏、河南、广西、广东、四川、云南等省（自治区）受灾人口超过 1 亿人，受灾农作物 1000 多万公顷，死亡 1800 多人，倒塌房屋 430 多万间，经济损失 1500 多亿元。此次洪水事件后，长江中下游开始实施大规模的湿地恢复工程，即"平垸行洪、退田还湖、移民建镇工程"（以下简称退田还湖工程）。国家投资101.13 亿元，涉及人口 242 万人，还江还湖 2900km²。该政策的实施，使得昔日的湿地得以恢复，为蓄滞洪区运用创造了一定条件。

然而，2016 年汛期长江流域降雨集中、强度大，遭遇恶劣暴雨洪水，长江中下游地区发生区域性大洪水，部分支流发生特大洪水。梅雨期（6 月 18 日至 7 月 20 日）流域内共发生 6 次明显的降雨过程，3 次大的洪水过程，长江中下游干流监利以下江段全线超警，城陵矶以下江段和洞庭湖最高水位居有水文记录以来的第 5 位，鄱阳湖湖区最高水位居有水文记录以来的第 6 位；清江、资水、鄂东北诸支流、巢湖水系和梁子湖等发生特大洪水。

尽管 1998 年退田还湖工程的实施在一定程度上增加了湖泊的调蓄能力，然而由来已久的江湖阻隔使得该区域仍存在较高的洪涝灾害风险。资料显示，目前，该区域 60% 的自然湿地丧失，1000 多个堤坝，覆盖长度超过 3000km，严重地阻隔了江湖的连通，削弱了江湖对洪水的调蓄能力，使得洪水的风险和危害性不断提高。此外，近年来的洪水灾害呈现出了一些新的特点。在房地产开发等经济因素驱动下，对洪水易发区进行的开发进一步压缩了自然洪泛湿地的分布范围，引发了新一轮的湿地占用与围垦，对新形势下湿地利用、保护与恢复提出了挑战。

退还围垦湿地、恢复江湖连通是减轻洪涝灾害的主要措施。本章节通过文献资料梳理、实地调研，采用对比研究和实证分析的方法，分析近 20 年来长江中下游洪灾事件的特点、致灾原因，探讨了洪水对湿地生态系统功能的影响，同时评估了长江中下游退田还湖工程的效益。最后，分析了长江中下游湿地保护与恢复面临的问题，强调在"长江大保护"背景下，促进湿地保护和恢复，开展生态廊道建设，将促进湿地洪水调蓄和生物多样性功能的提升，实现长江中下游湿地保护主流化。本研究将为长江中下游区域湿地保护与恢复工程的实施提供政策依据。

一、长江中下游洪水事件的特点及其原因

（一）1998 年和 2016 年洪涝灾害对比分析

1998 年和 2016 年长江中下游均发生了流域性的洪涝灾害。我们对这两次灾害事件进行了对比分析。两次洪水事件均是强厄尔尼诺现象造成的，从空间分配上看，1998 年是全流域的洪水，而 2016 年集中在长江中下游和两湖地区。2016 年长江下游干流 6～8 月降雨量比 1998 年同期偏多（降雨量距平为 44%）。两次洪水事件均造成了长江干流和支流水文站持续超过警戒水位。总体来看，2016 年长江中下游干支流水位超警持续时间没有 1998 年长，主要水文站最高水位也没有 1998 年高（表 2.3.1）。

表 2.3.1　两次洪水事件长江中下游干支流主要控制站水位特征值

站名	1998 年最高水位/m	2016 年最高水位/m	水位站警戒水位/m
监利	38.31	36.26	35.50
莲花塘	35.80	34.29	32.50
螺山	34.95	33.37	32.00
汉口	29.43	28.37	27.30
九江	23.03	21.68	20.00
大通	16.32	15.66	14.40

此外,我们分别收集了 1998 年和 2016 年洪水期的 Landsat-TM/ETM/ETM+遥感影像,并用面向对象分析方法,采用 eCogntion 8.7 软件提取了水体的淹没范围,并计算了淹没面积。分析发现,2016 年的水体淹没面积略小于 1998 年,特别是两湖地区,但是安徽省和江苏省的淹没面积超过了 1998 年。而根据统计数据,安徽省是 2016 年受灾最严重的省份之一(图 2.3.1)。

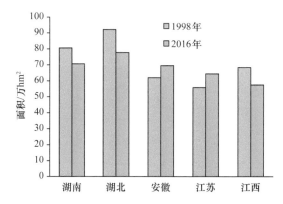

图 2.3.1 1998 年和 2016 年洪水期水体淹没面积比较

从受灾状况来看,与 1998 年相比,2016 年农作物受灾面积、成灾面积、受灾人口、倒塌房屋都有了明显地减少,直接经济损失 1193 亿元也略低于 1998 年(表 2.3.2)。

表 2.3.2 1998 年和 2016 年洪水的灾害范围和损失

	1998 年	2016 年
受灾市县/个	588	323
受灾人口/万人	9436	3394
受灾农作物面积/万 hm²	765	307
倒塌房屋/万间	213	12
直接经济损失/亿元	2000	1193
水利工程损失/亿元	—	204

资料来源:《中国水利年鉴》

(二)1998 年后长江中下游洪涝灾害事件的新特点

1998 年洪水事件后,长江开展了大规模的防洪工程建设,长江干堤加高加固,防洪工程措施和非工程措施及管理水平也有所提高,防洪能力有所加强。1998 年后洪水事件明显减少,然而 2016 年和 2017 年长江中下游再次发生区域性洪水事件,而相较于 1998 年洪水,呈现出以下新特点。

1. 长江干流险情及灾害损失显著降低

1998 年洪水事件,提高了政府及公众对湖泊湿地洪涝灾害调节功能的意识,特别是促进了长江干流的防洪工程建设。首先,与 1998 年洪水期相比,2016 年长江干堤的险情大幅减少,出险总数仅为 1998 年的 0.53%(1998 年长江干堤累计险情 9405 处,而

2016 年为 50 处）。其次，险情危险程度降低，2016 年未发生较大险情。相比之下，1998 年长江干堤共发生较大险情 698 处。

2. 长江支流，特别是一级支流防洪压力增加

长江中下游支流水文站相继出现超警戒高水位，如 2016 年，鄱阳湖湖区出现有水文记录以来的第 5 高水位；清江、资水、鄂东北诸支流、巢湖水系和梁子湖等发生特大洪水。2017 年 7 月 3 日，湘江长沙站水位上升到 39.51m，创下有记录以来的历史新高。这一水位比 1998 年创下的 39.18m 历史纪录高出了 0.33m。

与险峻的水情相对的是支流堤坝防洪能力相对低，险情显著高于干流。2016 年，长江中下游 5 省支流和“两湖”堤坝出现险情 3288 处，是干流险情的 66 倍。部分堤坝，特别是民堤（垸）被洪水冲垮，造成了决口事件。决口的堤坝包括湖南岳阳市华容县新华垸大堤溃口、武汉新洲举水凤凰西堤溃口、湖北孝感老观湖大堤决口、湖北阳新堤坝溃口、湖北武穴堤坝决口等。

3. 新建城区及大城市内涝问题突出

2016 年，长江中下游武汉、南京等地发生了严重的城市内涝，对生产、生活和经济发展造成了严重的影响。特别是 2010 年以来，部分年份洪涝灾害损失超过了发生流域型大洪水的 1998 年。面对损失与受淹城市数成正比的趋势，城市内涝逐渐引起社会的关注。尽管城市内涝的根源主要在于受气候变化影响的极端性强降雨事件，然而，伴随着快速城镇化的进程，城市建设密度高、硬化面积大，原有的坑塘、湖泊、湿地等天然的“蓄水容器”被侵占、填埋和破坏，也加剧了城市内涝的风险。

（三）1998 年后长江中下游洪涝灾害的原因

我们系统分析了长江中下游洪涝灾害产生的原因，湿地围垦占用及江湖阻隔是导致洪水风险加剧的主要原因，而新建城区湿地占用也带来了新的风险。

1. 江湖阻隔及中小河流水利工程建设

20 世纪 50 年代以来，随着蓄洪垦殖及水利工程建设，长江流域通江湖泊面积减少了 10 595km^2，占原通江湖泊面积的 61.4%，目前仅鄱阳湖和洞庭湖与长江直接相连（图 2.3.2）。江湖阻隔导致湖泊洪水调蓄能力大大降低。

2. 中小河流等洪水高风险区整治工程未得到切实执行

2016 年洪水风险中，支流是受灾严重的区域。部分蓄滞洪区围堤，特别是一些民垸用途发生改变，难以发挥行洪功能。此外，全国中小河流综合整治工程未切实执行，如洞庭湖区的江湖工程整治久议不决。同时，河道侵占导致河道变窄，行洪能力减弱。2016 年长江干堤险情较 1998 年显著降低，而出险和成灾的情况基本上都出现在支流的中小河流及湖泊周边，这是 2016 年洪水中受灾严重的区域。

3. 新建城区湿地围垦和占用，导致城市内涝风险加大

强降水或连续性降雨超过城镇排水能力，城镇地面产生积水，会导致城市内涝现象。

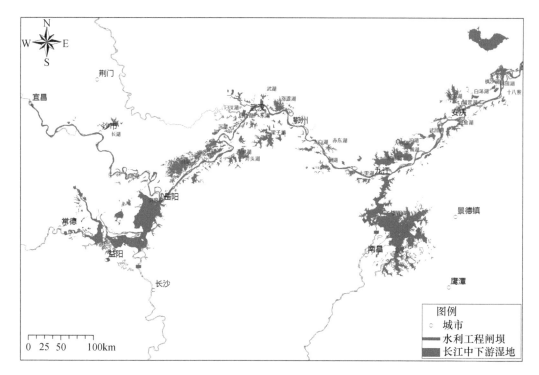

图 2.3.2　长江中下游水闸分布（图中红色部分）
资料来源于北京林业大学雷光春教授

近年来，"城市看海"屡见不鲜。这主要是因为，城市建设中景观类型趋于单一，绿地优势度、聚集度降低，而建设用地，特别是住宅用地集中，建设用地等不透水区域的面积逐渐增加，是导致城市内涝的根源。尽管湿地恢复工程的实施，促进了湿地面积的增加，然而，湿地占用情况仍然突出。特别是，近年来随着经济的发展和城市用地需求的增加，长江中下游湿地面临 20 世纪 60 年代以来的新一轮围垦，房地产开发等经济因素驱动下的湿地占用与围垦，不断挤占湿地洪泛区及湖漫滩地造成湿地资源的进一步丧失（专栏 2.3.1）。

专栏 2.3.1　武汉城区湿地围垦分析

利用 1990 年、2000 年、2005 年、2010 年的土地利用数据对湖北省湖泊、河流、水库、坑塘及运河等湿地类型转化为居民地的变化进行分析，发现湿地占用情况严重。自 1990 年以来，累计占用湿地面积 2.1 万 hm^2。特别是 2000~2005 年，占用湿地面积为 1.34 万 hm^2，是 1990~2010 年占用总面积的 63.5%。人口的增加、城镇的发展和房地产的开发，不可避免地会占用湖泊的空间，导致湖泊水域面积的减少（马建威等，2017），沿湖房地产的快速发展加快了湖泊萎缩。

与居民点信息进行空间叠加发现，大城市中心区是湿地占用集中的区域。例如，武汉市的城市内湖不断萎缩，其周围建造了大型商业设施和住宅。其中自 20 世纪 70

年代至今，汤逊湖面积减少了约 33%，沙湖面积减少了约 67%，南湖面积减少了约 49%（马建威等，2017）。

在 2016 年洪水事件中，武汉、南京等地发生了严重的城市内涝，特别是一些湖漫滩地区建造的住宅区，对生产、生活和经济发展产生了严重影响。下图为武汉沙湖的历史变迁。

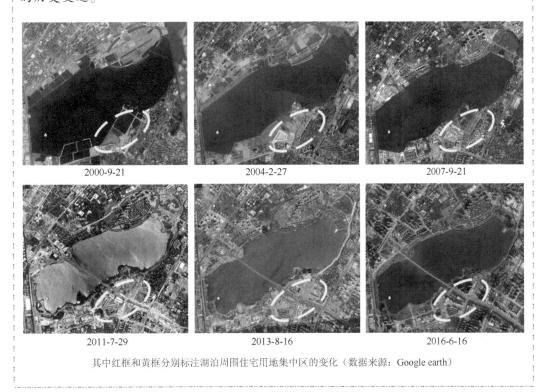

其中红框和黄框分别标注湖泊周围住宅用地集中区的变化（数据来源：Google earth）

二、洪水事件对长江中下游湿地的影响

（一）洪水灾害的损失

长江中下游是洪水频发的区域，特别是 20 世纪 90 年代，几乎每年都会发生较大的洪水。本研究基于《中国水利年鉴》、文献资料等梳理分析了 1998 年以来长江中下游主要省份的洪涝灾害受灾面积和经济损失。长江中下游主要的洪灾年份包括 1998 年、2002 年、2003 年、2010 年和 2016 年。

1998～2016 年，洪涝灾害造成长江中下游每年平均约 402.84 万 hm^2 农田淹没，受灾人口约 5470.97 万人，经济损失约 529.71 亿元，损失严重。从分布来看，各省份受洪灾威胁的程度不同。湖北省和湖南省受灾状况总体高于其他 3 省，而江苏省的受损害程度相对较低（图 2.3.3，表 2.3.3）。

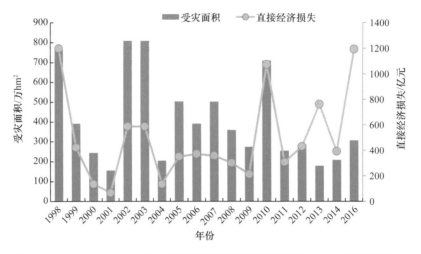

图 2.3.3 1998～2016 年长江中下游受灾面积和经济损失（2015 年无数据）

表 2.3.3 长江中下游各省洪涝灾害状况

灾害指标	湖南	湖北	江苏	安徽	江西	合计
洪涝面积/万 hm²	86.70	97.23	69.92	96.50	61.77	412.12
受灾人口/万人	1427.54	1304.15	642.72	1306.72	933.70	5614.83
经济损失/亿元	129.34	127.08	58.00	115.96	99.32	529.70

资料来源:《中国水利年鉴》

（二）洪水事件的正面影响

尽管洪水给社会带来了巨大的经济损失，然而，我们也不能忽视，洪水对湿地的作用。洪水定期泛滥即洪泛作用，对湿地形成和发展及湿地功能的维系起着重要作用。洪水过程能显著增加湿地的面积，作为洪泛平原湿地重要的水源，洪水能有效地补充湿地生态用水。我们分别利用土地利用数据和遥感影像解译的数据，分析了鄱阳湖平原、洞庭湖平原和江汉平原 1998 年和 2016 年洪水期与洪水前期湿地面积的变化，结果显示，三个区域湿地总面积在 1998 年和 2016 年分别增加了约 30% 和 10%。洪水显著扩大了湿地面积（表 2.3.4，图 2.3.4，图 2.3.5）。

表 2.3.4 1998 年和 2016 年洪水期与洪水前期湿地面积的变化

区域	20 世纪 90 年代/万 hm²	1998 年洪水期/万 hm²	变化比例/%	2010 年/万 hm²	2016 年洪水期/万 hm²	变化比例/%
鄱阳湖平原	66.54	68.50	2.95	67.16	57.59	−14.25
洞庭湖平原	56.59	80.59	42.41	57.12	70.65	23.69
江汉平原	62.51	92.14	47.40	63.53	77.70	22.30
合计	185.64	241.23	29.95	187.81	205.94	9.65

注: 其中 20 世纪 90 年代、2010 年湿地面积采用的上地利用数据，而 1998 年和 2016 年洪水期数据来源于遥感影像解译结果

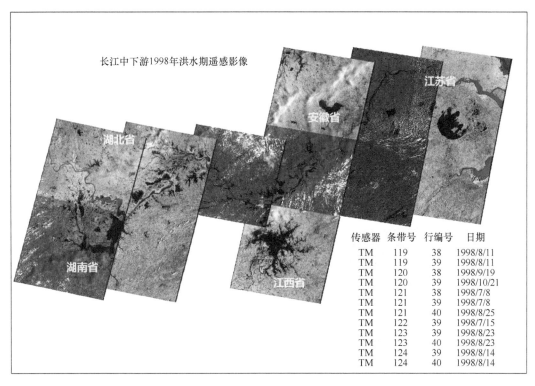

长江中下游1998年洪水期遥感影像

江苏省

安徽省

湖北省

湖南省

江西省

传感器	条带号	行编号	日期
TM	119	38	1998/8/11
TM	119	39	1998/8/11
TM	120	38	1998/9/19
TM	120	39	1998/10/21
TM	121	38	1998/7/8
TM	121	39	1998/7/8
TM	121	40	1998/8/25
TM	122	39	1998/7/15
TM	123	39	1998/8/23
TM	123	40	1998/8/23
TM	124	39	1998/8/14
TM	124	40	1998/8/14

图 2.3.4　1998 年长江中下游洪水期水体淹没范围

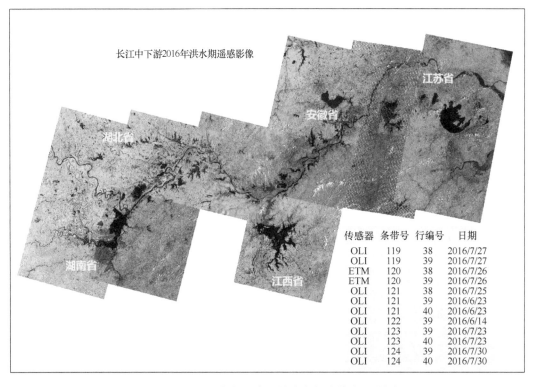

长江中下游2016年洪水期遥感影像

江苏省

安徽省

湖北省

湖南省

江西省

传感器	条带号	行编号	日期
OLI	119	38	2016/7/27
OLI	119	39	2016/7/27
ETM	120	38	2016/7/26
ETM	120	39	2016/7/26
OLI	121	38	2016/7/25
OLI	121	39	2016/6/23
OLI	121	40	2016/6/23
OLI	122	39	2016/6/14
OLI	123	39	2016/7/23
OLI	123	40	2016/7/23
OLI	124	39	2016/7/30
OLI	124	40	2016/7/30

图 2.3.5　2016 年长江中下游洪水期水体淹没范围

季节性和周期性的洪水干扰对洪泛区生物物质和能量循环起重要作用，洪水通过更新洪泛区湿地的物理化学环境，维持着湿地特定的物种多样性和高生物量，同时能促进洪泛平原湿地景观演替及生物多样性。

洪水事件也为恢复江湖连通、促进"环境流"提供了契机。在1998年和2016年的洪水事件中，在干流和部分支流发生了一些溃堤和溃坝的现象，这些区域多是洪水高风险区域，对这些区域进行湿地恢复，有利于提升湿地的整体功能。

1998年后实施的退田还湖工程，部分退还的湿地就属于这种类型。例如，以位于永修县吴城镇的东风圩为例，1998年洪水期间曾经溃堤，同年10月被列为退田还湖双退圩堤，规定圩堤溃决后不得复堤堵口。2016年洪水事件中，湖北牛山湖被永久退还为湿地，在增强湿地洪水调蓄功能的同时，也减轻了区域洪涝灾害的风险（专栏2.3.2）。区域性洪水在一定程度上促进了长江与其支流河湖之间的交流和连通。

专栏2.3.2 梁子湖-牛山湖炸堤，恢复江湖连通

湖北梁子湖与牛山湖原本为相互连通的湖泊，随着湿地开发利用，两者间筑起一道隔堤。2016年的特大暴雨，使得梁子湖和牛山湖水位差距加大。两湖相比，梁子湖水位高出牛山湖一米多，这意味着下次暴雨来临之际，两岸悬殊的水位极有可能会对周围村庄造成伤害。牛山湖分洪是缓解灾害最快最直接的办法。

2016年7月14日，梁子湖与牛山湖隔堤实施爆破作业，5000万 m³梁子湖湖水注入牛山湖，梁子湖水位降至21.36m保证水位以下，抗洪压力大大减轻。同时梁子湖与牛山湖连成一体，牛山湖成功破垸分洪成为永久性湖泊湿地。

此外，洪水过程也会对湿地生态系统服务功能产生影响。对鄱阳湖1998年洪水前后的研究表明，洪水过程促进了土地利用结构的变化，突出表现为水域面积的增加。洪水事件后生态系统服务功能整体提升了8.5%，其中湖泊面积的增加提高了湿地的水源涵养、洪水调蓄及提供生物栖息地功能，对湖泊整体功能提升贡献率为92.4%（龙鑫等，2012）。

鉴于洪水事件能促进湿地生态功能，但对当地社会经济具有负面影响，因此，通过保护与恢复工程，恢复湿地面积，提升其洪水调蓄的能力显得尤为重要。本研究回顾分析了长江中下游湿地保护工程，特别是分析了退田还湖工程对湿地生态系统的影响。

三、长江中下游湿地保护工程效益评估

20 世纪 50～70 年代，在"以粮为纲"的政策驱动下，掀起了轰轰烈烈的围湖造田活动。长江中下游湖泊面积由 20 世纪 40 年代末的 351.23 万 hm² 下降至 20 世纪 70 年代末的 231.23 万 hm²，减少 34.2%（杨锡臣等，1982）。其中江汉平原和洞庭湖湖群分别被围垦掉 43.5%（张明祥等，2001）和 38.1%（余德清等，2016）。1998 年长江流域性特大洪水，造成了巨大的经济损失，引发了社会对湿地生态系统的生态与防洪意义的重新思考。国家相继颁布实施湿地恢复政策，退田还湖工程（1998～2002 年）及其巩固工程（2002～2005 年）相继启动，在一定程度上促进了自然湿地面积的增加（图 2.3.6）。

图 2.3.6 长江中下游湿地利用与保护相关的政策脉络

（一）长江中下游湿地保护工程概况

据第二次全国湿地资源调查结果显示，长江中下游现有湿地面积 770.47 万 hm²，其中湿地保护面积 200.87 万 hm²，湿地保护率 26.07%（表 2.3.5）。

表 2.3.5 长江中下游分省湿地面积

省份	湿地面积/万 hm²	保护区面积/万 hm²			保护率/%
		国家级	省级	其他	
湖南	102.00	20.43	24.69	3.45	47.62
湖北	144.50	3.94	17.57	7.22	19.88
江西	91.01	5.57	10.17	12.24	30.74
安徽	104.20	8.35	21.41	3.09	31.53
江苏	282.30	33.62	8.47	11.26	18.90
上海	46.46	6.62	2.77	0.00	20.21
合计	770.47	78.53	85.08	37.26	26.07

资料来源：国家林业局，2014，第二次全国湿地资源调查结果

2005 年《全国湿地保护工程实施规划（2005—2010 年）》（简称"十一五"湿地规划）和 2011 年《全国湿地保护工程实施规划（2011—2015 年）》（简称"十二五"湿地

规划）相继实施，在长江中下游湿地区，重点开展了退田还湖、外来物种控制、农区湿地污染源头控制、湿地可持续利用等工程措施，促进湿地植被重建及水生植被修复。在水质污染严重的湖泊开展污染防治和水环境的治理。加强自然保护区建设，开展水鸟栖息地建设，实施迁徙鸟类网络保护工程，营造和恢复水鸟及麋鹿等栖息地，充分保证该区域湿地调蓄洪水和保护生物多样性等生态功能的发挥（表 2.3.6）。据不完全统计，该区域湿地保护与恢复工程的总投入 1.90 亿元，涉及湿地面积 44.59 万 hm^2。

表 2.3.6　2005～2015 年长江中下游实施的主要湿地恢复和保护工程

项目名称	主要内容	湿地面积/hm^2	实施年份
湖北洪湖湿地保护与恢复建设项目	退田还湖、湿地植被重建、退化栖息地改造	41 412.07	2007～2009
湖南东洞庭湖国家级自然保护区湿地保护工程建设项目	退田还湖、湿地植被重建、退化栖息地改造	190 000	2006～2008
江西都昌湿地保护建设项目	退田还湖、湿地植被重建、退化栖息地改造	41 100	2008～2010
江西芦溪锅底潭湿地保护建设项目		7 508	2009～2011
安徽安庆沿江湿地保护建设项目	保护区建设	120 000	
安徽升金湖国家级自然保护区湿地保护与恢复建设项目	保护区建设	33 340	2006～2008
长江口互花米草生态控制工程	外来物种控制	2 000	2010～2015
鄱阳湖湿地恢复工程	退田还湖、湿地植被恢复、水鸟栖息地改造	2 520	2010～2015
洞庭湖湿地恢复工程	退田还湖、生态移民、水鸟越冬栖息地改造、麋鹿栖息地改造、外来入侵物种控制	2 400	2010～2015
太湖湿地恢复工程	退养还湿、沟渠利用、生态驳岸建设、湖滨水生植被恢复	2 750	2010～2015
洪湖湿地恢复工程	生物控制净化水质、湖区养殖数量和面积及污染控制、控制以水花生为主要代表的外来物种	1 900	2010～2015
巢湖湿地恢复工程	湿地修复、退耕还湖等	1 000	2010～2015

资料来源：《全国湿地保护工程实施规划（2005—2010 年）》《全国湿地保护工程实施规划（2011—2015 年）》

尽管过去这些年国家、长江中下游陆续实施各种湿地保护与恢复工程，但是退田还湖及其相关工程实施周期最长、影响最大。因此，本研究主要对退田还湖工程效果开展了分析。

（二）退田还湖工程

退田还湖工程是一项系统的生态恢复工程，是一种"给洪水（湖泊）让出空间"的管理模式。该工程以恢复和加强江湖联系为目标，重点在洞庭湖、鄱阳湖、江汉湖群及安徽沿江湖泊湿地予以实施、推广（图 2.3.7）。截至 2004 年，退田还湖工程的中央专项投资达 101.13 亿元，安排移民 62 万户、242 万人，平退 1041 个圩垸，其中双退圩垸 517 个，单退圩垸 524 个。恢复长江干流、鄱阳湖、洞庭湖水面约 2900km^2，增加蓄洪容积约 130 亿 m^3。

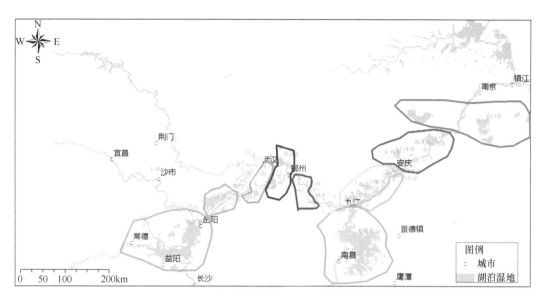

图 2.3.7 长江中下游退田还湖工程分布区示意图

（三）退田还湖工程的影响评估

1. 退田还湖工程的生态效益

鄱阳湖平原、洞庭湖平原和江汉平原是实施退田还湖工程的主要区域，本研究结合退田还湖前后上述区域的土地利用数据，研究了土地利用结构的变化，并分析了退田还湖工程对湿地洪水调蓄功能和水源涵养功能的影响。

对鄱阳湖平原、洞庭湖平原和江汉平原不同阶段土地利用结构的变化分析发现，退田还湖前期（1995~2000 年），鄱阳湖平原耕地面积减少明显，林地、草地面积略有减少，而湿地面积则显著增加；洞庭湖平原林地和耕地面积增加，草地和湿地面积则有所减少；江汉平原区域耕地面积显著下降，林地和草地面积也略有减少，湿地面积则显著增加。在退田还湖巩固期（2000~2005 年），鄱阳湖平原耕地面积略有增加，湿地和草地面积略有减少，林地面积减少明显；洞庭湖平原耕地面积略有减少，草地、湿地和林地面积有所增加；江汉平原耕地面积显著减少，湿地面积显著增加。而上述区域两个时期建设用地面积一直呈增加的趋势。

总体来看，鄱阳湖平原和江汉平原均呈现耕地面积减少而湿地面积增加的趋势，其中鄱阳湖平原耕地减少面积略低于湿地增加面积，而江汉平原耕地减少面积则高于湿地增加面积。洞庭湖平原则呈现耕地和湿地面积均减少的趋势，然而 2000~2005 年，湿地面积有所增加，这应该是退田还湖的效果，但是湿地的面积仍未恢复到 1995 年的水平。

上述变化趋势表明，退田（耕）还湖（湿）在长江中下游区域呈现了一定的效果，促进了湿地面积的增加。然而，这一时期除了退田（耕）还湖（湿）政策外，该区域还受到退耕还林、还草等政策的影响，特别是在洞庭湖区域，林地和草地面积增加趋势明显，还有一个原因是退田还湖后部分农民认为种树（以意大利杨树为主）比种粮更加有利可图，而且比种粮更节省劳动力；此外，当地政府还希望通过种植杨树来缓解该区域血吸虫病蔓延的趋势。不容忽视的一点是，在整个长江中下游区域，建设用地面积一直呈增长的趋势，这意味着该区域人为干扰的压力在不断增加。

然而，从土地利用转移的方向来看，长江中下游区域同时存在"耕地→湿地"和"湿地→耕地"两种转换模式，而退田还湖政策的实施无疑使得后者成为主导模式。然而，退田还湖后期，政策和财政支持力度的下降，也使得土地利用转移的方向发生逆转，而这在鄱阳湖平原区表现明显（图 2.3.8）。

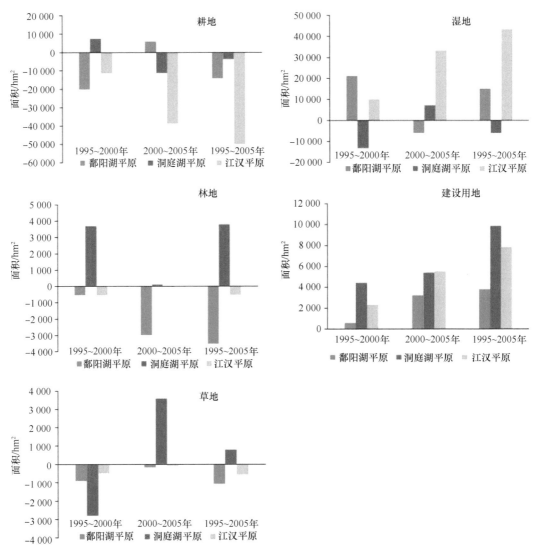

图 2.3.8　鄱阳湖平原、洞庭湖平原和江汉平原退田还湖前后土地利用变化

基于退田还湖前后土地利用变化的数据参考了姜鲁光（2006）、潘明麒（2009）和许倍慎（2012）的研究

退田还湖在一定程度上促进了湿地面积的增加，提升了该区域的水源涵养和洪水调蓄能力。我们参考了鲁春霞等（2004）和李士美等（2010）确定的不同土地利用类型的水源涵养能力系数（表 2.3.7），在此基础上，评估了退田还湖对水源涵养功能的影响。

表 **2.3.7** **不同土地利用类型的水源涵养能力系数**

土地利用类型	单位面积水源涵养服务/（m³/hm²)
耕地	162.50
林地	698.60
草地	252.55
建设用地	8.10
湿地	4820.40

注：在鲁春霞等（2004）和李士美等（2010）的研究基础上整合

结果表明，1995～2005 年，鄱阳湖平原和江汉平原的水源涵养量分别增加了 6.86 亿 m³ 和 20.06 亿 m³，而洞庭湖平原的水源涵养量则有所下降，约降低 2.87 亿 m³。从阶段来看，鄱阳湖平原退田还湖前期（1995～2000 年）水源涵养量增加明显，而洞庭湖平原在退田还湖巩固期（2000～2005 年）水源涵养量略有增加。而江汉平原，水源涵养量一直呈增加趋势（图 2.3.9）。

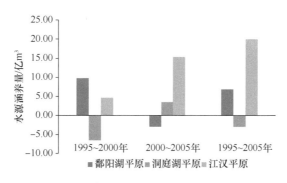

图 2.3.9 长江中下游平原区湿地水源涵养量变化

同时，湖泊等自然湿地和坑塘等人工湿地对洪水的调蓄能力远远大于农田。因此退田还湖对洪水调蓄功能具有正效应。姜鲁光（2006）和李仁东（2004）分别估算了特定水位下退田还湖增加的洞庭湖和鄱阳湖洪水调蓄量。在鄱阳湖湖口水位 21.68m（即单退圩堤全部蓄水）时，鄱阳湖增加蓄洪面积 57 198hm²，增加蓄洪容积 2.06 亿 m³。洞庭湖城陵矶水位 32m 时（达警戒水位时），区域洪水调蓄能力增加估计为 6.23 亿 m³。

2. 退田还湖的经济效益

退田还湖工程促进了耕地向湿地的转移，尽管耕地面积减少，使得粮食供给功能下降，但是湿地的洪水调蓄和水产品供给功能提升，同时促进了生态旅游。李仁东（2004）按照机会成本法和直接市场价值法，对洞庭湖"耕地→水域"和"水域→耕地"转换的成本与效益进行估算，认为水域面积增加使得洞庭湖区经济价值直接增加，总计 0.47 亿元，每公顷增加约 2682 元。

此外，工程中的"移民建镇"措施也是经济损失降低的主要原因之一。据统计，在长江中下游共安排移民 62 万户，搬迁 242 万人。如图 2.3.10 所示，1990～2005 年，鄱阳湖区居民区的分布范围向远离湖区的方向搬迁，搬离了洪水风险较高的区域，在一定程度上降低了人员和财产的损失，减少了洪水灾害造成的直接损失，也大大降低了防洪抗灾的成本。相较于 20 世纪 90 年代，2000 年以来长江中下游洪涝致灾面积降低了 33%，财产损失减少了 50%。

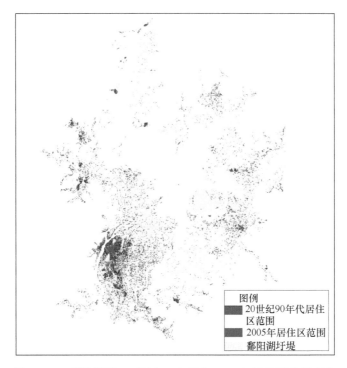

图 2.3.10 鄱阳湖区 20 世纪 90 年代和 2005 年居住区范围变化

（四）退田还湖政策存在的问题

然而，我们同时也看到了退田还湖等湿地保护与恢复政策当前存在的问题。

1. 单退圩区土地利用方式未发生根本改变，难以实现湿地功能

根据江西省实施方案，当鄱阳湖湖口水位达到 20.50m 时，保护面积在 1 万亩以下的中小型退田还湖圩堤（主要是"退人不退田"的单退圩堤）必须分蓄洪水。而 2016 年 7 月，湖口水文站的水位达 21.16m，已经超过 20.50m 的设计洪水位，按照方案，鄱阳湖区保护面积在 1 万亩以下的单退圩堤应当分蓄洪水。而 2016 年，鄱阳湖退田还湖区双退区进水面积 11 505hm²，单退区进水面积 78 189hm²，分别占理论蓄水面积的 25.13% 和 15.51%，洪水淹没的面积远未达到理论蓄洪面积。

2. 退还湿地区域权属不明确，后续缺乏有效的政策约束

在国家粮食安全和耕地保护的政策影响及经济利益的驱使下，在当前及未来一段时期，退田还湖与耕地保护政策之间可能产生明显的冲突。特别是 1998 年后未发生较大洪水，原有退田还湖区域人们的防洪意识逐渐减弱，特别是一些未设置为重点圩堤保护区的湿地呈现"复垦"现象。从 2015 年土地利用数据分析，双退区农田面积 11 122hm²，占双退区总面积的 43.7%。部分区域被围垦成精养鱼池，少数甚至开发成居民区，使得退田还湖效果未达到预期。

以东风圩、西庄联圩为代表的双退圩堤，拥有大面积、连片、地势平坦的耕地。例如，黄湖蓄洪圩北侧的"三湖"湿地被围垦面积达 552.8hm^2；廿四联圩东侧新近围垦面积达 803.69hm^2；东风圩北侧新近围垦面积达 35.87hm^2（杨柳等，2017）。

3. 退田还湖后生态补偿措施不明确

鄱阳湖退田还湖的补偿大多用于"移民建镇"，随着退田还湖工程实施结束，对湖区居民的经济补偿也随着政策结束而结束，难以对湖区居民形成有效激励，也难以促进湖区居民放弃耕地的积极性。农田变成湿地后，湖区居民生计问题受到关注。粮食生产与洪水调蓄存在显著竞争关系。姜鲁光（2006）估算 2005 年的洪水对鄱阳湖的粮食生产的影响，认为每增加 1m^3 的洪水空间，意味着损失土地生产价值 0.28 元。这部分的费用谁来支付？湖区居民的生计未得到持续改善。

4. 缺乏对湿地功能整体性的保护

退田还湖，是一种"给洪水（湖泊）让出空间"的管理模式，该湿地保护工程更多地强调了对洪水风险的调控作用，而忽视了湖区生计、湿地功能恢复和生物多样性保护等问题。

四、长江中下游湿地保护的展望

2016 年，中央全面深化改革领导小组（中央深改组）通过了《湿地保护修复制度方案》，同时，中央财政进一步加大了对湿地保护的支持力度，"十二五"期间，湿地保护与恢复支出 6.80 亿元、退耕还湿支出 1.15 亿元、湿地生态效益补偿支出 4.05 亿元、湿地保护奖励支出 4.00 亿元。根据"十三五"湿地规划，将全面保护与恢复湿地，其中，中央林业总投入 177 亿元，恢复退化湿地 14 万 hm^2，新增湿地面积 20 万 hm^2，退耕还湿面积 15.68 万 hm^2。在"长江大保护"的背景下，将优先在长江经济带实施退耕还湿、退渔还湿、退垸还湖等湿地修复工程。

（1）结合湿地生态效益补偿工程，进一步完善退田（耕）还（湿）湖补偿制度。一方面，尽快明确退田（耕）还（湿）湖后湿地的权属及用途，提高湿地资源配置效率，加强其综合管理与可持续利用。另一方面，促进退田（耕）还（湿）湖补偿政策的制定和实施。明确补偿对象、标准和持续性政策，提高农民放弃耕地的积极性。

（2）近年来被冲垮的堤垸，多是洪水高风险区域。2010 年 6 月 21 日，江西省抚州市临川区抚河干流右岸唱凯堤溃决，罗针镇、唱凯镇受灾最严重。2016 年 6 月 20 日，江西省鄱阳县古县渡镇向阳圩（位于昌江下游右岸，临近鄱阳湖）发生溃决。这些区域应列为退还湿地的关键区域，优先实施退还湿地等措施，开展生态移民，加强湿地的连通性，恢复湿地和江湖的自然调节功能。

（3）加强湿地资源保护与社区生计的协调发展。在部分区域，允许一定数量的居民开展受保护区监督管理的渔业及农业生产活动，通过社区参与、推进可持续的替代生计项目，提高湖区居民从生态系统中获益。例如，洞庭湖的青山垸，是 1998 年确定的双退垸区，1999 年划归西洞庭湖湿地保护区。2002 年，该保护区被国际湿地公约组织列入"国际重要湿地"。在该区域就应对洪水威胁、保护湿地、兼顾生态需求与人的发展需求等问题开展探索，通过生态旅游（观鸟节）、有机养殖等替代生计促进当地社区收入。世界自然基金会（WWF）等非政府环保组织与社区共管的参与方式在该区域取得成功（专栏 2.3.3）。

专栏 2.3.3　退田还湖区湿地保护与利用模式

青山垸社区共管模式：洞庭湖的青山垸，是 1998 年确定的双退垸区，1999 年划归西洞庭湖湿地保护区。1999~2002 年，西洞庭湖湿地保护区与原青山垸社区农渔民之间处于"保护"与"非法捕捞"的博弈，矛盾不断激化。

在世界自然基金会（WWF）的参与下，2004 年保护区、汉寿县林业局、青山垸社区（现蒋家嘴和洋淘湖社区）等利益相关方协商成立了西洞庭湖自然保护区青山垸社区共管委员会。管理权主要归属于西洞庭湖湿地保护区，在其下设有一个社区共管委员会，主要由承包青山垸进行大水面养鱼的承包户组成，受保护区监督。

社区共管委员会积极探索应对洪水威胁、保护湿地、兼顾生态需求与人的发展需求等问题。通过推进青山垸有机鱼生产、社区居民畜牧业、特色养殖业（珍珠蚌、螃蟹）、水生蔬菜养殖等、生态旅游（观鸟节）等替代生计，促进湿地资源合理利用。

西畔山洲垸发展替代生计模式：西畔山洲垸曾在 1996 年、1998 年两次在洪涝灾害中溃垸，也是 1998 年确定的双退堤垸。然而，退还湿地后，农民的生计面临很大困难。2000 年开始世界自然基金会累计投入 54 万元赠款，资助了 176 户农民发展替代生计，主要包括推动家畜和水产品养殖、有机农业、农业生态旅游、沼气利用等。替代生计示范项目给当地农民带来了显著的经济效益。

替代生计项目使低收入家庭受益，同时，参与替代生计的农户相较未参加的农户收入提高约 24%，这说明示范项目在促进农民增收方面的效果非常明显，并且这种累积效应具有扩大的趋势。

资料来源：根据世界自然基金会北京代表处等有关信息整理

（4）根据"长江大保护"的新形势和新需要，不仅要保护湿地的洪水调蓄功能，还应关注湿地生物多样性保护，保护湿地生态系统的完整性。应进一步明确建立以长江中下游代表性物种如迁徙候鸟、四大家鱼、江豚、中华鲟、麋鹿等目标物种，以水鸟的越冬地及鱼类与江豚等的洄游通道、产卵场、索饵场和繁殖场为核心的湿地保护优先区，构建长江保护绿色生态廊道。根据湿地功能和保护的需要，进行分区规划和管理，恢复江湖连通，发挥自然湿地功能，严控湿地保护红线，促进长江中下游湿地生态系统整体性的保护。

本节作者：夏少霞　于秀波　姜鲁光　中国科学院地理科学与资源研究所

第四节　海岸线变化对滨海湿地的影响评估

由于人类活动主导对海岸带的持续扰动，作为东亚—澳大利亚候鸟迁徙路线重要组成的我国东部沿海地区，海岸线近几十年一直处于剧烈改变之中，直接影响海岸带原生生态系统的格局、状态和质量。按照 2014 年国家林业局提供的第二次全国湿地资源调查数据，我国滨海湿地面积约占全国湿地总面积的 10.85%。其中，大陆岸线超过 18 000km；面积 500m^2 以上的岛屿为 6900 多个，其面积超过 80 000km^2，岛屿岸线长度为 14 000km；涉及流域面积超过 1000km^2 的入海河流 1500 多条，且分布面积超过 10km^2 以上的海湾 160 个。因此，开展海岸线变化对滨海湿地的影响评估是对海岸线变化实施动态监测，研究海岸带生态环境变化和生境的基础，保持滨海湿地自然属性及其促进我国海岸带资源的保护和可持续发展，保护海岸带生物多样性等均具有重要意义。

一、研究内容与研究方法

本项评估的内容包括我国大陆自然海岸线的总体变化、沿海省份的海岸线变化、滨海"国际重要湿地"的海岸线变化及三角洲和海湾区的海岸线变化。

（1）基于海岸线的属性类型和基质类型的动态变化分析。采取分阶段和全阶段两种方式展开，即分阶段依次为 I～II 阶段、II～III 阶段；全阶段的 I～III 阶段涵盖 1992～2014 年整个动态变化进程的年变化率。动态变化以年变化率来表达，广泛应用于土地覆盖类型变化的分析（王思远，2002），而海岸线年变化率分析表达的是某研究区域在一定时间范围内海岸线的长度变化情况，其表达式为

$$K = \frac{L_e - L_s}{L_s \times T} \times 100\%$$

式中，L_s 和 L_e 分别为研究初期和研究末期的海岸线长度；T 为研究时段，即 $T=（T_{末年}-T_{首年}）+1$，单位为年；K 代表的是该研究区内海岸线的年变化率。采用年变化率能够使不同地区、不同时段的变化率具有可比性。

对海岸线进行遥感解译与分析依据属性和基质类型的划分，参照孙伟富等（2011）、谭李春（2013）、姚晓静等（2013）、周相君（2014）等的研究，依据属性类型将海岸线划分为人工岸线和自然岸线。基质类型主要包括基岩、砂质、泥质、生物、建设岸线、养殖围堤、其他围堤和河口岸线；其中，养殖围堤、其他围堤和建设岸线三个基质类型是人工岸线，基岩、砂质、泥质、生物、河口基质类型为自然岸线。

（2）基于以"国际重要湿地"为主要湿地构成关系的湿地自然保护区变化分析。为满足湿地动态对比在季节、潮汐等方面时间同步性的需求，根据各个自然保护区分布的区位差异，对参与分析的各自然保护区的遥感数据时相作匹配调整。每一个自然保护区统一采用植被指数分类解译方法，结合几何形态特征提取湿地的水面、滩地和植被构成及其变化信息。

本项评估根据我国城市化进程和滨海开发的阶段性特征选取同步遥感数据源，分析所使用的三期遥感采集数据时间依次为 1992～1993 年（第 I 期）、2002～2003 年（第 II

期）和 2013～2014 年（第Ⅲ期），即每一期包括 38 景 Landsat TM5/8OLI 系列遥感原始数据的覆盖，并选取米级空间分辨率的遥感数据作为几何形态和纹理信息的补充。遥感标准化处理的测绘基础投影坐标系统是 Krasovsky_1940_Albers，采用双标准纬线取北纬 25°～47°，中心经线为东经 105°。解译和分析满足 1：10 万比例尺的成图精度。所用的遥感信息基础为经过传感器内定标流程的地表物理值，即因地表影像显示视觉效果而导致传感器自动随机补偿所造成陆表实际状况的改变误差等订正之后的信息。

二、我国大陆自然海岸线的总体变化

第Ⅰ期（1992～1993 年）海岸线的实际状况显示（表 2.4.1，图 2.4.1），全国大陆仍然以自然岸线分布为主，人工岸线分布接近 40%的比例，其自然岸线的分布除去江苏省和上海市，以及渤海西北岸线、山东北部岸线之外，绝大多数的海岸线已经属于人工养殖等围堤为主的人工岸线。

表 2.4.1 全国大陆海岸线比例变化表（属性类型）

岸线类型	1992～1993 年（Ⅰ）/%	2002～2003 年（Ⅱ）/%	2013～2014 年（Ⅲ）/%	阶段性年变化率/%		
				Ⅰ～Ⅱ	Ⅱ～Ⅲ	Ⅰ～Ⅲ
自然岸线	62.60	45.05	29.59	−2.47	−2.33	−2.14
人工岸线	37.40	54.95	70.41	4.42	2.76	4.43
合计	100.00	100.00	100.00	0.10	0.46	0.32

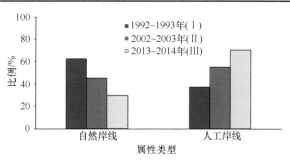

图 2.4.1 全国大陆海岸线变化

（一）基于属性类型特征的变化分析

第Ⅰ期的全国（包括海南岛）岸线长度约为 18 800km，自然岸线占 62.60%；在第Ⅱ期人工岸线长度已经超过自然岸线的长度，人工岸线比例已达到 54.95%。截止到第Ⅲ期，人工岸线长度已占岸线总长度的 70%以上，岸线总长度增加超过 1300km，总长度增长到超过 20 000km，其中，自然岸线的属性改变和人工岸线增加累计超过 7000km，占总长度的 1/3 以上。相对于每一期，人工岸线平均呈现 15%以上的增加趋势。其阶段性年变化率的最大幅度改变在Ⅰ～Ⅱ阶段，其年平均变化率为 4.42%。

（二）基于基质类型特征的变化分析

最近 20 多年的变化主要表现为基岩、砂质和泥质岸线等自然岸线的减少，生物岸线略有恢复。属于人工岸线的建设类持续大幅度增加,相对于第Ⅰ期,养殖围堤类呈现波动型小幅度增加,其他围堤类略有减少。第Ⅰ期的基质类岸线分布比例变化表明,基岩、各类围堤和砂质类岸线占各类岸线总长度的比例均超过20%,位于8类基质类岸线分布的前3位,其中,前两位的分布长度均超过4000km。以各类湿地植被为主的生物类岸线分布极少,其长度仅高于河口岸线,仅占总岸线长度的1.70%。

在全国海岸线属性改变方面,全国各个阶段自然岸线呈现持续大幅度改变态势。截至2014年,全国海岸线总长度在近22年增长超过了1300km。每个阶段自然岸线以超过2000km的幅度转化成为人工岸线,即自然岸线处于持续减少状态,且每个阶段平均每年相当于以总岸线长度2%以上的幅度减少,并呈现减少幅度加大的趋势。

以建设类和养殖围堤类岸线为主导的人工岸线增长导致岸线长度改变力度极大(改变的长度超过7000km)。岸线总长度增长的速度较快(人工岸线所占比例增长接近35%),且均以牺牲基岩、砂质、泥质等自然岸线为主(此三类岸线改变总和超过5000km),并与一部分围堤类岸线的改变有关。

养殖围堤类岸线增长幅度和规模很大。对海滨湿地和海水构成污染的养殖围堤类岸线,在原有分布规模很大的基础上,以及在一部分被改变为建筑类岸线的背景下,无论是所占比例,还是增加幅度,呈现仅次于建设类岸线的改变原生自然岸线性质之态势,各阶段所占比例一直在20%之上。

生物类岸线的分布数量明显偏少,规模偏小。相对于适宜生物类岸线分布长度所应有的比例和数量而言,以湿地植被分布为代表的生物类岸线的分布长度和分布增长幅度均非常小,各阶段的分布长度所占比例均低于4%,反映在三个阶段生物岸线增加长度仅为300余千米,占总岸线长度的比例增长仅为1.52%(图2.4.2,表2.4.2)。

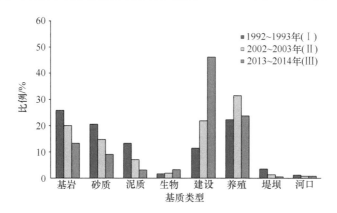

图2.4.2 中国大陆海岸线分布比例变化

表2.4.2 全国大陆海岸线比例变化表(基质类型)

岸线类型	1992~1993年(Ⅰ)/%	2002~2003年(Ⅱ)/%	2013~2014年(Ⅲ)/%
基岩	25.88	20.16	13.35
砂质	20.57	14.72	9.05
泥质	13.31	7.25	3.18
生物	1.70	2.10	3.22

岸线类型	1992～1993 年（Ⅰ）/%	2002～2003 年（Ⅱ）/%	2013～2014 年（Ⅲ）/%
建设	11.43	21.96	46.17
养殖围堤	22.39	31.62	23.78
其他围堤	3.57	1.38	0.46
河口	1.14	0.82	0.77

三、沿海省份的海岸线变化

（一）自然岸线的变化特征

沿海省份的自然岸线呈现普遍性持续减少的趋势（表 2.4.3），从 1992～1993 年第Ⅰ期的 11 883.70km 减少到 2013～2014 年第Ⅲ期的 6073.76km，以Ⅰ～Ⅱ阶段的年变化率最大，年减少率为 2.47%。

表 2.4.3　沿海省份的自然岸线比例变化特征

省份	1992～1993 年（Ⅰ）/%	2002～2003 年（Ⅱ）/%	2013～2014 年（Ⅲ）/%	阶段性年变化率/%		
				Ⅰ～Ⅱ	Ⅱ～Ⅲ	Ⅰ～Ⅲ
辽宁	51.43	33.86	13.18	−3.12	−4.18	−3.04
河北	22.33	18.11	8.91	−1.36	−2.42	−1.81
天津	1.35	2.73	0.31	−2.17	−2.60	−2.16
山东	52.20	31.58	14.06	−3.14	−4.25	−3.07
江苏	67.03	53.63	0.89	−1.39	−7.56	−4.28
上海	55.76	13.74	2.05	−6.61	−6.49	−4.16
浙江	58.14	37.60	25.82	−3.02	−2.34	−2.33
福建	70.40	58.95	35.88	−1.85	−2.95	−2.21
广东	64.93	43.69	40.83	−2.81	−0.35	−1.48
广西	67.83	40.14	39.01	−3.65	−0.05	−1.76
海南	91.97	85.65	76.41	−1.35	−0.48	−0.88
香港	73.13	70.66	69.59	−0.39	0.00	−0.19
澳门	0.00	0.00	0.00	—	—	—

在各期沿海省份的自然岸线所占比例方面，第Ⅰ期自然岸线所占比例最大的 5 个省份依次是海南＞香港＞福建＞广西＞江苏，均超过 67%；第Ⅱ期的自然岸线所占比例最大的 5 个省份依次是海南＞香港＞福建＞江苏＞广东，均超过 43%；第Ⅲ期自然岸线所占比例最大的 5 个省份依次是海南＞香港＞广东＞广西＞福建，均超过 35%。其中，只有海南、香港、福建在三期均位于各省份前列，而海南、香港保持稳定的排序，其自然岸线减少幅度分别为 15.56%、3.54% 和 34.52%。

在各阶段性的沿海省份自然岸线年变化率方面：江苏省、上海市、山东省、辽宁省和福建省的年减少率在Ⅱ～Ⅲ阶段最大，并依次递减；上海市、广西壮族自治区、山东省、辽宁省和浙江省则以Ⅰ～Ⅱ阶段的年减少率最大，并依次递减。其中，江苏省在Ⅱ～Ⅲ阶段自然岸线的年减少率最为突出，年减少率为 7.56%（表 2.4.4），其基质类岸线改变以泥质岸线改变为建设类岸线为标志，改变比例为 66.14%（图 2.4.3）；上海市在Ⅰ～

Ⅱ阶段年减少率最为明显，年减少率为 6.61%；整个研究时段年减少率最为显著的前 5 个省份依次是：江苏＞上海＞山东＞辽宁＞浙江。

表 2.4.4 江苏海岸线长度比例变化表（属性类型）

岸线类型	1992～1993 年 （Ⅰ）/%	2002～2003 年 （Ⅱ）/%	2013～2014 年 （Ⅲ）/%	阶段性年变化率/%		
				Ⅰ～Ⅱ	Ⅱ～Ⅲ	Ⅰ～Ⅲ
自然岸线	67.03	53.63	0.89	−1.39	−7.56	−4.28
人工岸线	32.97	46.37	99.11	4.44	9.45	10.08
合计	100.00	100.00	100.00	0.53	0.33	0.45

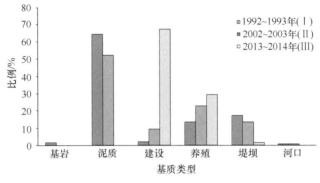

图 2.4.3 江苏省海岸线分布比例变化图

（二）人工岸线的变化特征

沿海各省份的人工岸线呈现明显增加的趋势（表 2.4.5）。分阶段的年变化率在Ⅰ～Ⅱ阶段，年变化率最大为上海，其年增加率为 10.56%；在Ⅱ～Ⅲ阶段，以及在Ⅰ～Ⅲ阶段的年变化率最大均为江苏，分别为 9.45%和 10.08%。

表 2.4.5 沿海省份的人工岸线比例变化特征

省份	1992～1993 年 （Ⅰ）/%	2002～2003 年 （Ⅱ）/%	2013～2014 年 （Ⅲ）/%	阶段性年变化率/%		
				Ⅰ～Ⅱ	Ⅱ～Ⅲ	Ⅰ～Ⅲ
辽宁	48.57	66.14	86.82	3.27	4.14	4.74
河北	77.67	81.89	91.09	0.96	4.22	3.10
天津	98.65	97.27	99.69	0.44	8.60	5.31
山东	47.80	68.42	85.94	4.99	2.02	4.16
江苏	32.97	46.37	99.11	4.44	9.45	10.08
上海	44.24	86.26	97.95	10.56	1.44	6.80
浙江	41.86	62.40	74.18	4.90	1.58	3.72
福建	29.60	41.05	64.12	2.92	4.48	4.74
广东	35.07	56.31	59.17	5.90	0.56	3.35
广西	32.17	59.86	60.99	8.01	0.32	4.18
海南	8.03	14.35	23.59	5.76	5.61	7.94
香港	26.87	29.34	30.41	1.22	0.48	0.89
澳门	100.00	100.00	100.00	−0.12	0.48	0.21

在各期沿海省份的人工岸线所占比例方面，第Ⅰ期人工岸线所占比例最大的 5 个省份依次是澳门＞天津＞河北＞辽宁＞山东，均超过 47%；第Ⅱ期人工岸线占比最大的 5

个省份依次是澳门＞天津＞上海＞河北＞山东，均超过 67%；第Ⅲ期人工岸线占比最大的 5 个省份依次是澳门＞天津＞江苏＞上海＞河北，均超过 91%。其中，澳门和天津位于前列，截至 2014 年，澳门为 100% 的人工岸线，天津则一直为 97% 以上的人工岸线比例。

在各阶段性的沿海省份人工岸线年变化率方面：江苏省、天津市、海南省、福建省和河北省分阶段的年增加率都以Ⅱ～Ⅲ阶段最高，增加幅度依次位于所有滨海省份的前 5 位；上海市、广西壮族自治区、广东省、海南省和山东省则以Ⅰ～Ⅱ阶段人工岸线分阶段的年增加率最高，增加幅度依次位于所有滨海省份的前 5 位。整个Ⅰ～Ⅲ阶段年增加率最高的前 6 个省份依次是：江苏＞海南＞上海＞天津＞辽宁＞福建。沿海各省份海岸线的变化具有以下特征。

（1）海岸线长度改变的普遍性。除去澳门，多数沿海省份的海岸线总长度均有不同程度的增加。这表明随着"填海造地"持续，因建设类和养殖围堤类岸线大幅度提升而导致岸线总长度呈普遍增加态势。截止到 2014 年，人工岸线增长幅度位居前 5 位的省份依次为江苏（66.14%）、上海（53.71%）、辽宁（38.25%）、山东（38.14%）、福建（34.52%）；人工岸线占各自海岸线总长度比例前 5 位的省份依次为天津（99.69%）、江苏（99.11%）、上海（97.95%）、河北（91.09%）、辽宁（86.82%）。其中，两项均位于前列的省份有江苏、上海和辽宁，其建设类岸线在 1992～2014 年，根据各省份基质类型中的建设类岸线占总岸线长度比例的增幅分别为江苏 65.29%、上海 84.78%、辽宁 39.79%。表 2.4.5 显示，江苏省海岸线发生属性类型改变的大幅度阶段性变化在Ⅱ～Ⅲ阶段。其中，江苏的自然岸线以泥质岸线为主，上海以建设岸线为主，渤海西北岸线以泥质、建设和其他围堤类岸线交错分布为主，山东北部岸线主要为砂质和建设岸线。而海南岛以砂质岸线环绕为主。从岸线分布的复杂性方面，只有江苏和海南岛的岸线分别呈现较为纯粹的泥质、砂质岸线，甚至有同一类型岸线的长度能够达到 400km 以上。

（2）海岸线长度改变的阶段性年变化率。根据各省份属性类型的岸线长度变化计算，Ⅰ～Ⅲ阶段人工岸线阶段性年增长变化率位于前 6 位的省份依次为江苏（10.08%）、海南（7.94%）、上海（6.80%）、天津（5.31%）、辽宁和福建（均为 4.74%）。其中，拥有最多泥质岸线长度、仅有 0.89% 的极低自然岸线长度比例的江苏，其阶段性年平均人工岸线增长变化率位列第一；拥有较高自然岸线长度比例（76.41%）的海南，其阶段性年平均人工岸线增长变化率位居第二位，作为滨海湿地的主体反映了海岸线受人为扰动的严重程度。

（3）海岸线发生改变的阶段性特征。各沿海多数省份和地区的海岸线整体呈现不稳定的阶段性波动状态。表 2.4.5 显示，人工岸线的年平均变化率较高发生在 1992～2003 年，且位于前列的省份为上海（10.56%）、广西（8.01%）、广东（5.90%）、海南（5.76%）、山东（4.99%）。较高的年平均变化率发生在 2003～2014 年，位于前列的省份有江苏（9.45%）、天津（8.60%）、海南（5.61%）、福建（4.48%）、河北（4.22%）。其中，两项均位于前列的省份只有海南。

（4）生物、泥质、砂质类等自然类岸线改变程度。体现生态质量的自然岸线普遍性人为扰动严重，反映为自然岸线长度整体减少，与生物类岸线增长的不显著形成鲜明的对照。在广西（21.47%）、广东（7.99%）、海南（6.02%）、福建（0.74%）和香港（0.11%）拥有生物岸线分布的省份和地区中，仅有广西呈现 4.48% 的生物岸线占有比例增加幅度

（图 2.4.4），其泥质自然岸线向建设类人工岸线转变比例较大（表 2.4.6）。砂质或泥质类岸线所占总岸线长度比例减少幅度位居前 5 位的省份有江苏（64.71%）、上海（53.05%）、广西（24.10%）、海南（23.16%）、山东（17.26%）。自然岸线的人为改变表明原来陆地与海洋天然的连通脉络被养殖、建设用地等阻断，即自然岸线被人为推至更纵深的海域。

表 2.4.6　广西海岸线长度比例变化表（属性类型）

岸线类型	1992~1993 年（Ⅰ）/%	2002~2003 年（Ⅱ）/%	2013~2014 年（Ⅲ）/%	阶段性年变化率/%		
				Ⅰ~Ⅱ	Ⅱ~Ⅲ	Ⅰ~Ⅲ
自然岸线	67.83	40.14	39.01	−3.61	−0.05	−1.76
人工岸线	32.17	59.86	60.99	8.01	0.32	4.18
合计	100.00	100.00	100.00	0.10	0.17	0.15

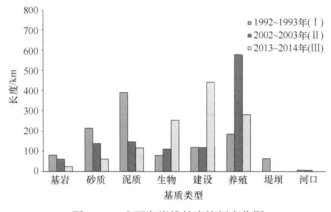

图 2.4.4　广西海岸线长度比例变化图

四、滨海"国际重要湿地"的海岸线变化

（一）湿地构成变化特征

湿地海岸线变化导致水面、滩地、植被等之间构成比例关系的变化。表 2.4.7、图 2.4.5 和图 2.4.6 的滨海"国际重要湿地"的各个自然保护区不同年份的同一季节湿地构成对比显示，采用国家林业局湿地保护管理中心提供的"国际重要湿地"矢量数据实施三期遥感信息的叠加，在Ⅰ~Ⅲ阶段对比单元中湿地中滩地和植被之间比例关系发生反转式改变，分别为大连斑海豹国家级自然保护区、辽宁双台河口国家级自然保护区、上海市崇明东滩鸟类国家级自然保护区、广东惠东港口海龟自国家级然保护区，其中，辽宁双台河口国家级自然保护区（图 2.4.7），即在水面分布比例变化不明显的背景下，改变中呈现较大波动态势；江苏大丰麋鹿国家级自然保护区呈现水面、滩地、植被之间较大幅度的波动型分布比例的改变（图 2.4.8）；上海市崇明东滩鸟类国家级自然保护区则是在水面分布明显减少的背景下，滩地和植被的分布比例发生波动较为明显的转换（图 2.4.9）；江苏盐城湿地珍禽国家级自然保护区、福建漳江口红树林国家级自然保护区、广东湛江红树林国家级自然保护区、广西山口红树林国家级自然保护区、广西北仑河口国家级自然保护区、海南东寨港国家级自然保护区基本保持稳定的分布比例关系。

表 2.4.7   自然保护区湿地构成分布比例与变化特征

自然保护区名称	第Ⅰ期/% (1992年)			第Ⅱ期/% (2002~2003年)			第Ⅲ期/% (2014~2016年)		
	水面	滩地	植被	水面	滩地	植被	水面	滩地	植被
大连斑海豹国家级自然保护区	85.24	9.63	5.13	84.70	11.59	3.71	85.43	6.46	8.11
辽宁双台河口国家级自然保护区	20.69	49.61	29.70	18.76	49.15	32.09	29.68	31.59	38.73
山东黄河三角洲国家级自然保护区	50.52	43.04	6.45	55.50	35.25	9.26	58.16	31.80	10.04
江苏盐城湿地珍禽国家级自然保护区	38.89	24.66	36.44	40.26	16.06	43.67	45.32	17.59	37.09
江苏大丰麋鹿国家级自然保护区	59.16	36.32	4.52	53.16	44.84	2.00	68.27	16.91	14.82
上海市崇明东滩鸟类国家级自然保护区	63.23	27.16	9.60	56.28	22.91	20.81	46.41	23.43	30.16
福建漳江口红树林国家级自然保护区	38.53	27.00	34.47	36.30	34.97	28.73	49.51	23.78	26.71
广东惠东港口海龟国家级自然保护区	93.59	5.63	0.78	93.47	2.62	3.92	93.68	1.58	4.74
广东湛江红树林国家级自然保护区	49.01	43.98	7.01	57.07	35.65	7.28	57.95	30.03	12.02
广西山口红树林国家级自然保护区	53.44	15.11	31.45	57.43	10.48	32.08	44.46	20.09	35.45
广西北仑河口国家级自然保护区	27.39	22.56	50.05	36.04	16.49	47.47	32.70	21.37	45.92
海南东寨港国家级自然保护区	51.60	18.48	29.92	47.49	16.73	35.78	51.79	5.48	42.72

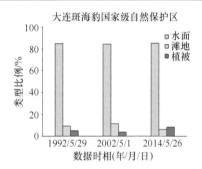

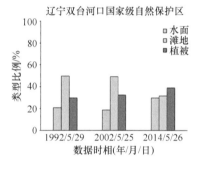

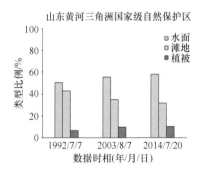

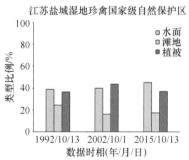

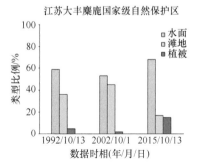

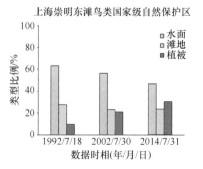

图 2.4.5   自然保护区湿地构成分布比例和变化特征（1）

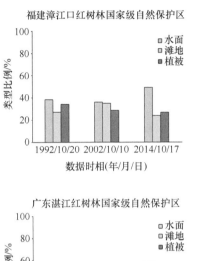

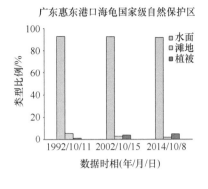

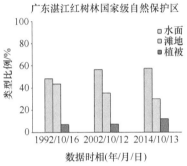

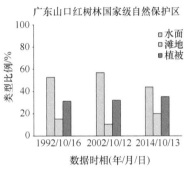

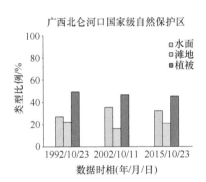

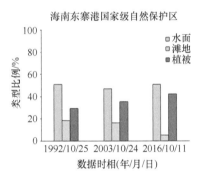

图 2.4.6 自然保护区湿地构成分布比例和变化特征（2）

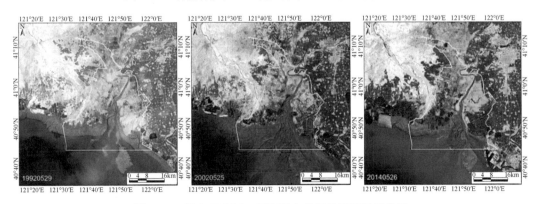

图 2.4.7 辽宁双台河口国家级自然保护区卫星影像图

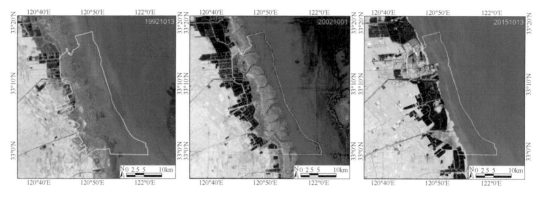

图 2.4.8　江苏大丰麋鹿国家级自然保护区卫星影像图

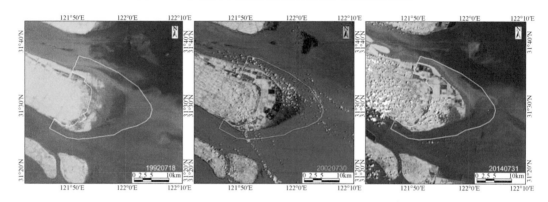

图 2.4.9　上海市崇明东滩鸟类国家级自然保护区卫星影像图

（二）湿地岸线变化特征

在自然岸线改变方面，除山东黄河三角洲国家级自然保护区的自然岸线所占比例呈现持续增长之外，广东惠东港口海龟国家级自然保护区的自然岸线分布比例保持不变，其余保护区均呈现一定的改变。其中，大连斑海豹国家级自然保护区和江苏盐城湿地珍禽国家级自然保护区的自然岸线分布比例持续减少；江苏大丰麋鹿国家级自然保护区和上海市崇明东滩鸟类国家级自然保护区在第Ⅲ期呈现较为明显的自然岸线分布比例减少特征，其Ⅱ～Ⅲ阶段性年变化率分别减少为 7.65% 和 2.04%（表 2.4.8）。

在自然岸线阶段性年变化率方面，分析自然岸线阶段性改变的重心可知，在Ⅰ～Ⅱ阶段，年变化率发生明显减少的自然保护区为辽宁双台河口国家级自然保护区和广西山口红树林国家级自然保护区；年变化率明显增加的自然保护区是山东黄河三角洲国家级自然保护区和江苏盐城湿地珍禽国家级自然保护区。在Ⅱ～Ⅲ阶段，年变化率发生明显减少的自然保护区为江苏大丰麋鹿国家级自然保护区和大连斑海豹国家级自然保护区；年变化率明显增加的自然保护区是辽宁双台河口国家级自然保护区和广东湛江红树林国家级自然保护区。各自然保护区自然岸线的变化具有以下特征。

（1）各自然保护区人工岸线以养殖围堤类岸线持续向海推进，在导致滩涂自然属性改变的同时，严重影响了滨海湿地和候鸟生境质量。尤其是麋鹿、鸟类等野生动物的生境空间不限于保护区所辖范围，自然保护区及其周边的养殖围堤类和建设类岸线等人为

表 2.4.8　自然保护区自然岸线比例变化特征

自然保护区名称	1992～1993（Ⅰ）/%	2002～2003（Ⅱ）/%	2013～2014（Ⅲ）/%	阶段性年变化率/%		
				Ⅰ～Ⅱ	Ⅱ～Ⅲ	Ⅰ～Ⅲ
大连斑海豹国家级自然保护区	90.12	66.66	43.76	−2.19	−2.50	−2.12
辽宁双台河口国家级自然保护区	30.42	2.82	34.46	−8.09	70.84	0.52
山东黄河三角洲国家级自然保护区	74.58	78.74	80.4	3.35	−1.53	0.66
江苏盐城湿地珍禽国家级自然保护区	94.79	74.72	0.07	3.05	−1.17	0.57
江苏大丰麋鹿国家级自然保护区	94.83	100.00	0.66	2.67	−7.65	−4.31
上海市崇明东滩鸟类国家级自然保护区	100.00	100.00	68.14	−0.46	−2.04	−1.32
福建漳江口红树林国家级自然保护区	35.87	34.49	36.32	0.06	0.64	0.39
广东惠东港口海龟国家级自然保护区	100.00	100.00	100.00	0.00	0.00	0.00
广东湛江红树林国家级自然保护区	71.38	46.79	78.69	−0.96	6.74	2.95
广西山口红树林国家级自然保护区	73.06	63.38	85.91	−3.38	1.49	−1.20
广西北仑河口国家级自然保护区	76.19	58.55	72.00	−1.25	1.22	0.00
海南东寨港国家级自然保护区	97.91	95.16	97.40	0.93	0.74	0.90

扰动呈现普遍性，亟待法规的制定，细化对自然保护区实施外缓冲区的量化设置的刚性约束，保障自然保护区依法合理地可持续发展。例如，辽宁双台河口湿地在进入 21 世纪后，人为扰动已经将保护区"包围"，西南方向养殖区域的扩展，东南方向建设用地的扩展，均分置在辽河入海口的核心地带，直接影响鸟类的生存和湿地的保育。其西北和东北方向紧靠保护区，人为改变的痕迹明显。

（2）各自然保护区自然岸线长度的减少幅度均低于所在省份总体的自然岸线长度的减少幅度，在一定程度上体现了自然保护区设立的价值与作用。然而，相对 1992 年卫星影像显示的各保护区景观，无论是保护区内部，还是保护区周边，到第Ⅱ期已经整体呈现不同程度的陆岸改变。其中，有 2 个保护区的自然岸线长度呈现持续减少状态（大连斑海豹国家级自然保护区、江苏盐城湿地珍禽国家级自然保护区）；有 2 个保护区的自然岸线呈现波动性减少状态（江苏大丰麋鹿国家级自然保护区、广西北仑河口国家级自然保护区）；有 3 个保护区的自然岸线长度处于基本保持状态（广东惠东港口海龟国家级自然保护区、福建漳江口红树林国家级自然保护区、海南东寨港国家级自然保护区）；有 3 个的自然岸线长度呈现明显波动性增加状态（辽宁双台河口国家级自然保护区、广东湛江红树林国家级自然保护区、广西山口红树林国家级自然保护区）；仅有一个的自然岸线长度呈现小幅度波动增加状态（山东黄河三角洲国家级自然保护区）。在一定程度上这表明自然保护区的不稳定因素，尚有提升的空间。

（3）保护区范围内开发引发岸线向海的纵深推进岸线方式之现象对于环境的负面影响日趋严重。不同阶段卫星数据显示，靠内陆一侧的保护区范围之内及其周边，随着人为扰动，逐步将岸线向海的纵深推进，致使保护区范围之内的水域面积处于萎缩状态。参照图 2.4.8 和图 2.4.9 中所示意保护区海面一侧的蓝色保护区界线，就可以清晰地看见此类在实地平面不易察觉的现象，导致自然保护区事实上的保护区面积因为开发而萎缩。按照国际通用的做法，即使是围绕保护区开展的相关工作，也是以敬畏自然、顺应自然的"不动土"为原则适度辅助性展开。例如，辽河双台河口、江苏盐城珍禽、江苏大丰麋鹿、上海崇明东滩鸟类等自然保护区均属此类情况。严重的是，生物生境在被动改变的基础上，受到的负面影响将是双重的。

五、三角洲和海湾区的海岸线变化

表 2.4.9 显示，在自然岸线所占比例方面，第 I 期仅有长江三角洲自然岸线分布比例超过 50%。在整个 1992～2014 年，长江三角洲自然岸线的减少幅度相对于环渤海湾区和珠江三角洲而言，长江三角洲自然岸线减少的比例最大，所占比例的减少幅度超过 40%。在阶段性年变化率方面，环渤海湾区和长江三角洲后发的自然岸线阶段性改变特征明显，即均呈现 II～III 阶段自然岸线减少的年变化率明显高于 I～II 阶段，由于珠江三角洲的海岸线改变早于其他两个地区（1992 年之前），在改变幅度和改变阶段性特征方面与其他两地明显不同。

表 2.4.9　三角洲和海湾区自然岸线变化特征

名称	1992～1993 年（I）		2002～2003 年（II）		2013～2014 年（III）		阶段性年变化率/%		
	长度/km	百分比/%	长度/km	百分比/%	长度/km	百分比/%	I～II	II～III	I～III
环渤海湾区	1249.57	40.83	869.25	25.86	434.36	11.03	−2.77	−3.85	−2.84
长江三角洲	869.66	69.99	583.51	56.87	288.65	28.18	−2.99	−3.89	−2.90
珠江三角洲	658.61	45.54	604.62	41.08	584.93	38.29	−0.75	−0.25	−0.49

（一）环渤海湾区

环渤海湾区包括天津、河北全部海岸线和山东、辽宁的部分海岸线（图 2.4.10）。渤海湾区按属性类型分类结果显示，海岸线总长度增幅持续加大，在 I～III 阶段共计增长了 875.99m。按照属性类型的划分，环渤海人工岸线的分布长度在 1992 年就已经超过了自然岸线类型。每个阶段呈现约 700km 的长度增加趋势，各阶段年平均变化增长率均超过 3.00%，其中，II～III 阶段的人工岸线长度增加幅度（约 1000km）高于 I～II 阶段（约 700km）的增加幅度，且自然岸线的比例已经减少到了占海岸线总长度 11.03% 的水平（表 2.4.9，表 2.4.10）。

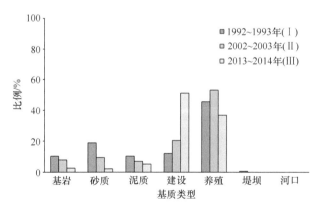

图 2.4.10　环渤海湾区海岸线分布比例变化图

表 2.4.10　三角洲和海湾区人工岸线变化特征

名称	1992~1993 年（Ⅰ）		2002~2003 年（Ⅱ）		2013~2014 年（Ⅲ）		阶段性年变化率/%		
	长度/km	百分比/%	长度/km	百分比/%	长度/km	百分比/%	Ⅰ~Ⅱ	Ⅱ~Ⅲ	Ⅰ~Ⅲ
环渤海湾区	1811.19	59.17	2505.27	74.14	3502.39	88.97	3.48	3.06	4.06
长江三角洲	372.85	30.01	442.56	43.13	735.65	71.82	1.70	5.09	4.23
珠江三角洲	787.66	54.46	867.17	58.92	942.63	61.71	0.92	0.67	0.86

按照基质类型的划分，环渤海的海岸线主要分布以建设类和养殖类岸线为主的格局在 20 世纪 90 年代初就已经形成，占有比例已经接近 60%，即整个环渤海区，除营口市与大连市之间的海岸线，葫芦岛市与南戴河地区之间的海岸线，黄河入海口的海岸线，以及莱州市与蓬莱市之间的海岸线之外，已经基本上属于人工岸线类型。其中，养殖类岸线在第Ⅰ期以人工岸线类为主，接近总岸线长度的 50%，并在近 20 多年一直维持较高比例的分布。

环渤海湾区人工持续干预的程度集中反映了基于自然岸线改变为人工岸线之后的继续扩展型改变。随着不断地向海推进，在强化人类对海岸线扰动的同时，渤海承载着不断地更替基质类型，不断地移动、变换、压缩鸟类栖息与活动空间的过程。其中，建设类岸线所占比例的阶段性年变化率在Ⅱ~Ⅲ阶段呈现 30% 以上的增长幅度，毫无疑问地在很大程度上更加剧了对渤海环境的污染与破坏，如图 2.4.10 所示。

（二）长江三角洲

长江三角洲的范围涵盖江苏省东南部、上海市（含崇明岛等岛屿）、浙江杭州湾南北两岸的部分海岸线（图 2.4.9）。海岸线总长度因为"裁弯取直"方式的填海而有一定幅度减少，在 1992~2014 年的Ⅰ~Ⅲ阶段共计减少了 218.21km。按照属性类型划分，长江三角洲人工岸线的分布长度在 1992 年尚未超过自然岸线类型。在Ⅱ~Ⅲ阶段以接近 300km 的增长幅度将海岸线类型改变为以人工岸线为主。各阶段年平均变化增长率呈现前小后大的态势，其中，Ⅱ~Ⅲ阶段的人工岸线长度占有比例增加幅度（28.69%）高于Ⅰ~Ⅱ阶段增加幅度（13.12%）。

依照基质类型的划分，长江三角洲范围内的海岸线分布以泥质类岸线为主，占有比例超过 60%，即整个长江三角洲上海市（含浦东新区）以北至江苏省境内，以泥质类岸线为主。上述区域自第Ⅱ期呈现泥质类岸线大幅度减少趋势，直到第Ⅲ期基本上改变为以人工岸线类型为主，其基本以建设用地扩展和其他围堤向海生出推进的方式发生着改变。

长江三角洲的海岸线以人工基质类型的建设类岸线和自然基质类型的泥质类岸线为主的格局在第Ⅲ期形成，占总岸线长度的分布比例分别为 50% 以上和 20% 以上，其中，建设类岸线占总岸线长度分布比例在Ⅱ~Ⅲ阶段增长幅度超过 30%（图 2.4.11）。

（三）珠江三角洲

珠江三角洲范围以广东、香港、澳门为主。海岸线长度持续一定幅度的增长。按照属性类型的划分，珠江三角洲人工岸线的分布长度在 1992 年已经超过自然岸线类型。

在Ⅰ～Ⅲ阶段以持续一定增长幅度将海岸线的人工岸线占有比例进一步加大。各阶段年平均变化增长率呈现均匀增长的态势，各个阶段的年平均变化率维持在1%之内的水平。

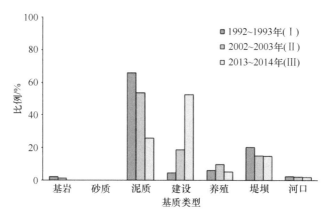

图 2.4.11　长江三角洲海岸线分布比例变化图

珠江三角洲基质类型的海岸线分布以基岩类和建设类岸线为主，两类各阶段占有比例均超过 35%，其余为一定规模的养殖围堤类和其他围堤类岸线分布。由于珠江三角洲"挖山填海"早于 1992 年等因素，各类型岸线占总岸线长度比例改变幅度，在第Ⅲ期之前基本上保持 5%之内的态势，只是到了第Ⅲ期建设类岸线以较大的增幅位列各类岸线的首位（图 2.4.12）。

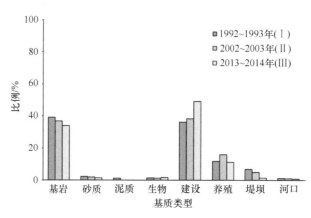

图 2.4.12　珠江三角洲基质类型海岸线分布比例变化图

珠江三角洲的海岸线以人工基质类型的建设类岸线和自然基质类型的基岩类岸线为主的格局在第Ⅰ期形成，各阶段岸线占总岸线长度的分布比例均在 35%以上，其中，建设类岸线在Ⅱ～Ⅲ阶段占总岸线长度分布比例增长幅度超过 15%。

图 2.4.12 的基质类型岸线的对比表明，1992～2014 年珠江三角洲人工岸线发生改变的区域大致分布在东莞市西部海岸、深圳市西部和西南部海岸、中山市东部海岸、珠海市东部和南部海岸。这些区域均以岸线向海纵深推进的填海造地方式改变岸线的类型或扩展同一类型的长度，主要包括岛屿之间的填海连通，养殖类岸线改变为建设类岸线，

基本农田向养殖用地方向改变，养殖用地向建设用地方向改变，以及农业用地直接改变为建设用地。

三角洲和海湾区的海岸线改变特征主要反映在如下三个方面。

（1）各三角洲海岸线自然岸线和人工岸线改变的阶段性特征明显。自 1992 年以来，按照海岸线的属性类型划分：环渤海湾区人工岸线呈现超过 3% 的持续增长已经 20 余年，即Ⅰ~Ⅱ阶段岸线的年平均变化率（3.48%）略高于Ⅱ~Ⅲ阶段的年平均变化率（3.06%）。长江三角洲人工岸线呈现"后发"增长态势，即Ⅱ~Ⅲ阶段岸线的年平均变化率（5.09%）明显高于Ⅰ~Ⅱ阶段的年平均变化率（1.70%）。珠江三角洲人工岸线呈现未超过 1% 的持续相对低程度增长态势，即Ⅰ~Ⅱ阶段岸线的年平均变化率（0.92%）略高于Ⅱ~Ⅲ阶段的年平均变化率（0.67%）。

（2）以建设类和养殖围堤类岸线为主体的人工岸线持续扩展，呈现自然岸线规模化改变态势。按照海岸线的基质类型划分，除环渤海湾区范围之内的黄河三角洲尚属于上游泥沙自然堆积的自然岸线依然保留之外，其余滨海地区的生态安全受到严重影响已经成为不争的事实。在三个区域，自第Ⅱ期开始，养殖围堤类人工岸线增长幅度被建设类岸线的大幅度增长所替代。随着岸线持续向海推进，海岸带面积呈规模化的改变，仅环渤海（1992~2014 年）、长江三角洲（1988~2015 年）和珠江三角洲（1988~2015 年）三个区域海岸线变化导致的改变面积总和已经超过 4128km^2（其中较少部分由潮汐变化引起），相当于近半个苏州市域的面积。

（3）滨海面积的人为改变严重影响了区域生态环境和候鸟生境质量及其防灾、减灾质量。我国沿海滩涂处于地区重要候鸟迁徙线路的欧亚大陆东线，滨海面积的人为改变加剧了滨海带、三角洲河口与海衔接通道周边岸线的硬质化程度，既给大规模候鸟迁徙过程所需要的觅食、繁衍、育雏等环境造成负面影响，又给极端天气状态下防灾、减灾留下了隐患。譬如，截止到 2014 年，杭州湾入海通道的北岸杭州市和嘉兴市的建设类岸线向南侧推进距离 2~8km；南岸绍兴市和宁波市辖区的建设类岸线向北侧推进 5~12km，且形成沿海绵延 70km 长的填海带，致使杭州湾入海通道明显变窄。

小结

（1）采用基于湿地属性类型和基质类型的划分，以湿地构成的形态和要素分析海岸线阶段性年变化率和湿地要素关系的变化，从现状属性、体量和配置的湿地结构特征及其格局、状态、质量的湿地要素相互关系特征方面，丰富湿地的研究和监测方法。

（2）从湿地构成要素的水面、滩地、植被之间关系构成，提取沿海"国际重要湿地"随着时空改变的生境适宜性规律和特征，为滨海湿地生境维系、恢复和培育，以及国家针对沿海地区的生态红线划分提供科学依据。

（3）我国高密度人居环境与河海交汇的"粤港澳大湾区"正面临新一轮的规划与建设，从区域和城市生态系统的层面，通过对渤海湾区、长江三角洲和珠江三角洲海岸线属性和长度比例的改变分析，为各"大湾区"未来保持和恢复自然海岸线，实施人文空间与自然空间的科学决策布局提供支撑。

（4）我国海岸线地带性特征决定了海岸线变化对于区域生态安全和全球鸟类生境影响的广泛性，本次评估并未包括海岸线向海进深的、更为广域的浅海海域部分，需要强调的是，我国沿海岸线纵深部分无论从滨海湿地的重要组成，还是区域生态和生境的恢复与维持之战略决策、实施、跟踪、评价等，都亟待展开科学研究和监测工作。

本节作者：郭　杉　关燕宁　张春燕　张晓鑫　王　蕾
中国科学院遥感与数字地球研究所

第三章　湿地资源动态监测与保护地规划

湿地资源调查与动态监测是湿地保护体系建立和完善的基础性工作，因此我国先后开展了两次全国范围的湿地资源调查，对湿地保护与管理决策起到重要作用。开发和完善湿地资源数据库是充分发挥湿地动态变化数据作用的关键技术措施，对开展和优化湿地保护地功能分区、保护空缺分析与保护地规划具有重要的技术支撑作用。

本章以宁夏为试点，探讨了新时代提升湿地监测精度与效率的技术途径；以第二次全国湿地资源调查数据为主体，构建了服务于全国层面的湿地资源数据库；针对我国湿地保护体系现状和存在问题，对湿地保护地功能分区和保护空缺进行了系统分析。上述内容对我国湿地资源动态监测与保护地规划具有重要参考价值。

第一节　湿地资源动态监测试点

宁夏回族自治区位于中国西北地区东部、黄河中上游的干旱、半干旱区，土地面积 5.195 万 km^2，地跨山地、黄土高原、鄂尔多斯台地、宁夏平原 4 大地理单元。黄河宛如一条玉带，自南而北纵贯境内 13 个市、县、区，过境长度 397km。优越的引黄灌溉造就了西北干旱地区的绿洲，同时也形成了以河流、湖泊、沼泽湿地为主要特征的湿地生态系统。

湿地资源动态监测是湿地保护体系的重要基础条件之一。及时掌握湿地资源的动态变化，通过构建动态监测指标体系，科学、规范的湿地监测方法，以取得湿地动态消长规律等，为湿地保护提供科学的支撑。

2010 年全区开展了第二次湿地资源调查工作，全区共有各类湿地面积 20.67 万 hm^2，占宁夏土地面积的 3.98%左右。随着经济社会的发展和全球气候的变化，湿地资源也在发生相应的变化，为更好地保护湿地资源和维护生物多样性，2016 年国家林业局确定宁夏回族自治区为全国湿地资源动态监测的试点单位。

本次湿地资源动态监测的主要任务就是通过湿地的空间分析、现场调查核实、分析变化原因、更新湿地数据库、提出相应保护措施等，为湿地资源保护体系提供可靠的技术支撑，为全国湿地资源动态监测提供可复制、可借鉴的宁夏经验，为构建一个覆盖最全面、数据质量最可靠的国家级湿地资源数据库和信息管理系统奠定坚实的基础和提供详细数据。

一、湿地资源动态监测内容

本次湿地资源动态监测的主要内容包括：湿地面积、湿地斑块边界变化。

二、湿地资源动态监测技术流程

湿地资源动态监测技术流程分为底图制作、核实调查和湿地数据更新三部分。

（一）底图制作

通过地理信息系统（GIS）软件将湿地斑块情况进行对比分析，建立解译标志，区划疑似变化湿地斑块，并制作湿地调查底图。

（二）核实调查

根据湿地抽样结果进行现地核实调查，在核实中采用人工踏查与无人机拍摄相结合的方法，对湿地的面积、现状及其变化情况，进行详细调查记录。

（三）湿地数据更新

以内业工作结合前期湿地数据为基础，生成本期湿地增加、消失数据库，形成本期湿地动态监测数据库，并对湿地数据库进行更新完善，最终形成本年度湿地监测成果（图3.1.1）。

三、湿地资源动态监测方法

（一）湿地分类依据及资料收集

1. 分类依据

依据《全国湿地资源调查技术规程（试行）》《宁夏湿地资源调查技术细则》中的湿地分类标准，将宁夏的湿地共分为河流湿地、湖泊湿地、沼泽湿地和人工湿地4类湿地。

2. 资料收集

文字资料收集：宁夏回族自治区自然条件资料，湿地分布的各市（县、区）自然条件资料，包括地形地貌、气象、水文、土壤等资料。

图件、数据资料收集：2016年宁夏回族自治区高分遥感影像图、地形图（1∶1万和1∶5万）、全区行政界限矢量数据等；第二次全国湿地调查成果数据。

（二）解译标志建立

1. 遥感影像解译技术要点

本次宁夏回族自治区湿地资源动态监测，按照《全国湿地资源调查技术规程（试行）》的规定，以近两年（即2015年和2016年）湿地丰水期的高分影像数据为主要数据源，其影像覆盖宁夏回族自治区全境。遥感影像解译是对高分影像数据进行处理，包括几何精校正、图像增强和图像镶嵌处理。

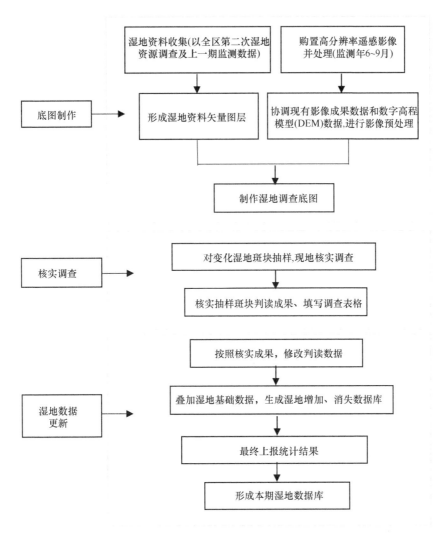

图 3.1.1 湿地资源动态监测技术路线图

1）几何精校正

高分影像数据的几何精校正包括三个环节：一是控制点选取；二是像素坐标变换；三是像素重采样。具体步骤如下。

a. 控制点选取

在 1∶5 万比例尺的地形图上选取控制点。

控制点选择要求在 1∶5 万比例尺的地形图上选择明显、未发生变化的地物点，如道路交叉点、水坝头等作为控制点。每景高分影像控制点不少于 50 个，且分布均匀。控制点平均误差不大于 1 个像元，即不大于 20m。

b. 像素坐标变换

高分影像数据像元坐标转换依据二元齐次多项式转换为高斯投影下的西安 80 坐标系下的地理坐标。

二元齐次多项式方程如下。

$$x=a_0+(a_1X+a_2Y)+(a_3X^2+a_1XY+a_5Y^2)+(a_6X^3+a_7X^2Y+a_8XY^2+a_9X^3)\cdots$$

$$y=b_0+(b_1X+b_2Y)+(b_3X^2+b_1XY+b_5Y^2)+(b_6X^3+b_7X^2Y+b_8XY^2+b_9X^3)\cdots$$

式中，x、y 为某像元的原始图像坐标；X、Y 为纠正后同名点的地理坐标；a_i、b_i 为多项式系数（i=0，1，2，…）。多项式系数 a_i、b_i 按照最小二乘法解出。

c. 像素重采样

选用立方卷积法对遥感数据进行重采样，以生成高质量的几何精校正遥感影像。当影像存在跨带问题时，采用如下方法进行处理。

当调查区在相邻两带的面积相差较大时，将面积较小的部分所在带换算到面积较大的部分所在带；当调查区在相邻两带的面积相近时，应移动中央子午线，中央子午线应位于调查区中央区域。

宁夏回族自治区处于高斯-克里格投影的第 18 带，本次遥感区划判读采用的遥感影像数据均不存在跨带问题。

2）图像增强

对遥感数据以湿地资源为主体进行图像增强处理，采用分段线性拉伸进行图像增强处理，尽量增大不同地物间的色彩反差，同时兼顾全景的效果，做到图面影像色彩层次分明、明暗适当、地物可识别性好。

3）图像镶嵌

对多景遥感影像进行镶嵌处理。当镶嵌的影像存在色调差异时，要对影像进行均衡处理，使相邻影像色调一致。

2. 湿地解译标志的建立

1）建立原则及要求

依据遥感影像解译的基本原理，采用遥感信息与地学资料相结合，现地调查与现有资料、专家经验相结合的手段，通过综合分析与主导分析相结合的方法，建立不同数据源、不同时相（物候）、不同类型的湿地解译标志。

具体要求如下。

根据遥感影像的不同数据源、不同时相（物候）、不同目的判读因子，分别建立调查区遥感工作所需的解译标志，并具有全面性和代表性。

按湿地遥感调查解译标志记录卡的要求，清楚描述直接判读要素（色调、形状、大小、纹理、阴影等）及间接判读要素（地物分布位置和获取时相等）。

以影像特征差异最大化、特征最清晰化为原则，并力争做到谁判读区划谁建标，规范准确建立解译标志。

建标线路不少于 5 条，调查区域内各类型湿地判读因子的解译标志不能遗漏，每个湿地类型的解译标志不少于 5 个，所有解译标志总数不少于 20 个。

2）解译标志建立步骤

通过对湿地遥感调查区内水文、土地覆盖、地形、地貌、气象、土壤、植被等背景资料进行整理分析，收集与遥感影像信息相关的资料，开展野外踏勘调查，通过专家知识的推理，建立各湿地类型与遥感影像的色调、纹理和形状等特征的相应关系，形成解译标志。

a. 室内预建

首先全面观察调查区遥感影像，了解监测区地形地貌、目的类型特征分布情况及交通状况，然后根据解译任务的需要，在项目判读分类系统下，初步确定所要建立解译标志的类型、数量，选取的野外踏勘调查点应满足遥感影像色彩类型齐全，有充分代表性的条件；有分类系统中较全的判读因子，同时判读人员要熟悉监测区情况，并设计外业调查路线图。

b. 现地调查

按照设计的外业调查路线图，使用高分影像图、GPS 现地定位，通过无人机航拍将现状地形地物拍摄成图像资料，调查记载所到地块的经纬度（公里网坐标）、湿地类、湿地型。

c. 建立解译标志

依据湿地遥感调查解译标志，综合野外踏勘调查的实际情况，将遥感影像平面地图特征与解译标志记录卡上记录的实地情况一一对照，以遥感影像色调、纹理为基础，依据现地调查记载的湿地类型、植被类型、优势植物种等信息，并充分利用调查区内的水文、地形、地貌、气象、土壤、植被等背景资料，通过野外踏勘调查和室内分析对判读类型的定义、现地实况形成统一认识，建立各类型与影像特征的对应关系，形成判读标准。同时，在实际判读过程中，继续确认解译标志的准确性和完整性，必要时修订解译标志。

d. 建立解译标志库

将已形成的解译标志，按附录 1 的格式建立湿地资源遥感调查影像解译标志库，根据实际判读过程中出现的新情况，继续补充完善解译标志库，并对其进行动态管理、更新与维护。

本次宁夏主要湿地类型的遥感解译标志共建立 30 个（详见附录 1）。

（三）判读人员的培训

为保证监测数据的精确性、准确性，对参加本期湿地资源动态监测的工作人员进行了系统技术培训，主要包括以下几个方面。

（1）湿地资源调查相关的技术规定、规则和标准的培训。

（2）地理信息系统、遥感基础理论、制图软件、内业判读、解译标志等专业培训。

（3）各类调查仪器设备、工具（无人机、平板 GIS 、GPS 接收机、手持 GPS、激光测距仪等）的操作培训，并进行实地演练。

（4）实地核查技术的培训与实习。

在培训过程中对工作人员进行考核，综合正判率超过 90% 的人员才可上岗。综合正判率不足 90% 的人员进行错判分析和第二次考核，直至正判率超过 90% 为止。经过系统培训，参与人员熟悉技术标准，掌握遥感判读相关软件、仪器设备使用等，确保监测数据的质量和准确性。

（四）湿地监测数据内业判读

1. 人机交互判读

内业判读是在判读人员正确理解湿地分类定义的情况下，参考有关文字、地面调查资料等，在 GIS 软件支持下，将相关地理图层叠加显示。将计算机屏幕放大到 1：2.5 万比例尺以上。全面分析遥感影像数据的色调、纹理、地形特征等，将判读类型与其所建立的解译标志有机结合起来，准确区分判读类型。以面状斑块和线状地物分层判读，建立判读卡片并填写遥感信息判读登记表。

判读勾绘斑块界线须与遥感影像图上不同类型变更线相吻合，并且闭合。相邻景（幅）应自然接边，线要素与面要素既要进行几何位置接边，又要进行属性接边。

数据具有严格的拓扑结构，不存在拓扑错误。必填属性数据不能为空值，相关图层（类型斑块与线状地物，类型斑块与权属界线等）的空间关系必须正确。

判读结果须经地理信息系统软件，进行数字化录入至图形数据库中。湿地斑块或湿地区须按《全国湿地资源调查技术规程（试行）》的要求进行编码和属性描述。提交成果采用 Arc/Info 数据格式。

2. 斑块判读

湿地判读最小单位为 8km，变化斑块最小面积为 1hm^2。每个判读样地或斑块要按照一定规则进行编号，作为该判读单位的唯一识别标志。采用在计算机屏幕上直接勾绘判读为主，GPS 野外定位点为辅，按判读单位逐一填写判读因子，生成属性数据库。

3. 河流判读

河流判读范围为宽度在 10m 以上、长度在 5km 以上。如果遥感影像达不到判读要求，可以采用典型调查的方式进行，即借助地形图和 GPS 野外定点调查现地调绘。

为了提高面积量算的准确性，对于宽度大于 3 像元的河流按面状斑块解译，宽度小于 3 像元的河流按线状斑块解译。高分影像分辨率为 1～2m，河流起调宽度在 10m 以上。在遥感影像图上，由于河流与非河流光谱差异比较明显，故 10m 宽度的河流能够分辨，因此河流整体采用面状斑块勾绘。在区划判读过程中，依据其他资料估算河流的平均宽度，再由现地调查进行修正。

4. 双轨制作业

要求一人按斑块区划因子进行斑块区划并进行判读，另一人对前一人的区划结果进行检查，发现区划错误时经过协商进行修改；区划确定后第二人进行"背靠背"判读，判读类型一致率在 90% 以上时，可对不同斑块进行协商修改，达不到时重判。

利用卫星遥感影像进行湿地资源调查是一项新的技术，不同的调查人员会因理解、经验等方面的差异，在遥感影像判读过程中容易出现漏判、错判的现象。通过双轨制作业，提高目视判读的一致率，对有异议的斑块类型通过协商取得一致意见，并可以及时发现存在的问题，不断积累经验，将解译标志与显示状态（色彩、色调、纹理、形状、分布）等有机结合起来，准确区分判读类型。

（五）数据统计

1. 面积求算

遥感影像判读完成后，在 GIS 软件中，将面状湿地判读图、线状湿地判读图、分布图和境界图进行叠加分析，求算各斑块的面积，面积单位为公顷，输出的数据保留到小数点后一位。

2. 数据记录和统计

遥感判读湿地斑块的记录内容如下。

湿地名称：根据现有的湿地名称或地形图上就近的自然地物、居民点等进行命名。

湿地类型：按照湿地分类的要求，分 4 大类进行填写。

湿地面积（hm^2）：按照遥感影像判读的数据填写。

将全区分县（市、旗）行政区划图叠加，统计出各类型湿地面积、湿地总面积和其他土地利用类型面积。

（六）精度要求

按照《全国湿地资源调查技术规程（试行）》的要求，湿地判读正确率应在 95% 以上，湿地类型判读正确率应在 95% 以上。其中河流湿地、湖泊湿地、沼泽湿地、人工湿地判读正确率应在 95% 以上。

（七）数据库字段要求

数据库字段要求如表 3.1.1 所示。

表 3.1.1　数据字段要求表

编号	字段名	中文名	数据类型	长度	小数位	备注
1	SHENG	省（区、市）	字符串	2		
2	XIAN	县（市、旗）	字符串	6		
3	XIANG	乡	字符串	3		
4	SDBHYY	湿地变化原因	字符串	2		
5	YSDL	原湿地类	字符串	1		
6	YSDMJ	原湿地面积	双精度	18		
7	JCND	监测年度	字符串	4		
8	XSDL	现湿地类	字符串	1		
9	XSDMJ	现湿地面积	双精度	18		
10	BZ	备注	字符串	50		

（八）拓扑质量

数据库各空间要素应满足基本的拓扑关系质量，规定如下。

（1）图层内拓扑质量。图层内要素是否重叠或自重叠，相交或自相交，是否闭合。

（2）图层间拓扑质量。湿地图层要素是否超出对应的行政区范围。

（3）碎片多边形质量。面层是否存在不符合要求的碎片多边形。

（九）内业汇总

（1）湿地类型和面积汇总：根据遥感解译结果、外业调查成果和相关资料，将各湿地斑块及属性输入 GIS 软件的数据库，通过汇总统计，得到各湿地区、湿地类、湿地型等的各种因子。

（2）各湿地类、型间的相互转化及各类、型的面积变化汇总统计。

（3）对疑似新增、消失的湿地斑块汇总统计。

（十）质量检查

质量检查是对遥感影像的处理、解译标志的建立、判读的准备与培训、判读各项工序和成果进行检查。

应组织对当地熟悉和有判读实践经验的专家对判读结果进行检查验收，对不合理及错误的判读及时纠正。

1. 抽样方法及外业斑块抽样数量的确定

外业调查前，结合前期在室内对湿地变化的判读结果，对疑似新增、消失的湿地斑块，依据《全国湿地资源调查技术规程（试行）》全部进行核实；新增、消失湿地斑块以外面积差异超过 10% 的湿地斑块采用分层系统抽样调查。

室内抽样方式：以市作为一级分层条件，以湿地类作为二级分层条件，对湿地变化的斑块按照变化面积由大到小进行抽样编号排序，从变化湿地斑块总数中抽取湿地斑块进行现地核实，抽样方法如下。

（1）采用随机不放回抽样，从抽样总体斑块中抽取样本斑块，计算抽样数量，其公式为

$$n=Nt^2P（1-P）/N\Delta^2+t^2P（1-P）$$

式中，n 为样本量，即理论抽样斑块数量；N 为样本总量，即所抽样湿地斑块总数量（本次抽样湿地斑块总数为 2131 个）；置信度为 95% 时，$t=1.96$；Δ 为误差值，定为 5%，意为面积误差值不超过 5%；P 为概率值，取值 0.8，意为第一轮遥感解译误差值为 80%。

通过计算得到本次抽样斑块总数为 246 个，抽样概率 $K=（n/N）\times100\%$，经计算抽样概率为 11.54%；抽样间隔 $Z=1/K$，经计算抽样间隔为 9。

（2）根据公式中计算出的概率确定分层系统抽样的抽样间隔，即××市××湿地抽样概率为 11.54%，抽样间隔为 9。对该市变化的斑块根据不同湿地类进行分组，每组按斑块变化面积由大到小进行排序编号，每组中从编号 1～9 号的湿地斑块中随机抽取一个序号为 a 的斑块作为抽样起始，其他抽取斑块为 $a_1=a+9$，$a_2=a_1+9$，…（抽样斑块数量≥1

个）。将各组抽样数相加得到实际抽样数 227，与理论抽样数 246 相比较，抽样斑块减少了 19 个，经计算抽样误差为 7.7%，实际抽样数接近理论抽样数，且抽样误差较小，因此该抽样方法切实可行。

2. 湿地斑块外业验证

对分层系统抽样所抽取的湿地斑块及基础数据中疑似丢失、新增的湿地斑块，按照设计的外业调查路线图进行现地验证。

验证使用室内制作的高分影像图的工作底图，用 GPS 现地定位，并通过无人机航拍将现状地形地物拍摄成图像资料，对抽样所选择的，数据库中疑似丢失、新增的湿地斑块等进行现场验证。

验证这些湿地斑块的行政区范围、经纬度（公里网坐标）、湿地类、面积等，并现场登记记录。

（十一）成果质量控制

1. 内业成果质量控制

1）成果数据完整性、规范性

成果数据必须符合湿地资源动态监测技术规程中对数据规范性、完整性的要求，不得存在丢漏项。

2）空间数据标准性、符合性

数学基础、高程系统、图层名称、图层属性、属性字段、名称类型必须符合数据库标准的要求。

3）表格数据

表格数据结构一致性，包括代码一致性、编号唯一性、表内逻辑一致性、湿地斑块编号一致性等，必须符合数据库入库标准的要求。

2. 外业成果质量控制

（1）外业验证是否将所抽取的湿地斑块全部验证；是否对疑似丢失、新增的湿地斑块全部验证。

（2）是否按照设计的外业调查路线图进行现地验证。

（3）现场登记记录表是否对这些湿地斑块的行政区范围、经纬度（公里网坐标）、湿地类、面积等填写正确。

3. 调查成果质量控制

1）内部质量控制

为保证本项目成果质量，项目组专门成立项目质量检查组，项目质量检查组采取自检、互检和专检三级质量检查制度，严格执行"项目小组内自检、项目小组之间互检、质量检查组专检"的质量检查程序。做到责任分工明确、层层把关，保证各项调查成果准确无误。

2）自治区级质量检查

宁夏回族自治区湿地保护管理中心对完成项目内部质量检查的市（县、区）进行专门检查与核查，包括：湿地调查方法、调查表格填写、调查人员野外工作能力。内业检查，包括：收集数据是否准确、可靠，调查表格是否规范，数据处理和汇总、调查报告、图面资料是否符合规范要求。

区级检查的外业工作量应占全部工作量的 5%以上，遥感判读样地检查数量应占斑块总数的 10%以上。

验收与质量评定：外业检查内容合格率达 85%以上，内业检查内容合格率达 95%以上为检查合格。

四、宁夏湿地资源动态监测结果与分析

（一）湿地资源现状

宁夏湿地按类型可分为河流湿地、湖泊湿地、沼泽湿地和人工湿地四大类。

宁夏河流湿地包括永久性河流湿地、季节性或间歇性河流湿地和洪泛平原湿地 3 种类型。黄河斜贯中北部，穿过宁夏平原，流程 397km，主要支流有清水河、苦水河、葫芦河等，全区年均径流量 266 亿 m^3。在黄河两岸和清水河流域形成了丰富的湿地资源。

宁夏湖泊湿地包括永久性淡水湖湿地、季节性淡水湖湿地、永久性咸水湖湿地、季节性咸水湖湿地 4 种类型。湖泊主要集中在引黄灌区中，具有代表性的是阅海、沙湖、西湖、宝湖、鸣翠湖、星海湖等。

宁夏人工湿地主要分布在银川市。银川市主要灌溉渠系有惠农渠、汉延渠、唐徕渠、西干渠四大渠系，总流量约 270m^3/s。排水系统有第二排水沟、永二干沟、三一支沟、四二干沟、四三支沟等主要排水沟。银川市西部贺兰山前冲积平原滞洪区，把季节性山洪水引入人工湿地（拦洪库）。

（二）监测结果

1. 湿地总面积

本期湿地资源动态监测范围为宁夏全区，行政区划界线以 2014 年全区行政界线的矢量数据为准。根据本次湿地资源动态监测调查结果显示，截至 2017 年底，全区共有各类湿地总面积为 196 748.64hm²，湿地率为 3.79%，湿地斑块数量为 2131 个。

2. 湿地面积按湿地类型分

湿地面积按湿地类型分，河流湿地面积为 101 791.90hm²，湖泊湿地面积为 30 534.66hm²，沼泽湿地面积为 26 756.22hm²，人工湿地面积为 37 665.86hm²（表 3.1.2，图 3.1.2）。

表 3.1.2 全区湿地类型面积统计表 （单位：hm²）

统计单位	河流湿地	湖泊湿地	沼泽湿地	人工湿地	总计
银川市	24 573.52	8 689.88	1 217.43	15 346.93	49 827.76
石嘴山市	24 916.47	7 746.75	9 592.69	8 766.52	51 022.43
吴忠市	24 053.84	10 943.43	12 069.44	3 629.52	50 696.23
固原市	7 009.92	341.09	142.34	4 738.39	12 231.74
中卫市	21 238.15	2 813.51	3 734.32	5 184.50	32 970.48
合计	101 791.90	30 534.66	26 756.22	37 665.86	196 748.64
比例/%	51.74	15.52	13.60	19.14	100.00

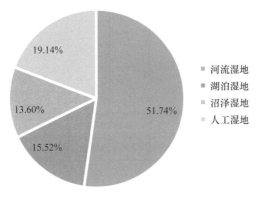

图 3.1.2 湿地面积按湿地类型分类图

3. 湿地面积按市分

湿地面积按市域分，银川市湿地面积为 49 827.76hm²，占比 25.33%；石嘴山市湿地面积为 51 022.43hm²，占比 25.93%；吴忠市湿地面积 50 696.23hm²，占比 25.76%；固原市湿地面积为 12 231.74hm²，占比 6.22%；中卫市湿地面积为 32 970.48hm²，占比 16.76%（图 3.1.3）。

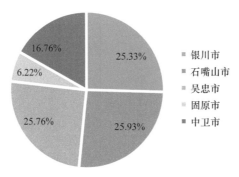

图 3.1.3 湿地面积按市域分布图

（三）湿地资源动态变化及分析

本期湿地资源动态监测调查中湿地总面积为 196 748.64hm²，本期湿地斑块总数量为 2131 个。与上期（2010 年）相比，湿地面积减少 10 397.30hm²，湿地斑块数量增加 229 个。

1. 河流湿地变化分析

本期动态监测调查中河流湿地增加 1643.63hm^2，消失 628.29hm^2，净增加 1015.34hm^2（表 3.1.3）。

表 3.1.3 河流湿地变化分析表

序号	变化前湿地类型	变化后湿地类型	变化面积/hm^2	变化原因
1	湖泊湿地	河流湿地	+203.45	建设拦水库、漏判河流湿地等
2	沼泽湿地	河流湿地	+293.47	建设拦水库、漏判河流湿地等
3	人工湿地	河流湿地	+1146.71	漏判河流湿地、退塘还湿等
	增加面积		+1643.63	
4	河流湿地	湖泊湿地	−184.17	漏判湖泊湿地、气候原因致使水资源减少等
5	河流湿地	沼泽湿地	−99.34	漏判沼泽湿地、气候原因致使水资源减少等
6	河流湿地	人工湿地	−344.78	建设拦水库、漏判人工湿地等
	减少面积		−628.29	
	净增加		1015.34	

2. 湖泊湿地变化分析

本期动态监测调查中湖泊湿地增加 3519.72hm^2，消失 3419.37hm^2，净增加 100.35hm^2（表 3.1.4）。

表 3.1.4 湖泊湿地变化分析表

序号	变化前湿地类型	变化后湿地类型	变化面积/hm^2	变化原因
1	河流湿地	湖泊湿地	+184.17	气候原因致使水资源减少、错判河流湿地等
2	沼泽湿地	湖泊湿地	+2712.58	生态补水、漏判湖泊湿地等
3	人工湿地	湖泊湿地	+622.97	退塘还湖、漏判、错判湖泊湿地等
	增加面积		+3519.72	
4	湖泊湿地	河流湿地	−203.45	漏判、错判河流湿地、其他原因变化
5	湖泊湿地	沼泽湿地	−1145.48	漏判、错判沼泽湿地，气候原因致使水资源减少等
6	湖泊湿地	人工湿地	−2070.44	建设水产养殖塘、生态建设工程（湖泊扩挖）等
	减少面积		−3419.37	
	净增加		100.35	

3. 沼泽湿地变化分析

本期动态监测调查中沼泽湿地增加 1577.91hm^2，消失 3395.04hm^2，净消失 1817.13hm^2（表 3.1.5）。

表 3.1.5 沼泽湿地变化分析表

序号	变化前湿地类型	变化后湿地类型	变化面积/hm²	变化原因
1	河流湿地	沼泽湿地	+99.34	气候原因致使水资源减少、漏判沼泽湿地
2	湖泊湿地	沼泽湿地	+1145.48	气候原因致使水资源减少、漏判沼泽湿地等
3	人工湿地	沼泽湿地	+333.09	退塘还湿、漏判沼泽湿地等
	增加面积		**+1577.91**	
4	沼泽湿地	河流湿地	−293.47	漏判河流湿地
5	沼泽湿地	湖泊湿地	−2712.58	生态补水、漏判湖泊湿地等
6	沼泽湿地	人工湿地	−388.99	生态建设工程（人工湖泊扩挖）、生态补水等
	减少面积		**−3395.04**	
	净减少		**1817.13**	

4. 人工湿地变化分析

本期动态监测调查中人工湿地增加2803.31hm²，消失2102.77hm²，净增加700.54hm²（表 3.1.6）。

表 3.1.6 人工湿地变化分析表

序号	变化前湿地类型	变化后湿地类型	变化面积/hm²	变化原因
1	河流湿地	人工湿地	+344.78	建设拦水库，漏判、错判人工湿地等
2	湖泊湿地	人工湿地	+2070.44	生态建设工程（人工湖泊扩挖）、建设水产养殖塘等
3	沼泽湿地	人工湿地	+388.09	建设水产养殖塘、生态补水等
	增加面积		**+2803.31**	
4	人工湿地	河流湿地	−1146.71	漏判、误判河流湿地等
5	人工湿地	湖泊湿地	−622.97	退塘还湖等
6	人工湿地	沼泽湿地	−333.09	缺乏生态补水等
	减少面积		**−2102.77**	
	净增加		**700.54**	

5. 湿地与非湿地动态变化分析

本次动态监测表明，湿地与非湿地之间动态变化大，湿地变为非湿地的面积为39 112.95hm²，非湿地变为湿地的面积为 28 715.65hm²，净减少湿地面积为10 397.30hm²（表 3.1.7）。

表 3.1.7 湿地与非湿地变化分析表

序号	变化前湿地类型	变化后湿地类型	变化面积/hm²	变化原因
1	非湿地	河流湿地	+8 741.84	退耕还湿、漏判河流湿地、建设拦水库等
2	非湿地	湖泊湿地	+4 057.68	退耕还湖、生态建设工程（湖泊扩挖、连通）、生态补水、漏判湖泊湿地等

序号	变化前湿地类型	变化后湿地类型	变化面积/hm²	变化原因
3	非湿地	沼泽湿地	+4 309.08	退耕还湿、生态补水、漏判沼泽湿地等
	增加面积		+28 715.65	
4	非湿地	人工湿地	+11 607.05	生态建设工程（人工湖泊扩挖）、建设水产养殖塘、生态补水、漏判人工湿地等
4	河流湿地	非湿地	−7 238.89	围垦造田、误判河流湿地、气候原因致使水资源减少、基础设施建设、其他建设等
5	湖泊湿地	非湿地	−7 362.85	气候原因致使水资源减少、基础设施建设、其他建设、围垦造田、误判湖泊湿地等
6	沼泽湿地	非湿地	−14 824.84	气候原因致使水资源减少、基础设施建设、其他建设、围垦造田、误判沼泽湿地等
7	人工湿地	非湿地	−9 686.37	水产养殖塘减少、气候原因致使水资源减少、基础设施建设、其他建设、围垦造田、误判湿地等
	减少面积		−39 112.95	
	净减少		10 397.30	

（四）湿地变化主要原因

与2010年湿地资源调查结果相比，本次湿地动态调查宁夏湿地面积减少10 397.30hm²。湿地面积减少的主要原因有：气候变化导致水资源减少；重要的基础设施建设如公路、铁路建设等占用湿地；上次调查（2010年）漏判、错判湿地；其他建设、围垦造田等。其中气候变化导致水资源量减少，使湿地补给水源不足，是造成湿地面积减少的最主要原因。

小结

（1）本次动态调查截至2017年底，宁夏湿地总面积196 748.64hm²，占宁夏国土面积的3.79%左右。与2010年湿地资源调查结果相比，本次湿地动态调查宁夏湿地面积减少10 397.30hm²。

湿地面积总量虽然减少了，但湿地质量得到明显提高。近年来湿地生态恢复工程的实施，加强了湿地的水源建设，保证了湿地的生态补水，使宁夏生态环境得到明显改善，同时优化和改善了人居环境和经济发展环境，带动了区域经济的可持续发展。

（2）宁夏虽然地域狭小，但湿地类型丰富多样，共有湿地4类14型。自1995年以来，已进行了三次全区范围内的湿地资源调查。目前全区共有湿地类型自然保护区4个、国家级湿地公园14个、省级湿地公园3个、重要湿地3个、湿地小区19个。

在宁夏开展的湿地资源动态监测试点工作，具有典型性、独特性和示范性。本次湿地资源动态监测试点的一系列成果和数据，可为全国湿地年度动态监测提供可复制、可借鉴的宁夏经验，并可将试点的成功经验在全国推广。

（3）湿地动态监测工作是一项技术性和专业性很强的工作，对具体负责实施的人员有较高的技术、专业知识等方面的要求。为保障工作完成质量，在本次工作开展之前，宁夏回族自治区湿地保护管理中心组织了多次湿地相关政策法律、湿地资源知识、调查技术规程、技术细则、工作方案等方面的系统全面的培训，并在室内与现场对勘测仪器设备、测量工具及相关软件的使用操作进行了详细的技术培训和操作演练，确保参与实施的技术人员均能全面掌握和正确使用。此举提升了技术人员队伍的整体知识和技术水平，保障了湿地动态监测工作的质量。

（4）本次湿地动态监测工作中使用了多种先进的设备仪器，包括三种型号的无人机、RTK、平板 GIS 电脑等高科技勘测、测量仪器，既提高了室内判读的准确性，又提高了野外调查数据获取的精准度，同时达到了数据实时可视性，极大地提高了野外工作的效率。其中无人机在本次工作中发挥了重要作用，特别是对于影像数据有云遮挡难以判读、湿地地形复杂、破碎，调查人员难以涉足等区域，通过应用无人机辅助拍摄高空影像数据，现场进行正射影像图与无人机拍摄影像判读解译，提高了湿地斑块现场勘测的精度和工作效率，充分体现了湿地动态监测工作的设备技术的先进性。这些设备与技术的广泛应用，为以后全国全面开展湿地动态监测工作将带来极大的帮助和便捷。

本节作者：杨占峰 厚正芳 北京中林国际林业工程咨询有限责任公司

第二节 湿地保护地功能分区和管理策略

在 GEF 中央项目办公室的指导下，与 6 个省级/地区项目办公室密切合作，本团队在实地考察和调查研究的基础上，总结了我国湿地自然保护地的现状。基于多年湿地自然保护地管理实践，并收集了 GEF 项目区 12 个湿地保护地功能分区资料，针对湿地类型保护地体系中的不同保护地类别，总结了湿地类型保护地功能分区主要有如下共性问题：沿用三圈固定空间布局模式未考虑部分湿地生态特征的特殊性，静态区划未考虑部分湿地生态系统及其迁徙水禽与水文变化的季节动态特征，多个核心区或子保护区之间缺乏有效的生态廊道，以及未充分考虑平衡社会效益、经济效益，无法和谐处理生态保护与资源利用活动的关系。

在此基础上，选择 GEF 中国湿地保护体系规划型项目的示范区——江西鄱阳湖进行实地调查，开展案例研究，建议引入《湿地公约》"组分-过程-服务"（CPS）概念模型来指导保护地功能分区。根据不同的主导功能，湿地保护地内可适当划分出以下功能区：核心区、限制利用区、合理利用区、风险控制区。各湿地保护地功能分区须具备核心区和限制利用区，并不必然包含上述全部功能区类型，可根据各自实际情况适当增删。在时间尺度上，功能分区应该根据保护对象季节性变化而进行动态调整。

一、湿地保护地及功能分区概述

（一）湿地保护地概况

我国湿地资源丰富，种类众多。2014 年 1 月公布的第二次全国湿地资源调查结果显示，受保护湿地面积相较第一次湿地资源调查时增加了 525.94 万 hm²，湿地保护率由

30.49%提高到43.51%。其主要的保护形式为：自然保护区、湿地公园和自然保护小区。

我国建立的各类型保护地中，与湿地相关的超过 10 类，包括自然保护区、风景名胜区、水利风景区、湿地公园、城市湿地公园、海洋特别保护区、饮用水水源保护区、水产种质资源保护区、海洋公园、国家公园（试点）等。截至 2017 年 2 月，本团队可统计到的湿地保护地数量总计为 5431 块（图 3.2.1）。其中自然保护区 446 块，面积为 3154 万 hm^2。

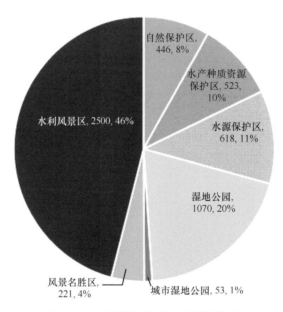

图 3.2.1　我国湿地保护地类别及数量

在前期对我国湿地类型保护区功能分区的研究基础上，收集整理了 GEF 项目区保护地的功能分区资料，包括湖北、江西、新疆、安徽、海南和大兴安岭等 6 个地区的 12 个湿地类型保护区和国家湿地公园（表 3.2.1）。

表 3.2.1　已收集信息保护地

地区	保护地
湖北	洪湖湿地国家级自然保护区
江西	鄱阳湖国家级自然保护区
安徽	升金湖国家级自然保护区
新疆	阿尔泰山两河源自然保护区
海南	东寨港国家级自然保护区
大兴安岭	九曲十八湾国家湿地公园
	双河源国家湿地公园
	呼玛河源国家湿地公园
	砍都河国家湿地公园
	漠河国家湿地公园
	古里河国家湿地公园
	阿木尔国家湿地公园

其中，海南东寨港保护地全部处于热带，除存在干湿季节差异之外，其他季节差异并不明显，且滨海具有开放的海岸线，难以全域封闭管理。江西、安徽、湖北等省的保护地位于长江中游人口密度较高的地区，人类活动历史远长于保护区的建立时间。且不同湿地的水位波动季节差异巨大，有通江湖泊，也有阻隔/半阻隔湖泊，迁徙水鸟与鱼类对于湖泊空间的使用有强烈的季节动态，渔业活动与水文节律改变对保护区影响巨大。黑龙江大兴安岭保护地每年冰封期较长，冬季冰封期迁徙水鸟南迁、两栖爬行动物休眠，夏季有迁徙水鸟繁殖，农林业生产活动与旅游活动对保护区具有重大影响。新疆阿勒泰地区的保护地受到游牧、旅游、水坝、采矿等活动影响，其中游牧与旅游为季节性的个体人类活动，而水坝、采矿则对生态系统的破坏具有不可逆的影响。相比其他区域，阿勒泰地区人口较少，因此保护管理的问题也不相同。

（二）湿地保护地功能分区的类型

我国自20世纪70年代起，自然保护区的功能分区便采用空间范围与布局相对固定的"核心区-缓冲区-实验区"的三区模式，并一直沿用至今。2005年我国首批国家湿地公园、国家城市湿地公园设立后，采取空间布局的分区方案。国家湿地公园作为第二大湿地类型保护地，采取了生态保育区、恢复重建区、合理利用区、科普宣教区、管理服务区的形式，但其生态保育区、恢复重建区、合理利用区的管理方式与自然保护区的核心区、缓冲、实验区极其相似，且各分区的空间布局同样相对固定。因为其他类型湿地保护地的建设历史较短，且功能分区的布局模式与自然保护区较为相似，所以本研究以湿地类型自然保护区为例分析湿地保护地的分区问题。

（三）湿地保护地功能区划存在的问题

通过对GEF项目区12个湿地类型自然保护区功能分区的研究，发现我国湿地类型自然保护区功能区划存在如下问题。

（1）部分保护区对本区域内生态系统的结构、过程、功能和服务尚不明确，功能分区机械，且有一定主观性。

（2）我国目前的湿地类型自然保护区功能分区仍全部采用在20世纪60年代国际通行的核心区、缓冲、实验区三区固定空间布局模式，并未考虑部分湿地类型自然保护区生态特征的特殊性，不能适应当前国民经济发展与自然保护区的实际需求。

（3）我国湿地类型自然保护区的功能分区均为静态设置，未能考虑受季风气候强烈影响的部分湿地生态系统及其迁徙水禽与水文变化的季节动态特征。

（4）目前我国湿地类型自然保护区的三区固定空间布局模式中，多个核心区或子保护区之间缺乏有效的生态廊道，使得生境破碎化的边缘效应进一步增加。

（5）我国湿地类型自然保护区的功能区划以保护对象为核心来设置，并未充分考虑平衡社会效益、经济效益的功能分区，无法和谐处理生态保护与资源利用活动的关系，导致保护区的有效性降低。实验区、缓冲区经常由于地方社会和经济利益的影响而不断调整。

二、功能分区的目标和原则

（一）功能分区目标

1. 利于保护对象

生物多样性是各项生态系统服务的基础。因此，湿地类型保护地功能分区应依据保护对象而设定，充分考虑到保护对象的生态特性及其所依赖的生态系统过程，既能确保保护物种所需的基本的空间分布，有利于种群保护与恢复，又应有利于生态系统的结构与过程（如水文动态、植被演替、泥炭地发育等）和自然文化景观。

2. 人与自然和谐

在保护生物多样性的基础上，湿地类型保护地应充分尊重周边社区居民的合理权益和传统生计，考虑其对湿地及生物多样性的合理利用，在功能分区上兼顾经济与社会效益，即湿地生态系统的综合服务，包括支持、调节、供给、文化等服务。

3. 便于操作管理

保护地功能分区应便于管理人员的管理和实际操作，如利用河流、山脊等封闭的自然边界，注重管护设施的便利性，将对自然的影响降至最低。

4. 接轨未来发展

保护地功能分区应立足于生态系统综合管理，如与毗邻的地质公园、旅游景区等的融合，与未来可能申报国际重要湿地、国家公园及世界遗产的理念和发展一致。

（二）功能分区原则

1. 保护核心原则

湿地类型保护地功能分区应依据保护对象而设定，充分考虑到保护对象的生态特性及其所依赖的生态系统过程，从而确定管理目标矩阵，并据其进行湿地类型保护区功能分区。在优先保护珍稀濒危动植物的同时，以保护湿地生态系统的生态特征不变为原则。

2. 完整性原则

完整性应包括如下几方面。

（1）生态系统结构的完整性，如森林、草原、水系、景观等自然地理边界尽量保持完整，可以流域水系为边界，也可以山脉脊线、森林及草原边缘为边界。

（2）生态系统过程完整性，如水气循环、元素迁移、生物过程等。湿地因水文过程、生物地球化学过程与生态过程的连续性，应将一条河流的上中下游，一个湖泊的四面八方，甚至将一条候鸟迁徙路线上的彼此隔离的湿地连为一个整体。一处湿地的生态特征变化，也将影响到相连的其他湿地的生态特征。

（3）生态-社会-经济复合体

生态-社会-经济是有机复合体，功能分区时，应将生物、景观、传统经济活动三位一体通盘考虑，统筹规划保护优先与绿色发展。一方面，对保护区一切活动的规模、类型和强度作必要的限制，有利于保护目标的实现和保护区的可持续发展；另一方面，在保护为主的前提下，应充分考虑地方和当地居民对湿地合理利用的意见，安排必要的和可行的可持续性利用，使湿地类型功能区划和社区居民的利益协调一致，以促进湿地相关经济和社会可持续发展。

3. 关联性原则

生态系统结构决定着生态系统功能，而生态系统的结构，如动植物类群及其组成的群落，是由生态系统的能量与营养循环、种间关系、种群迁徙与扩散等生态过程所决定的。划分不同功能区时，必须充分认识生态系统结构-过程-功能的关联性。这种关联，既包括生物联系，如物种的迁徙、扩散的时空动态，以及物种间的捕食、共生、竞争等关联；又包括水文方面的关联，如水文、水质、水温、水土流失等；此外，风险控制时，也应考虑威胁因子的联通，如水利设施、采矿，以及其他可能通过水系带来的污染。

4. 动态性原则

依据湿地生态过程和濒危物种分布动态过程，合理调整保护地的功能分区。在空间尺度上，确定功能分区的首要条件包括自然资源和环境的自然属性，湿地生态过程的关键位置和珍稀濒危动植物栖息地等。在时间尺度上，功能分区应该根据保护对象季节性变化而进行适度调整。

（1）自然环境的动态变化，如气温与降雨、水文节律（特别是水位）的季节性变化，特别应考虑长期增温趋势和极端气候事件增加。

（2）种群与群落动态变化，如植物的自然演替，保护物种的种群波动，入侵/有害动植物物种的种群波动等。

（3）人类活动的动态变化，主要是对物种在封冻期、雨旱季等不同时期的空间使用，如冬季收苇、夏牧场、采矿淘金等。

三、功能分区框架及方法

（一）成分-过程-服务（CPS）概念模型

在信息收集和案例研究中，发现部分保护区对本区域内的生态系统的结构、过程、功能和服务尚不明确，功能分区机械，且有一定主观性。为此，2005 年，Ramsar 引入《湿地公约》的湿地生态特征理念，其指湿地在特定时间点生态组分（ecological component）、生态过程（ecological process）和生态系统服务（ecosystem service）三方面的有机结合。"组分-过程-服务"（CPS）概念模型可用于描述一个湿地的生态特征，并指导保护地系统科考和功能分区。2005 年专家提出 CPS 概念框架。其中，生态组分是一个生态系统的静态组成部分，包括生物、物理和化学三方面静态组成部分。生态过程是生态组分之间的交互关系，不仅包括种群和群落间，而且包括有机生物及其无机环境间的关系。生态系统服务是一个生态系统的产出、功能及特性，主要有供给、调节、文化、支持等服务。各生态组分通过生态过程联系起来，生态系统服务也通过生态过程得以实现。CPS 概念模型不仅包括了生态系统的各静态组成部分及其动态过程，而且反映了湿地的生态系统服务。

根据各湿地保护地的实际情况和特点，以及对 CPS 概念框架模型的分析，可构建基于 CPS 概念框架模型的自然保护地功能分区指标体系框架（图 3.2.2）。

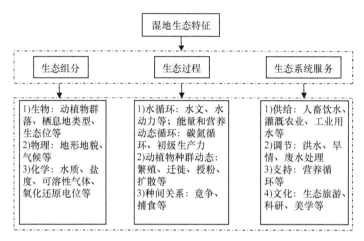

图 3.2.2　基于《湿地公约》CPS 概念框架模型的保护地功能分区指标体系框架

（二）功能区的划分

基于湿地类型保护区理论研究与实地考察，建议根据不同的主导功能，湿地类型保护地内可适当划分出核心区、限制利用区、合理利用区、风险控制区等 4 类功能区。

1. 核心区

核心区是指自然保护地内保存完好的天然状态的生态系统及珍稀濒危动植物的集中分布地，包括保护物种丰富、集中、连片的区域，珍稀濒危物种及其栖息地，以及具有一定代表性、典型性和特殊保护价值的自然景观与生态系统。核心区应得到严格保护，除经批准外，禁止任何单位和个人进入，也不允许进入从事科学研究活动。在保护地内实施各种资源与环境保护的协调管理及防灾减灾措施，保证生态系统不受人为干扰，在自然条件下演替和繁衍，保证核心区的完整和安全。

2. 限制利用区

限制利用区是以保护为主要目的，但可进行有条件利用的区域，如提供科学研究基地、开展生态旅游等非资源消耗性的利用方式，从而确保生态过程的连续性与生态系统的整体性。一般其位于核心区外围，或作为核心区的缓冲地带。

3. 合理利用区

合理利用区是指按照湿地公约可持续利用原则，尊重当地文化传统，确保湿地文化传承而划分出来的区域。在区内开展不与保护目标相冲突的生产经营和项目建设活动，在有效保护湿地生态系统过程与结构和功能、维持湿地的生态特征不变的前提下，合理利用湿地资源，实现湿地资源的永续利用。

4. 风险控制区

鉴于生态系统的整体性和脆弱性，外源生态风险可能对湿地类型保护区的合理利用区、限制利用区与核心区生态特征构成重大威胁。为消除、减缓不同生态风险而划分的区域为风险控制区。除保护区总体规划明确可以开展的生产经营和项目建设活动之外，不得从事其他生产经营和项目建设活动。通过实施湿地生态恢复、生物多样性保护等生态工程，恢复湿地的多种功能，以扩大保护区的实际保护范围。

各湿地类型保护区功能分区须具备核心区和限制利用区，并不必然包含上述全部功能区类型，可根据各自实际情况适当增删、动态调整。

四、鄱阳湖国家级自然保护区功能分区案例

鄱阳湖是中国第一大淡水湖，汛期五河洪水入湖，枯水季湖滩显露，洪、枯季节湖体面积相差极大，形成"洪水一片，枯水一线"的自然景观，为众多生物提供赖以生存的栖息地，尤其是迁徙水鸟的越冬地。据评估，鄱阳湖是东亚—澳大利西亚迁飞区最重要的栖息地。此外，鄱阳湖是 GEF 中国湿地保护体系规划型项目的示范区之一，本研究在鄱阳湖开展有较强的借鉴意义。

（一）鄱阳湖概况

鄱阳湖位于江西省的北部，长江中游的南岸，地处北纬 28°11′~29°51′，东经 115°49′~116°46′，南北长 173km，东西宽平均 16.9km，最宽处约 74km，最窄处约 2.8km，与赣江、抚河、信江、饶河、修河五大河流尾闾相接。湖盆自东向西、自南向北倾斜，湖底平坦，湖水深度平均均为 8.4m，滩地高程多为 12~17m。鄱阳湖是一个吞吐型湖泊，湖盆区各水文（位）站历年最高最低水位变幅达 10.34~16.68m，有"高水是湖，低水似河"的独特景观。

鄱阳湖国家级自然保护区位于鄱阳湖的西北角，赣江和修河的交汇处，地理坐标为北纬 29°05′~29°15′，东经 115°55′~116°03′，地跨南昌市新建区和九江市永修县、庐山市，由蚌湖、大湖池、沙湖、大汉湖、常湖池、中湖池、象湖、梅西湖和朱市湖 9 个湖泊组成，是鄱阳湖中湿地生态系统最典型、保存最完好的一部分。

鄱阳湖国家级自然保护区湿地是全球重要的候鸟越冬地，具有鸟类保护的重要意义。目前保护区已记录的鸟类有 17 目 55 科 310 种，其中国家一级保护鸟类 10 种，二级保护鸟类 44 种；世界濒危鸟类有 13 种；列入《中国濒危动物红皮书》候鸟名录的有 15 种；属于《中日候鸟保护协定》的鸟类 153 种，占该协定中鸟类总数 227 种的 67.4%；属于《中澳候鸟保护协定》的鸟类 46 种，占该协定中鸟类总数 81 种的 56.8%。其中水鸟有 125 种，占保护区记录到的鸟类的 40.3%。据《湿地公约》的鄱阳湖国际重要湿地信息表，该湿地越冬候鸟种群超过全球种群 1%水平以上的鸟类有 16 种，包括白鹤、东方白鹳、白枕鹤、小天鹅等。鄱阳湖是目前世界上最大的越冬白鹤群体所在地，有占全球种群数量 95%以上的越冬种群；这里也是迄今发现的世界上最大的越冬鸿雁群体所在

地，数量达 3 万只以上。国家一级保护鸟类的东方白鹳有全世界 75% 的种群数量在鄱阳湖保护区越冬。保护区小天鹅、鸿雁、白额雁的数量均占各自物种全球数量的 10% 以上。

鄱阳湖国家级自然保护区跨越行政区域多、边界线长，湖与湖互不相连，被赣江和修河两大河流分隔成三大片，仅有大湖池和沙湖 2 个湖的湖权，其他 7 个湖均归地方所有，因而现有的功能分区是以大湖池和沙湖两个湖泊为核心区，面积 4400hm²；两个核心湖周边的草洲为缓冲区，面积 1600hm²；其他湖泊及草洲为实验区，面积 18 000hm²。

（二）鄱阳湖湿地关键生态特征

1. 生境与植被类型

鄱阳湖保护区内共有各类植物 128 科 359 属 476 种。根据湿地植物与水位和土壤基质的关系，并按生活型可以把鄱阳湖保护区湿地植物大致分为沉水植物群系、浮水（叶）植物群系、挺水植物群系、莎草植物群系（草洲）和杂类草群系（草甸）等 5 大类群（群系），60 余个群丛，其中以莎草植物群系面积最大、类型最多。

由灰化苔草群丛、红穗苔草群丛等多种苔草群丛组成的莎草植物群系受鄱阳湖独特水文节律的影响，每年要经历两季生长。第一季：2 月苔草类植物在地温适宜的环境下萌发成幼苗，4 月便开始抽穗、开花，到 5 月进入开花盛期，继而进入果期，至此完成第一季生长，俗称"春草"。第二季：8 月湖水退落之后，苔草类植物开始第二次萌发，10 月进入第二次花期，在果期之后于 12 月进入枯萎期，俗称"秋草"。部分优势种或建群种如芦苇（*Phragmites communis*）、南荻（*Triarrhena lutarioriparia*）、苔草（*Carex* spp.）、苦草（*Vallisneria spiralis*）等种类在两季都同时存在，但部分伴生植物只在一季中出现，如看麦娘（*Alopecurus aequalis*）、紫云英（*Astragalus sinicus*）、紫苜蓿（*Medicago sativa*）等在春季为常见种，秋季很难发现。

在独特水文节律的作用下，鄱阳湖国家级自然保护区洪、枯水期湿地类型和景观格局呈现显著差异。洪水期湖水上涨，水生生物及水草大量繁殖。枯水期水位大降，9 个碟形湖泊显露，形成大面积的浅水湖泊、泥沙滩和沼泽湿地等湿地类型，为大量珍稀候鸟提供了食物和栖息地。鄱阳湖国家级保护区的主要湿地类型如表 3.2.2 所示。

表 3.2.2　鄱阳湖国家级自然保护区湿地类型

湖泊湿地（水域）	沼泽湿地（草洲）		草甸湿地（草洲）	泥、沙滩
永久性深水湖泊湿地	南荻+芦苇	高草丛沼泽湿地	杂类草草甸湿地	泥滩
永久性浅水湖泊湿地	苔草	矮草丛沼泽湿地		沙滩
季节性淹水湖泊湿地				

高草丛沼泽湿地地势较高，植物主要以南荻、芦苇为主，是大鸨（*Otis tarda*）等鸟类的主要栖息地；地势稍低的矮草丛沼泽、杂类草草甸湿地以苔草等湿生植物为主，是白额雁、小白额雁等草食性鸟类的栖息地。泥沙滩是草洲与水域之间的过渡地带，这个区域鱼、虾及螺、蚌等底栖动物丰富，是东亚—澳大利西亚迁徙路线上鸻鹬类等中小型涉禽的主要栖息地。浅水湖泊水域地势最低，水生动植物资源非常丰富，是鸭类、天鹅等水禽及鹤、鹳等大型涉禽的主要栖息地。

2. 鸟类分布及其迁徙动态

鄱阳湖是鹤类、鹳类、天鹅等珍禽和众多其他水禽的主要越冬栖息地，也是鹭类、雁类、八色鸫类等夏候鸟的繁殖地，又是候鸟南来北往的主要迁徙通道和中途食物补给地。涉禽类水鸟主要在沼泽和浅水滩涂觅食，主要栖息在各子湖泥滩或浅水区域中，因此大面积的浅水滩涂湿地，才能满足这些水鸟生存的需要。游禽如潜鸭等，需要较深水体；白额雁、豆雁和灰雁等雁类主要在草洲上觅食；而小天鹅等其他雁鸭类游禽栖息于浅水域中。

据第五次世界水鸟种群调查（WPE5）估计和保护区冬季水鸟调查数据得出主要越冬水鸟种群在各子湖的分布情况，鄱阳湖冬季各子湖重要性值如下（图 3.2.3）。在鄱阳湖越冬的候鸟中，尤以白鹤的不可替代性最为明显。根据以往的观察研究，白鹤在鄱阳

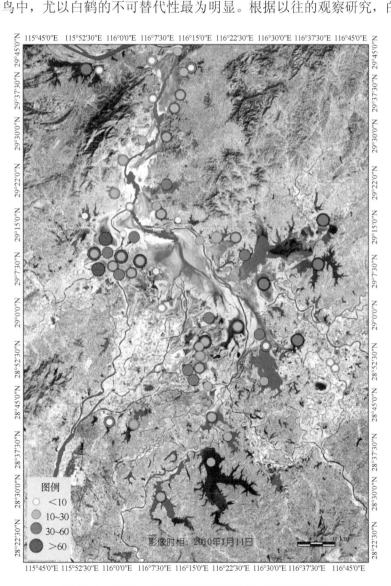

图 3.2.3　1999～2000 年鄱阳湖冬季各子湖重要性值

湖的食物来源主要靠挖掘浅水区水下泥中的苦草、野荸荠、水蓼等水生植物的地下块茎。从 2001 年开始，鄱阳湖国家级自然保护区有超过白鹤种群数量 60%的个体分布。在保护区管辖的 9 个湖中，大湖池、沙湖、大汊湖和蚌湖是白鹤最主要的栖息地，而大湖池还是白鹤的主要夜宿地，其次是象湖、梅西湖、朱市湖和常湖池，中湖池偶有白鹤分布，群体数量也不大。以 2002～2005 年整个冬季鄱阳湖保护区 9 个湖内越冬白鹤的分布情况为例，蚌湖栖息的白鹤数量最大，其次是大汊湖，数量较大的还有大湖池和沙湖，说明以上 4 个湖泊对于白鹤是极为重要的越冬栖息地（图 3.2.4）。

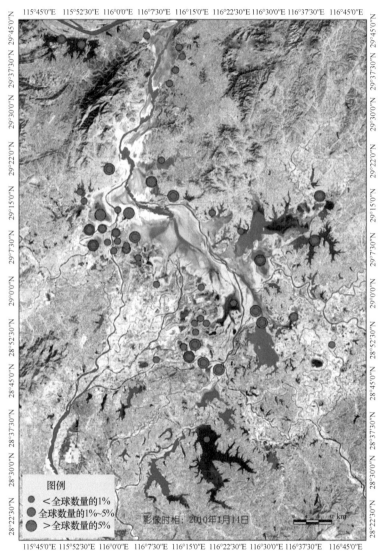

图 3.2.4　1999～2010 年白鹤越冬数量及分布

资料来源：《鄱阳湖水利枢纽工程对湿地水鸟影响与对策研究》课题组，2010 年

　　根据鄱阳湖国家级自然保护区 2005/2006～2007/2008 年三个越冬季节的监测结果，鄱阳湖越冬水禽从 10 月开始到达，到次年 4 月基本离开。大量的鸟类在 10 月中旬开始

到达，在 11 月份鸟类数量急剧增加。在 12 月和次年 1 月越冬水禽的数量达到峰值，然后开始慢慢减少，在 4 月初仅仅有不到 1%的鸟类还停留在鄱阳湖。鸭类数量在 10 月初就开始增加，到 12 月才出现峰值。鸭类的数量在 3 月初开始下降，在 4 月初绝大多数的鸭类已经离开。鹭鹳类在 10 月和 11 月的数量还比较少，在 12 月大量的个体才出现，峰值数量出现在 12 月和 1 月初。鹭鹳类个体数量在 3 月下旬开始减少，在 4 月初多数的鸟类已经离开。鸊鷉类在 10 月中旬开始出现，在 12 月达到峰值。在 3 月中旬鸊鷉类个体数量开始减少，在 4 月初绝大多数的个体已经离开。鹤类在 10 月中旬开始到达，在 11 月初数量急剧增加。鹤类的峰值出现在 12 月和 1 月，在 2 月和 3 月鹤类的数量逐渐减少，在 4 月份全部离开。几个重要鸟类的迁徙动态见表 3.2.3。

表 3.2.3　重要鸟类的迁徙动态

时间节点	所有水鸟迁徙动态	鸭类	鹭鹳类	鸊鷉类	鹤类
10 月上旬	部分水鸟开始到达	开始到达			
10 月中旬	大量水鸟到达			开始到达	开始到达
10 月下旬	数量平稳增加		少量到达，数量逐渐增加		数量平稳增加
11 月上旬		数量平稳增加		数量平稳增加	数量急剧增加
11 月中旬	水鸟数量急剧增加				数量平稳增加
11 月下旬					
12 月上旬		达到峰值			
12 月中旬			达到峰值	达到峰值	
12 月下旬	达到峰值				达到峰值
1 月上旬					
1 月中旬					
1 月下旬		平稳变化		平稳变化	
2 月上旬			平稳变化		
2 月中旬	逐渐减少				
2 月下旬					数量减少
3 月上旬					
3 月中旬	开始迁飞	开始迁飞，数量减少		开始迁飞	
3 月下旬			开始迁飞	数量减少	
4 月上旬	全部离开	全部离开	数量减少，至全部离开	全部离开	全部离开

注：本表基于《鄱阳湖水利枢纽工程对湿地水鸟影响与对策研究》课题组成果制作

此外，鄱阳湖保护区内同时也有多种水禽繁殖，已经记录到 18 种水禽在保护区内繁殖，如小白鹭（*Egretta garzetta*）、凤头鸊鷉（*Podiceps cristatus*）、绿头鸭（*Anas platyrhynchos*）、青头潜鸭（*Aythya baeri*）等，而且在近几年的监测中还发现东方白鹳在保护区内繁殖。所以，鄱阳湖国家级自然保护区不仅是重要的候鸟越冬地，同时也是重要的水禽繁殖地。

3. 水文水质

鄱阳湖水位涨落受五河和长江来水双重影响。在季风气候作用下，鄱阳湖在 4～5

月接受从上游五河汇入的大量径流,且汇入径流量在 5 月底达到其峰值。4～5 月快速增长的湖泊水量及抬高的湖泊水位驱动大量径流从湖泊汇入长江,造成湖泊对长江水位的强烈抬升作用。6～9 月,随着季风雨带的北移及鄱阳湖流域降雨的减少,流域汇入鄱阳湖的径流也减少。与此同时,长江中游河段因接受其流域年最大降水而径流增加,不断上涨的河流径流和水位产生河流对湖泊的强烈作用,即顶托甚至倒灌湖泊。10 月起,随着长江水位的降低,其对鄱阳湖出流的顶托作用减弱,湖泊开始稳定退水。至 12 月,湖泊干旱状况占据主导地位,因此湖泊水位较低,汇入长江的径流也少,此状态一直延续到翌年 3 月。总体而言,鄱阳湖年内遵循枯-涨-丰-退的水文节律。

湖泊多年平均水位 11.31m(黄海高程,星子水文站),年内水位变幅在 7.54～14.14m,湖泊面积随水位变化,历年间洪、枯水位下的湖体面积、容积相差极大,最大、最小湖体面积相差约 31 倍,湖体容积相差约 76 倍。

水质长年保持在饮用水Ⅲ类水质标准以上。长江和五河径流进入鄱阳湖后,水流速度减慢,沉积速率增大,水体中的污染物进入湖泊湿地生态系统的物质循环,经湖中各种生物的净化作用而变成了无害物质。

据《鄱阳湖水资源动态监测通报》的多期监测,入湖河流水质优于或符合Ⅲ类水的占 90%;湖区水质受到污染的占 80%～90%,主要超标项目为总磷、氨氮;出湖水质为Ⅴ类水。鄱阳湖西部直接入湖河流——杨柳津河水质受到轻度污染,为Ⅳ类水,主要超标项目为氨氮、挥发酚,其水质主要受沿河乡镇生活污水、工业废水的影响,尤其是永修县的造纸厂和艾城镇的有机硅化工厂。赣江主支口水质主要受赣江外洲站以下南昌市及尾闾沿岸乡镇工业废水、生活污水的影响;信江东支口、信江西支口水质主要受信江梅港站以下沿岸乡镇工业废水、生活污水的影响。

4. 生产活动与供给服务

当地主要的生产活动有农业、渔业、放牧和旅游,保护区周边还有养殖珍珠、采集藜蒿、航运等活动。

保护区周边的土地利用方式主要是种植水稻、棉花和油菜等农作物,兼有草洲放牧等生计途径。保护区周围村庄大约有 2500 头水牛,冬季全部在保护区内散养。封洲禁牧已使周边养牛户数量减少,但大湖池、蚌湖、沙湖周边居民点集中的区域依然压力较大。

渔业以天然捕捞为主,人工养殖为辅,养捕比为 4:1,水产品主要有鱼、虾、蟹、贝类等。2000～2005 年,鄱阳湖的水产总量一直在 3.2 万～3.6 万 t。整个湖区都有捕鱼活动,多采用抛网、拖网、定置网,也有少部分利用鸬鹚捕鱼。仅鄱阳县沿湖 20 个乡镇,辖湖水面达 111 万亩,专业渔业人口 21 600 余人,渔业劳动力 5700 余人,从事渔业相关行业生产者 10 余万人。

保护区冬季越冬候鸟种群数量大,珍稀濒危种类繁多,是保护区重要的生态旅游资源。旅游季节性明显,在候鸟越冬期(每年 10 月至翌年 3 月),有各类观鸟者约 3 万人次来此观鸟,多集中于吴城镇和大湖池周边。

鄱阳湖国家级自然保护区地处赣江、修河交汇处,有着优越的水运条件,逆赣江而上,可直达南昌;逆修河而行,可达永修县城;顺赣江而下,可达九江,进入长江。修河和赣江常有运沙船只通过。

（三）鄱阳湖保护区功能分区建议

结合以往研究（Zeng et al.，2012，2014），基于鄱阳湖关键生态特征（鸟类分布及动态、生境植被、水文水质、社会经济等）分析，建议将鄱阳湖国家级自然保护区的功能分区划分为核心区、限制利用区、合理利用区和风险控制区，并做如下调整。

1）扩大冬季核心区范围以保护候鸟越冬繁殖

大湖池、沙湖、大汊湖和蚌湖是白鹤最主要的栖息地，而大湖池还是白鹤的主要夜宿地。常湖池、梅西湖、朱市湖和象湖几个湖泊也是雁鸭类、鹤类、鹳类等类群的重点分布区域，建议将9个子湖及周边草洲均划分为核心区。这些区域应严格保护，禁止任何单位和个人进入，保证生态系统不受人为干扰，在自然条件下演替和繁衍，并通过在保护区内实施各种资源与环境保护的协调管理及防灾减灾措施，以保证核心区的完整和安全。

2）增加风险控制区以规避生态风险

沿河乡镇生活污水、工业废水会排入赣江、修河及杨柳津河，并进入鄱阳湖，带来生态风险。对于入湖口及湖汊等敏感区域，建议将其划分为风险控制区。在这一区域内实施污染治理、湿地生态恢复、生物多样性保护等生态工程及相应的研究和实验，从而恢复湿地生态功能、控制生态风险、扩大保护区的实际保护范围、提高保护的有效性。在风险控制区，除保护区总体规划明确可以开展的活动外，不得从事其他生产经营和项目建设活动。

3）动态分区以实现资源合理利用

每年10月至翌年3月，是鸟类在鄱阳湖各子湖的重点停留和越冬时期，建议将9个子湖及湖周全部划分为核心区。赣江和修河与鄱阳湖相连，为维持生态系统完整性和生态过程连续性，将其划分为限制利用区，可进行运沙等非资源消耗性活动。此外，大湖池中部的公路和围堤是吴城镇周边居民的必经之地和旅游者的观鸟、摄影场所，建议将其划分为合理利用区（图3.2.5 A）。

4~6月，属于鄱阳湖湖区禁渔期，在规定的禁渔范围和时间内，禁止所有捕捞作业（包括捕螺、蚬、虾）及其他任何形式的破坏渔业资源和渔业生态环境的作业活动。在此期间，建议将鄱阳湖国家级自然保护区划分为限制利用区，对渔业资源和夏候鸟进行保护。由于水文联系，杨柳津河、修河和赣江等河流会带来外缘污染风险，此时，建议将三条河流入湖区及延伸地带划分为风险控制区（图3.2.5 B）。

7~9月，星子站水位维持在16m以上，除了保护区周边林地有部分鹭类，其他区域鸟类较少分布，建议均可划分为合理利用区，进行适度的渔业捕捞，保证社区生计。此时，西侧的杨柳津河、修河和赣江等河流与鄱阳湖连成一片，河流沿线的工业企业的污水可能进入到鄱阳湖，建议将河流入湖区及延伸地带划分为风险控制区（图3.2.5 C）。

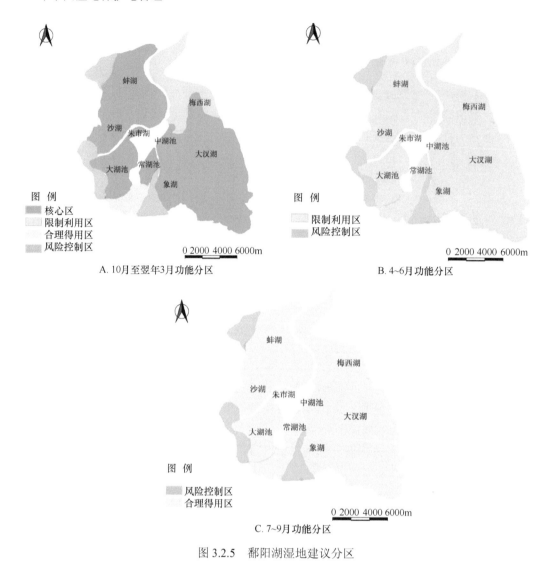

图 3.2.5　鄱阳湖湿地建议分区

小结

国内外示范保护地的多尺度结合研究对我国保护地功能分区技术研究具有重要意义。引入《湿地公约》《生物多样性公约》相关理念，充分吸收国际范围保护生物学、景观生态学等相关学科的前沿成果，结合我国自然生态保护与国民经济发展的现状，在示范保护地开展理论转化为实践应用的科学研究，具有现实意义。

保护对象与管理目标的细化甄别是提高湿地保护地保护有效性的关键。对于某些景观及生态成分动态变化具有很强的季节性的湿地保护地，其保护目标亦具有很强的季节性，需要采用动态的功能分区才能达到有效保护。这与其他类型的保护地存在着巨大差异，目前全国统一的分区管理制度在湿地保护区无法实施，且不能达到期望的管理目标。而对于北方河流或热带滨海区域仍可采用固定分区。

湿地保护地的功能分区应对保护区社区居民的经济、社会问题给予充分考虑，在保证迁徙候鸟、湿地生境保护的同时，充分考虑湿地合理利用与可持续发展。应在保护湿地的前提下合理地利用湿地资源，完全禁止资源利用的管理模式并不科学，不利于保护对象的有效保护，且会增加人地矛盾。

依据湿地的时空生态特征重新考虑湿地功能区的管理方式，如缓冲区调整为限制利用区，允许进入进行科学研究和观测活动；在不影响生态保护的前提下，对合理利用区内的资源进行合理利用，并控制相关风险，容易得到地方政府和社区居民的接受与认可，促进地方经济发展，平衡保护与利用的矛盾。

本节作者：雷光春 吕 偲 曾 晴 北京林业大学生态与自然保护学院

第三节 湿地保护体系空缺分析和科学布局

2014 年，复旦大学陈家宽教授课题组应"国家林业局-联合国开发计划署/全球环境基金"中央项目办公室之邀，投标并获批"为新建湿地保护地、保护地晋级和确定国际重要湿地提供技术支持"项目。本项目的具体目标是为国家和地方政府主管部门新建湿地保护地、保护地晋级和申报、确定国际重要湿地提供技术支持，主要任务：①了解我国已建湿地保护体系的空缺；②明确拟申报、晋级各类保护地和加入《国际重要湿地名录》的主要地理区域、类型和清单；③提出拟申报、晋级保护地和加入《国际重要湿地名录》的技术路径；④培训一批相关湿地保护区的专业技术人员。最终目的是为我国湿地保护体系（类型、空间分布等）日趋完善提供科学依据，同时提升相关湿地保护地的科学管理能力，有效应对现有和不断增加的对全球重要生物多样性产生威胁的因素，从而实现保护全球生物多样性的效益。

2015 年 1 月项目正式启动，课题组工作：①制定实施方案；②资料收集和分析；③明确主要空缺区域，并选择重要湿地进行实地考察；④对湿地保护地提供一对一咨询服务；⑤集体培训管理人员，同时按照项目办公室要求做进度汇报与接受专家组质询。其主要成果有：①提交"推荐申报国家级自然保护区的湿地类型自然保护区的建议名单"和"推荐申报列入国际重要湿地名录的自然保护区名单及推荐理由"报告；②对多个湿地保护地所在地方政府提交咨询报告；③对一批湿地保护地晋级申报和有效管理进行咨询与培训；④发表学术论文 4 篇。上述成果对相关方的科学决策、完善我国湿地保护体系和提升相关保护区管理水平均起到了重要作用。

在国际上，保护地的名目繁多，而且保护方式和严格程度差异很大。在我国，有保护意义的保护地类型有自然保护区、风景名胜区、森林公园、地质公园、湿地公园、沙漠公园、海洋公园等，包括即将建设的国家公园，因为它们建设的初衷和基础都是从保护自然出发的，我们用一个统一的名称来称呼它们，叫"自然保护地"（陈建伟，2016）。

根据实践经验，作者认为，在我国，迄今为止有国家层面立法并真正有效保护生物多样性的自然保护地是国家级和省级自然保护区，特别是经过严格程序申报并由国务院批准的国家级自然保护区。其原因是：①这些自然保护区拥有对全国或全球具有重大意义的生物多样性资源，受到广泛关注；②批准后其管理机构有正式编制；③有较为充足的建设项目与人员经费；④执法严格，且是环境督察的重中之重；⑤有较强的科技支撑等。因此，本文只对湿地类型的国家级自然保护区和列入《国际重要湿地名录》而必须履行国际公约的自然保护地进行分析，讨论其分布、类型、特征，进而探讨湿地保护体系空缺，推荐湿地类型省级自然保护区申报国家级自然保护区的名单，以及推荐申报列入《国际重要湿地名录》的自然保护区名单。

一、我国湿地自然保护地建设的历史回顾与存在的问题

在我国，现代的重要湿地的保护始于自然保护区建设。一百多年来，世界自然保护的历史证明自然保护区是各种生物多样性保护措施中最为有效的保护途径之一。

1956 年，我国在广东鼎湖山建立第一个国家级自然保护区，从而开启了中国自然保护的先河。1975 年，我国在青海青海湖建立第一个湿地类型的自然保护区，该保护区也是中国最早被列入《关于特别是作为水禽栖息地的国际重要湿地公约》（又称《拉姆萨尔公约》）的《国际重要湿地名录》的保护区。

1994 年 10 月，国务院颁布了《中华人民共和国自然保护区条例》，明确了自然保护区的申报、建设、管理规范与法律责任，因此中国的自然保护区，特别是国家级自然保护区事业的发展才正式进入有序和快速发展阶段。近二十多年中，我国在"抢救性保护"理念的驱动下，自然保护区数量、占国土面积比例、空间分布格局和保护体系都达到了自然保护区大国的水平。其中，湿地自然保护区建设与管理随着 1992 年中国加入《湿地公约》，逐步得到了重视与发展。

中国是全球湿地类型最为复杂、分布格局独特的国家之一。随着我国融入全球一体化进程的加速，作为生态文明建设的参与者、贡献者和引领者，我国不但在湿地保护领域不断与国际社会对接，加入《湿地公约》，而且积极推荐中国重要湿地加入《国际重要湿地名录》，强化湿地保护成为中国生态文明建设的一个非常重要的举措。

国际社会认为，将一块湿地列入《国际重要湿地名录》，是对其在全球生物多样性保护中的重要性的认可，也是对所在国对其保护的认可。列入名单的湿地将接受《湿地公约》相关规定的约束，一旦发现湿地生态退化，就可能被列入"蒙特勒记录"。如果湿地在规定期限内未得到相应治理的，就会被剔除出名录。

我国于 1992 年加入《湿地公约》，专门成立了履行公约的机构，具体由国家林业局湿地保护管理中心（中华人民共和国国际湿地公约履约办公室）负责。二十多年来，我国政府采取了一系列重大举措来推进中国湿地保护，其中之一是申报国际重要湿地。

截至 2017 年底，我国已有 49 块湿地分八批被列入了《国际重要湿地名录》，占全球总数的 2.13%，总面积 411 多万公顷，约占全球湿地总面积的 1.96%。尽管我国加入《国际重要湿地名录》的湿地越来越多，但总的数量和面积与全球总量和面积相比还存在很大差距。截至 2017 年，全世界共有 168 个国家的 2301 块湿地被列入《国际重要湿地名录》，总面积约 2.25 亿 hm^2，其中面积最大的是博茨瓦纳的奥卡万戈三角洲

（Okavango Delta），面积达 15 000km²，是世界上最大的内陆三角洲；面积最小的是澳大利亚圣诞岛的霍斯尼泉（Hosnie's Spring），面积仅为 0.33hm²。

我国湿地生态系统面临威胁的形势十分严峻：①30 年来中国自然湿地面积总体呈下降趋势；②经济发达地区的湿地保护态势严峻，如长江流域湿地、沿海滨海湿地；③许多湿地生态系统的结构与功能退化尤为严重，生态修复任务艰巨且繁重。

根据我们多年野外实地考察的认识，保护湿地生态系统和保护以湿地为主要栖息地的野生水生动植物更加复杂与困难，原因在于：①湿地生态系统的结构与功能很容易受到全球气候变化、流域内水沙变化、人类活动（如大中型水利工程建设、围垦、挖沙、排污、养殖等）等因素影响而发生重大改变；②栖息于湿地的水生生物，特别是洄游性鱼类和迁徙性鸟类，前者的生活史往往要在全流域不同生境中完成，而后者往往在不同气候带湿地生态系统中度过春夏秋冬，要有效保护这些重要物种需要依赖于湿地自然保护地体系的科学布局及建设与管理，而这样的湿地群大多会分布于不同行政区甚至不同国家，有效保护难度极大；③湿地生态系统和生物多样性的保护需求与把湿地作为提供水、能源、水产品、储备土地、港口和交通便利等资源唯一或者主要来源的区域经济社会发展之间存在尖锐的冲突，因而湿地的有效保护遇到的压力不言而喻。在国家机构改革之前，涉及湿地生态系统与栖息于湿地的野生水生动物的管理部门有国土资源部、环境保护部、水利部、农业部、国家林业局、国家海洋局等，远比其他类型的国家级自然保护区管理保护难度大，即便改革之后由统一的机构管理。

纵观人类文明史，人类文明极具多样性，但无论是农耕文明还是工业文明无一不是发端或者繁荣于河流、湖泊、沼泽或海滨湿地，人类将来可持续发展与繁荣又无一不是依赖于湿地生态系统。长江流域湿地、沿海滨海湿地和西南诸河流域湿地是我国保护效果较差但自然保护地非常集中的分布区。毫无疑问，对已经建立的湿地类型国家级自然保护区和加入《国际重要湿地名录》的保护地加强保护是当务之急，但同时在湿地保护空缺区及被遗漏的重要湿地建立国家级自然保护区和尽快加入《国际重要湿地名录》也非常紧迫！

二、我国湿地类型的国家级自然保护区分布、湿地类型识别和主要问题

截至 2018 年 3 月，国务院批建的国家级自然保护区的数量已达 469 个（中国台湾和港澳地区的有关资料暂缺）。黑龙江目前是我国国家级自然保护区数量最多的省份，达到 48 个；排在第二位的是四川，有 32 个；排在第三位的是内蒙古，有 29 个。超过或达到 20 个的省份还有陕西（26 个）、湖南（23 个）、广西（23 个）、吉林（22 个）、湖北（22 个）、云南（21 个）和甘肃（21 个）。截至 2015 年底，国家级自然保护区总面积 9700 万 hm²，占国土面积的 10.1%（估计到现在接近 10.5%）。

本文中将自然生态系统类型中的湿地生态系统国家级自然保护区，以及珍稀濒危野生动植物物种类型和自然遗迹类型中的国家级自然保护区的主体湿地生态系统，统称为"湿地类型的国家级自然保护区"。截至 2018 年 3 月，我国湿地类型的国家级自然保护区数量已达 144 个，占总个数的 30.7%；其中 45 个列入《国际重要湿地名录》，在我国加入《国际重要湿地名录》的 57 块湿地中，占 78.9%。

在对附录 2 的分析中，我们认为，我国已基本建立了以湿地类型的国家级自然保护区建设为主体的保护体系。第一，湿地类型的空间分布基本合理，各种湿地类型全覆盖；第二，从中央政府到各级地方政府再到各个国家级自然保护区的建设规划与经费、人员编制、机构建设、立法执法、自然教育和科学研究得以落实；第三，环保督察工作提升了各方面加强生态环境保护的意识，促进了地方生态文明机制的健全和完善，取得了良好成效。

但是，我们必须指出，湿地类型的国家级自然保护区建设还存在以下问题：第一，湖泊、沼泽类湿地保护地布局与建设相对较为充分，而我国滨海湿地、跨大行政区的河流湿地保护则存在较大空缺；第二，由于我国将自然保护区刚性地分成自然生态系统、珍稀濒危野生动植物物种和自然遗迹等三大类型，后两类保护区在管理上常常会忽视湿地生态系统的保护。

我们已经注意到，因国务院机构改革中新增自然资源部、以国家公园为主体的保护体系建设、推行"河长制"与"湖长制"等举措，上述问题有望解决。

三、建议晋升为国家级自然保护区的省级湿地保护区名单

根据国家林业局 GEF 中国湿地保护体系规划型项目的要求，课题组必需按照相关法规、标准和有关规定推荐不少于 20 个适于新晋升为国家级自然保护区的省级湿地保护区。课题组在考察和文献调研的基础上提出了 2015 年后建议申报国家级自然保护区的省级湿地类型自然保护区名单，见表 3.3.1。

其中，课题组对多个自然保护区进行了多次考察、指导申报和管理培训，包括：①浙江安吉小鲵自然保护区，指导将浙江安吉龙王山省级自然保护区改名为"浙江安吉小鲵自然保护区"，并成功晋级为国家级自然保护区；②福建峨嵋峰国家级自然保护区，考察保护区并修改十分钟视频和申报书；③上海长江口中华鲟自然保护区，参与其申报国际重要湿地的过程；④江西婺源森林鸟类国家级自然保护区（含湖泊湿地），两次考察保护区并修改十分钟视频和申报书；⑤广东海丰公平大湖省级自然保护区，考察保护区并对保护区形成和特征进行分析；⑥海南东方黑脸琵鹭省级自然保护区，考察黑脸琵鹭种群和栖息地保护现状和分区，希望将昌江河口扩区进来，对申报国家级自然保护区的程序和如何做好相应准备工作及功能区调整等提出建议，并对林业局干部进行培训；⑦海南临高白蝶贝省级自然保护区，考察现场并听取保护区管理人员介绍；⑧海南清澜红树林省级自然保护区，考察了八门湾红树林生态系统发现最为典型完整；⑨云南鹤庆草海州级自然保护区；⑩~⑫新疆阿尔泰山两河源自然保护区、新疆阿勒泰科克苏湿地自然保护区、新疆额尔齐斯河科克托海湿地自然保护区，考察了保护区并对保护对象的确定和保护重点给了明确指导，并就中国境内的北冰洋河流额尔齐斯河流经的中国段阿尔泰山脉的保护区网络建设提出建议，并对保护区人员进行培训。

四、中国列入《国际重要湿地名录》的湿地名称、批次、主要特征

在本小节中，我们整理分析了我国湿地入选《国际重要湿地名录》的空间分布与特征（表 3.3.2），进行重要湿地保护地的空缺分析，并提出了有价值的建议名单。

表 3.3.1 推荐申报国家级自然保护区的省级湿地类型自然保护区的建议名单（截至 2017 年）

所在省份	保护区名称	主要保护对象（之一）	建立年份	管理系统	备注
浙江省	浙江安吉小鲵自然保护区	两栖类动物和沼泽湿地	1985 年	林业系统	2016 年通过申报国家级自然保护区评审
	浙江望东垟高山湿地自然保护区	亚高山沼泽湿地	2007 年	林业系统	
福建省	福建峨嵋峰国家级自然保护区	东海洋山地沼泽和东方水韭	2001 年	林业系统	2016 年晋升国家级自然保护区
上海市	上海长江口中华鲟自然保护区	中华鲟种群和河口生态系统	2002 年	农业系统	已是国际重要湿地
江西省	江西婺源森林鸟类国家级自然保护区	湖泊湿地和鸳鸯种群	1997 年	林业系统	2016 年晋升国家级自然保护区
广东省	广东海丰公平大湖省级自然保护区	海滨湿地生态系统	1998 年	林业系统	已是国际重要湿地
海南省	海南东方黑脸琵鹭省级自然保护区	滨海湿地和黑脸琵鹭种群	2004 年	林业系统	建议将昌江河口扩进来
	海南临高白蝶贝省级自然保护区	白蝶贝、珊瑚礁及其栖息地	1983 年	海洋系统	八门湾红树林生态系统典型完整，保护十分紧迫
	海南清澜红树林省级自然保护区	红树林生态系统	1981 年	林业系统	
湖南省	湖南南洞庭湖省级自然保护区	迁徙鸟类及其栖息地	1997 年	林业系统	已是国际重要湿地
	湖南西洞庭湖国家湿地自然保护区	迁徙鸟类及其栖息地	1998 年	林业系统	已是国际重要湿地
湖北省	湖北网湖湿地省级自然保护区	长江中下游中型湖泊生态系统	2006 年	林业系统	长江中下游中型湖泊生态系统，为华中重要湿地；我国鸟类 6 个生活型在保护区内均有分布；是国内最大湖区中华绢丝丽蚌种群繁殖区，有长江以南中小型湖泊越冬种群最为密集的特色种群，2018 年已入选国际重要湿地
	湖北武汉蔡甸沉湖湿地自然保护区	长江中下游典型淡水湿地生态系统、东方白鹳、黑鹳等多种珍稀水禽及其栖息地	1994 年	林业系统	已是国际重要湿地
云南省	云南鹤庆草海州级自然保护区	高原泉-潭湿地生态系统、水生植物和鸟类	2001 年	林业系统	
	云南碧塔海省级自然保护区	高原湖泊湿地	1984 年	林业系统	已是国际重要湿地
	云南纳帕海省级自然保护区	高原湖泊湿地	1984 年	林业系统	已是国际重要湿地
	云南丽江拉市海高原湿地省级自然保护区	高原湖泊湿地	1998 年	林业系统	已是国际重要湿地

续表

所在省份	保护区名称	主要保护对象（之一）	建立年份、管理系统	备注
西藏自治区	西藏麦地卡湿地国家级自然保护区	高原湖泊湿地、沼泽和草甸湿地，是黑颈鹤、赤麻鸭等珍稀鸟类的迁徙走廊和繁殖地	2008年，林业系统	已是国际重要湿地；2016年已被批准为国家级自然保护区；2018年3月，国务院批准新建西藏麦地卡湿地国家级自然保护区
	西藏玛旁雍错湿地国家级自然保护区	西藏高原的典型性湖泊湿地	2008年，林业系统	已是国际重要湿地；包括玛旁雍错和其姊妹湖拉昂错及周边沼泽河流湿地。玛旁雍错湿地是世界上海拔最高的大湖之一，是西藏错最具有代表性和典型性的湖泊湿地。2017年已被批准为国家级自然保护区
新疆维吾尔自治区	新疆阿尔泰山两河源自然保护区	河流生态系统与水源涵养林、湖泊湿地和沼泽湿地	2001年，林业系统	
	新疆阿勒泰科克苏湿地国家级自然保护区	干旱区亚高山沼泽湿地生态系统	2001年，林业系统	2017年被批准为国家级自然保护区
	新疆额尔齐斯河科克托海湿地自然保护区	干旱区湖泊生态系统	2005年，林业系统	

表 3.3.2　中国已列入《国际重要湿地名录》的湿地名称、批次和主要特征（截至 2017 年）

所在省份	国家级自然保护区数量	湿地类型自然保护区数量	国际重要湿地数量	国际重要湿地名称	主要特征
黑龙江	48	27	8（8 个国际重要湿地均为国家级自然保护区）	黑龙江扎龙湿地（第一批）	位于松嫩平原西部，习称乌裕尔河下游。与苇塘湖泊连成一体的湿地，最后消失于杜蒙草原。1987 年晋升；林业系统管理
				黑龙江三江湿地（第二批）	位于三江平原，由松花江、黑龙江、乌苏里江冲积而成的平原沼泽湿地，形成起伏微缓交纵的湿地景观。2000 年晋升；林业系统管理
				黑龙江兴凯湖湿地（第二批）	位于中国东北部的中俄边境地区。地壳运动地槽发生褶皱而形成的湖泊湿地。1994 年晋升；林业系统管理
				黑龙江洪河湿地（第二批）	位于三江平原腹地，同江市与抚远市交界处。以草本沼泽植被和水生植被为主，同时有岛状林分布的沼泽湿地。1996 年晋升；环保系统管理
				黑龙江七星河湿地（第六批）	位于三江平原，第四纪同江内陆凹陷的一部分，主要由冲积、淤积和沼泽沉积而形成。2000 年晋升；环保系统管理
				黑龙江南瓮河湿地（第六批）	位于大兴安岭东部林区，伊勒呼里山南麓。由于早古生代两西海运动以来的长期地质变化，加之流水侵蚀、风蚀和冰川等作用，形成森林、沼泽、草甸、湖泊、溪流、河川、冰雪等景观。2003 年晋升；林业系统管理
				黑龙江珍宝岛湿地（第六批）	位于三江平原，以乌苏里江为界与俄罗斯隔水相望。为沼泽湿地集中分布区。2008 年晋升；林业系统管理
				黑龙江东方红湿地（第七批）	位于长白山白山系老爷岭余脉与三江平原过渡地带，与俄罗斯毗邻。以河漫滩沼泽和阶地沼泽为主的湿地。2013 年晋升；林业系统管理
广东	15	7	4（4 个国际重要湿地中 3 个为国家级自然保护区，1 个为省级自然保护区）	广东惠东港口海龟栖息地（第二批）	位于广东惠东县稔平半岛的海湾沙滩，为浅海水域，潮间带沙石海滩和岩石海岸，是幼龟和雌龟栖息地，是中国大陆目前唯一的绿海龟按期成批的洄游产卵场所。1992 年晋升；海洋与渔业系统管理
				广东湛江红树林湿地（第二批）	位于广东西南部雷州半岛的沿海岸线，为带状间断性分布的红树林湿地。1997 年晋升；林业系统管理
				广东海丰湿地（第四批）	位于广东海丰县东南部沿海。有滨海湿地、水库湿地和河流湿地等，为黑脸琵鹭、卷羽鹈鹕等濒危鸟类的重要栖息地。1998 年建立省级自然保护区；林业系统管理
				广东南澎列岛海洋生态（第八批）	位于中国南海东北端与台湾海峡西南端海域交汇处，闽、粤、台及东海与南海的交汇处，拥有众多的礁石，星罗棋布的礁石、海岛、海礁场和珊瑚等典型的海洋生态系统组成，南中国海上典型的海洋生物资源宝库。2012 年晋升；海洋系统管理

续表

所在省份	国家级自然保护区数量	湿地类型自然保护区数量	国际重要湿地数量	国际重要湿地名称	主要特征
云南	21	5	4 （4个国际重要湿地中1个为国家级自然保护区，3个为省级保护区）	云南大山包湿地（第三批）	位于滇东北五莲峰山脉主峰。属构造侵蚀高中山，山顶部为较平缓的残余高原面。地下泉眼众多，分布有高山沼泽化草甸湿地、草本泥炭地和人工湿地，是黑颈鹤越冬栖息最集中的地区。2003年晋升；林业系统管理
				云南碧塔海湿地（第三批）	位于滇西北香格里拉市境内。第四纪随西藏高原整体抬升形成凹陷地带，海拔约为3538m的高山湖泊湿地。1984年建省级；林业系统管理
				云南纳帕海湿地（第三批）	位于云南省迪庆藏族自治州的香格里拉市西北部，横断山系高山峡谷盆地中。金沙江流域滇西北高原低纬度高海拔的季节性沼泽湿地。1984年建省级；林业系统管理
				云南拉市海湿地（第三批）	位于横断山系核心部位的玉龙雪山东南坡，金沙江上游。为高原沼泽、水面和湖周森林构成的高原淡水湖泊湿地。1998年建省级；林业系统管理
湖南	23	3	3 （3个国际重要湿地中2个为国家级自然保护区，1个为省级保护区）	湖南东洞庭湖湿地（第一批）	位于湖南岳阳市境内，长江中游荆江段南侧。南集四水湘、资、沅、澧四水，北调长江，东洞庭湖是洞庭湖系中最大的通江、浅水和草型湖泊湿地。1994年晋升；林业系统管理
				湖南南洞庭湖湿地（第二批）	位于洞庭湖系西南。境内河汊纵横，湖泊星罗棋布。由118个湖洲和18个湖泊组成的湿地。1997年建立。林业系统管理
				湖南西洞庭湖湿地（第二批）	是洞庭湖的西部咽喉，吞吐长江松滋、太平二口洪流，承接沅、澧二水，是长江中下游洪流首个"承接器"及江湖生态系统的调节器。境内有河流、湖泊、沼泽、人工等湿地，"涨水为湖、落水为洲"是其主要特征。2014年晋升；林业系统管理
青海	7	4	3 （3个国际重要湿地全为国家级自然保护区）	青海鸟岛自然保护区（第一批）	位于青藏高原东北部。青海湖是一个群山环抱中封闭型的封闭型特大微咸水湖。环湖有40条大小不一的河流供水，湖周分布着沼泽地和大片湿地草甸。鸟岛由岛中几个岛屿组成。鸟岛因岛上栖息数以十万计的候鸟而得名。1997年将原名为"青海鸟岛自然保护区"扩大，更名升为"青海青海湖国家级保护区"；林业系统管理
				青海鄂陵湖湿地（第三批）	位于青海高原玛多县西部构造凹地内。鄂陵湖与扎陵湖同为黄河上游最大的一对高原淡水湖泊湿地。湖面海拔4272m。南北长处约323km，东西宽约316km。平均水深17.6m。为青海三江源国家级自然保护区（国家公园试点）的核心部分，2003年晋升；林业系统管理
				青海扎陵湖湿地（第三批）	位于青海中南部，玛多县西部构造凹地内，扎陵湖和鄂陵湖同为黄河上游最大的一对高原淡水湖泊湿地。湖面海拔4294m。东西宽35km，南北宽21.6km。平均水深约9m。为青海三江源国家级自然保护区（国家公园试点）的核心部分，2003年晋升；林业系统管理

续表

所在省份	国家级自然保护区数量	湿地类型自然保护区数量	国际重要湿地数量	国际重要湿地名称	主要特征
湖北	22	6	3（3个国际重要湿地中1个为国家级自然保护区，1个为省级自然保护区，1个国家湿地公园）	湖北洪湖湿地（第四批）	位于湖北中南部，长江中游北岸。以浅水、草型的洪湖大湖为主体的湖泊湿地类型。洪湖-长江之间由马山大坝调控。2014年晋升；林业系统管理
				武汉沉湖湿地（第七批）	位于湖北武汉蔡甸区西南部，长江与汉江交汇的三角地带。现代冲积性江汉水网平原平原东缘，长江河漫滩斜面与汉阳丘陵陡坡红土台地接合部。由多个碟形洼地的浅湖与沼泽草甸相复合构成。2006年建合成；林业系统管理
				湖北神农架大九湖湿地（第七批）	位于湖北西北端大巴山脉东麓的神农架南边陲，坐落于长江和汉江的分水岭上。以亚高山泥炭藓沼泽为主的沼泽湿地类型。国家级省级。2006年建立；林业系统管理
吉林	22	12	2（2个国际重要湿地均为国家级自然保护区）	吉林向海湿地（第一批）	位于吉林通榆县境内，地处内蒙古高原和东北平原的过渡地带，科尔沁草原中部。由境内东南方向呈现沙丘-榆林-草原-湖泊-蒲草苇荡-湖泊的自然景观。1986年晋升；林业系统管理
				吉林莫莫格湿地（第七批）	位于吉林镇赉县与洮儿河交汇处的科尔沁草原上。东与黑龙江省隔江相望，北与内蒙古毗邻。保护区主要有河滩草甸湿地、湖滩洼地草甸及碱蓬盐沼等。1997年晋升；林业系统管理
内蒙古	29	9	2（2个国际重要湿地均为国家级自然保护区）	内蒙古达赉湖湿地（第二批）	达赉湖也称呼伦湖，内蒙古第一大湖，地处大兴安岭西麓、蒙古高原东侧。古东北部呼伦贝尔市境内。由达赉湖水系（部分）形成的湖泊、河流、沼泽、苇塘等湿地类型。具有草原区湿地的典型特征。1992年晋升；林业系统管理
				内蒙古鄂尔多斯湿地（第一批）	位于内蒙古鄂托克旗和乌海市境内，处于亚非荒漠东部边缘，为西鄂尔多斯荒漠化草原和东阿拉善荒漠的过渡地区。桃力庙-阿拉善湾海子为核心区域。保存着极其丰富的古地理环境，古生物化石十分丰富。山地层剖面明显；古地中海子遗植物四合木、半日花、绵刺、沙冬青、草豆菊、蒙古扁桃、胡杨等集中分布。栖息有国家一级保护野生动物遗鸥为主的83种鸟类。2001年晋升；林业系统管理
辽宁	19	5	2（2个国际重要湿地均为国家级自然保护区）	辽宁大连斑海豹栖息地湿地（第三批）	位于渤海湾辽东湾大连市的复州湾长兴岛附近。沿岸海底地势低缓，为基岩沙底，底质均为陆源碎屑物质，水深5~40m。有70多个岛礁。斑海豹主要栖息在渤海辽东湾一带，栖息生境为海水、河冰、浮冰、泥沙滩、岩礁和沙滩。保护区处于斑海豹全球8个繁殖区的最南端。1997年晋升；农业系统管理
				辽宁双台河口湿地（第二批）	位于辽宁省辽东湾北部。拥有盐沼、潮间带滩涂、河口水域、永久性浅海水域等湿地类型。时令河和人工湿地等湿地类型，永久性河流，是东亚-澳大利亚大利亚候鸟迁徙通的重要中转站。1988年晋升；林业系统管理

续表

所在省份	国家级自然保护区数量	湿地类型自然保护区数量	国际重要湿地数量	国际重要湿地名称	主要特征
江苏	3	3	2（2个国际重要湿地均为国家级自然保护区）	江苏盐城湿地（第二批）	位于江苏盐城市东部海岸带。保护区内滩涂大部分是呈淤长型的粉沙淤泥质滨海湿地，主要是黄河夺淮期间大量倾注入海的泥沙、长江等河流下泻的泥沙，以及海成的部分淤泥沙。每年淤积成陆动力作用及其赖以生存的滩涂湿地生态系统。1983年，主要保护丹顶鹤等珍稀野生动物及其赖以生存的滩涂湿地生态系统。1992年晋升为国家级海涂珍禽自然保护区，并更名为"江苏盐城国家级珍禽自然保护区"；2007年保护区范围固有所调整。环保系统管理
				江苏大丰麋鹿国家级自然保护区（第二批）	位于江苏盐城市大丰区南部海岸带。为典型的滨海湿地。主要为滩涂、季节河和部分人工湿地。考古发现大丰系在中国区域灭绝的麋鹿的原栖息地。行为英国伦敦动物学会引种扩群，后从英国伦敦动物学会引进麋鹿。曾为适宜麋鹿生活，行为再塑和野生放归，成功拯救了麋鹿。1997年晋升。林业系统管理
广西	23	2	2（2个国际重要湿地中1个为国家级自然保护区，1个为省级自然保护区）	广西山口红树林湿地（第二批）	位于广西合浦县东南部的沙田半岛东西两侧。由两侧组成，为滨海湿地和海岸生态系统，以保护红树林、盐沼草和海草的滨海湿地生态系统为主。1990年晋升；海洋系统管理
				广西北仑河口国家级自然保护区（第四批）	位于广西防城港市西南海岸带。有河口海岸、开阔海岸和海域海岸带独特型湿地类型，保护区主要由团结红树沙外滩、海洋系统管理。2000年晋升；海洋系统管理
上海	2	2	2（2个国际重要湿地中1个为国家级自然保护区，1个为省级自然保护区）	上海崇明东滩湿地（第二批）	位于长江入海口低位冲积岛的崇明岛的最东端。属典型的大型河口状速演替的河口湿地类型，核心部分系上海崇明东滩鸟类国家级自然保护区。保护区主要由团结沙外滩、北八滧外滩、东旺沙外滩、潮间带滩涂和河口浅水域湿地组成，是国际候鸟迁徙路线东线中段，是迁徙鸟类必不可少的栖息地。2005年晋升。林业系统管理
				上海市长江口中华鲟自然保护区（第四批）	位于长江入海口崇明岛东南。与上海崇明东滩湿地以东、上海崇明东滩鸟类国家级自然保护区部分重叠。中华鲟幼鱼集中产卵及幼鱼生长的水域，也是其他鱼类洄游的重要通道和索饵产卵的重要场所。2002年建立。农业系统管理
西藏	11	6	2（2个国际重要湿地均为国家级自然保护区）	西藏麦地卡湿地（第三批）	位于西藏那曲市嘉黎县北部。平均海拔4900m。属于高原湖泊与沼泽草甸湿地。包括永久性淡水草本沼泽、灌丛湿地、泡沼、泛滥地、湖泊湿地等类型。赤麻鸭等多种珍稀鸟类的迁徙走廊和繁殖地；还有丰富的高原鱼类。2016年晋升；林业系统管理
				西藏玛旁雍错湿地（第三批）	位于西藏阿里地区普兰县境内。南部与尼泊尔以及印度和后泊尔交界处。在中国，印度与印度尼泊尔以纳木拉堆山为界。为西藏玛旁雍错国家自然保护区的核心部分之一。是西藏高原上海拔最高的大湖泊之一，是世界上海拔最高的淡水湖之一，是玛旁雍错和其他代表性和典型性的湖泊湿地。包括玛旁雍错和周边拉昂错品错及周边河流湿地。2017年晋升；林业系统管理

续表

所在省份	国家级自然保护区数量	湿地类型自然保护区数量	国际重要湿地数量	国际重要湿地名称	主要特征
甘肃	21	7	2（2个国际重要湿地均为国家级自然保护区）	甘肃省尕海-则岔湿地（第六批）	位于青藏高原东北边缘的甘肃碌曲县境内，青藏高原、黄土高原和陇南山地交汇处，是黄河水系洮河的发源地之一和长江水系白龙江的发源地及其柄息地为主的高原湿地类型。由1982年建立的尕海自然保护区基础上扩建而成。2003年晋升；林业系统管理
				甘肃张掖黑河湿地（第八批）	位于青藏高原和蒙新高原过渡地带的河西廊的中段，内陆河流黑河的中游。主体地貌为河谷平原，呈干旱区的山地流洼-绿洲景观，保护区沿黑河分布，主要由河道、河漫滩、沼泽、水库、泛洪平原，永久性淡水湖、草本沼泽、灌丛湿地、内陆盐沼等8个类型；是中国候鸟迁徙通道上的重要节点，也是东亚-印度迁徙路线上的重要停歇站，更是西北地区重要的生态安全屏障。2011年晋升；林业系统管理
海南	10	3	1（国际重要湿地为国家级自然保护区）	海南东寨港湿地（第一批）	位于海南省东北部，海口和文昌交界处。在1605年琼州大地震中，因地层下陷形成；岸线曲折多弯，海湾开阔，滩面缓平，形状似漏斗，许多曲折迂回的潮沟分布其间，退潮时、滩面裸露，形成分隔的滩涂。并在浅滩上形成红树林。1986年晋升；林业系统管理
江西	16	2	1（国际重要湿地为国家级自然保护区）	江西鄱阳湖湿地（第一批）	位于江西省北部，鄱阳湖西北角，赣江主支与修河下游的河湖交汇处的河口三角洲，辖有沙湖、大汉湖、梅西湖、朱市湖、象湖、蚌湖，大湖池、中湖池9个湖泊，永久性湖泊。主要由湖泊、泡沼等湿地类型。1988年晋升为国家级自然保护区，时令湖和永久性淡水草本沼泽、泡沼等湿地类型，将"江西鄱阳湖候鸟保护区"更名为"江西鄱阳湖国家级自然保护区"；林业系统管理
福建	17	4	1（国际重要湿地为国家级自然保护区）	福建漳江口红树林湿地（第四批）	位于福建东南部漳州市云霄县漳江入海口。由漳江河口水域，潮间带红树林湿地、潮间带泥沼和盐沼组成，以秋茄、桐花、白骨壤等为建群种的红树林湿地占总面积的55%。2003年晋升；林业系统管理
四川	32	6	1（国际重要湿地为国家级自然保护区）	四川若尔盖湿地（第四批）	位于青藏高原东北边缘，四川阿坝藏族羌族自治州若尔盖县境内，区内丘间沟壑纵横、蜿蜒迂回，流水不畅，形成全球相对完好的支丘原泥炭沼泽，保存相对完好的典型泥炭沼泽和众多高原鱼类等珍稀野生动物及其栖息地高原湿地生态系统和高原湖泊湿地生态系统。1998年晋升；林业系统管理
浙江	10	3	1（国际重要湿地公园）	浙江杭州西溪湿地（第五批）	位于浙江杭州市区西部，受天目山古春夏洪水的冲积在低洼地形成，加之古代农耕活动，形成了独特的湿地人文多样性。70%的面积为河港、池塘、湖漾、沼泽等水域。其间分布了独特的湿地人文，河汊如网，诸岛棋布。东部为湿地生态保护培育区，中部为湿地生态旅游休闲区，西部为湿地生态景观封育区。2005年成为我国首个国家湿地公园。林业系统管理

续表

所在省份	国家级自然保护区数量	湿地类型自然保护区数量	国际重要湿地数量	国际重要湿地名称	主要特征
山东	7	4	1（国际重要湿地为国家级自然保护区）	山东黄河三角洲湿地（第七批）	位于渤海之滨的东营市境内，新、老黄河入海口两侧。近百年来，保护区是由黄河携带大量泥沙填充无动海回陷成陆、海相沉积向渤海湾推进。每年以3km的速度向渤海湾推进，是以主的湿地类型。三角洲湿地是山东黄河三角洲国际重要湿地的核心区，是由黄河口新生的大型原及大平原湿地生态系统，是以保护新生湿地的珍稀濒危类为主；为山东黄河三角洲国际重要湿地的一部分。1992年晋升，为山东黄河三角洲国际重要湿地的一部分；林业系统管理
安徽	8	3	1（国际重要湿地为国家级自然保护区）	安徽升金湖湿地（第八批）	位于安徽长江南岸的池州市东至县境内。是因喜马拉雅运动后，长江沿岸抬升并在中下游沿岸发育形成的通江、草型的湖泊之一；升金湖濒临长江，四周地形多样，湖岸曲折，湖汊较多，为永久性淡水湖泊湿地；是我国主要的鹤类越冬地。1997年晋升；林业系统管理。也是世界上数量最大的白头鹤种群的天然越冬地之一
香港			1	香港米埔和后海湾国际重要湿地（1995年）	位于香港西北部。我国南方典型的河口型红树林湿地生态系统。国际重要湿地内仍然保留着华南地区传统的基围虾塘，既是传统滨海养殖方式遗存，也是为大量迁徙过境或滞留的候鸟提供充足食物。是人工与自然湿地和谐共存，相互为补充的保护模式。香港特区政府1973年把米埔定为禁区；1976年拉姆萨尔湿地被列为"具有特殊科学价值地点"；1984年起交由世界自然（香港）基金会代为管理；1995年被列入《国际重要湿地名录》
北京	2	0	0		
河北	13	2	0		
天津	3	1	0		
山西	7	0	0		
宁夏	9	1	0		
河南	13	3	0		
陕西	26	6	0		
新疆	15	5	0		
重庆	6	1	0		
贵州	9	1	0		

表 3.3.2 中，如黑龙江有 48 个国家级自然保护区，其中湿地类型国家级自然保护区有 27 个，国际重要湿地 8 个；如"黑龙江扎龙湿地（第一批）"，是指黑龙江扎龙湿地列入《国际重要湿地名录》的批次为第一批。

五、中国国际重要湿地的空间分布特征与空缺分析

（一）中国列入《国际重要湿地名录》湿地的空间分布特征

1. 中国国际重要湿地在各大区的分布

中国国际重要湿地在各大区的分布按数量多少依次排列（按照占比多少排名）是：东北区＞华东区＞华南区＞华中区＞青藏区、西南区＞华北区、西北区。具体如下：分布于东北区的国际重要湿地为 12 个，占 24.49%；华东区的 9 个，占 18.37%；华南区的 7 个，占 14.29%；华中区的 6 个，占 10.25%；青藏区的 5 个，占 10.20%；西南区的 5 个，10.20%；华北区的 2 个，占 4.08%；西北区的 2 个，占 4.08%；香港特别行政区 1 个，占 2.04%（表 3.3.3）。这反映了我国东北区、滨海地区和青藏高原高寒地区是我国湿地集中分布区的地理格局，说明中国政府申报的国际重要湿地的空间布局基本合理。

表 3.3.3 中国国际重要湿地的空间分布情况（截至 2017 年）

分布地区	数量/个	占比/%
东北	12	24.49
华东	9	18.37
华南	7	14.29
华中	6	12.25
青藏	5	10.20
西南	5	10.20
华北	2	4.08
西北	2	4.08
香港	1	2.04
合 计	49	100.00

2. 我国已列入国际重要湿地的主要集中在三大类型湿地

中国的湿地种类：①湖泊湿地为主的有 18 个（分布于黑龙江、吉林、内蒙古、湖北、湖南、云南和西藏等地），占 36.7%；②滨海湿地为主的有 16 个（分布于辽宁、山东、江苏、上海、浙江、福建、广东、广西和香港沿海），占 32.7%；③沼泽湿地为主的有 13 个（高纬度和高海拔沼泽，分布于黑龙江、吉林、湖北、云南、西藏），占 26.5%；④河流湿地 1 个（分布于甘肃）；⑤人文湿地 1 个（分布于浙江）。这说明了中国政府申报的国际重要湿地较为充分地反映了我国湿地最有特色的 3 种类型，其中青藏高原的湖泊湿地和沼泽湿地为世界最为独特的湿地类型。

3. 我国列入国际重要湿地的都是大中型湿地类型

全球大型国际重要湿地数量大约只占总数的 5%～10%，在 2301 个国际重要湿地中绝大多数是中小型湿地。中国的国家级自然保护区都有面积要求，一般要大于 1 万 hm²，因此我国的国际重要湿地都是大中型湿地类型，在东北区和青藏区的国际重要湿地大多面积大，这与这些地区的人口密度很低有密切关系，符合中国的国情。

4. 我国国际重要湿地都有对应的有保障的保护与管理机构

已经批准的 49 个国际重要湿地中，分属国家级自然保护区的有 39 个，占 79.59%，省级自然保护区的有 7 个，占 14.29%，国家湿地公园的 2 个，占 4.08%，特别行政区的 1 个。49 个国际重要湿地中，由林业系统主管的有 39 个，环保系统主管的有 3 个，农业系统主管的有 3 个，海洋系统主管的有 3 个，香港特别行政区主管的有 1 个。这种管理模式有利于相对集中管理。

（二）中国国际重要湿地的空缺分析

1. 行政区上的空缺

一共有 10 个省（自治区、直辖市）没有国际重要湿地，包括北京、河北、天津、山西、宁夏、河南、陕西、新疆、重庆、贵州等，也就是说 1/3 的行政区内，没有国际重要湿地分布。

2. 地理区上的空缺

我国西北（西北区和华北区等内陆的干旱和半干旱区，如新疆、宁夏和陕西等地）的内陆湿地非常独特，西北拥有一定数量的国家级和省级自然保护区，但基本上是现有《国际重要湿地名录》的空白区，却也有相当的潜力。

3. 湿地类型上的空缺

（1）中国西北和华北区的内陆干旱和半干旱区有非常独特的湿地类型，特别是新疆全境、甘肃大部、宁夏黄河流域和内蒙古西部。

（2）河流类型的国际重要湿地严重空缺。

（3）我国农耕文明历史悠久，湿地文化极为丰富多彩，但没有受到关注，如水稻等的起源地的重要考古遗址等。

4. 大小规模配置上的缺陷

由于受申报国家级自然保护区的最小面积限制，小型重要湿地是个空白。到目前为止，我们还没有意识到许多濒危的两栖爬行类动物和农作物野生近缘种赖以生存的生境都是小型湿地。

六、建议我国申报列入《国际重要湿地名录》的名单

根据上述的空缺分析及我们的实地调查，提出以下名单并列出相应理由（表 3.3.4）。

此建议名单已经上报给国家林业局 GEF 湿地项目办公室。

表 3.3.4 推荐申报列入《国际重要湿地名录》的自然保护区名单及推荐理由

所在省份	保护区名称	推荐理由
类型 1: 推荐理由：1）行政区的空缺；2）重要气候区类型上的空缺；3）湿地类型空缺，中国西北地区；干旱区的湖泊、沼泽和内流河流湿地		
新疆维吾尔自治区	新疆哈纳斯国家级自然保护区	重要气候区及湿地类型上的空缺：干旱区的湖泊和沼泽湿地
	新疆艾比湖湿地国家级自然保护区	重要气候区的空缺：干旱区的湖泊湿地
	新疆阿尔泰山两河源自然保护区	重要气候区及湿地类型上的空缺：干旱区的河流、湖泊和沼泽湿地。额尔齐斯河是我国唯一流入北冰洋的河流，阿尔泰山两河源头是其水源涵养区
甘肃省	甘肃敦煌西湖国家级自然保护区	重要气候区及湿地类型上的空缺：干旱区的沼泽湿地类型
	甘肃张掖黑河湿地国家级自然保护区	湿地类型上的空缺：干旱区的内流河流湿地类型（注：2015 年正式列入《国际重要湿地名录》）
类型 2: 推荐理由：1）行政区内的空缺；2）重要湿地类型的空缺，或者 3）条件已经成熟		
上海市	上海九段沙湿地国家级自然保护区	重要湿地类型的空缺：国际大都市内没有人为活动干扰的大型河口的新生湿地生态系统；条件非常成熟
江西省	江西鄱阳湖南矶湿地国家级自然保护区	重要湿地类型的空缺：大型湖泊（鄱阳湖)-河口（赣江）湿地类型
浙江省	浙江安吉小鲵自然保护区	重要湿地类型的空缺：亚热带中山沼泽湿地类型；两栖类特有种保护地
河北省	河北衡水湖国家级自然保护区	行政区内的空缺：河北省
安徽省	安徽升金湖国家级自然保护区	行政区内空缺：安徽省；重要湿地类型的空缺：长江中下游北岸湖泊生态系统、水生生物和鸟类（注：2015 年正式列入《国际重要湿地名录》）
湖北省	湖北龙感湖国家级自然保护区	重要湿地类型的空缺：长江中下游北岸湖泊生态系统、水生生物和鸟类
	湖北网湖湿地省级自然保护区	重要湿地类型的空缺：长江中下游南岸湖泊生态系统、水生生物和鸟类
海南省	海南东方黑脸琵鹭省级自然保护区	重要湿地类型的空缺：海南岛西海岸的滨海湿地和黑脸琵鹭种群
	海南临高白蝶贝省级自然保护区	重要湿地类型的空缺：白蝶贝、珊瑚礁及其栖息地
	海南清澜红树林省级自然保护区	重要湿地类型的空缺：红树林生态系统

在前期项目研究和项目执行期间，项目专家组和研究生对保护区提供的技术支持如下。

（1）项目组考察了中国境内的额尔齐斯河流域的各种保护地，基于考察基础上，专家组给当地主管部门申报加入国际重要湿地和晋升国家级自然保护区的保护地提供了科学指导，包括保护对象的确定和保护重点；就中国境内流入北冰洋的额尔齐斯河的中国段阿尔泰山脉的湿地保护网络建设提出建议，并对各保护地管理人员进行全面培训。

（2）课题组多次考察了甘肃敦煌西湖国家级自然保护区的建设情况；课题组应甘肃河西学院之邀，考察了张掖黑河湿地，并给张掖市市政府负责人提出相应建议。

（3）在上海九段沙湿地国家级自然保护区 2005 年申报国家级自然保护区之前，课题组所在单位进行了大规模科学考察及申报书与保护区规划编制和录像制作等工作，出版了科考集，为其晋升为国家级自然保护区奠定了科学基础。

（4）鄱阳湖南矶湿地国家级自然保护区：项目组成员在其 2008 年申报国家级自然保护区之前，二次深入实地考察，对保护区的定位、主要保护对象的独特性、功能分区等提出具体建议，并被采纳。近 7 年来，项目组与其在科学研究上有全面合作。

（5）浙江安吉小鲵自然保护区：在项目执行期间，项目组二次实地考察了安吉小鲵种群与栖息地，并对保护区申报国家级自然保护区时给予指导，包括保护区主要保护对象、功能分区和保护区名称变更等提出具体建议，并被采纳。

（6）安徽升金湖国家级自然保护区：项目组对升金湖历史成因、湖泊生态系统特征、周边社区社会经济情况和保护区管理等进行了实地考察。

（7）湖北龙感湖国家级自然保护区：自 20 世纪 80 年代起，项目组成员多次考察龙感湖和采集标本，在保护区申报国家级自然保护区时给予过多次指导。

（8）湖北网湖湿地省级自然保护区：自 20 世纪 80 年代起，课题组多次考察了网湖保护区，并采集植物标本。

（9）海南东方黑脸琵鹭省级自然保护区：在项目执行期间，项目组应海南省湿地GEF 项目办邀请，考察了黑脸琵鹭种群和栖息地保护现状和分区，并建议将昌江河口扩区进来，对申报国家级自然保护区的程序和做好相应准备工作及功能区调整等提出建议，并对自然保护区管理人员和林业局管理干部进行专题培训。

（10）海南临高白蝶贝省级自然保护区：在项目执行期间，项目组应海南省湿地 GEF 项目办邀请，考察保护区现场并听取管理人员介绍，发现保护区是三无自然保护区，也缺少综合科考，白蝶贝的保护十分紧迫。

（11）海南清澜红树林省级自然保护区：在项目执行期间，项目组应海南省湿地 GEF 项目办邀请，考察了八门湾片红树林生态系统，发现其最为典型完整，极具保护价值，但海南省文昌市会文镇养殖污染造成大面积红树林死亡，因此保护十分紧迫。

小结

由于我国地质历史复杂、地形地貌多样和经纬度跨度大，生态要素时空配置自然高度复杂多样，从而导致湿地类型丰富，空间分布格局独特，建立科学、有效的中国湿地保护体系是当务之急，在生态文明建设中必须给予高度关注。而本文是课题组基于二十多年实际工作经验和理论探索，再通过本项目的完成得以完成。但任重而道远，我们的认识还是远远不够的。

本节作者：陈家宽　复旦大学生物多样性科学研究所
李　琴　南昌大学生命科学研究院流域生态学研究所
杨海乐　中国水产科学研究院长江水产研究所
杨　柳　上海卡尔逊环境科技咨询有限公司

第四章　湿地保护地政策研究

正确的政策和有效的执行，决定着湿地保护的方向和目标。湿地保护的本质是水土资源的合理利用，利益性强，涉及面广。不断发展和完善湿地保护政策体系，为湿地保护管理活动适时提供各种强有力的指引、指导尤为重要。为此，本章从分析国外较为成熟适用的湿地保护政策及国内湿地保护政策现状入手，重点研究了湿地保护修复制度和湿地总量管控政策，围绕"到 2020 年，全国湿地面积不低于 8 亿亩，其中，自然湿地面积不低于 7 亿亩，新增湿地面积 300 万亩，湿地保护率提高到 50% 以上"的国家目标，提出完善湿地分级管理体系、健全湿地用途监管机制、建立退化湿地修复制度及加快湿地保护立法等政策建议。

第一节　国外湿地保护政策分析与借鉴

湿地保护对于长久维持湿地生态特征、发挥湿地生态效益、促进社会经济可持续发展具有重要意义，但是湿地的经济可利用性使其保护通常涉及诸多利益主体，因此需要政府制定强有力的保护政策。发达国家（地区）湿地保护起步较早，已经形成了相对成熟的湿地保护政策。我国为加强湿地保护，从 20 世纪 80 年代以来也陆续制定实施了相关计划、规划、保护政策等，特别是 2016 年国务院办公厅印发的《湿地保护修复制度方案》，集中体现了国家加强湿地保护的总体目标和新的要求。在此背景下，系统研究分析湿地保护政策理论和国外湿地保护政策，就中国湿地保护提出借鉴性建议，对进一步完善我国湿地保护政策措施和制度非常有意义。本文首先从湿地保护政策进行理论分析，然后对美国、澳大利亚、日本等国家的湿地保护政策进行对比分析，最后在分析国外政策的基础上针对中国湿地保护政策提出借鉴性建议。

一、湿地保护政策理论分析

（一）湿地保护的外部性与非排他性

湿地生态系统为社会经济系统提供了多种生态系统服务，包括保持水源、蓄洪防旱、净化水质、固碳储碳、调节气候、维持生物多样性、提供生物产品等。但是，在不同的利用方式中，这些生态系统服务并非同时都能实现，有些是互相矛盾冲突的。长期以来，由于对湿地生态系统服务认识不足、社会经济快速发展等原因，社会经济系统主要利用湿地的各类资源，导致湿地面积萎缩、质量下降，影响湿地维持生态系统、保护生物多样性等方面服务功能的充分发挥。

湿地保护主要是维持或增加湿地面积、维护湿地生态系统服务功能的良好性，保障生态系统服务的全面、可持续。从实现保护目标来看，社会经济系统需要减少对湿地资源的利用，采用可持续利用方式，从充分利用到合理利用，其利用方式的变化会涉及经济利益的调整。

从经济理论来看，湿地保护具有外部性、共有资源等特征，由此导致市场经济中经济主体的自发决策会偏离社会最优配置，从而需要政府制定湿地保护政策。

湿地保护与利用的外部性特征主要是当经济主体加强湿地保护时，湿地保护带来的生态系统服务增量常常由其他经济主体无偿获得，这便是正外部性。正外部性容易出现只获益、不付出，导致湿地保护缺乏积极性，保护行为低于有效水平。反之，当经济主体加大湿地利用力度时，将减少其他经济主体从湿地中获得的生态系统服务，但是加大利用的经济主体也不会补偿获益减少的经济主体，这便是负外部性，会导致湿地过度利用。可见，在市场机制中经济主体总是倾向于过少的湿地保护和过多的湿地利用，要平衡利用和保护就需要政府制定相应的政策。

湿地的共有资源特征的基础是权属共有或缺失，意味着诸多经济主体可以利用湿地资源，也就是不具有排他性，如我国集体所有的湿地，常处于实质上的无主状态，经济主体可以自由使用。同时，湿地资源利用具有竞争性，也就是一个经济主体对湿地资源的利用通常会降低其他经济主体的利用，竞争性利用的结果便是保护不足、利用过度，这都需要政府制定相应的保护政策。

（二）湿地保护政策分类

湿地保护政策根据政府对市场主体管制程度的不同可以分为三类，即命令控制型政策、经济激励型政策、自愿型政策，政府通常会综合运用这些政策来加强湿地保护管理。

命令控制型政策，是政府制定政策直接管制湿地保护与利用的规模或技术，具有强制性，市场主体必须服从。应用较多的命令控制型政策包括湿地征收占用许可、湿地水资源取用许可、湿地渔业资源捕捞配额等。

经济激励型政策，是政府制定的针对湿地保护与利用行为的税收或补贴等政策。这类政策虽然不直接管制湿地的保护与利用，但是通过经济利益激励，引导经济主体加强湿地保护。应用较多的经济激励型政策包括湿地生态补偿、湿地储备计划等。

自愿型政策，是政府与湿地保护利用者达成的自愿性协议，或者湿地保护利用者从第三方获得保护湿地的称号或标签等非物质利益，引导、促使湿地保护利用者自愿地加强湿地保护。应用较多的自愿型湿地保护政策包括湿地产品生态标签、湿地产品绿色认证等。

二、国外主要国家湿地保护政策分析

（一）美国湿地保护政策

1. 美国湿地保护管理体制

美国 48 个州最初的自然湿地面积为 2.21 亿英亩[①]，到 20 世纪 70 年代中期约有 53%

---

① 1 英亩≈4047m²

的湿地面积消失,其中从20世纪50年代中期到70年代中期消失的湿地面积中,有87%是农业开发造成的(Dahl,1990)。随着经济利益引发的湿地面积不断缩小,美国日益重视湿地的生态价值,湿地保护意识也在不断提高。从20世纪50年代开始,在美国湿地保护法律与政策未能及时调整的情况下,司法部门将《河流和港口法》(*River and Harbor Act*,1899)中"可航水体"的适用范围扩展至湿地,作为保护湿地的法律依据。根据《河流和港口法》,在可航水体中建造堤坝需经国会同意,填埋、排水等活动需经陆军工程兵团许可等。以此为开端,美国不断完善湿地保护的法律和政策,目前已经形成了基本完善的湿地保护政策体系。

美国的湿地保护政策,主要由以下机构负责实施:环境保护署(US Environmental Protection Agency)、陆军工程兵团(US Army Corps of Engineers)、农业部自然资源保护事务局(US Department of Agriculture,Natural Resource Conservation Service)、内政部鱼类与野生动植物事务局(US Department of Interior,Fish and Wildlife Service)、商务部国家海洋和大气管理局(US Department of Commerce,National Oceanic and Atmospheric Administration)、海洋渔业服务局(US Department of Commerce,National Marine Fisheries Service)、运输部(US Department of Transportation)等机构。在进行湿地保护管理时,相关联邦机构分工协作,分别承担一部分保护职能。环境保护署主要负责防止对水体实施化学性、物理性或生物性的破坏,陆军工程兵团负责通航或用水供应方面的事务,鱼类与野生动植物事务局主要负责管理鱼类和野生动植物种群、保护珍稀和濒危物种,国家海洋和大气管理局负责管理国家海岸线附近的各种资源,农业部自然资源保护事务局侧重受到农业行为影响的湿地保护问题,国家海洋渔业服务局负责渔业资源的保护等。

2. 美国湿地保护主要法律

美国湿地保护的主要法律有《河流和港口法》《清洁水法》《食品安全法》等。《河流和港口法》制定于1899年,当初制定该法时并不以保护湿地为目的,但随着人们环保意识的增强,逐渐认识到湿地的价值,该法的规定逐步被用于湿地保护。《清洁水法》是在1948年《联邦水污染控制法》的基础上经过修订并于1972年通过实施,该法是联邦政府保护湿地的最主要法律依据。虽然《河流和港口法》和《清洁水法》鼓励湿地保护,打击破坏湿地的活动,但由于其本身适用范围的限制、农业补贴的存在等,更多的排水和开发湿地的活动得到鼓励,由此造成了大量湿地损毁退化。在这种形势下,1985年美国国会在《食品安全法》中制定了"沼泽地翻犁条款",规定自1985年12月23日以后,将湿地转化为农田种植农产品的农民不能获得农业补贴,有效阻止了湿地排水和开发行为。美国湿地保护的相关法律还包括《综合环境响应、赔偿与责任法》《全国环境政策法》《河口保护法》《联邦水污染控制法》《全国洪涝保险章程》《联邦水工程法》《鱼类和野生生物协调法》《流域保护与防洪法》《沿海湿地规划、保护与修复法》《紧急占用湿地资源法》《联邦拯救野生生物修订法》《鱼类和野生生物保护法》《草地法》《北美湿地保护法》《水堤法》《水资源开发法》等。

3. 美国湿地保护主要制度

美国湿地保护主要制度包括湿地开发许可制度及补偿缓解制度、湿地农业开发的补偿缓解制度、湿地储备计划制度等。

其一，美国的湿地开发许可制度及补偿缓解制度。美国的湿地开发许可制度及补偿缓解制度源于美国《清洁水法》中的第 404 条款。该条款建立了一套关于在包括湿地在内的水体开展挖掘或填埋作业活动的管制程序，这些活动包括以发展为目的的湿地填埋、水资源工程（如水坝和堤坝）、基础设施建设（如高速公路和机场）、采矿工程等。第 404 条款要求，在对水体进行挖掘或填埋之前必须获得许可，除非这些活动是第 404 条款豁免的（如一些农业和林业活动）。

该管制程序规定，针对水体的挖掘与填埋作业在以下情况下不会许可：存在对水环境损坏更小的替代方案；水环境被显著影响。也就是说，当你申请许可时必须表明：已经采取了必要措施来避免对水体的影响，或潜在影响是最小的，将对剩下的不可避免的影响进行补偿缓解。

湿地开发许可制度及补偿缓解制度具体由美国陆军工程兵团、环境保护署、鱼类与野生动植物事务局、海洋渔业服务局等机构实施。其中，美国陆军工程兵团的职责是：负责管制程序日常运行，包括做出专用许可、普通许可决策；做出或核实管辖权决定；修改政策和指导；实施 404 条款。环境保护署的职责是：修改和解释在许可评估中所使用的有关政策、指导和环境标准；确定地理管辖的范围、豁免条款的适用性；核准和指导各州或部落的决定；评估专用许可；有权禁止、否决、限制使用任何区域作为处置点；提升具体案例；实施 404 条款。渔类与野生动植物事务局、海洋渔业服务局的职责是：依照《鱼类和野生动物协调法案》（*Fish and Wildlife Coordination Act*）评估所有新的联邦工程和联邦层面许可的工程，包括满足 404 条款的工程对鱼类和野生动植物的影响；根据 404 条款评估具体案例和政策议题。

湿地补偿缓解制度根据 2008 年 6 月 9 日正式实施的《针对水资源减少的补偿缓解规则》（*Compensatory Mitigation for Losses of Aquatic Resources*）执行，主要有 4 种形式：恢复（restoration），即恢复之前存在的湿地或水体；加强（enhancement），即加强现有水体的功能；建立（establishment）或创建（creation），即增加新的水体；保护（preservation），即保护现有水体。

美国湿地补偿缓解有 3 种机制：被许可人负责制（permittee-responsible compensatory mitigation）、缓解银行制（mitigation bank）和付费替代制（in-lieu fee program）。其中，被许可人负责制是最传统的也是最主要的湿地补偿缓解机制，要求被许可人负责完成所承担的补偿活动，并且完成是成功的。湿地补偿实施可以位于或邻近受作业影响的水体，也可以另择其他地点，一般要求和作业点在一个流域内。缓解银行制和付费替代制都是异地补偿，一般由第三方如湿地银行主办者、付费替代项目主办者实施。当被许可人的湿地补偿缓解要求可以由湿地银行或者付费替代项目满足时，那么确保补偿缓解项目完成且成功的责任就由前者转移到了后者。鉴于缓解银行制和付费替代制在实施主体、资金来源、湿地补偿缓解完成与影响发生的先后关系、资金担保方面存在不同，优先推荐采用具有事先补偿特点的缓解银行制。

湿地缓解银行制是美国湿地保护管理中的一种新型手段，属于环境与自然资源管理中的可交易许可证制度。在湿地缓解银行制中，湿地银行主办者通过恢复、加强、新建湿地从而获得可进行市场交易的湿地信用（marketable wetland credits），这些湿地信用可以出售给那些对湿地产生了不良影响并不得不补偿缓解这一影响的主体。美国的《清洁水法》（Clean Water Act）和《食物安全法案》（Food Security Act）等法律，要求对于现存湿地的不良影响要通过恢复、加强、新建湿地来补偿缓解，这一操作被称为湿地缓解（wetland mitigation）。湿地缓解银行制是实现湿地缓解的机制之一。1995年，美国农业部、陆军工程兵团、渔类与野生动植物事务局、环境保护署达成一致意见并联合颁布了 Federal Guidance for the Establishment，Use，and Operation of Mitigation Banks，指导建立了湿地银行湿地信用的核准、建立、评价、维持、出售等基本框架。湿地缓解银行制度取得了良好效果，获得了社会的广泛认可。

其二，美国湿地农业开发的补偿缓解制度。农业开发是美国湿地面积减少的主要原因。早期，美国为了鼓励将湿地开发为耕地，提供了多种形式的补贴。后来，随着湿地保护意识的提高，美国对湿地农业开发的相关政策进行了调整。"湿地保护条款"（Wetland Conservation Provision），又称大沼泽条款（Swampbuster Provision），最早由1985年《农场法案》（Farm Bill）提出，后又经过1990年、1996年、2002年修改。这一条款的目的是消除从湿地转化而来的耕地上生产农产品的激励措施。

根据"湿地保护条款"，在1985年12月23日至1990年11月28日期间由湿地转化而来的耕地上种植农产品的，将无法获得美国农场项目补贴，除非被豁免；在1990年11月28日之后将某一湿地进行转化从而具备种植农产品可能性的，也无法获得美国农场项目补贴，除非被转化的耕地的功能得到补偿缓解或被豁免。

其三，美国湿地储备计划制度。湿地储备计划（Wetlands Reserve Program，WRP）是一项鼓励私有土地所有者将已经排干水的湿地迹地重新恢复为有水湿地的经济激励措施，由美国农业部自然资源保护事务局负责实施。美国国会第一次批准湿地储备计划是在1990年的《农场法案》，并且在后续三个《农场法案》中略微调整后再次批准。1992年，湿地储备计划在9个州开始试点，1995年开始推广到全国。截止到2012年底，累计约230万英亩湿地参加了该项目（USDA，2014）。

可以加入湿地储备计划的土地包括：自然条件耕种下的湿地，一般耕种的湿地，由湿地转化而来的耕地、草场，有潜力在洪水作用下成为湿地的耕地，可以恢复成湿地的牧场、草场、林地，与保护湿地相邻的河岸，与保护湿地相邻的对湿地功能和价值有重要贡献的耕地，在更基层的联邦政府、州政府、地方政府计划中需要恢复的长期保护的湿地等。在保护储备计划（Conservation Reserve Program，CRP）中种植树木的耕地不得参加湿地储备计划。

加入湿地储备计划有4种形式：其一，政府购买永久地役权（permanent easement），农业部向土地所有者支付100%的地役权价值、最高100%的恢复成本。其二，政府购买30年地役权（30-year easement），农业部向土地所有者支付最高75%的地役权价值、最高75%的恢复成本。其三，恢复成本分摊协议（restoration cost-share agreement），要求恢复或加强湿地的功能与价值，但是政府不获得地役权，农业部支付最高 75% 的恢复成本。其四，30 年契约（30-year contract），仅针对部落土地，农业部支付最高 75% 的恢复成本。在涉及地役权的前两种方式中，农业部支付在地方土地登记机构记录地役权时所发生的所有费用。土地所有者保留如下权利：进入控制权，所有者名义和转让名义，安静地游憩，非开发性娱乐利用，地下资源，水权。

土地所有者应在指定的时间内提交申请，自然资源保护事务局和渔类与野生动植物事务局及相关技术机构一起商讨后给申请的土地分等级，根据购买耕作权的价格、重建、管理的费用及该湿地功能和价值的大小，成功重建的可能性，决定耕作权的长短。

通过实施湿地保护的相关政策法律，美国湿地保护取得了良好的效果。一是通过恢复、加强、新建湿地以补偿缓解被占用的湿地实现了对湿地生态系统本身的补偿。《清洁水法》《食物安全法案》，要求对水体的挖掘、填埋等活动都必须将对湿地的影响降到最低，而且对于不可避免受到影响的湿地也要通过恢复、加强、新建湿地来补偿缓解。这种做法相当于我国正在推行的"占补平衡"政策。二是通过负向经济激励，减少将湿地开垦为耕地的行为。根据《食物安全法案》的"湿地保护条款"，如果将湿地转化为耕地将失去农业部农场补贴。这种负向激励政策，可以使得将湿地开垦为耕地的转换活动减少。三是通过正向经济激励，促进将耕地转化为湿地。这就是美国农业部主导的湿地储备计划，通过政府购买地役权、提供转换成本等方式，激励土地所有者将耕地转化为湿地，增加湿地面积，提高湿地生态系统功能。

（二）澳大利亚湿地保护政策

1. 澳大利亚湿地保护管理体制

澳大利亚湿地分为海洋和滨海湿地、内陆湿地和人工湿地三种类型，共有 900 多块国家重要湿地，面积约为 5800 万 hm^2，占国土面积的 7.5%，其中包括 65 块国际重要湿地，面积约为 830 万 hm^2。在湿地管理和保护方面，澳大利亚是 18 个最早于 1971 年签署《湿地公约》的国家之一。1974 年，澳大利亚的考伯格半岛土著土地和野生动物避难所（Cobourg Peninsula Aboriginal Land and Wildlife Sanctuary）被确认为世界上第一块国际重要湿地。由于干旱和季节性变化，澳大利亚有很多湿地不断消失，然后又出现新生湿地，有的湿地存在时间短暂，因此湿地状况变化较大。

澳大利亚联邦政府负责联邦所有土地上自然资源的管理，协调、督促各州和领地履行国际公约规定的义务，贯彻国家的法律、标准等。各州和领地政府有权参与国家环境保护相关法律、法规的制定、修订，制定本州或领地综合性法律、法规、标准以保护当地的环境和自然资源，这些法律、法规、标准也适用于所有湿地。在联邦政府支持下，各州及领地政府负责促进国际重要湿地的保护及辖区内湿地的管理，落实法律、法规规定的应承担的国际重要湿地申报工作。湿地所有者、管理者根据《环境与生物多样性保护法》的要求、《湿地公约》确定的原则管理湿地，有义务随时观察湿地生态特征的变化，及时采取应对措施。

澳大利亚宪法规定自然资源属于各州，各州和领地有权参与制定国家政策、标准和指导性意见，以及发展和规划本区域内的环境政策和立法。不同层次、不同州和领地政府之间的沟通协调，可以通过制定、协调和执行环境政策的政府间协调委员会实现，主要有澳大利亚政府间委员会（Council of Australian Governments，COAG）和自然资源管理部际委员会（Natural Resource Management Ministerial Council，NRMMC）。澳大利亚政府间委员会（COAG）的成员包括联邦总理、各州（特区）总理或首脑、澳大利亚地方政府协会主席等，是澳大利亚政治活动中极为重要的权力协调机构。自然资源管理部际委员会下属的湿地和迁徙鸟类专门小组（Wetlands and Migratory Shorebirds Taskforce）负责湿地事务，成员包括联邦行政机构及各州（特区）的自然资源管理和保护机构的代表，不包括非政府组织，但是经常邀请主要的非政府环保组织作为观察员参加小组会议。澳大利亚与新西兰关系密切，澳大利亚和新西兰环境与保护委员会（Australian and New Zealand Environment and Conservation Council，ANZECC）在湿地保护方面也发挥着很重要的协调作用，主要负责协调和讨论两国环境政策和计划。委员会成员包括联邦政府、各州和领地、特区和新西兰相关政府部门，巴布亚新几内亚相关的政府部长具有观察员资格。

2. 澳大利亚湿地保护主要法律

20 世纪 90 年代前，澳大利亚没有专门的湿地保护法律、法规。湿地保护相关的法律规定见于《环境与生物多样性保护法》《环境保护法》《野生动物保护法》等。1997年，澳大利亚制定发布了《澳大利亚联邦政府湿地政策》，成为指导湿地保护的主要政策文件。澳大利亚各州通过设立国家公园或自然保护区对湿地进行保护，并制定了一些相应的法律、条例，如大堡礁海洋公园，除了《1975 年大堡礁海洋公园法》，还有《1993年大堡礁海洋公园环境管理许可证收费法》《1993 年大堡礁海洋公园环境管理普通收费法》及《大堡礁海洋公园管理条例》。

1997 年发布的《澳大利亚联邦政府湿地政策》（以下简称《政策》），目的是提升联邦政府在湿地保护、生态可持续性利用及改善湿地状况方面的作用，内容包括目的、目标、指导原则及落实《政策》要求的一系列措施。

《政策》设定以实现以下目标：一是通过提升湿地的生态、文化、经济和社会价值保护澳大利亚的湿地；二是管理好湿地，保证湿地生态功能可持续性；三是使社区、私营部门以合适的方式参与湿地管理；四是提升社区、旅游者对湿地价值的认识，保护各种类型的湿地；五是推动各级政府达成共识，实施更合理的湿地管理和保护措施；六是为湿地保护、修复和稳定生态功能提供良好的科研和技术支持；七是履行湿地保护国际义务。

《政策》设定十二条湿地保护的指导原则，主要包括以协调、合作的方式使各级政府、当地居民、非政府组织参与到湿地保护和管理中；承认社区、当地居民在湿地保护方面的能力和贡献；以《湿地公约》确定的原则管理湿地并符合澳大利亚生态可持续发展的国家战略；湿地功能和价值保护应当考虑自然资源管理整体性和土地利用制度；退化湿地的修复应当考虑生态受益、可行性和成本节约；湿地功能重要性及履行相关国际义务都要通过湿地经营方式体现等。

为实现《政策》的目的、目标，联邦政府在《政策》中提出了六项战略。一是管理联邦土地和上面的水体，包括记录联邦政府管理的湿地信息、湿地保护和恢复的行动；根据《政策》目标管理联邦政府所有的湿地和其中的水体；加强对联邦政府土地、水体管理人员能力培训和技术支持。二是执行联邦政策、法规，制定联邦项目计划，包括确保联邦政府的政策和战略得到落实；审视联邦政府的法律法规，创造《政策》内容落实的法律环境；联邦政府资金只资助地方政府申请的与《政策》内容一致的项目。三是吸引澳大利亚公民参与湿地管理，包括使社区居民了解湿地的价值，提升湿地保护意识；赋予社区居民合理管理湿地的职责；设计鼓励湿地保护、合理利用的机制。四是与各地方政府建立工作上的伙伴关系，包括与各地方政府以伙伴关系共同开展工作；支持地方政府在湿地保护和管理方面的努力。五是为《政策》落实和湿地管理提供完善的科研支撑，包括监测湿地状况；支持湿地研究；设计鼓励湿地研究成果宣传、应用的机制。六是国际履约行动，包括继续实施澳大利亚国际援助项目；监测、控制湿地产品贸易；评估与《政策》精神一致的外资投资行为；加强区域或全球的湿地保护伙伴关系的发展。

3. 澳大利亚湿地保护主要制度

澳大利亚比较典型的湿地保护制度包括湿地政策磋商机制、湿地社区共管制度、湿地损害补偿制度等。

其一，湿地政策磋商机制。在明确不同湿地保护管理部门的责权范围基础上，建立协调机构，提高湿地保护管理效率。同时，通过管理制度的建立确保湿地保护政策的稳定性和可持续性。澳大利亚通过建立磋商机制，加强湿地政策执行中的灵活性。例如，在艾培克斯湿地公园的管理中，公园的水质监测小组设立意见箱，收集当地居民对湿地保护和管理方面的意见，促进科学决策、科学保护。在维多利亚州库纳湾湿地管理中，利益相关者和当地社区组织在一起，建立了湿地保护研讨会机制，共同商讨湿地保护事宜（陈蓉，2007）。这样，一方面可最大程度地保证政策的科学性和可操作性，另一方面也向当地民众宣传了湿地保护的政策和计划，更有利于湿地保护的顺利实施。

其二，湿地社区共管制度。这是澳大利亚的湿地保护政策之一，是采用保护区社区参与管理的模式及与当地土著居民、土地拥有者共同管理的模式。例如，南澳洲艾培克斯公园以社区为基础实施公园湿地水质监测计划。维多利亚州的库纳湾湿地以社区为基础设立了湿地监督管理组，当地居民为该小组领导，统领湿地的管理工作。这些以社区为基础的湿地管理模式都取得了很好的效果（陈蓉，2007）。

其三，湿地损害补偿制度。湿地损害补偿制度是澳大利亚对减轻湿地损害、恢复湿地功能政策法规的具体落实。澳大利亚的 Murray-Darling 流域由于森林砍伐导致土壤盐碱化加重，上游农场主按每蒸腾 100 万 L 水交纳 17 澳元，或按每年每公顷土地 85 澳元进行补偿，支付 10 年。拥有上游土地所有权的州林务局，则通过所种植树木或其他植物的蒸腾作用，以改善土壤质量（杨莉菲等，2010）。

（三）日本湿地保护政策

1. 日本湿地保护管理体制

日本通过设立自然公园、自然环境保全区域、鸟兽及生息地保护区等形式保护湿地生态系统。根据《自然公园法》，日本的自然公园分为国立公园、国定公园和都道府县立自然公园三类，国立公园由"中央环境委员会"（由来自科研机构或其他具有环境保护专业知识、经验的专家组成）提出意见，环境大臣指定，国家直接管理；国定公园由都道府县提出书面申请，"中央环境委员会"审查，环境大臣指定，都道府县进行管理；都道府县立自然公园由当地政府根据《自然公园法》确定并管理。根据《自然环境保全法》，自然环境保全区分为原生自然环境保全区、自然环境保全区和都道府县立自然环境保全区，其中原生自然环境保全区和自然环境保全区均由环境大臣按照法律要求指定，制定保护计划，由国家或者国家认可的地方公共团体管理；都道府县立自然环境保全区，由都道府县知事根据法规要求指定，当地政府管理。根据《有关鸟兽保护及狩猎行为规范的法律》的规定，环境大臣或都道府县知事可以根据鸟兽的种类及其生息状况设立相应的鸟兽及生息地保护区。

2. 日本湿地保护主要法律

日本的湿地保护法律分为两个层次，第一个层次是《环境保护基本法》，共有 3 章 46 条。第一章说明了法律的目的、定义，国家、地方和国民的义务；第二章规定了环境保护相关的基本措施；第三章规定了环境审议委员会、公害对策委员会的组成和职责等。《环境保护基本法》体现了代际公平、可持续发展的理念，采取措施重视预防、协调的原则；设计了环境基本计划的政策，并对其运作方式做出了明确的规定；重视环境影响评价和保护环境中经济措施的作用。

第二个层次是《自然环境保全法》《自然公园法》《鸟兽保护及狩猎法》《河川法》、《濒危野生动植物保护法》《环境影响评价法》《自然再生推进法》等。《自然环境保全法》是日本自然环境保护领域的重要法律，确立了自然保护的目的、基本理念及国家、地方政府、社会团体、国民在自然环境保护中的职责，规定了自然环境保护的基本方针及原生自然环境保全区、自然环境保全区建立和管理的程序、责任人、资金支持等。1972～1994 年，《自然环境保全法》共修订了 6 次，不断增加有关湿地保护的规定，并减少与其他法律的冲突。《自然公园法》规定了自然公园设定、公园规划、工作内容、资源利用和公园管理等。自然公园的土地划分为特别地域和普通区域，特别地域又细划为特别保护地区、Ⅰ级特别区、Ⅱ级特别区、Ⅲ级特别区 4 种类型。对不同的区域采取不同的管理办法，对环境或者资源有害的行为要依法处置。此外，其他各项法律也针对湿地保护各种要素作了具体规定。

3. 日本湿地保护主要政策

在日本法律体系中，可以用于湿地保护的比较有特色的法律制度包括意见征询与公告监督制度、听证会制度、损失补偿制度（朱建国和王曦，2004）、环境保护教育制度等。

其一，意见征询与公告监督制度。根据《自然环境保全法》，环境厅长官在确定原生自然环境保全区时，事先应征求有关都道府县知事及自然环境保全审议会的意见；若待确定为原生自然环境保全区的土地系国家或地方公共团体所有，则应先征询管辖该土地的管理机关负责人的意见；在确定自然环境保全区时，应在官方报纸上刊出关于确定此类保全区及其影响的公告。《自然公园法》规定了环境厅长官在确定国立公园、国定公园时应听取相关都道府县的要求及审查委员会的建议。

其二，听证会制度。日本环境厅长官在确定自然环境保全区时，事先要在官方报纸上刊出关于确定此类保全区及其影响的公告，并给出两周对该建议提意见的时间，以便接受公众监督。该地区内的居民及有关人员可在规定的期限向环境厅长官提交书面意见，环境厅长官在收到书面意见后或他认为有必要更广泛地听取各阶层人员对该自然环境保全区的意见时，应召开公众意见听证会。

其三，损失补偿制度。《自然资源保全法》规定，因国家行为而导致公民个人或集体正常利益受到损失的，应当给予当事人经济补偿。例如，《自然资源保全法》第33条第1款规定，国家应向本法有关规定被正常拒绝发给许可证的当事人，向本法有关规定而颁发的附具限制条件的许可证持有人，或向接受本法有关处理决定的当事人，为由此类拒绝、附具限制条件及处理决定而引起的正常利益损失提供补偿。

其四，环境保护教育制度。日本的环境保护教育制度体现在两个方面，一是通过社会团体、个人参加环境保护活动，如通过志愿者服务进行环境保护教育；二是国家与都道府县及市街村要把推进学校教育和社会教育中的环境教育作为必要措施。在采取上述措施及实施学校教育和社会教育中的环境教育时，国家向都道府县及市街村提供有助于推进环境教育的信息，并帮助他们广泛利用拥有环保知识与经验的人才等。

三、国外湿地保护政策的借鉴

综合分析国外湿地保护方面的政策，结合中国湿地保护的政策背景和整体形势，从法律、体制、政策等方面提出可资借鉴的措施如下。

第一，梳理和完善湿地保护法律法规体系。完善的法律法规体系是健全湿地保护管理体制、理顺湿地保护管理机制、实施具体湿地保护管理措施的基础保障。我国在加入《湿地公约》后，即开始探索建立专门的湿地保护法律法规，但直到2017年也未正式出台法律或行政法规。事实上，湿地是综合性生态系统，涉及土地、水资源、鱼类、鸟类、水污染、自然保护区等多方面，相关的法律条文散见于针对这些要素的专门的法律法规之中，从不同的方面加强了或不利于湿地保护。因此，需要对现有相关法律法规进行系统梳理，发现其中冲突、重复、空缺的地方，提出解决思路和办法，这将有助于进一步完善湿地保护法律法规体系。在美国其实也并没有专门的湿地保护法律，湿地保护的主要法案是《河流和港口法》《清洁水法》《食物安全法案》等，但是美国在理顺这些法律相关条文的基础上，建立了完善的湿地保护法律体系。

第二，完善标准加快完成湿地认定。在湿地保护实践中，认定某一块土地是否为湿地具有根本的重要性,只有认定了某一块土地是湿地,才能适用湿地保护的相关法律法规,也才能让当地的政府、企业、个人等知道这是湿地并且遵守湿地保护的相关法律法规。《湿地保护修复制度方案》明确规定"根据生态区位、生态系统功能和生物多样性,将全国湿地划分为国家重要湿地(含国际重要湿地)、地方重要湿地和一般湿地,列入不同级别湿地名录,定期更新"。在美国湿地保护历史上,也经历过湿地认定过程,1987年陆军工程兵团出台了《1987湿地认定手册》(1987 Wetlands Delineation Manual);为了统一不同部门关于湿地的标准,1989年4个部门在经过科学和政治层面的讨论后出台了《联邦法定湿地的识别和认定手册》(Federal Manual for Identifying and Delineating Jurisdictional Wetlands),后来该手册被认为范围太广泛,在执行中受到较大压力,又出台了《1991湿地认定手册》(1991 Wetlands Delineation Manual),但是后来又被认为太过保守。综合来看,早期的《1987湿地认定手册》比较具有科学性和可行性(Mitsch and Gosselink, 2015)。由于某一块土地一旦被认定为湿地,其开发利用就受到较大的限制,湿地认定过程会涉及多个利益相关者,也存在一定程度的利益冲突。因此为了切实推进湿地保护,我国需要完善湿地认定标准,尽快完成湿地认定。

第三,明晰产权健全国有湿地管理体制。湿地权属是湿地保护与合理利用的基础,在美国本土48个州中,75%的湿地是私人所有的,其清晰的产权为强化保护管理提供了制度基础。我国根据2014年第二次全国湿地资源调查结果,全部湿地的84%是国有土地,自然湿地的88%是国有土地,但由于一直没有专门的国有土地资产管理制度,国家把土地所有权委托给中央政府各部门和地方政府,各部门和地方政府再寻找代理人实施管理,相关部门、地方多强调自身利益,导致湿地保护管理协调困难,保护效果低下。湿地资源权属不清,也导致湿地保护与利用之间的矛盾和冲突,一些自行开垦、利用湿地资源的行为没有得到有效制止。在2018年政府机构改革中,已建立专门的自然资源部门,是明晰湿地权属关系、明确国有湿地资源管理体制的历史机遇,有望通过整合部门职责、强化国有自然资源权属来加强湿地保护管理。

第四,完善湿地开发利用许可和占用补偿制度。湿地开发利用许可是加强湿地保护的重要手段,建立了许可制度意味着湿地开发利用活动全部纳入管理。美国的湿地开发许可制度,澳大利亚在《环境与生物多样性保护法》提出的环境开发许可的规定,都属于开发利用许可制度。当开发利用湿地成为不可避免的行动时,湿地占用补偿能有效维持湿地总量管控。美国的湿地补偿缓解制度、湿地储备计划制度与澳大利亚的湿地损害补偿制度等,是湿地占用补偿的重要形式,能有效遏制湿地过度开发利用。我国《湿地保护修复制度方案》要求"确定全国和各省(区、市)湿地面积管控目标,逐级分解落实""经批准征收、占用湿地并转为其他用途的,用地单位要按照'先补后占、占补平衡'的原则,负责恢复或重建与所占湿地面积和质量相当的湿地,确保湿地面积不减少"。因此,加快建立湿地开发利用许可和占用补偿制度,也是全面落实《湿地保护修复制度方案》的需要。

第五,建立退耕还湿等保育湿地政策。维持并扩大湿地面积是湿地保护的重要目标,国有湿地可以建立强制性保护管理手段,要求必须作为湿地予以长期保留,或者建立符合湿地特征的利用方式,鉴于我国湿地84%是国有的,保护好国有湿地、发挥国有湿地的生态效益非常重要。同时，针对非国有湿地可以借鉴美国湿地储备计划的做法，建立经济激励型的保护政策，即如果维持湿地状态就可以获得一定的政府补偿，以遏制湿地的不合理开发利用，这样不同权属的湿地都能得到保护。

第六，理顺部门关系完善湿地保护管理体制机制。湿地本身多要素决定了保护会涉及多个部门。如在美国，有陆军工程兵团、环境保护署、农业部等多个部门参与湿地的保护管理；在澳大利亚，为推动湿地保护建立了政府间协调机制；在日本，也建立了湿地保护协商机制，环境厅长官在确定原生自然环境保全区时，事先应征求有关都道府县知事及自然环境保全审议会的意见。我国新成立的自然资源部，整合了自然资源管理职能，这有利于湿地保护。尽管如此，针对湿地的多要素特征，还需要进一步理顺湿地相关部门之间的关系，完善湿地保护管理体制机制。

第七，建立宣教制度提高公众湿地保护意识。社会团体和个人也是湿地保护的重要参与者，提高他们对湿地的认识和保护的意识，能有效减轻湿地保护面临的压力，加强湿地保护的监督力量。湿地环境保护教育包含多种形式，日本的志愿者服务、实地体验教育及学校环境保护教育制度等，都是可以借鉴的范例。

小结

综上所述，湿地保护可以更好地提供生态系统服务，增进社会福祉，但是湿地资源多属于共有资源，湿地利用具有负的外部性而湿地保护具有正的外部性，这都导致市场机制难以有效配置湿地资源，需要完善的政策来规制湿地利用、加强湿地保护。政府湿地保护政策包括三类，即湿地占用许可等命令控制型政策、湿地储备计划等经济激励型政策、湿地产品生态标签等自愿型政策。

国外湿地保护政策方面，美国湿地保护主要法律包括《河流和港口法》《清洁水法》《农场法案》等，美国湿地保护的主要制度包括湿地开发许可制度及补偿缓解制度、湿地农业开发的补偿缓解制度、湿地储备计划制度等。澳大利亚湿地保护的主要法律和政策包括《环境与生物多样性保护法》《环境保护法》《野生动物保护法》《澳大利亚联邦政府湿地政策》，澳大利亚湿地保护特色制度是湿地政策磋商机制、湿地社区共管制度。日本湿地保护也没有专门的法律法规，而是散见于《环境保护基本法》《自然环境保全法》《自然公园法》等相关的法律法规中，日本湿地保护的特色制度是意见征询与公告监督制度、听证会制度、损失补偿制度、环境保护教育制度等。

综合分析国外湿地保护方面的政策措施，结合中国湿地保护的政策背景和整体形势，从法律、体制、政策等方面提出可资借鉴的七项措施建议，即梳理和完善湿地保护法律法规体系；完善标准加快完成湿地认定；明晰产权健全国有湿地管理体制；完善湿地开发利用许可和占用补偿制度；建立退耕还湿等保育湿地政策；理顺部门关系完善湿地保护管理体制；建立宣教制度提高公众湿地保护意识。

本节作者：李　杰　国家林业和草原局经济发展研究中心

王　会　北京林业大学经济管理学院

第二节　湿地保护修复制度框架

党中央、国务院高度重视湿地保护工作。习近平总书记强调，要把生态环境保护放在更加突出位置，像保护眼睛一样保护生态环境，像对待生命一样对待生态环境；要实施好湿地生态保护修复等工程。《中共中央　国务院关于印发〈生态文明体制改革总体方案〉的通知》提出了"建立湿地保护制度"的改革任务，中央全面深化改革领导小组2016年工作要点明确，由国家林业局牵头组织编制《湿地保护修复制度方案》。根据党中央、国务院决策部署和中央全面深化改革工作安排，国家林业局湿地办负责《湿地保护修复制度方案》（以下简称《制度方案》）编制工作落实。本课题是编制《制度方案》任务的支撑研究，主要研究成果纳入《制度方案》内容中。

2016年11月30日，国务院办公厅印发了《国务院办公厅关于印发湿地保护修复制度方案的通知》（国办发〔2016〕89号）。2017年，国家林业局狠抓《湿地保护修复制度方案》贯彻落实，取得了比较重要的进展。2017年2月、6月和12月，国家林业局分别在广州、南昌和昆明召开全国贯彻落实《制度方案》推进会。2017年5月，国家林业局、国家发展改革委、财政部、国土资源部、环境保护部、水利部、农业部、国家海洋局8部门，联合印发《国家林业局、国家发展改革委、财政部、国土资源部、环境保护部、水利部、农业部、国家海洋局关于印发〈贯彻落实《湿地保护修复制度方案》的实施意见〉的函》（林函湿字〔2017〕63号），要求各地扎实做好湿地保护修复制度工作，做到相关制度和政策措施到位、责任落实到位、监督检查和考核评估到位。2017年9月13日，国家林业局等8部门成立了湿地保护修复工作协调领导小组，明确了工作规则。同时，国家林业局指导督促各省出台省级实施方案，先后派出30多个督导组进行现地督导，编发专门的《工作简报》，开辟网上宣传专栏，及时交流好做法好经验，全国31个省（自治区、直辖市）和新疆生产建设兵团全部出台了省级实施方案。

一、研究背景

近年来，按照党中央、国务院的决策部署，各地区、各部门不断加强湿地保护，取得了一定成效，初步形成了以湿地自然保护区为主体的湿地保护体系。但是，我国湿地保护仍面临着十分突出的问题。一是湿地严重萎缩。2003~2013年，我国湿地面积减少了339.63万 hm^2，减少了8.82%。二是湿地严重破碎化。大规模的无序开发建设使许多湿地成为生态"孤岛"。三是湿地功能严重退化。部分流域劣Ⅴ类水质断面比例仍然较高，污染导致湿地生态功能逐步退化。四是湿地物种减少。全国湿地资源调查表明，从湿地鸟类资源变化情况来看，其种类由271种减少到231种，一半以上种群数量明显减少。五是湿地受威胁压力增大。污染、过度捕捞和采集、围垦、外来物种入侵与基建占用成为威胁湿地生态状况的主要因素。六是湿地保护修复制度缺失。不同部门在湿地保护、利用、管理等方面职能分散，以湿地生态系统保护为目的的法律法规还需健全，各项制度措施还有待加强。因此，国家将湿地保护修复制度建设作为生态文明建设的重要内容。2015 年 4 月 25 日印发的《中共中央 国务院关于加快推进生态文明建设的意见》提出科学划定湿地生态红线，实施重大生态修复工程，扩大湿地面积，研究制定湿地保护的法律法规等要求。2015 年 9 月 21 日，《中共中央 国务院关于印发〈生态文明体制改革总体方案〉的通知》做出建立湿地保护制度的总体部署，要求将所有湿地纳入保护范围，禁止擅自征用占用国际重要湿地、国家重要湿地和湿地自然保护区。确定各类湿地功能，规范保护利用行为，建立湿地生态修复机制。

二、湿地保护修复制度框架内容及依据

湿地保护修复制度框架具体内容包括湿地保护修复的总体要求、湿地分级管理、湿地保护目标责任制、退化湿地修复、湿地监测评价等方面的内容，具体内容与《中华人民共和国水法》《中华人民共和国防洪法》《中华人民共和国野生动物保护法》《中华人民共和国土地管理法》《中华人民共和国海洋环境保护法》《中华人民共和国渔业法》《中华人民共和国草原法》《自然保护区条例》等法律法规进行了衔接。

（一）总体要求

1. 基本原则

坚持生态优先、保护优先的原则，维护湿地生态功能和作用的可持续性；坚持全面保护、分级管理的原则，将全国所有湿地纳入保护范围，重点加强自然湿地、国家和地方重要湿地的保护与修复；坚持政府主导、社会参与的原则，地方各级人民政府对本行政区域内湿地保护负总责，鼓励社会各界参与湿地保护与修复；坚持综合协调、分工负责的原则，充分发挥林业、国土资源、环境保护、水利、农业、海洋等湿地保护管理相关部门的职能作用，协同推进湿地保护与修复；坚持注重成效、严格考核的原则，将湿地保护修复成效纳入对地方各级人民政府领导的考评体系，严明奖惩制度。

2. 目标任务

实行湿地面积总量管控，到 2020 年，全国湿地面积不低于 8 亿亩，其中，自然湿地面积不低于 7 亿亩，新增湿地面积 300 万亩，湿地保护率提高到 50% 以上。严格湿地用途监管，确保湿地面积不减少，增强湿地生态功能，维护湿地生物多样性，全面提升湿地保护与修复水平。

依据：《中共中央 国务院关于加快推进生态文明建设的意见》提出，到 2020 年，湿地面积不低于 8 亿亩，并提出扩大森林、湖泊、湿地面积，保护和修复自然生态系统的要求。根据第二次全国湿地资源调查结果，我国湿地保护率为 43.51%，自然湿地面积为 7 亿亩。新增湿地面积 300 万亩主要来自《退耕还湿实施方案（2016—2020 年）》和《全国湿地保护"十三五"实施规划》。

结合中央文件要求与全国湿地保护现状，在制度框架中提出："实行湿地面积总量管控，到 2020 年，全国湿地面积不低于 8 亿亩，其中，自然湿地面积不低于 7 亿亩，新增湿地面积 300 万亩，湿地保护率提高到 50% 以上。""湿地面积"含义的依据是《全

国湿地资源调查技术规程（试行）》（2008 年）、国家标准《湿地分类》（GB/T 24708—2009）。要保持湿地总面积和自然湿地面积两个指标同时不减少，要求控制自然湿地向人工湿地转变。8 亿亩湿地和湿地保护率变化每年都要进行监测。

（二）分级管理体系

1. 建立湿地分级体系

根据生态区位、生态系统功能和生物多样性，将全国湿地划分为国家重要湿地（含国际重要湿地）、地方重要湿地和一般湿地，列入不同级别湿地名录，定期更新。国务院林业主管部门会同有关部门制定国家重要湿地认定标准和管理办法，明确相关管理规则和程序，发布国家重要湿地名录。省级林业主管部门会同有关部门制定地方重要湿地和一般湿地认定标准和管理办法，发布地方重要湿地和一般湿地名录。

依据：《生态文明体制改革总体方案》提出："（二十二）建立湿地保护制度。将所有湿地纳入保护范围，禁止擅自征用占用国际重要湿地、国家重要湿地和湿地自然保护区。确定各类湿地功能，规范保护利用行为，建立湿地生态修复机制。"

结合我国湿地保护管理实践中面临的问题，提出根据生态区位重要性、生态系统功能脆弱性和生物物种稀缺性等，建立湿地分级体系，合理确定湿地利用与保护的关系。已有工作基础：2000 年编制的《中国湿地保护行动计划》中提出了 173 处国家重要湿地名录，国家林业局在第二次全国湿地资源调查时调查了国家重要湿地面积等情况；2011 年，已制定国家标准《国家重要湿地确定指标》（GB/T 26535—2011）。

2. 探索开展湿地管理事权划分改革

坚持权、责、利相统一的原则，探索开展湿地管理方面的中央与地方财政事权和支出责任划分改革，逐步明晰国家重要湿地、地方重要湿地和一般湿地的事权划分。

依据：《生态文明体制改革总体方案》（2015）指出："（三）坚持自然资源资产的公有性质，创新产权制度，落实所有权，区分自然资源资产所有者权利和管理者权力，合理划分中央地方事权和监管职责，保障全体人民分享全民所有自然资源资产收益。""（八）探索建立分级行使所有权的体制。对全民所有的自然资源资产，按照不同资源种类和在生态、经济、国防等方面的重要程度，研究实行中央和地方政府分级代理行使所有权职责的体制，实现效率和公平相统一。分清全民所有中央政府直接行使所有权、全民所有地方政府行使所有权的资源清单和空间范围。中央政府主要对石油天然气、贵重稀有矿产资源、重点国有林区、大江大河大湖和跨境河流、生态功能重要的湿地草原、海域滩涂、珍稀野生动植物种和部分国家公园等直接行使所有权。"

2017 年 1 月，中共中央办公厅、国务院办公厅印发《关于创新政府配置资源方式的指导意见》中提出："（五）健全国家自然资源资产管理体制。区分自然资源资产所有者和监管者职能，健全国家自然资源资产管理体制，依照法律规定，由国务院代表国家行使所有权，探索建立分级代理行使所有权的体制。划清全民所有、不同层级政府行使所有权的边界，按照不同资源种类和在生态、经济、国防等方面的重要程度，研究实行中央和地方政府分级代理行使所有权职责体制。完善自然资源监管体制，强化各自然资源管理部门监管职能，使自然资源资产所有者和监管者相互独立、相互配合、相互监督。"

3. 完善保护管理体系

国务院湿地保护管理相关部门指导全国湿地保护修复工作。地方各级人民政府湿地保护管理相关部门指导本辖区湿地保护修复工作。对国家和地方重要湿地，要通过设立国家公园、湿地自然保护区、湿地公园、水产种质资源保护区、海洋特别保护区等方式加强保护，在生态敏感和脆弱地区加快保护管理体系建设。加强各级湿地保护管理机构的能力建设，夯实保护基础。在国家和地方重要湿地探索设立湿地管护公益岗位，建立完善县、乡、村三级管护联动网络，创新湿地保护管理形式。

依据：完成到 2020 年湿地保护率提高到 50% 以上的具体行动，以第二次全国湿地资源调查湿地保护面积的九种保护形式（自然保护区、自然保护小区、湿地公园、湿地多用途管理区、森林公园、饮用水水源保护区、风景名胜区、海洋特别保护区、海洋公园）为基础，增加国家公园、地质公园、世界文化自然遗产等保护形式，鼓励和支持地方政府建立多种保护形式来加强湿地保护。创新湿地保护管理形式，正在开展的九处国家公园试点（三江源、东北虎豹、大熊猫、神农架、武夷山、钱江源、南山、长城、香格里拉普达措）中 5 处（三江源、神农架、钱江源、南山、香格里拉普达措）与湿地有关。设立湿地管护公益岗位，是借鉴了青海省的经验，湿地办发文（林湿综字〔2017〕3 号）报送湿地生态管护员的相关信息。国家林业局正在积极争取将湿地生态管护员纳入"生态保护人员"系列，享受国家有关财政政策。

为解决三江源地区生态保护和民生等问题，从 2015 年开始，青海省在果洛、玉树、海南、黄南等 4 个藏族自治州启动三江源生态公益性岗位工作。如今，上述做法已经在整个青海省全面推广。截至 2016 年，全省已经设置生态公益岗位 1.65 万个，其中，草原 1.01 万个。林业生态公益岗位 0.64 万个（含公益林、天保、湿地）。

（三）目标责任制

1. 落实湿地面积总量管控

确定全国和各省（区、市）湿地面积管控目标，逐级分解落实。合理划定纳入生态保护红线的湿地范围，明确湿地名录，并落实到具体湿地地块。经批准征收、占用湿地并转为其他用途的，用地单位要按照"先补后占、占补平衡"的原则，负责恢复或重建与所占湿地数量和质量相当的湿地，确保湿地面积不减少。

依据：《关于加快推进生态文明建设的意见》提出，到 2020 年，湿地面积不低于 8 亿亩，科学划定森林、草原、湿地、海洋等领域生态红线。目前，全国湿地总面积 8.04 亿亩，今后确保"占补平衡"才能实现"不低于 8 亿亩"的最低目标。为此，需要将各级政府的湿地保护管理责任落实到具体地块。

2017 年 2 月中共中央办公厅、国务院办公厅印发的《关于划定并严守生态保护红线的若干意见》指出："生态空间是指具有自然属性、以提供生态服务或生态产品为主体功能的国土空间，包括森林、草原、湿地、河流、湖泊、滩涂、岸线、海洋、荒地、荒漠、戈壁、冰川、高山冻原、无居民海岛等。生态保护红线是指在生态空间范围内具有特殊重要生态功能、必须强制性严格保护的区域，是保障和维护国家生态安全的底线和生命线，通常包括具有重要水源涵养、生物多样性维护、水土保持、防风固沙、海岸生态稳定等功能的生态功能重要区域，以及水土流失、土地沙化、石漠化、盐渍化等生态环境敏感脆弱区域。"《制度方案》所指的湿地范围，具体包括河流、湖泊、沼泽、滨海及具有重要生态功能和保护价值的人工湿地。

总体目标。2017 年年底前，京津冀区域、长江经济带沿线各省（直辖市）划定生态保护红线；2018 年年底前，其他省（自治区、直辖市）划定生态保护红线；2020 年年底前，全面完成全国生态保护红线划定，勘界定标，基本建立生态保护红线制度，国土生态空间得到优化和有效保护，生态功能保持稳定，国家生态安全格局更加完善。到 2030年，生态保护红线布局进一步优化，生态保护红线制度有效实施，生态功能显著提升，国家生态安全得到全面保障。

明确划定范围。环境保护部、国家发展改革委会同有关部门，于 2017 年 6 月底前制定并发布生态保护红线划定技术规范，明确水源涵养、生物多样性维护、水土保持、防风固沙等生态功能重要区域，以及水土流失、土地沙化、石漠化、盐渍化等生态环境敏感脆弱区域的评价方法，识别生态功能重要区域和生态环境敏感脆弱区域的空间分布。将上述两类区域进行空间叠加，划入生态保护红线，涵盖所有国家级、省级禁止开发区域，以及有必要严格保护的其他各类保护地等。

拟定将《全国主体功能区规划》禁止开发区、限制开发区中的湿地，《中华人民共和国环境保护法》（以下简称《环境保护法》）的敏感区、脆弱区中的湿地，国家、地方重要湿地，自然保护区、湿地公园等保护形式中的重要湿地均划入红线。以及《国务院关于同意新增部分县（市、区、旗）纳入国家重点生态功能区的批复》中提出的，新增纳入国家重点生态功能区的 240 个县（市、区、旗）及 87 个重点国有林区林业局，共有 753 个县（市、区、旗）和林业局纳入国家重点生态功能区。

国土资源部等 7 部委下达关于印发《自然资源统一确权登记办法（试行）》（国土资发[2016]192 号）提出，以湿地作为独立自然资源登记单元的，由登记机构会同湿地管理机构、水利、农业等部门制定工作方案，依据土地利用现状调查（自然资源调查）成果，参考湿地普查或调查成果，对国际重要湿地、国家重要湿地、湿地自然保护区划定登记单元界线，收集整理用途管制、生态保护红线、公共管制及特殊保护规定或政策性文件，并开展登记单元内各类自然资源的调查。

2. 建立湿地保护成效奖惩机制

地方各级人民政府对本行政区域内湿地保护负总责，政府主要领导成员承担主要责任，其他有关领导成员在职责范围内承担相应责任，要将湿地面积、湿地保护率、湿地生态状况等保护成效指标纳入本地区生态文明建设目标评价考核等制度体系，建立健全奖励机制和终身追责机制。

依据：《党政领导干部生态环境损害责任追究办法（试行）》（2015）第三条"地方各级党委和政府对本地区生态环境和资源保护负总责，党委和政府主要领导成员承担主要责任，其他有关领导成员在职责范围内承担相应责任"和第四条"党政领导干部生态环境损害责任追究，坚持依法依规、客观公正、科学认定、权责一致、终身追究的原则"。

中共中央办公厅、国务院办公厅印发的《生态文明建设目标评价考核办法》指出，生态文明建设目标评价考核在资源环境生态领域有关专项考核的基础上综合开展，采取评价和考核相结合的方式，实行年度评价、五年考核。因此在框架内容中提出，在各地生态文明建设目标考评制度体系中纳入湿地保护成效指标，完善相关奖励机制和终身追责机制。

（四）退化湿地保护修复制度

1. 实施湿地保护修复工程

国务院林业主管部门和省级林业主管部门分别会同同级相关部门编制湿地保护修复工程规划。坚持自然恢复为主、与人工修复相结合的方式，对集中连片、破碎化严重、功能退化的自然湿地进行修复和综合整治，优先修复生态功能严重退化的国家和地方重要湿地。通过污染清理、土地整治、地形地貌修复、自然湿地岸线维护、河湖水系连通、植被恢复、野生动物栖息地恢复、拆除围网、生态移民和湿地有害生物防治等手段，逐步恢复湿地生态功能，增强湿地碳汇功能，维持湿地生态系统健康。

依据：《关于加快推进生态文明建设的意见》提出，要保护和修复自然生态系统，实施重大生态修复工程。第二次全国湿地资源调查结果显示，两次调查期间，全国湿地面积减少了 339.63 万 hm^2，减少率为 8.82%；其中自然湿地减少了 337.62 万 hm^2，减少率为 9.33%；河流、湖泊湿地沼泽化，河流湿地转为人工库塘等情况突出。

为加快推进全国退化湿地修复，在框架内容中提出"建立退化湿地修复制度"。根据"谁破坏，谁修复"的原则，确定湿地修复责任主体。通过退耕还湿、退养还滩、排水退化湿地恢复和盐碱化土地复湿等措施，恢复原有湿地。对集中连片、破碎化严重、功能退化的自然湿地进行修复和综合整治，优先修复生态功能严重退化的国家和地方重要湿地。国务院和各省人民政府都要编制本地区湿地保护工程规划，多部门行动。

《中华人民共和国国民经济和社会发展第十三个五年规划纲要》指出，加大京津保地区营造林和白洋淀、衡水湖等湖泊湿地恢复力度，共建坝上高原生态防护区、燕山–太行山生态涵养区。设立长江湿地保护基金。建立海洋生态红线制度，实施"南红北柳"湿地修复工程和"生态岛礁"工程，加强海洋珍稀物种保护。保障重要河湖湿地及河口生态水位，保护修复湿地与河湖生态系统，建立湿地保护制度。加大风景名胜区、森林公园、湿地公园、沙漠公园等保护力度。建立森林、草原、湿地总量管理制度。

2. 完善生态用水机制

水资源利用要与湿地保护紧密结合，统筹协调区域或流域内的水资源平衡，维护湿地的生态用水需求。从生态安全、水文联系的角度，利用流域综合治理方法，建立湿地生态补水机制，明确技术路线、资金投入以及相关部门的责任和义务。水库蓄水和泄洪要充分考虑相关野生动植物保护需求。

依据：湿地生态用水，是指在特定的时空范围内，维持湿地生态系统正常发育与相对稳定所必需消耗的水资源。《水法》等法律多次对生态用水提出要求，第二十一条：

开发、利用水资源，应当首先满足城乡居民生活用水，并兼顾农业、工业、生态环境用水以及航运等需要。在干旱和半干旱地区开发、利用水资源，应当充分考虑生态环境用水需要。第二十二条：跨流域调水，应当进行全面规划和科学论证，统筹兼顾调出和调入流域的用水需要，防止对生态环境造成破坏。《湿地公约》关于生态用水的多项决议：9.1 附录 C 湿地公约水资源相关指导的综合框架。9.1 附录 C ii 管理地下水以保持湿地生态特性的指导意见。9.3 湿地公约参与当前水资源相关多边进程。

水是湿地生态系统安全的基础。为此，在框架内容中提出：区域用水要"维护湿地的生态用水需求"和"考虑相关野生动植物保护需求"。进入 20 世纪 90 年代，上游地区工农业用水增加挤占生态用水，扎龙湿地缺水问题日益加剧，造成湿地生态功能下降、荒火频发。自 2001 年开始，黑龙江省政府决定，为扎龙湿地生态补水；2009 年，批准建立扎龙湿地国际重要湿地长效补水机制，每年投入扎龙湿地生态补水专项经费 400 万元，平均每年为扎龙湿地补水 2.5 亿 m^3；截至 2016 年年底，累计补水 23.35 亿 m^3。通过补水，保障了扎龙湿地生态用水，维护了扎龙湿地生态安全。

（五）监测评价体系

1. 明确湿地监测评价主体

国务院林业主管部门会同有关部门组织实施国家重要湿地的监测评价，制定全国湿地资源调查和监测、重要湿地评价、退化湿地评估等规程或标准，组织实施全国湿地资源调查，调查周期为 10 年。省级及以下林业主管部门会同有关部门组织实施地方重要湿地和一般湿地的监测评价。加强部门间湿地监测评价协调工作，统筹解决重大问题。

依据：《关于加快推进生态文明建设的意见》提出："加快推进对能源、矿产资源、水、大气、森林、草原、湿地、海洋和水土流失、沙化土地、土壤环境、地质环境、温室气体等的统计监测核算能力建设，提升信息化水平，提高准确性、及时性，实现信息共享。"

《国务院办公厅关于印发生态环境监测网络建设方案的通知》（国办发〔2015〕56号），共分六部分二十条，对今后一个时期我国生态环境监测网络建设做出了全面规划和部署。指出：生态环境监测是生态环境保护的基础，是生态文明建设的重要支撑，要坚持全面设点、全国联网、自动预警、依法追责，形成政府主导、部门协同、社会参与、公众监督的生态环境监测新格局。

为提升湿地资源统计、监测和评价水平，在制度框架中提出：各级湿地保护管理部门统筹协调，"制定全国湿地资源调查和监测、重要湿地评价、退化湿地评估等规程或标准，组织实施全国湿地资源调查，调查周期为 10 年"。目前，第三次全国国土调查已经开始，湿地资源调查是其重要内容。

2. 完善湿地监测网络

统筹规划国家重要湿地监测站点设置，建立国家重要湿地监测评价网络，提高监测数据质量和信息化水平。健全湿地监测数据共享制度，林业、国土资源、环境保护、水利、农业、海洋等部门获取的湿地资源相关数据要实现有效集成、互联共享。加强生态风险预警，防止湿地生态系统特征发生不良变化。

3. 监测信息发布和应用

建立统一的湿地监测评价信息发布制度，规范发布内容、流程、权限和渠道等。国务院林业主管部门会同有关部门发布全国范围、跨区域、跨流域以及国家重要湿地监测评价信息。运用监测评价信息，为考核地方各级人民政府落实湿地保护责任提供科学依据和数据支撑。建立监测评价与监管执法联动机制。

依据：《国务院办公厅关于印发生态环境监测网络建设方案的通知》（国办发〔2015〕56号）提出："到 2020 年，全国生态环境监测网络基本实现环境质量、重点污染源、生态状况监测全覆盖，各级各类监测数据系统互联共享，监测预报预警、信息化能力和保障水平明显提升，监测与监管协同联动，初步建成陆海统筹、天地一体、上下协同、信息共享的生态环境监测网络，使生态环境监测能力与生态文明建设要求相适应。"

在框架内容中提出，统筹规划国家重要湿地监测站点设置，……，健全湿地监测数据共享制度，……，湿地资源相关数据要实现有效集成、互联共享。

小结

湿地保护修复制度框架内容围绕"湿地保护修复制度"这一主题，体现了"依法治湿，科学管湿，合理用湿，全面护湿"和全国一盘棋的思想，有利于进一步落实各级政府保护湿地的主体责任和做好《湿地公约》的履约工作。制度框架将江河湖海湿地作为一个共同的生命体，以分级、分权、分责和从严管控、规范许可、合理利用、依法治湿为重点，提出建立完备的监管体系、目标责任和奖惩机制，实施对国家重要湿地、地方重要湿地和一般湿地的有效保护。

简言之，课题完成了以下内容建议。

确定总体要求。围绕落实党中央、国务院关于加强湿地保护修复的决策部署，提出了湿地保护修复制度框架的基本原则和目标任务。

完善湿地分级管理体系。根据生态区位、生态系统功能和生物多样性，将全国湿地划分为国家重要湿地（含国际重要湿地）、地方重要湿地和一般湿地，列入不同级别湿地名录，定期更新。探索开展湿地管理中央与地方财政事权和支出责任划分改革。

实行湿地保护目标责任制。确定全国和各省（区、市）的湿地面积管控目标，逐级分解落实。相关部门合理划定纳入生态保护红线的湿地范围。制定湿地生态状况评定标准，加快提升湿地环境质量。将保护成效指标纳入地方各级人民政府生态文明建设目标评价考核等制度体系。

建立退化湿地修复制度。明确湿地修复责任主体，多举措恢复原有湿地。编制湿地保护修复工程规划，对集中连片、破碎化严重、功能退化的自然湿地进行修复和综合整治。完善生态用水机制，维护湿地的生态用水需求。强化湿地修复成效监督，建立湿地修复公示制度。

健全湿地监测评价制度。明确监测评价主体，完善湿地监测评价规程和标准体系。

统筹规划国家重要湿地监测站点设置，建立国家重要湿地监测评价网络（专栏 4.2.1）。建立湿地监测数据共享机制和统一的湿地监测评价信息发布制度，加强监测评价信息应用，注重湿地监测评价与监管执法联动。

专栏 4.2.1 国家重要湿地

国家重要湿地是指功能与效益的重要性具有国家重要意义的湿地，即该湿地在保障国家生态安全、保护生物多样性、保存历史文化遗产、促进社会经济可持续发展等方面具有国家重要意义。国家重要湿地确认应坚持生态完整、区域典型、重点突出、分布合理、形成体系的原则。

2011 年国家发布了《国家重要湿地确定指标》（GB/T 26535—2011），明确国家重要湿地应当符合下列任一指标。

a）具有某一生物地理区的自然或近自然湿地的代表性、稀缺性或独特性的典型湿地。

b）支持着易危、濒危、极度濒危物种或者受威胁的生物群落。

c）支持着对维护一个特定生物地理区的生物多样性具有重要意义的植物或动物种群。

d）支持动植物生命周期的某一关键阶段或在对动植物种生存不利的生态条件下对其提供庇护场所。

e）定期栖息有 2 万只或更多的水鸟。

f）定期栖息的某一水鸟物种或亚种的个体数量，占该种群全球个体数量的 1% 以上。

g）栖息着本地鱼类的亚种、种或科的绝大部分，其生命周期的各个阶段、种间或者种群间的关系对维护湿地效益和价值方面具有典型性，并因此有助于生物多样性保护。

h）是鱼类的一个重要食物场所，并且是该湿地内或者其他地方的鱼群依赖的产卵场、育幼场或者洄游路线。

i）定期栖息某一依赖湿地的非鸟类动物物种或亚种的个体数量，占该种群全球个体数量的 1% 以上。

j）分布在河流源头区或其他重要水源地，具有重要生态学或者水文学作用的湿地。

k）具有中国特有植物或动物物种分布的湿地。

l）具有显著的历史或文化意义的湿地。

本节作者：李　杰　谷振宾　王月华　国家林业和草原局经济发展研究中心

　　　　　鲍达明　国家林业和草原局湿地管理司

第三节 湿地总量管控政策分析

我国湿地类型多、分布广、生物多样性丰富，湿地总面积 5360.26 万 hm² (8.04 亿亩)，占国土总面积的 5.58%。其中自然湿地面积 4667.47 万 hm² (约 7 亿亩)。我国加入《湿地公约》后，各级政府在湿地保护上开展了一系列工作，但由于社会经济发展，湿地保护与利用矛盾加剧，围垦、基建、过度捕捞采集、外来物种入侵等已经成为我国湿地总量管控面临的主要威胁。

我国湿地分布不均，湿地面积流失严重，总量管控难度大。湿地存在是湿地功能发挥的基础，湿地面积是基础性评价指标，落实湿地面积到具体地域，确保数量不减少、质量不下降是湿地总量管控的核心工作。实行湿地总量管控，要将湿地生态系统作为整体，与社会经济发展相结合，采取系统的、科学的、综合的管控措施，在保证湿地面积不减少的前提下，推进湿地修复，维护湿地生态系统功能。湿地总量管控是保护生态环境的重要任务，事关生态文明建设、国家生态安全和经济社会可持续发展，要不断总结经验、创新发展，更好地实现国家的目标要求。本节在综合分析我国各类型湿地保护利用现状的基础上，结合对黑龙江省、江苏省、福建省三省典型湿地实地调研，总结我国湿地总量管控存在的问题，并提出政策建议。

一、湿地总量管控概述

（一）湿地总量管控历史沿革和目标要求

湿地是地球上单位面积生态服务价值最高、固碳能力最强、生物多样性保护意义最大的生态系统之一，被誉为"地球之肾"。同时，湿地具有支持经济社会发展的多重功能，极易被视作"荒地"开发利用，在人口迅速增长和经济高速发展的压力下，大量湿地已经被改造为农田和城乡建设用地或水源被截断等，导致自然湿地面积减少、质量下降。调控管理湿地总量、遏制湿地损毁退化历来是国内外湿地保护的焦点。例如，《关于特别是作为水禽栖息地的国际重要湿地公约》要求缔约国通过建立湿地自然保护区等，实现对湿地的更充分保护；建立国际重要湿地名录制度，规定"缔约国因其紧急的国家利益需对已列入名录的湿地撤销或缩小其范围时，应尽可能地补偿湿地资源的任何丧失"，目前，各国指定的国际重要湿地已有 2341 处，面积达 252.49 万 km² (https://rsis.ramsar.org/[2018-12-29])，成为管控湿地总量的重要机制。

我国的湿地总量管控工作，通过建立湿地自然保护区、指定国际重要湿地、退田还湿、建立湿地公园、实施湿地保护工程规划和主体功能区制度、划定生态保护红线、治理水污染等，不断得到加强，目标越来越清晰。2000 年发布的《中国湿地保护行动计划》，提出了"全面加强中国湿地及其生物多样性保护，维护湿地生态系统的生态特征和基本功能，重点保护好在国际与国家领域内具有重要意义的湿地，保持和最大限度地发挥湿地生态系统的各种功能和效益，保证湿地资源的可持续利用，使其造福当代惠及子孙"的总目标和国家重要湿地名录（173 处）。2015 年印发的《中共中央　国务院关于加快推进生态文明建设的意见》提出到 2020 年"湿地面积不低于 8 亿亩"的湿地总量管控目标,要求扩大森林、湖泊、湿地面积,保护和修复自然生态系统。2016 年国务院办公厅印发的《湿地保护修复制度方案》,提出"实行湿地面积总量管控,到 2020 年,全国湿地面积不低于 8 亿亩,其中,自然湿地面积不低于 7 亿亩,新增湿地面积 300 万亩,湿地保护率提高到 50% 以上"的更具体目标,要求控制自然湿地向人工湿地的转变,保持湿地总面积和自然湿地面积同时不减少。党的十九大报告要求"加大生态系统保护力度""强化湿地保护和修复"等,为进一步做好湿地总量管控工作指明了方向。

(二)湿地总量管控现状

按照党中央、国务院的决策部署,各地区、各部门采取一系列措施不断加强湿地保护管理工作,湿地管控面积逐步增加,管控主要形式有建立湿地自然保护区、湿地公园、湿地保护小区等。全国共认定国际重要湿地 57 处、湿地自然保护区 602 个、全国湿地公园 1699 处、国家湿地公园 898 处。但是,由于经济社会发展对湿地资源的压力持续增大,湿地总量管控制度也不够健全,湿地面积萎缩、功能退化、生物多样性破坏等问题依旧突出。据 2014 年公布的第二次全国湿地资源调查数据,我国湿地总面积为 5360.26 万 hm^2,与 2003 年公布的第一次全国湿地资源调查数据相比,10 多年间湿地面积减少了 339.63 万 hm^2,减少率为 8.82%,其中自然湿地减少了 337.62 万 hm^2,减少率为 9.33%,湿地总量管控形势严峻。

二、湿地总量管控中存在的主要问题

我国自然湿地包括沼泽地、泥炭地、湖泊、河流、海滩和盐沼等,人工湿地主要有水稻田、水库、池塘等。目前,各类型湿地都面临着开发破坏、不合理利用、保护落实难、修复赶不上损毁退化等问题,湿地总量管控任务重、难度大。

(一)主要类型湿地开发破坏问题突出

1. 农业开发、基本建设造成沼泽湿地面积减小,沼泽破碎化

沼泽湿地是我国最主要的湿地类型,在水源涵养、供水、固碳、生物多样性保护等方面有着重要作用,其面积占湿地总面积的 40.68%,但一直受到改变用途的威胁。一是大规模农业开发将沼泽湿地转化为耕地,淡水沼泽湿地集中区三江平原,在过去的 50 年间由于自然湿地农田化,导致沼泽湿地大面积丧失,湿地生态环境恶化。二是湿地自然来水受到人为控制,包括上游水资源的不合理开发利用导致水源供给不足、水位下降、土壤湿度降低、湿地面积萎缩,对一些干涸湿地,有些通过排水疏干将沼泽湿地转化为适合放牧的草场。三是铁路、公路、机场等大量基础设施建设占用、横穿湿地,导致湿地面积减少或破碎化。

2. 围湖造田、植被破坏等导致湖泊河流萎缩

两次全国湿地资源调查数据显示,近年来湖泊湿地面积减少了 58.91 万 hm^2,减少率为 7.05%。《全国水资源综合规划》数据显示，1950 年以来的半个世纪全国面积大于 $10km^2$ 的 635 个湖泊中，有 231 个湖泊发生不同程度的萎缩，由于围垦造成的湖泊湿地面积减少约占 80%，主要是为了满足粮食生产和防洪需要等，围湖造田改变了湿地类型，导致湖泊类型湿地面积大幅减少。例如，长江中下游五大湖泊湿地面积在两次湿地调查期间减少了 6.35%，洞庭湖、鄱阳湖和江汉平原湖泊由于围垦，湖泊面积减少，调蓄能力降低，并有沼泽化的趋势。1998 年特大洪水后，国家实行了"退耕还湖""退养还湖"等一系列政策，过去围垦的湖泊湿地有所恢复，但近年来围垦等现象又有增加的趋势。

同时，两次湿地资源调查期间河流湿地面积减少了 158.27 万 hm^2，减少率为 19.28%，除气候等原因外，造成河流湿地总量减少的最主要原因是拦河大坝的建设，调查数据显示河流湿地因建设坝闸而形成的水库面积为 306.46 万 hm^2，占我国人工湿地面积的 45.44%。大坝建设切断了河流水生生物洄游通道，将自然湿地转化为人工湿地，导致湿地功能与结构发生转变，水生生物适宜生境大量丧失，生态功能急剧下降。其次，江河两岸的开发特别是植被乱砍滥伐，导致土地水源涵养能力下降，水土流失现象严重，以致河流泥沙含量增加，使一些湿地水源注入速率减小，极易泥沙淤积加速湿地荒漠化。

3. 围填海影响近海与海岸等滨海湿地

我国沿海地区一直存在围填海、占用海岸线建设、进行浅海滩涂水产养殖等影响滨海湿地的人类活动，特别是国家更严格保护基本农田和实行天然林保护等工程后，建设用地转向沿海湿地，围海活动由传统的农业用地围垦转变为临海建设，加速了滨海湿地的退化丧失。例如，中国测绘科学研究院 2016 年 12 月发布的全国地理国情监测结果显示，2016 年全国海陆分界线（不含港澳台）长度约为 18 550km，近 70%的岸线已被开发利用，长度约为 12 881km，其中养殖开发的岸线长度占总长度的 25.49%。我国近海海洋综合调查与评价专项成果显示，与 20 世纪 50 年代相比，滨海湿地累计消失比例达 57%，2/3 以上的海岸受到侵蚀。两次湿地资源调查期间，仅红树林面积就减少了 20.04%。另据统计，仅 2004～2009 年，全国平均每年用于建设用地的围海面积就达 1.2 万～1.5 万 hm^2，29.56%的近海湿地已经或面临开垦、占用，自然滨海湿地转为滩涂水产养殖的面积达 75.06 万 hm^2，转为盐田的面积达 38.76 万 hm^2。

（二）不同目标制约保护

1. 国家不同部门之间存在冲突

虽然林业部门履行职责保护湿地，但有些部门关注重点在如何更充分利用湿地发展经济上，其涉及湿地的相关规划、决策及其实施造成了湿地功能的丧失，这种情况在经济高速发展地区更为多见。例如，在江苏盐城调研时发现，当地实施了多项滩涂匡围开发工程，导致多块自然湿地变为人工湿地，有些区域已经调整为建设用地、农业用地等，失去了湿地的身份和自然湿地的基本功能。其中有江苏省发展改革委根据《江苏沿海地区发展规划》批复的工程，也有国家海洋局为发展围垦养殖批复的工程规划等。不同部门的决定、规划之间相互冲突，造成了一些政府部门不断呼吁保护，另外一些政府部门不断开发的局面，湿地保护目标难以落实，不利于湿地面积和功能的稳定。

2. 自然湿地向人工湿地转化现象严重

据统计，全国河流湿地面积在两次湿地调查期间减少了 158.27 万 hm^2，减少率为 19.28%，河流闸坝建设形成水库面积 306.46 万 hm^2，占我国人工湿地总面积的 45.44%，是造成河流湿地面积减少的最直接原因。大坝建设截断河流，阻隔了自然河流和湖泊等其他水体的天然联系，使天然湿地转化为人工湿地，区域水文条件的改变引发一系列生态问题。特别是在西部干旱地区，筑坝修建水库减少了下游水量，导致下游缺水，破坏流域植被生态系统结构。例如，塔里木河、黑河等重要内陆河，由于水资源的不合理利用，造成绿洲消失，加剧了土地荒漠化。也有大量滨海自然湿地转化为人工湿地，过度的湿地种植、水产养殖导致湿地生物多样性下降、水体富营养化等。

3. 湿地保护与当地居民生计的矛盾

虽然湿地要保护，但也有湿地资源传统利用者，加强湿地保护与其依托湿地的生计改善有矛盾。例如，在福建泉州湾河口湿地调研时发现，泉州湾河口湿地在被划定为省级自然保护区之前，有关部门曾给社区群众发放过一批"水产捕捞证"。根据自然保护区管理条例，保护区内禁止捕捞活动，但取消捕捞活动会直接影响持证者收入。对于此类状况尚未有具体管理措施，以致在保护区内依旧存在捕捞活动。

4. 外来物种入侵破坏湿地生态功能

外来物种入侵占领本地种生态位，对本地种群落、组成、结构造成影响与危害，是一些湿地退化的重要原因。在福建省调研时发现，滨海湿地普遍存在入侵植物——互花米草（*Spartina alterniflora*），其泛滥成灾也是不同目标的产物。例如，互花米草原产于美洲大西洋沿岸，由于秸秆密集粗壮，地下根茎发达，被福建省引进用于保滩护堤，目前已侵占闽江河口湿地、泉州湾河口湿地等重要湿地。但由于互花米草入侵滩涂湿地后，有超强的繁殖能力，分泌他感物质影响其他植物生长，造成原有滩涂植物消失，底栖生物大量减少，对自然湿地构成威胁。

5. 缺乏科学的湿地利用分类与经营规划

我国对于湿地的分类是基于其自然属性（成因和水文地理），共划分为 5 类 34 型。对于自然湿地的开发利用，如人工养殖，使得原本相同类型的湖泊、滩涂等湿地产生了分化，有养殖型和天然型之分。同样，沼泽湿地也已产生了垦殖湿地、放牧湿地等类型，这些分化源于湿地利用目的的差异。目前，我国对于湿地的资源、价值、利用方式缺乏科学的分类、评价体系，对于已开发或待开发的湿地缺乏长远规划与可持续经营管理措施，不但已开发湿地优势、价值得不到充分发挥，由于经营利用不当还会导致其重要生态功能永久受损。例如，以湿地为目的地盲目开发生态旅游时，由于对湿地利用分类不明确，旅游设施建设、景区开发极易造成湿地重要生物消失；由于缺乏长期经营规划，随之而来的生活污水、垃圾等也会破坏湿地生态环境。

（三）湿地保护法规标准滞后

1. 一般湿地缺乏保护依据，总量管控难度大

《湿地保护修复制度方案》强调将全国所有湿地纳入保护范围，已经进入自然保护区、湿地公园、湿地保护小区等湿地保护体系的湿地，依据相应法律和保护管理办法执行，总量管控压力不大。但一般湿地由于缺乏明确的保护制度，总量管控难以完全落实到位。例如，随着林地、农田等土地类型受到法律严格保护，经济建设对于土地的需求又日益增加，一些地区城镇扩展、基本建设等工程已开始大量侵占一般湿地。

2. 法规制度不健全，湿地修复标准不清晰

湿地类型复杂，涵盖多种自然资源要素，现有国家层面的湿地保护虽然在不同湿地系统的组成要素法律法规中有体现（如森林、草原、野生动植物等），但尚未制定出台专门保护湿地的法律法规，影响到实施总量管控目标和政策。《湿地保护修复制度方案》中指出，实施湿地保护修复工程应坚持自然恢复为主、与人工修复相结合的方式，对集中连片、破碎化严重、功能退化的自然湿地进行修复和综合整治，优先修复生态功能严重退化的国家和地方重要湿地，还需要进一步具体化，制定相应的标准，更好地落实自然恢复为主的方针。

（四）湿地保护管理机制尚需进一步完善

1. 审批权层层下放，有可能弱化保护

部分省级湿地管理部门管理湿地的想法是，发布省内湿地名录，落到图册，以文件形式下发到各市县，湿地保护、审批权限也同时下放，省级只负责湿地保护监督。这种层层下放审批权的方式，实际上是将湿地保护责任往基层压，基层在应对湿地征占用时抗压能力不足，容易出现新的开发破坏。

2. 湿地管理部门没有执法权，监管时效性差

湿地管理部门一般没有执法权，在发现破坏、非法利用湿地现象时，由于没有执法权且缺乏具体法律依据，监管力度明显不足。例如，在黑龙江宾县调研时了解到，当地一处季节性沼泽湿地，在枯水期存在违法放牧与开垦种植的现象，湿地监管部门虽然有发现，却因为没有执法权难以及时处理。由于类似人为活动的发生不规律，或时间短，在通报当地执法机构前往现场后，往往难以找到违法人员，追责困难。

3. 一些湿地保护区包含有较多生产区域

由于历史原因，一些湿地保护区范围划分不够合理，存在农田、建设用地等其他土地利用类型，全面落实保护有困难。例如，黑龙江宾县沿江省级自然保护区中存在基本农田，泉州湾河口湿地自然保护区核心区内存在原住民等。

（五）湿地调查与落界存在偏差

调查统计技术方面的因素也会造成湿地总量调查数据与实际的偏差，实际分析应用要注意到这一点。一是遥感影像等调查精度上的误差。依据《全国湿地资源调查技术规程》（2008 年），湿地资源二次调查中采用现地调查结合遥感影像判读的方式，由于影像质量的原因，如使用的是分辨率为 30m 的 TM 影像，会造成河流或沼泽等湿地边界判定位移，判读的湿地面积与实际有可能产生差异。二是由于自然或人为因素湿地调查斑块地类改变，难以落实湿地分布具体范围，造成二次湿地调查的湿地地块与现存土地类型有偏差。例如，黑龙江省进行的后续调查中，存在解译的湿地斑块与实际坐标不符的现象。三是统计方式影响湿地总体面积，如湿地第一次调查面积范围为 100hm² 以上（含 100hm²）的湖泊、沼泽、人工湿地中的库塘，第二次是调查面积 8hm² 以上的湿地区域，两次调查标准不同会影响结果。

三、典型湿地总量管控问题与对策

项目组针对研究内容，重点考虑湿地类型及总量管控的代表性等因素，报国家林业局湿地办后确定江苏、福建和黑龙江为湿地总量管控政策分析研究的案例点。到各省调研时，除与湿地主管部门座谈了解情况外，重点考察一个湿地保护管理比较好的点和一个湿地保护面临问题比较多的点。在黑龙江省考察了哈尔滨市哈东沿江湿地省级自然保护区和宾县沿江省级保护区，在江苏省考察了苏州的湿地公园和盐城的湿地保护区；在福建考察了泉州湾河口湿地省级自然保护区和福建闽江河口湿地国家级自然保护区。

（一）黑龙江省沼泽湿地总量管控问题与对策

黑龙江省是全国湿地资源最为丰富的省份之一，区内有黑龙江、松花江、乌苏里江、绥芬河等多条河流，低平的地势造就了广袤壮美的大面积湿地。第二次全国湿地调查显示，全省自然湿地面积 556 万 hm²，占全省土地面积的 11.8%，占全国自然湿地面积的 1/8（位列第四位，前三位分别为青海、西藏、内蒙古）。黑龙江省湿地包括沼泽湿地、河流湿地、湖泊湿地和人工湿地 4 种类型，其中沼泽湿地面积 427 万 hm²，占全国沼泽湿地面积的 1/5，是黑龙江省最典型的湿地类型。分区域看，松嫩平原（黑龙江部分）有湿地 198 万 hm²，三江平原有湿地 91 万 hm²。黑龙江省湿地总量减少、生态退化现象严重，原因如下。首先，湿地开垦、改造现象严重，湿地总量大幅减少。以三江平原为例，湿地面积从 2000 年的 150 多万公顷减少到目前不足 100 万 hm²。其次，湿地水资源利用不合理，许多湿地上游水资源被转为他用，湿地面积严重萎缩甚至干涸。第三，湿地资源的不合理利用导致湿地受到污染、泥沙淤积，严重影响湿地的效益和生态功能。

黑龙江省较早采取了一系列重要举措加强湿地资源保护。1998 年，省委省政府出台《关于加强湿地保护的决定》，由全面禁止开发湿地转为全面保护；2000 年，省政府成立了湿地保护领导小组，由主管副省长任组长，省发展和改革委员会、省财政厅等 11 个部门和单位为成员单位，领导小组办公室设在省林业厅；2012 年，成立了省湿地保护管理中心，湿地面积较大的佳木斯、黑河等市也都成立了湿地保护管理局或中心。特别是

2003 年，黑龙江在全国率先出台了《黑龙江省湿地保护条例》，并根据实践经验、新的形势要求，省人大常委会于 2016 年制定了新的《黑龙江省湿地保护条例》，在建立健全湿地保护制度、采取全面严格保护措施、规范湿地利用、强化监督管理等方面做出了一系列新的规定，保护力度显著提升；同时，还为兴凯湖、挠力河等湿地类型国家级自然保护区单独制定了保护管理条例。2014 年，黑龙江省政府首次将湿地率纳入全省县域经济社会发展综合评价指标体系，并于 2016 年 12 月份在全国率先公布省级湿地名录。2017年 10 月，黑龙江省人民政府办公厅印发《黑龙江省湿地保护修复工作实施方案》，明确了湿地保护修复的总体布局、湿地面积分解、湿地名录动态管理、湿地不动产等级标注等，配套出台了许多切实可行的保护修复措施。

黑龙江省湿地总量管控已取得较好成绩，共建立湿地类自然保护区 138 个（国家级27 个，省级 60 个，其余为市县级），其中扎龙、洪河、三江、兴凯湖、七星河、南瓮河、珍宝岛和东方红 8 个国家级自然保护区为国际重要湿地，另有富锦等 77 处省级以上湿地公园和 11 处湿地保护小区。在实地调研哈东沿江湿地省级自然保护区时发现，以湿地生态旅游带动就业，在保护资源的同时带动了绿色经济发展。哈东沿江湿地自然保护区位于哈尔滨市道外区东北部松花江南岸，距离中心城区仅 20min 的车程，交通方便。保护区沿松花江南岸呈东西带状延伸，东西长 23.5km，南北宽 5.5km，总面积 10 725hm²。其主要地貌类型为沼泽和沼泽化草甸，面积约 7936.50hm²，占保护区规划面积的 74.00%，分布在松花江及支流的河流谷地和漫滩上，在地势平坦、细流网布、河曲发达、水流缓慢的地方常形成大面积沼泽和水甸子，当地人称"沟塘"，可绵延数十千米。以前，这里居民以种田为生，后由于修建水坝导致大量农田被淹，原来的"沟塘"变成集中连片的沼泽湿地，建立自然保护区后经由村集体筹资开展湿地生态旅游，大部分村民参与其中从事旅游服务。由于湿地生态环境与旅游发展、居民收入增加密切相关，保护不仅是恢复良好生态环境的需要，也是当地经济社会发展的保障，村民自发参与使湿地在合理利用中得到了较好保护。

（二）江苏省湖泊河流湿地总量管控问题与对策

江苏地处我国东部沿海，位于长江、淮河两大流域下游，境内河渠纵横，湖泊众多，沿海滩涂辽阔，湿地面积达 282.2 万 hm²，其中自然湿地面积为 194.6 万 hm²，人工湿地面积为 87.6 万 hm²。江苏省湿地特点鲜明独特，主要体现在如下方面。一是湿地资源总量大，总面积居全国第 6 位。湿地类型多，内陆、滨海、淡水、盐沼、河流、湖泊等类型均有分布，是全国湿地资源最丰富的省份之一。二是湿地国际生态地位高。太湖、洪泽湖、石臼湖、高邮湖、盐城沿海湿地等均为国家重要湿地，近海与海岸湿地为亚洲最大规模同类湿地，盐城湿地珍禽和大丰麋鹿 2 个国家级自然保护区同为国际重要湿地。三是湿地之间关联程度高，全省地势平坦，湿地水体连通性好，大量运河、人工沟渠及水利工程进一步加强了水体的联系，形成了江、河（渠）、湖（库、塘）、海等高度关联的湿地水网。

调研发现江苏省湿地总量管控主要存在以下问题：①第二次资源调查湿地面积数据与现阶段实际湿地资源面积不吻合，二次湿地资源调查之后湿地仍有大面积减少。第二次湿地资源调查显示，江苏省自然湿地面积为 183.08 万 hm², 与第一次调查结果 174.80 万 hm² 相比有所增加。分类型看，虽然近海与海岸湿地面积增加幅度很大，由 45.60 万 hm² 增加到 108.72 万 hm², 但河流湿地面积大幅减少，由第一次调查的 48.70 万 hm² 减少到 18.88 万 hm², 湖泊湿地面积由第一次调查的 64.20 万 hm² 减少到 52.90 万 hm², 反映了城市规划、建筑占用等造成许多湿地流失，给湿地总量管控带来了进一步的管理压力。②围垦使湖泊、河流湿地面临总量快速流失和湿地多样性退化的巨大压力。近 20 年来，湖泊、河流湿地总量锐减，湿地多样性退化，是江苏全省面临的共同问题。这主要是由于围垦改变了湿地用途，部分生态关键区向建设用地转化，加速了湿地生态环境的恶化。盐城市大丰区、东台市是围垦最集中的区域，围垦方式的变革和过快的围垦速度在破坏自然湿地的同时，也导致新围垦湿地的质量大幅下降，不仅不利于湿地的保护，也不利于围垦后的有效利用，进而导致对自然湿地更大的破坏。

为了应对湿地总量减少、质量下降等问题，江苏省采取出了一系列积极的措施。以苏州市为例，2012 年实施了《苏州市湿地保护条例》，2014 年又出台了《关于加强湿地保护管理工作的意见》，对湿地认定、保护工作进行了细化。主要开展的工作：一是通过湿地认定规范湿地征占用管理等。苏州市已经完成了重要湿地、一般湿地的认定工作，2013 年公布了《苏州市级重要湿地名录》，涵盖市级重要湿地 102 个，市、区一般湿地 23 个，列入名录的自然湿地占全市自然湿地的 86.9%。同时加强湿地红线管理，将湿地红线与国土部门红线对接，有效地遏制了随意侵占湿地的行为。二是开展湿地资源摸底调查，落实湿地面积总量管控。包括利用高清卫星影像，掌握全市湿地面积动态变化情况；做好湿地勘界工作，安装重要湿地四至边界牌和指示牌 525 块，重要湿地图形斑块均已上图。摸底调查显示，苏州市湿地总面积减少主要发生在 2009～2012 年，变化面积较大的区域是沿长江的湿地和南部湖泊湿地密集区域。2013 年划定市级重要湿地红线后，随意侵占湿地现象得到遏制，近几年湿地征占用以交通、水利等基础建设为主。

几个保护湿地的实例如下：2017 年，沪宁城际铁路工程建设项目穿越江苏天福国家湿地公园，按照"先补后占，占补平衡"的原则，办理湿地征占用手续，在项目开工前要求建设单位提供市政府相关部门同意将占补平衡湿地划入江苏天福国家湿地公园的证明材料，提供落实修复资金的相关承诺材料。2015 年，常熟市印象沙家浜爱国主义教育实景演出项目占用苏州市级重要湖泊湿地，通过部分建筑打桩技术、清淤和移栽林木及水生植物等措施形成生态防护林、自然生态驳岸等措施，尽可能减少了项目建设对周边湿地的影响。2015 年，苏州市吴中区西山岛出入通道扩建工程征占用太湖湿地，要求建设单位严格执行《吴中区西山岛出入通道扩建工程占用湿地修复方案》，通过底质恢复、大型水生植物恢复、底栖动物恢复等措施减少工程建设的影响。

（三）福建省滨海湿地总量管控问题与对策

福建省位于中国大陆东南沿海，湿地面积为 83.07 万 hm²（不含水田），占全省面积的 6.8%，其中天然湿地面积 76.32 万 hm²。福建省天然湿地分为 4 类 22 种类型，滨海湿地为主要湿地类型，特别是浅海、河口、滩涂和红树林湿地是福建省重点湿地，占天然湿地总面积的 85% 以上，滨海湿地面积 53.18 万 hm², 占全省湿地总面积的 64%。全省湿地分布维管植物 500 余种（含变种），隶属于 124 科 325 属，浮游植物 299 种，水生生物和鸟类种类繁多。

2015 年 11 月，福建省湿地保护管理中心成立，为正处级事业单位，核定编制 8 人，已到位 3 人。南平、厦门 2 市的湿地保护管理机构已经于所在地编办批准成立。根据 2015 年《福建省人民政府办公厅关于印发福建省林业生态红线划定工作方案的通知》要求，包括沿海湿地在内的全省湿地保护红线划定工作正有序推进。2016 年 9 月 30 日，福建省十二届人大常委会第二十五次会议通过《福建省湿地保护条例》，为做好贯彻实施工作，省湿地主管部门部署开展了福建省重要湿地保护名录编制工作，建立了湿地保护专家库等。

调研点之一泉州湾河口湿地省级自然保护区的情况。该保护区位于福建泉州两条主要河流晋江和洛阳江的入海口，范围涉及晋江市、石狮市和泉州市的丰泽区、洛江区与泉州台商投资区，主要保护对象是滩涂湿地、红树林及其自然生态系统。存在的主要问题：一是湿地保护与社会经济发展的矛盾。由于泉州市区东扩，自然保护区已位于泉州市中心，公共交通设施建设需求增大，同时受到经济转型影响，当地居民依赖滩涂养殖增加经济收入，保护与发展存在矛盾。二是外来物种入侵后果严重。泉州湾 20 世纪 70 年代为促淤护岸引入大米草，80 年代又引入互花米草固堤，因为这两种植物生长蔓延迅速，在潮位 4m 至高潮线都有分布，已大面积侵占滩涂湿地，阻止水流畅通，破坏湿地环境和功能。为此，保护区进行了一系列湿地抢救性修复工作，泉州湾河口湿地生态修复工程共除治互花米草 2847 亩、恢复红树林 3044 亩。泉州湾河口湿地省级自然保护区内红树林面积已达 7000 亩，目前是东南沿海人工林恢复面积最大、生长良好的集中连片红树林。

调研点之二福建闽江河口湿地国家级自然保护区的情况。该保护区位于福州市长乐区东北部闽江入海口南侧，是众多水鸟、鱼类、甲壳类的栖息地。闽江河口湿地自然保护区的建立得到了各级党委、政府的重视与支持，特别是 2002 年 4 月时任福建省省长的习近平在《八闽快讯》"专家呼吁抢救性保护闽江河口湿地"的专报上作出重要批示后，2003 年长乐市人民政府即撤销了该区域的围垦项目转而建立自然保护区。2010 年 3 月福建省人大常委会批准《福州市闽江河口湿地自然保护区管理办法》，是目前为数不多的由省人民代表大会常务委员会批准的一区一法。保护区完善管护基建设施，并配齐相关设备，设置两处管理站，三处管理哨卡，能够满足日常管护工作的需要；修建湿地博物馆、拍摄湿地宣传影片等，加大宣传力度，提高公众自觉保护湿地的意识。

四、政策建议

（一）对目前湿地资源状况进行快速摸底，实行湿地资源动态监测

湿地管理在不同阶段面临不同问题，2010 年前湿地保护管理更多是做改变人们观念、提升保护意识和重点区域保护修复的工作，现在湿地管理就是要确立各项制度。湿地红线制度的基础是对湿地资源状况的清楚了解，鉴于第二次全国湿地资源调查（2009 年）已经过去了 8 年，数据滞后，第三次全国湿地资源调查还没有在全国展开。建议湿

地主管部门组织实施对全国湿地进行一次快速、粗线条摸底，为制定湿地红线政策提供支撑。在此基础上，提高湿地调查技术，实行湿地资源动态监测。保证全国湿地总量不减少的前提是搞清总量，要明确调查标准，规范调查手段，提高调查精度，摸清湿地本底资源状况。对于重点湿地，要进行湿地野生动植物、气象、水质、面积的动态监测，掌握湿地资源变化情况。

（二）理顺管理体制，加强跨部门协作

湿地总量管控制度建设，符合生态文明体制改革的总体要求，但湿地总量管控涉及跨部门资源的利用与保护。国家林业局局长张建龙指出，湿地保护与利用的矛盾日益凸显，湿地受威胁压力增大，污染、过度捕捞和采集、围垦、外来物种入侵和基建占用成为威胁湿地生态状况的主要因素。因此，需要增强湿地总量管控制度与农业生产、流域管理、工业建设间的联系，减少体制间的冲突。将湿地总量管控制度与其他生态资源保护利用制度结合起来，与经济社会发展结合起来，通过退耕还湿、退养还滩、排水退化湿地恢复和盐碱化土地修复等方式确保湿地总量管控目标的实现。

各级政府应当将湿地总量管控纳入当地生态文明建设目标评价考核制度体系，建立健全奖惩机制和终身追责机制。加强地方湿地保护管理机构建设，明确湿地保护管理部门指导本辖区湿地保护修复工作并对行政区域内湿地保护负总责。加强各级湿地保护管理机构的能力建设，督促没有成立机构的保护区和湿地公园尽快成立独立的管理机构，解决人员编制和将湿地管理运营经费纳入同级财政预算，切实夯实保护基础。对涉及部门多的湿地保护区，要创新保护管理形式，多部门共同参与研究决定最大问题；跨行政区域的保护区，要建立联合保护管理机制。

（三）完善湿地分级管控制度，明确湿地管护责任

目前，我国湿地资源权属不明确，监管责任不清晰，难以遏制过度利用和无序滥用，需要对湿地破坏与不合理利用现象实行严格的分级管理制度，根据湿地的重要程度（国家级、省级、一般湿地），国家、省、市、县采取不同强度的管理措施，分级落实湿地面积管控目标。健全一般湿地保护利用制度，在县、乡层面上建立地方重要湿地和一般湿地认定标准，制定相关管理办法，研究、调整不合理的湿地保护利用形式。实行湿地分级分类管理的前提是一定要设置合理的保护形式，从调研情况看有些保护区设置的比较草率，如福建泉州湾河口湿地省级自然保护区范围涉及泉州丰泽区、洛江区、泉州台商投资区等区域，边界划到了城市居民家附近，核心区有大量原住渔民，按照地理位置、历史沿革、基础设施建设等方面考虑，更应当设置成湿地公园，而不是自然保护区。否则即使加大投入、增加人员，也很难使保护区的管理达到《中华人民共和国自然保护区条例》的要求。林业部门应当会同其他相关部门一起在十九大报告提出的"建立以国家公园为主体的自然保护地体系"的新形势下，协调、调整不合理的湿地保护形式，提高湿地红线管理效率。

同时，要完善湿地生态补偿机制，实现沼泽、河流、湖泊、滨海湿地等重要类型湿地补偿全覆盖，补偿水平与社会经济发展状况相适应，健全国家和地方湿地生态补偿标

准动态调整机制，建立跨地区、跨流域多元化的湿地生态补偿机制。

（四）尽快制定出台国家湿地保护条例和湿地占补平衡管理办法等，为湿地总量管控提供更有效支撑

虽然因为种种原因，国家尚没有专门的湿地保护法规，但近 20 个省份出台了地方湿地保护管理条例，在依法加强湿地保护上发挥了重要作用。但同时也存在一些问题，特别是没有上位法指导的情况下，各省份对湿地保护管理的思路、规定差别较大，不利于实现湿地总量管控目标。例如，福建省规定省政府根据调查结果，将具体指标分解到市、县，实行考核制，确保湿地面积总量不减少；江苏省规定经批准占用、征收湿地的，用地单位应当按照湿地保护与恢复方案恢复或者重建湿地；而有些省份对占用湿地只是提出程序上的规定，缺乏实质性管控要求。因此，有必要尽快制定出台国家湿地保护条例，对全国湿地保护形式、管控措施、审核程序、责任分工等做出规定。

湿地占补平衡方面，从调研情况看以沼泽湿地等为主要类型的省份有在面积上调节、补偿的余地，以滨海湿地为主要类型的省份在落实征占用平衡办法上有难度，不同省份的工作难度不在一个水平线上。对于共性的问题，国家湿地管理部门应当汇总研究，出台《全国湿地占补平衡管理办法》，完善湿地占补平衡细则，特别是要对补充湿地的质量与完成时效提出具体规定。

（五）构建湿地保护体系，出台湿地修复细则

合理划定纳入生态保护红线的湿地范围，明确湿地名录，所有 $8hm^2$ 以上湿地均纳入湿地名录，确定四至边界，由省到市、县确定湿地面积，采取逐级检查的方式，对于已占用的湿地进行退还。由上至下构建湿地保护体系，明确保护目标，在生态敏感和脆弱区域加强保护管理体制建设。目前湿地保护形式有自然保护区、自然保护小区、湿地公园、湿地多用途管理区、森林公园、饮用水水源保护区、风景名胜区、海洋特别保护区、海洋公园等，是湿地总量管控的重要基础，建议增加国家公园、地质公园、世界文化自然遗产等保护形式，鼓励和支持地方、部门多途径加强湿地保护。湿地修复方面，要制定细则提供指导；重视建立湿地补水机制，形成水循环系统，通过物种选育、配置等方式，逐步恢复湿地生态功能；建立湿地监控设施，做到实时监管。

（六）科学评价湿地主体功能，根据功能分类有条件开展经营

根据我国现存多种湿地的特点，制定湿地利用分类系统及湿地主体功能评价指标体系，据此制定湿地分类经营实施方案。根据湿地主体功能，在保证湿地面积不减少、质量不下降、主体功能得以充分发挥的前提下，制定具体经营措施。要按照保护优先、自然恢复为主的方针，严格限制和审批湿地的综合开发利用。

（七）鼓励发展湿地产业，规范湿地利用模式

政府可以出台将其他用地转化为湿地的有利政策措施，借以扩大湿地保护面积。同时，科学制定湿地利用方式，发展湿地产业要确保湿地生态的良好性，这方面已有许多

好的做法。例如，所调研的苏州市，为恢复湿地水质，实施"退渔还湖"措施，拆除了阳澄湖原有水域养殖围网，仅保留 8000 亩水域进行集中养殖，并在湖区周边统一规划 3 万亩标准化养蟹池塘，引导养殖户科学养蟹，通过物理方式净水、合理设置养殖密度、科学投放饵料等方法改变养殖方式，在保障河蟹产量和品质的同时有效地缓解了阳澄湖污染负荷，湿地生态功能得到有效保护。

　　综上，我国湿地在总量管控方面存在着一系列严峻问题。这首先是由于我国湿地管理体制尚不健全。湿地长久以来作为"未利用地"（直至 2017 年才将湿地列入土地分类），由于缺乏法律保护，以致城镇扩展、农业开发、基础建设等工程大量侵占湿地，导致湿地萎缩。其次，从国家层面上，湿地保护、管理体制尚不成熟，各部门对于土地利用上存在冲突。湿地保护地位低，易成为土地开发利用的"牺牲品"。从地方管理层面上看，由于缺乏健全的顶层设计，地方政府在湿地保护方面管理混乱，多部门管理职能出现重叠。湿地监管部门往往没有执法权，导致侵占、破坏湿地等现象不能及时受到遏制。最后，我国对于湿地保护与利用的关系尚未清晰。湿地合理利用与生态保护的界限模糊，在实际开展工作时往往会出现过度利用或过度保护两个极端现象：过度利用导致湿地萎缩，生态功能大幅下降；过度保护导致湿地资源利用不充分，无法充分发挥湿地应有的生态效益。实施湿地总量管控，第一，要摸清本底资源，充分了解资源现状，以便于政策制定，最终将全部湿地保护起来。第二，在建设以国家公园为主体的自然保护地体系的基础上，实施湿地分级管理系统，明确各级政府管控责任。第三，创新湿地总量管控形式，加强跨部门间协作。第四，科学评价湿地主体功能，把握好湿地保护与利用间的关系，建立湿地修复机制，确保湿地总量不减少、质量不下降。

本节作者：李　杰　王月华　崔　崽　国家林业和草原局经济发展研究中心

第五章　湿地保护技术指南

湿地保护和合理利用是《湿地公约》所倡导的重要宗旨。我国湿地面临开垦开发、水质污染、资源衰退及生物多样性破坏等的威胁，开展湿地保护、恢复及管理技术的研究是开展湿地保护和生态恢复的前提和重点。本章基于自然保护地体系，提出了"湿地生态保护红线"划定方法和原则。借鉴国内外案例，分享了湿地可持续渔业技术方案，探索性地开展了跨部门、跨学科的湿地水环境污染控制技术整合分析，同时，对湿地周边基础设施建设提出规范和技术要求。上述技术方案为湿地管理决策部门提供了有效的政策工具，对湿地主管部门、保护区及社区人员开展湿地资源利用具有参考和借鉴意义。

第一节　湿地生态保护红线的划定

湿地与森林、海洋并称为"地球三大生态系统"，在调节气候、涵养水源、净化过滤、提供生产生活原材料、保护生物多样性等方面发挥着重要的作用。我国政府自1992年加入《湿地公约》以来，为开展湿地保护做出了一系列决策部署，初步形成了当前以自然保护区、重要湿地和湿地公园为主体的湿地保护形式。但随着我国工农业及城乡经济的快速发展，天然湿地，特别是位于人口密集或人地关系紧张、水资源相对紧缺及工农业生产分布密集的区域，尚未划入保护地的天然湿地，依然面临着退化的威胁。即使已划入自然保护地体系甚至已建有相应保护管理机构的一些地区的湿地，也并没有完全摆脱开垦、开发、污染、退化及生物多样性遭受破坏的窘迫境地。在此情况下，依据我国国情提出划定"湿地生态保护红线"具有重要的理论和现实意义。划定湿地生态保护红线，将为湿地生态系统和空间资源管理提供有效的政策工具，能够有效减少盲目开发造成的湿地生物多样性丧失、湿地水质恶化、湿地防灾减灾能力弱化、湿地景观永久改变等现象的发生，对维护国家生态安全、推动绿色发展具有十分重要的意义。

一、我国生态保护红线的概念与内涵

（一）生态保护红线概念的产生

在人口增长、社会经济发展及全球气候变化的影响下，生态退化和环境破坏已达到前所未有的程度，危及人类自身的福利和可持续发展（邹长新等，2015）。为此，我国生态环境保护与建设力度逐年加大。在此背景下，"生态保护红线"是我国学者针对我国生态保护现状提出的一种新的生态环境保护理念，它注重保护理论、方法和管理措施的有机结合，在国家和地方重要的空间规划基础上，将最为重要的生态区域进一步细化与落地，并实施长期严格保护，是我国用制度保护生态环境的一项创举。

生态保护红线的早期雏形是红线控制区，早在 2000 年，浙江省安吉县生态规划就采用了红线控制区的概念（杨邦杰等，2014）。2000 年，国务院印发《全国生态环境保护纲要》，其中就提出划定重要生态功能区、重点资源开发区和生态良好地区。2005 年 2 月，广东省颁布实施的《珠江三角洲环境保护规划纲要（2004-2020 年）》将自然保护区的核心区和重点水源涵养区等区域划为红线区，实行严格保护，在红线区内，一些污染大、环境危险指数高的项目的准入受到了严格限制，取得了良好的保护效果（陈先根，2016）。随着珠江三角洲这一实践的成功，包括长江三角洲、京津冀、福州、大连、成都等越来越多的区域和城市在制定环境保护规划的时候，开始采用红线概念或类似的管控理念。2005 年 10 月深圳市颁布《深圳市基本生态控制线管理规定》，提出划定基本生态控制线，规定了基本生态控制线划定的范围（包括一级水源保护区、风景名胜区、自然保护区、主干河流、水库湿地等），划定和调整的程序及监督和责任等方面的内容，并制定了相应的城市生态系统保护制度，把基本生态控制线提升到法律层面并加以强制保护（苏同向和王浩，2015）。2007 年，昆明市在进行土地利用总体规划编修中，把生态系统敏感或具有最关键生态功能的区域，划为生态红线区（杨邦杰等，2014）。

2008 年，环境保护部和中国科学院联合发布《全国生态功能区划》，将全国国土空间划分为生态调节、产品提供与人居保障三类生态功能一级区，并在此基础上进一步划分生态功能二级区和生态功能三级区。2010 年 12 月，国务院印发《全国主体功能区规划》，把我国的国土空间划分为四类：优化开发区域、重点开发区域、限制开发区域和禁止开发区域，并分为国家级和省级两个层级（陈先根，2016）。主体功能区规划、生态功能区划等空间优化战略的实施，加之各级各类生态保护区的建立及一系列生态保护与建设工程的开展，在一定程度上减缓了我国生态环境不断恶化的趋势，但国土空间开发格局与资源环境承载力不相匹配，区域开发建设与生态用地保护的矛盾日益突出等问题并没有得到根本解决。究其原因，一是不同部门管理间缺乏统一规划和强有力的生态保护法律法规及监管机制，二是现有保护地部分空间布局不合理，有些存在交叉重叠，有些彼此间缺乏空间联系，难以切实保护和维护生态系统的完整性，导致生态保护效率不高（邹长新等，2015）。在此背景下，从区域性生态规划、管理和科学研究过程中逐渐产生和发展，并得到多方面肯定的生态保护红线概念得到进一步推广，并上升为国家战略。

（二）生态保护红线概念的内涵

生态保护红线概念的内涵一直是学术界争议的焦点，很多学者针对生态保护红线这一概念展开了不同的论述。通过文献资料的调研可以发现，对生态保护红线的名称本身都有着不同的表述，这其中包括"生态红线""生态保护红线"及"生态空间保护红线"等。造成概念名称使用混乱的缘由，是国家层面的各种会议公报和政府文件中对于这一概念名称的表述本身存在用词多变的情况。例如，在 2011 年年底，国务院印发的《国家环境保护"十二五"规划》中的表述就是"生态红线"，而在 2015 年《中共中央关于制定国民经济和社会发展第十三个五年规划的建议》中的表述是"生态空间保护红线"，在党的十八届三中全会中的表述为"生态保护红线"。因此学术界在讨论该概念时由于引用文件的内容不同进而导致用词的相对混乱。本书在论述过程中使用的是"生态保护红线"这一概念，原因是本文论述的湿地生态保护红线划定工作是在 2017 年 2 月中共中央办公厅、国务院办公厅联合印发的《关于划定并严守生态保护红线的若干意见》（以下简称《意见》）及 5 月环境保护部办公厅与国家发展和改革委员会办公厅联合出台的《生态保护红线划定指南》（以下简称《指南》）这两份最新出台的文件指导下开展的，所以在名称表述上应保持与上述文件的一致性。此外，有学者认为这一概念也应以国家 2015 年正式实施的《环境保护法》中的表述为准，表述为生态保护红线（李润东，2017）。

在学术界针对生态保护红线的内涵主要有狭义说和广义说两种观点，两种观点的主要争议焦点在于以下两方面：一是生态保护红线的内涵的范畴，应限定在生态保护的范畴，还是从生态保护的范畴扩张到包含环境质量及资源利用的范畴；二是生态保护红线的空间属性，是一个划定空间范围的线，还是一个由空间扩张到值域范围的线（李润东，2017）。抛开学术界对这两种观点的讨论，单从国家出台的生态保护红线划定的指南文件的几次更新中就可以看出，国家基于前期开展的试点研究、实践总结所确定的生态保护红线内涵变化历程。2014 年初，环境保护部印发《国家生态保护红线——生态功能基线划定技术指南（试行）》，以指导生态保护红线的划定工作。在这之后，生态保护红线的划定工作迅速展开。2014 年的试行指南中对生态保护红线的定义表述为"对维护国家和区域生态安全及经济社会可持续发展，保障人民群众健康具有关键作用，在提升生态功能、改善环境质量、促进资源高效利用等方面必须严格保护的最小空间范围与最高或最低数量限值"。2015 年 4 月，为进一步规范和指导生态保护红线划定工作，环境保护部印发《生态保护红线划定技术指南》，并同时废止《国家生态保护红线——生态功能基线划定技术指南（试行）》。2015 年的指南中将生态保护红线的定义表述为"依法在重点生态功能区、生态环境敏感区和脆弱区等区域划定的严格管控边界，是国家和区域生态安全的底线"。两次定义的变化可以看出生态保护红线的定义由广义向狭义的转变。可见在 2014 年的试行指南颁布之后，在各试点地区实践中反馈得出生态保护红线采用狭义定义更为恰当和符合实际情况，因此在 2015 年的指南中对定义进行了修正。

2015～2016 年，各地陆续开始划定生态保护红线，群雄并起。当时的生态保护红线划定工作按照牵头部门主要分为两种，一种是环境保护部牵头制定的生态保护红线，属于区域红线；另外一种是国家发展和改革委员会牵头制定的生态系统红线，包括湿地、森林、草原、海洋等，属于资源红线。在历经 2015～2016 年的一系列探索和总结后，2017 年 2 月，中办、国办印发了《意见》，对划定并严守生态保护红线工作做出全面部署，《意见》的出台进而标志着生态保护红线划定与制度建设正式进入全国性统一行动阶段。在 2017 年发布的《意见》和《指南》中，"生态保护红线"的概念被进一步定义为"在生态空间范围内具有特殊重要生态功能、必须强制性严格保护的区域，是保障和维护国家生态安全的底线和生命线"，包括"具有重要水源涵养、生物多样性维护、水土保持、防风固沙、海岸生态稳定等功能的生态功能重要区域，以及水土流失、土地沙化、石漠化、盐渍化等生态环境敏感脆弱区域"。当前相关研究及工作中所指"生态保护红线"大多为《指南》定义下的红线区域（专栏 5.1.1）。

专栏 5.1.1 《关于划定并严守生态保护红线的若干意见》政策要点

中共中央办公厅、国务院办公厅于 2017 年 2 月 7 日印发了《关于划定并严守生态保护红线的若干意见》,并发出通知,要求各地区各部门结合实际认真贯彻落实。《意见》的主要政策要点包括以下几方面。

总体目标:2017 年年底前,京津冀区域、长江经济带沿线各省(直辖市)划定生态保护红线;2018 年年底前,其他省(自治区、直辖市)划定生态保护红线;2020 年年底前,全面完成全国生态保护红线划定,勘界定标,基本建立生态保护红线制度,国土生态空间得到优化和有效保护,生态功能保持稳定,国家生态安全格局更加完善。

划定生态保护红线范围及边界:《意见》提出生态保护红线的范围涵盖所有国家级、省级禁止开发区域,以及有必要严格保护的其他各类保护地等;结合四类界线,将生态保护红线落实到地块,形成生态保护红线全国"一张图"。

确定生态保护红线优先地位:严禁不符合主体功能定位的各类开发活动,严禁任意改变用途;生态保护红线划定后,只能增加,不能减少;对造成生态环境和资源严重破坏的,要实行终身追责。

当前的生态保护红线划定工作,主要是根据《指南》要求,遵循科学性、完整性及动态性原则,以构建国家安全格局为目标,确保生态保护红线布局合理,统筹考虑自然生态整体性和系统性,避免生境破碎化,充分与主体功能区规划、城乡发展布局等已有的规划布局方案相衔接,与经济社会发展需求和当前监管能力相适应,并且应不断优化、完善以满足构建国家和区域生态安全格局,提升生态保护能力与生态系统完整性的需要。《指南》认为,生态保护红线原则上应当按照禁止开发区域的要求进行管理,严禁在被划定为生态保护红线的区域内进行不符合主体功能定位的各类开发活动,红线区的用途严禁被任意改变。对于具体区域而言,应当确保其生态功能不降低、性质不改变,而从整体而言,《指南》要求在对生态保护红线的管控中,应确保生态保护红线的面积只能增加、不能减少(张箫等,2017;邹长新等,2017)。

二、湿地生态保护红线划定的特殊需求

(一)湿地生态保护红线划定的背景

我国湿地面积约占全球湿地面积的 4%,位居亚洲第一位,世界第四位。我国湿地分布广、类型丰富、面积大,从寒温带到热带,从平原到高原山区均有湿地分布,涵盖了《湿地公约》中涉及的所有湿地类型。据第二次全国湿地资源调查统计,我国湿地面积 5360.26 万 hm²,占国土面积的 5.58%。其中,自然湿地 4667.47 万 hm²,占全国湿地面积的 87.08%。自然湿地中,滨海湿地 579.59 万 hm²,占 12.42%;河流湿地 1055.21 万 hm²,占 22.61%;湖泊湿地 859.38 万 hm²,占 18.41%;沼泽湿地 2173.29 万 hm²,占 46.56%(国家林业局,2015b)。

　　我国政府自 1992 年加入《湿地公约》，特别是 2000 年制定《中国湿地保护行动计划》、2003 年公布《全国湿地保护工程规划》（2002—2030 年）及 2004 年国务院办公厅发布《关于加强湿地保护管理的通知》以来，中央政府和地方政府及社会各界在天然湿地保护与管理方面开展了许多有益工作，并收到了举世瞩目的保护成效。但随着我国工农业及城乡经济的快速发展，天然湿地，特别是位于人口密集或人地关系紧张、水资源相对紧缺及工农业生产分布密集的区域，尚未划入自然保护地进行保护的天然湿地，依然面临着湿地土地不断被开垦、占用、破坏，湿地水资源得不到保障而导致的湿地干涸、萎缩甚至消失，湿地环境质量持续下降，湿地生态系统逐渐退化，以及湿地野生动植物资源逐渐枯竭等方面的严重威胁。即使已划入自然保护地体系甚至已建有相应保护管理机构的一些地区的湿地，也并没有完全摆脱面临开垦、开发、污染、退化及生物多样性遭受破坏的窘迫境地（但新球等，2014）。经过第二次全国湿地资源调查中对 1579 个重点湿地的调查表明，我国湿地目前仍受到污染、围垦、基建占用、过度放牧、过度捕捞和采集、外来物种入侵的威胁。受威胁区域主要分布于华东、西北和西南地区，其中以西北、西南地区受到威胁影响的范围最大。目前，全国有 58.48%的湿地仍受到轻度威胁，12.90%的湿地受到重度威胁（国家林业局，2015b）。

　　自党的十八大以来，在我国经济社会快速发展进程中，生态文明建设被推向前所未有的新高度。针对当前的湿地保护形势，党中央、国务院出台了一系列包括湿地保护的决策部署，提出了"到 2020 年，全国湿地面积不低于 8 亿亩"的生态文明建设目标。随着生态保护红线工作的不断推进（表 5.1.1），湿地生态保护红线划定工作也在全国展开。2015 年，中共中央、国务院印发的《关于加快推进生态文明建设的意见》提出了科学划定湿地等领域生态红线建立湿地保护制度的明确要求，并明确此项改革任务由国家林业局牵头落实。2016 年 11 月 1 日，中央全面深化改革领导小组第二十九次会议审议通过了《湿地保护修复制度方案》和《意见》。2016 年 11 月 30 日国务院办公厅印发了《湿地保护修复制度方案》（国办发〔2016〕89 号），明确要求"合理划定纳入生态保护红线的湿地范围，明确湿地名录，并落实到具体湿地地块"（柯善北，2017）。上述文件的出台为湿地生态保护红线的划定指明了方向。湿地生态保护红线的划定将实现按照湿地生态系统完整性原则和主体功能区定位，优化国土空间开发格局，理顺湿地保护与发展的关系，改善和提高湿地生态系统服务功能，从而构建一个结构完整、功能稳定的湿地生态安全格局，维护国家生态安全。

表 5.1.1　全国生态保护红线划定工作推进历程

时间	文件名称	发布部门	主要内容	意义
2011 年 11 月	《国务院关于加强环境保护重点工作的意见》	国务院	"在重要生态功能区、陆地和海洋生态环境敏感区、脆弱区等区域划定生态红线，对各类主体功能区分别制定相应的环境标准和环境政策。"	生态红线作为一个独立的整体概念第一次出现在国家级别的文件，也是划定生态红线首次被提上国家议程
2013 年 11 月	《中共中央关于全面深化改革若干重大问题的决定》	中共中央	"划定生态保护红线"	生态红线第一次出现在党中央的纲领性文件中，生态红线战略正式作为国家顶层设计被确定下来，划定生态保护红线成为深化改革的重要任务之一

续表

时间	文件名称	发布部门	主要内容	意义
2014 年	《环境保护法》（新修订）	全国人大常委会	"国家在重点生态功能区、生态环境敏感区和脆弱区等区域划定生态保护红线，实行严格保护。"	是我国环保法制建设的一项重大突破，不仅宣示了生态保护红线的"落地"，也使其具有了真正的执行力与威慑力。体现了我国以强制性法律手段对生态环境实施严格保护的政策导向
2015 年 4 月	《中共中央 国务院关于加快推进生态文明建设的意见》	中共中央、国务院	"严守资源环境生态红线"	重申了生态红线这一重要具体制度
2015 年 9 月	《生态文明体制改革总体方案》	中共中央、国务院	"划定并严守生态红线，严禁任意改变用途，防止不合理开发建设活动对生态红线的破坏。"	明确指出了要防止开发建设项目对生态红线的破坏
2016 年 3 月	《中华人民共和国国民经济和社会发展第十三个五年规划纲要》		"划定并严守生态保护红线，确保生态功能不降低、面积不减少、性质不改变。"	是国家对生态红线建设的高度重视和大力推进
2017 年 2 月	《关于划定并严守生态保护红线的若干意见》	中共中央办公厅、国务院办公厅	"以改善生态环境质量为核心，以保障和维护生态功能为主线，按照山水林田湖系统保护的要求，划定并严守生态保护红线，实现一条红线管控重要生态空间，确保生态功能不降低、面积不减少、性质不改变，维护国家生态安全，促进经济社会可持续发展"	标志着生态保护红线划定与制度建设正式进入全国性统一行动

（二）湿地生态保护红线划定面临的问题

虽然生态保护红线在国家出台的政策文件中被多次提及，其在保护环境、维护国家生态安全等方面的意义也不言而喻。但生态保护红线划定特别是湿地生态保护红线划定仍面临很多的问题和挑战（曹金锋，2015）。2018 年 3 月，十三届全国人大一次会议审议通过了国务院机构改革方案。根据该方案，国务院组建了自然资源部。新组建的自然资源部，包括由其管理的国家林业和草原局，基本把自然资源的管理和监督职能整合在一起。自然资源部的组建将有效解决"九龙治水""各扫门前雪"等之前存在的自然资源管理中的部门职能交叉乱象。而在此之前，林业部门主管森林、湿地和荒漠，农业部门主管草地，国土部门主管土地，水利部门主管水资源和生态环境，相关的政府部门众多，统筹协调起来十分困难，给统一划定生态保护红线增加了不小的难度。另外，在全国统一划定生态保护红线之前，国家林业局已出台了《推进生态文明建设规划纲要（2013—2020 年）》，提出将划定林地和森林、湿地、荒漠植被、物种 4 条红线，且都有精确的总量控制；更早的 2012 年 10 月，国家海洋局在渤海海域启动了海洋生态红线划定工作，而环保部、发改委等部门也都在划定生态红线，要真正实现"一条红线管到底"的协调难度巨大。对湿地生态保护红线划定来讲，湿地生态系统包含水、土、生物等多种资源，湿地生态系统的特点也导致其在我国涉及的管理部门较多，更增加了湿地生态保护红线划定的难度。

2018 年 3 月中共中央印发了《深化党和国家机构改革方案》，国务院新组建了自然资源部，其职责为"统一行使全民所有自然资源资产所有者职责，统一行使所有国土空间用途管制和生态保护修复职责，着力解决自然资源所有者不到位、空间规划重叠等问题……"，为解决部门间的利益争夺带来了新的希望，但湿地生态保护红线划定还将面临多方面的利益冲突（曹金锋，2015）。首先是个人利益与公共利益之间的冲突。在很多重要湿地分布区，当地的民众必须依赖于捕捞、开采、砍伐或种植等作为生存方式，在湿地生态红线划定后，则必须禁止或限制他们的这些行为，为了防止人类活动对生态系统的干扰，部分地区的社区居民还面临搬迁、离开世代生存的地区等问题。生态保护红线的划定，会不可避免地造成社区生计与湿地资源保护的冲突，不能为了公共利益，过度地损害个人正当的生存权益，也不能为了个人生存，去忽视公共的生态利益。其次，还包括经济利益与生态利益之间的冲突。生态保护红线是底线，是一条不可逾越的责任线，这就注定了湿地生态保护红线划定后，不能随意改动，同时要限制保护区内的经济活动，如采矿、旅游开发等，这样势必就影响当地经济的发展，这也在一定程度上导致湿地生态保护红线在划定过程中面临各方的阻力。

（三）现有湿地保护体系下划定湿地生态保护红线的特殊需求

目前，我国湿地保护基本采用三种主要方式：自然保护区、重要湿地、湿地公园。此外，湿地保护小区、湿地多用途管理区及森林公园、风景名胜区、水源保护区、水利风景区、海洋公园等，也在一定程度上也起到了保护湿地的作用（国家林业局，2015b）。我国在现有的湿地保护方式方面取得了很大的保护成效，而受限于湿地生态系统的特殊性等，目前湿地保护管理过程中存在湿地生态系统完整性的人为割裂、区域重叠、机构重置、职能交叉、权责不清、保护成效低下等问题。同时，也由于对于保护的理解存在偏差，生态保护与经济发展的协同性相对较低，造成了生态保护地内部生态功能退化、经济发展迟缓等问题。在此背景下，在现有湿地保护体系下划定湿地生态保护红线的需求主要包含以下几方面。

第一，当前湿地主要保护形式的设置目的不能满足维护国家生态安全的需求。当前的湿地的保护形式都是针对某一特定的区域建立的，如自然保护区的保护目的在于保持特定地域的原貌，严禁人为的干扰和破坏。风景名胜区的保护目的是针对具有特定美学价值的自然和人文景物及风土人情，并具有相当的欣赏价值，可以供人游览参观，在此区域在一定的程度内是可以进行人工修饰和恢复的。而湿地生态保护红线的保护目标是保持、恢复和改善特定区域的生态功能，以及在保护我国生态安全和自然生态空间的同时，实现对经济可持续发展的生态支撑。可以说生态保护红线更多是从保护生态系统的完整性和功能性的角度出发，而当前的湿地保护形式则更多地关注某一特定区域的地质地貌的完整和生态利用价值（李润东，2017）。

第二，当前湿地的主要保护形式的划定范围不能满足维护国家生态安全的需求。生态保护红线划定的范围是在重要生态功能区、生态敏感区、生态脆弱区及禁止开发区和其他有生态价值的区域。而当前湿地的主要保护形式依据其设立的保护类型的差异，划定的范围也有所不同。例如，自然保护区划定范围是"（一）典型的自然地理区域、有代表性的自然生态系统区域以及已经遭受破坏但经保护能够恢复的同类自然生态系统区域；（二）珍稀、濒危野生动植物物种的天然集中分布区域；（三）具有特殊保护价值的海域、海岸、岛屿、湿地、内陆水域、森林、草原和荒漠；（四）具有重大科学文化价值的地质构造、著名溶洞、化石分布区、冰川、火山、温泉等自然遗迹"；风景名胜区域划定范围是"具有观赏、文化或者科学价值，自然景观、人文景观比较集中，环境优美，可供人们游览或者进行科学、文化活动的区域"。这些区域相对侧重生态功能的重要性或景观的独特性，对生态敏感区和脆弱区考虑不足；另外，这些区域的范围有限，当前的湿地保护体系将是湿地生态保护红线划定的基础（闵庆文和马楠，2017）。

第三，当前湿地的主要保护形式及保护的严格程度不能满足维护国家生态安全的需求。生态保护红线的保护严格程度较目前湿地的保护形式更为严格，生态保护红线的管控要求就是性质不改变、功能不降低、面积不减少，在生态保护红线区域内是不允许出现任何与生态保护红线设立目标相违背的活动（李润东，2017）。而自然保护区根据设置的分区不同，在实验区等一些地方也是可以进行旅游开发等活动的。再者生态保护红线强调的是生态底线，底线就是不能突破和让步的警戒线。当前湿地主要保护形式的管理根据分级范围的不同和层级的差异，管理严格的程度也不同，但是总体来说，相较于生态保护红线的"警戒线"的约束程度，还是相对宽松的。

第四，生态保护红线的划定将为我国建立完善以国家公园为主体的自然保护地体系提供支撑和参考（闵庆文和马楠，2017）。2013年11月，党的十八届三中全会上通过的《中共中央关于全面深化改革若干重大问题的决定》，首次提出了建立国家公园体制。在历经了几年试点建设的摸索后，2017年10月，党的十九大报告明确指出要构建国土空间开发保护制度，完善主体功能区配套政策，建立以国家公园为主体的自然保护地体系。建立以国家公园为主体的自然保护地体系是针对我国自然保护中存在的问题而提出的系统性、全局性谋划，将有助于对现有的管理区域、类型、对象、级别、权属、部门等进行整合和完善。生态保护红线的概念、范围确定、保护与发展策略，将为落实这一体系的部署提供重要的支撑和参考。生态保护红线划定符合以国家公园为主体的自然保护地体系的建设要求。

三、湿地生态保护红线划定的技术思路

（一）湿地生态保护红线的划定原则

1. 科学性原则

以维护国家生态安全为目标，采取定量评估与定性判断相结合的方法划定湿地生态保护红线。在国家级和省级禁止开发区、重要湿地（含滨海湿地）范围内划定湿地生态保护红线，并根据《全国湿地资源调查技术规程（试行）》的要求科学划定湿地边界，落实到国土空间，确保湿地生态保护红线布局合理、落地准确、边界清晰。

2. 完整性原则

统筹考虑湿地生态系统的整体性和系统性，结合河流、地貌单元、植被等自然边界及生态廊道的连通性，合理划定湿地生态保护红线。同时，避免湿地生境破碎化，保护湿地生态系统的完整性，将分布于各国家级和省级禁止开发区域中的湿地及重要湿地全部纳入湿地生态保护红线。

3. 动态性原则

根据构建国家和区域生态安全格局、提升湿地保护能力和湿地生态系统完整性的需要，湿地生态保护红线布局应不断优化和完善，总面积只增不减。

（二）湿地生态保护红线的划定范围

按照《生态保护红线划定指南》的要求，将分布于下列国家级和省级禁止开发区域中的湿地，以及重要湿地（含滨海湿地）划入湿地生态保护红线（专栏5.1.2）。

1. 国家级和省级禁止开发区

—— 国家公园中的湿地；
—— 湿地自然保护区、其他自然保护区中的湿地；
—— 森林公园生态保育区和核心景观区中的湿地；
—— 风景名胜区核心景区中的湿地；
—— 地质公园的地质遗迹保护区中的湿地；
—— 世界自然遗产的核心区和缓冲区中的湿地；
—— 省级、国家级湿地公园；
—— 省级以下湿地公园的湿地保育区和恢复重建区；
—— 饮用水水源地一级保护区中的湿地；
—— 水产种质资源保护区；
—— 其他类型禁止开发区的核心保护区域中的湿地。
对于上述禁止开发区域内的湿地，应纳入湿地生态保护红线的范围。

专栏5.1.2　江苏省湿地生态保护红线划定

江苏在划定湿地生态保护红线过程中，根据省域内自然地理特征和生态保护需求，结合全省和各地区国民经济发展规划、主体功能区规划、环境保护规划和各部门专项规划等，划分出15种生态红线区域类型，并提出了具体的划分标准。具体来说包括以下几个方面。

①自然保护区。国家级、省级、市级、县级自然保护区划入生态红线区域。②风景名胜区。国家级、省级风景名胜区划入生态红线区域。市、县（市、区）批建的风景名胜区也可划入生态红线区域。③森林公园。国家级、省级森林公园划入生态红线

区域。市、县（市、区）批建的森林公园也可划入生态红线区域。④地质遗迹保护区。国家级、省级地质遗迹保护区划入生态红线区域。市、县（市、区）批建的地质遗迹保护区也可划入生态红线区域。⑤湿地公园。国家级、省级湿地公园划入生态红线区域。国家城市湿地公园划入生态红线区域。市、县（市、区）批建的湿地公园也可划入生态红线区域。⑥饮用水水源保护区。日供水万吨以上的饮用水水源保护区，以及备用水源地划入生态红线区域。⑦海洋特别保护区。国家级海洋特别保护区划入生态红线区域。⑧洪水调蓄区。《国家蓄滞洪区修订名录》中的洪水调蓄区，以及省内具有洪水调蓄功能的流域性河道划入生态红线区域。区域性骨干河道也可划入生态红线区域。⑨重要水源涵养区。省内海拔100m以上，具有重要水源涵养功能的山体划入生态红线区域。⑩重要渔业水域。国家级水产种质资源保护区划入生态红线区域。⑪重要湿地。省管湖泊划入生态红线区域。市、县（市、区）管湖泊也可划入生态红线区域。⑫清水通道维护区。南水北调、江水东引、引江济太工程河道，以及向重要水源地供水的骨干河道划入生态红线区域。⑬生态公益林。国家级、省级生态公益林划入生态红线区域。市、县级生态公益林也可划入生态红线区域。⑭太湖重要保护区。太湖一级保护区范围内的湿地、林地、草地、山地等生态系统划入生态红线区域。⑮特殊物种保护区。具有特殊生物生产功能和种质资源保护功能的区域划入生态红线区域。

2. 重要湿地（含滨海湿地）

除上述禁止开发区域以外，根据湿地生态功能的重要性，将重要湿地（含滨海湿地）纳入湿地生态保护红线范围。主要涵盖：

——国家重要湿地：包括国际重要湿地、已颁布的国家重要湿地、国家级湿地自然保护区和国家湿地公园；

——地方重要湿地：包括省级人民政府颁布名录的省级重要湿地、省级湿地自然保护区、省级湿地公园；

——其他重要湿地：包括水生生物和水鸟的重要栖息地，鱼类的重要产卵场、索饵场、越冬场及洄游通道。

（三）湿地生态保护红线的划定程序及方法

1. 初步划定边界

湿地自然保护区、国家级湿地公园、省级湿地公园、省级以下湿地公园的湿地保育区和恢复重建区、水产种质资源保护区的核心区、国际重要湿地、已颁布的国家重要湿地、省级人民政府颁布名录的省级重要湿地，按照其边界确定。按照定量与定性相结合的原则，将以上确定的没有明确边界的湿地划定范围与全国湿地资源调查、湿地确权调查的矢量数据相叠加，初步划定湿地生态保护红线的边界。

2. 现场校验

将初步划定的湿地生态保护红线的边界进行现场校验,针对不符合实际情况的边界开展现场核查、校验与调整。

3. 调整边界

按照《全国湿地资源调查技术规程(试行)》的要求,对湿地生态保护红线的边界进行现场调整。

1)滨海湿地

滩涂部分为沿海大潮高潮位与低潮位之间的潮浸地带。

浅海水域为低潮时水深不超过 6m 的海域,以及位于湿地内的岛屿或低潮时水深超过 6m 的海洋水体,特别是对水禽具有生境意义的岛屿或水体。

2)河流湿地

河流湿地按有数据记录以来的多年平均最高水位所淹没的区域进行边界界定。

干旱区的断流河段全部统计为河流湿地。干旱区以外的常年断流的河段连续 10 年或以上断流则断流部分河段不计算其湿地面积,否则为季节性和间歇性河流湿地。

3)湖泊湿地

如湖泊周围有堤坝的,则将堤坝范围内的水域、洲滩等统计为湖泊湿地。

如湖泊周围无堤坝的,将湖泊在有数据记录以来的多年平均最高水位所覆盖的范围统计为湖泊湿地。

4)沼泽湿地

首先根据其湿地植物的分布初步确定其边界,即某一区域的优势种和特有种是湿地植物时,可初步认定其为沼泽湿地的边界;然后再根据水分条件和土壤条件确定沼泽湿地的最终边界。

4. 上下对接

采取上下结合的方式开展技术对接,广泛征求各市县级政府意见,修改完善后达成一致意见,确定湿地生态保护红线的边界。

5. 形成划定成果

在上述工作基础上,编制湿地生态保护红线划定文本、图件、登记表及技术报告,建立台账数据库,形成湿地生态保护红线划定方案。

6. 开展勘界定标

根据划定方案确定的湿地生态保护红线分布图,明确红线区块边界走向和实地拐点坐标，详细勘定红线边界。选定界桩位置，完成界桩埋设，测定界桩精确空间坐标，建立界桩数据库，形成湿地生态保护红线勘测定界图。并设立统一规范的标识标牌。

四、湿地生态保护红线的管控要求

按照《意见》及《湿地保护修复制度方案》的要求，湿地生态保护红线原则上按禁止开发区域的要求进行管理。严禁不符合主体功能定位的各类开发活动，严禁任意改变湿地用途，确保湿地生态功能不降低、湿地面积不减少、性质不改变。因国家重大基础设施、重大民生保障项目等需要调整的，由省级政府组织论证，提出调整方案，经环境保护部、国家发展和改革委员会会同国家林业局提出审核意见后，报国务院批准（专栏 5.1.3）。

——功能不降低。湿地生态保护红线内的湿地生态系统结构保持相对稳定，退化湿地生态系统功能不断改善，质量不断提升。

——面积不减少。湿地生态保护红线边界保持相对稳定，湿地生态保护红线面积只能增加，不能减少。

——性质不改变。严格实施湿地生态保护红线国土空间用途管制，严禁随意改变湿地性质。禁止擅自征收、占用国家和地方重要湿地，已侵占的要限期予以恢复，禁止开（围）垦、填埋、排干湿地，禁止永久性截断湿地水源，禁止向湿地超标排放污染物，禁止对湿地野生动物栖息地和鱼类洄游通道造成破坏，禁止破坏湿地及其生态功能的其他活动。

专栏 5.1.3　滨海湿地生态保护红线管控

2018 年 2 月 2 日，国家海洋局最新发布《海洋生态保护红线监督管理办法（征求意见稿）》和《滨海湿地保护管理办法（征求意见稿）》，向公众广泛征求意见，旨在有效加强海洋生态保护红线监督管理和滨海湿地保护，维护海洋生态功能，充分发挥滨海湿地在改善近岸海域水质、保护海洋生物多样性、防范海洋灾害和应对气候变化等方面的生态功能，推进海洋生态文明建设。

《海洋生态保护红线监督管理办法（征求意见稿）》共分 21 条。该意见稿指出，国家海洋局按照各区域主体功能定位的不同，制定海洋生态保护红线分类管控清单制度，实施差别化管控。海洋生态保护红线区原则上按禁止开发区域的要求进行管理，严禁任何不符合主体功能定位的各类开发活动，严禁任意改变用途，严禁围填海。《海洋生态保护红线监督管理办法（征求意见稿）》明确，海洋生态保护红线实施情况纳入国家海洋督察内容。国家海洋局各分局对所辖海区海洋生态保护红线实施情况进行督察，并将督察结果上报国家海洋局。国家海洋局对督察发现的问题提出整改意见和要求，督促沿海地方人民政府限期整改。

《滨海湿地保护管理办法（征求意见稿）》共分为 5 章 26 条，拟对滨海湿地实施分级管理，分为重点保护滨海湿地和其他滨海湿地，重点保护滨海湿地又分为国家重点保护滨海湿地和地方重点保护滨海湿地。重点保护滨海湿地实行名录管理。国家海洋局制定国家重点保护滨海湿地划定标准，发布国家重点保护滨海湿地名录。省级海洋主管部门制定地方重点保护滨海湿地划定标准，发布地方重点保护滨海湿地名录。征求意见稿明确，国家实行滨海湿地面积总量管控制度，分批确定重点保护滨海湿地名录和面积，使重点保护滨海湿地面积到 2020 年占全国滨海湿地面积比例不低于 50%。各级海洋主管部门应当通过设立海洋自然保护区、海洋特别保护区（海洋公园）及纳入海洋生态保护红线等方式，对重点保护滨海湿地加以保护。

2018 年 7 月 25 日，国务院下发了《关于加强滨海湿地保护严格管控围填海的通知》（国发〔2018〕24 号）。通知要求严守生态保护红线。对已经划定的海洋生态保护红线实施最严格的保护和监管，全面清理非法占用红线区域的围填海项目，确保海洋生态保护红线面积不减少、大陆自然岸线保有率标准不降低、海岛现有砂质岸线长度不缩短。

小结

随着中国特色社会主义进入新时代，我国社会主要矛盾是人民日益增长的美好生活需要和不平衡不充分的发展之间的矛盾。当前，我国湿地工作存在地区发展不平衡、优质湿地产品供应短缺等问题，远远不能满足人民对高质量的美好生活的需求。湿地工作是我国生态文明建设的短板，为解决新时代我国社会的主要矛盾，必须要强化湿地保护和恢复，补齐这一短板。湿地生态保护红线是对湿地生态系统的一种管理，包括在湿地的空间、结构及功能等方面，它的存在能够有效保障湿地的生态系统不被破坏，进而保障湿地生态系统的功能得以充分的发挥。湿地生态保护红线的划定是推进生态文明建设的重要举措，是优化国土空间开发格局的根本，是中国生态环境保护制度的重要创新。但是，湿地生态保护红线的划定和管理工作仍然面临很多问题和挑战。当前，在国家层面需要明确湿地生态保护红线划定和管理的组织实施方式，统筹协调生态保护红线与社会经济发展规划的关系，尽快制定划定湿地生态保护红线的具体技术方法与操作流程，出台比较健全的法律法规和适用于全国的配套政策，为湿地生态保护红线长效监管奠定工作基础，以此来保障湿地整个生态系统的正常生产活动，切实维护整个国家生态安全，促进社会经济的绿色发展。

本节作者：张明祥　马梓文　北京林业大学生态与自然保护学院

第二节　湿地可持续渔业管理技术指南

湿地的合理利用是保护湿地的重要手段，也是国际湿地公约所倡导的重要宗旨。我国一直都非常重视湿地资源的保护与合理利用，特别是在湿地渔业资源利用与保护方面，先后颁布了一系列的法规和政策。1986 年，我国颁布了《中华人民共和国渔业法》（2013 年修订），加强渔业资源的保护和合理利用，保障渔业生产者的合法权益，促进渔业生产的发展。1994 年，我国又颁布了《中华人民共和国自然保护区条例》（2017 年修订），规定除法律、行政法规另有规定外，禁止在自然保护区内进行砍伐、放牧、狩猎、捕捞、采药、开垦、烧荒、开矿、挖沙等活动。自 2002 年起，农业部又相继在我国长江、珠江、淮河、闽江和海南省内陆水域等重要水域实施为期 3～4 个月的春季禁渔期制度（李明爽，2016）。2013 年，我国发布《湿地保护管理规定》（2017 年修订），明确指出在湿地区域禁止从事开（围）垦湿地、填埋或者排干湿地、挖沙、采矿、永久性截断湿地水源、倾倒有毒有害物质、滥采滥捕野生动植物、引进外来物种、擅自放牧或捕捞等破坏湿地及其生态功能的活动（国家林业局等，2017）。尽管已颁布的湿地保护法规及管理办法，对湿地保护发挥了非常积极的作用，但我国湿地资源的保护与合理利用方面的技术与管理体系仍需进一步完善。

一、湿地渔业发展面临的问题

利用湿地资源发展渔业是湿地利用的一种重要形式。渔业活动是以各种手段从水域取得具有经济价值的鱼类或其他水生动植物的生产活动，主要包括渔业捕捞和水产养殖。合理发展的渔业不仅可以保障高质量的食物供应，还对湿地生态保护具有重要意义。2017 年，农业部（现更名为农业农村部）韩长赋部长指出："目前，我国渔业的主要问题不是总量问题，而是生态问题，以及由此连带的产品质量问题。"这句话高度概括了当前我国渔业发展的困境，也指明了未来渔业发展的方向——即无论是水产养殖还是天然捕捞，都必须把生态环境保护摆在优先位置。健康、稳定的湿地生态系统是实现可持续渔业的前提条件。从生态可持续性的角度看，湿地渔业发展主要面临如下几个方面的问题。

（一）湿地水环境污染加重，鱼类生存环境日益恶化

第一次全国湿地资源调查（1995～2003 年）和第二次全国湿地资源调查（2009～2013 年）结果显示，污染一直是威胁湿地生态的主要因子之一。人工养殖过程中过量投放的饵料和鱼药是造成湿地水环境污染的重要来源之一。外部水资源污染制约了水产养殖，水产养殖排污又影响了外部环境。二者相互叠加导致湿地水质日益恶化，直接影响到鱼类繁殖、发育、索饵和越冬等活动，导致渔业资源的衰退。

淡水湖泊水质污染问题突出。受到农业面源污染、生活污水排放量增加、工业废水污染、采砂的影响，鄱阳湖水质呈持续下降趋势。2000 年，鄱阳湖评价面积的水质均达

到III类水或III类水以上，其中全年水质优于III类水的面积占评价面积的 89.1%；而 2010
年，达到III类水的面积仅占评价面积的 71.3%，劣于III类水的面积占 28.7%；2015 年，
全年优于或符合III类水的面积占评价面积的 25.7%；2016 年，全年优于或符合III类水的
水域面积占评价面积的 24.0%，主要污染物为总磷、氨氮，营养状态在 4～9 月为中营
养（《江西省水资源公报》编委会，2001，2011，2016，2017）。水环境恶化的情况同样
也发生在洞庭湖。根据 2000～2011 年洞庭湖渔业环境监测数据，洞庭湖渔业水域大部
分处于中度污染状态，部分湖区处于重度污染（王崇瑞等，2013）。2016 年，洞庭湖水
质总体为轻度污染，主要污染项目为总磷、高锰酸盐指数和五日生化需氧量；营养状态
为中～富营养（《江西省水资源公报》编委会，2017）。

（二）过度捕捞态势难以迅速递转，渔业资源日益枯竭

天然渔业捕捞强度过大，捕捞没有严格的配额制度，加之有害渔具（如电捕鱼、炸
鱼、毒鱼、迷魂阵等）的违规使用，渔业资源出现了"越捕越少，越少越捕"的恶性循
环。特别是长江中下游区域，鱼类小型化、低龄化趋势明显，严重影响了鱼类种群的自
然恢复，加剧了渔业资源的退化。

以鄱阳湖为例。从渔获物的年龄组成来看，鲤、鲢、鲫、青鱼、草鱼、鳜鱼等
都以当年鱼为主，亲鱼补充群体严重不足。1997～1999 年调查发现，青鱼、草鱼、
鲢、鳙、鲤、鲫、鲶、鳜 8 种渔获物都以 1～2 龄鱼为主；其中，鲤和鲫基本上以 1
龄鱼为主，占 80%以上（钱新娥等，2002）。2012～2013 年，鄱阳湖第二次科学考察
发现湖区主要经济鱼类的年龄结构中 1 龄鱼和 2 龄鱼占到 80%以上，其中鲢、鳙、
鲤、鲫、鳜、黄颡等 1 龄鱼和 2 龄鱼占到 90%以上。高捕捞强度破坏了凶猛鱼类和
其他大、中型鱼类的生活史，渔获物中鱼类明显呈低龄化、低质化和个体小型化趋
势，致使捕捞生产效率和经济效益不断下降（江西省山江湖开发治理委员会办公室
等，2015）。

（三）水产养殖规模粗放增长，加速湿地生态系统退化

我国湿地水产养殖产量增长迅速，大多通过养殖面积规模扩张而实现，基础工程设
施薄弱，集约化程度亟待提高。1990～2015 年，全国水产养殖面积从 425.83 万 hm² 增
加到 846.51 万 hm²，面积约增加了一倍（农业部渔业渔政管理局，2016）。养殖面积的
快速扩张挤占了大量滩涂和水面，显著地改变了湿地生态系统的结构和功能，甚至引起
了湿地生态系统的严重退化。

以湖泊围网养殖为例。洪湖从 20 世纪 80 年代开始围网养殖，特别是 2000 年以后，
受经济利益的驱使，洪湖围网养殖面积迅速扩大，2002 年底到 2004 年洪湖围网达到高
峰（围网养殖面积占到全湖面积的 70%），远远超过了湖泊的承载能力（班璇等，2010）。
围网具有阻滞水流的物理障碍效应，且围网养殖对周围水环境的影响具有空间叠加效应
和时间累积效应，长时间超密度围网养殖可能导致湖泊富营养化、水质恶化及沼泽化。
超密度围网养殖致使总氮迅速增加，全湖水质从 1990 年的 II 类降为 2004 年的 IV 类，生
物多样性显著减少（胡学玉等，2006；刘章勇和何浩，2008）。为了减少养殖污染、恢

复洪湖的生态与环境，湖北省政府于 2005 年开始有计划地拆除围网，通过生态移民、让渔民上岸，让洪湖休养生息，恢复生态。

（四）"三场一通道"遭到破坏，渔业资源自然更新乏力

"三场一通道"是指鱼类的产卵场、索饵场、越冬场及洄游通道，它们是鱼类种群繁衍、成长、恢复的重要空间。但是，由于人类活动的影响，鱼类"三场一通道"遭到了严重破坏，造成鱼类种群得不到有效恢复，渔业资源的普遍衰退。

长期以来，围垦占用及水利工程建设是破坏鱼类"三场一通道"的最关键的因素。水利工程设施阻断了许多鱼类的上溯产卵通道或破坏了鱼类的产卵场，导致洄游性鱼类不能进入江河产卵，江河鱼苗不能进入湖区育肥，严重影响了鱼类的产卵繁殖。例如，赣江万安水电站大坝的建设，导致长江鲥鱼因洄游通道被阻断而灭绝，新干、峡江江段原有的十余处"四大家鱼"产卵场也同时消失（钱新娥等，2002）。湖北涨渡湖野生渔业产量的比例由 1949 年的 95% 降低到 2002 年的不足 5%；湖泊鱼类种类由 20 世纪 50 年代的约 80 种下降到 2003 年的 52 种（王利民等，2005）。

河流和湖泊采砂活动频繁，尤其是浅水区域的采砂活动，也严重破坏了水生生物的繁衍和栖息环境，阻断了水生生物洄游路线，影响了鱼类资源的自然更新（钟业喜和陈姗，2005）。据了解，鄱阳湖区的采砂船挖砂深度可达 30 多米，直接将湖底的底泥和草场吸走、清除，导致湖底"沙漠化"。此外，采砂作业严重影响了水环境质量，采砂区域湖水的透明度几乎为零，严重破坏了水生生物的生存环境（邬国锋和崔丽娟，2008）。

鉴于当前湿地渔业生产面临的困境和湿地生态保护的要求，必须遵循问题导向和综合治理相结合的方针，贯彻生态优先、绿色发展理念，把生态恢复和资源保护放在渔业发展的突出位置，在湿地资源环境承载力的范围内，合理谋划渔业发展。这既是破解当前渔业发展困境的关键，也是实现湿地有效保护的重要途径。下文将从湿地渔业资源可持续捕捞、可持续水产养殖管理、可持续渔业管理创新模式三个方面介绍湿地水产捕捞、水产养殖管理的关键内容和创新举措。

二、湿地渔业资源可持续捕捞

（一）湿地渔业资源利用概述

湿地保护地的渔业捕捞须遵循资源保护与利用相结合的原则，在不影响湿地保护计划的前提下，以资源保护为主、利用为辅，对渔业资源进行合理利用。通过建立渔业资源动态监测体系，为渔业管理提供数据支撑；通过建立禁渔区和禁渔期制度、取缔非法捕捞等措施，改变渔业生产方式；通过强化限定捕捞指标和捕捞许可等各项资源保护管理制度，规范捕捞行为；通过疏通鱼类洄游通道、禁止采砂、保护水环境等措施，恢复鱼类栖息生境；通过增殖放流，人工辅助恢复渔业资源，提高资源恢复效率；通过有效协调各管理部门的合作和加强社区共管，在保护优先的基础上合理利用渔业资源，妥善解决保护地内渔民的生产生活问题。

在湿地保护地开展渔业捕捞活动必须遵守现有的法律与行政管理条例。渔业捕捞活动应纳入到湿地保护区的保护规划中，在此基础上提出对渔业资源保护与恢复、合理利用及监测管理的技术规范，分析现实保护状况对保护目标的影响。如果当前渔业捕捞活动不影响保护目标的达成，则不需要调整；如果当前渔业捕捞活动影响了保护目标的达成，则需要采取措施限制和调整捕捞活动，以保证湿地保护目标的实现。渔业捕捞活动管理的技术流程见图 5.2.1。

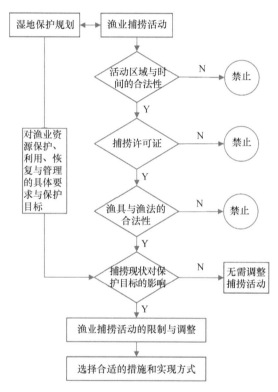

图 5.2.1　渔业捕捞活动管理的技术流程图

（二）渔业资源的保护及恢复措施

湿地保护地渔业资源的保护与恢复工作应纳入湿地保护规划或行动中。根据保护地内重点保护的资源或对象，制定一个合理的保护与恢复目标，实施相应的保护与恢复措施。对保护地内及周边渔业资源的保护与恢复应该坚持"以自然恢复为主，人工放流为辅"的行动方针，并根据实际情况选择设定禁渔期和禁渔区、捕捞网具管理、增殖放流、控制外来入侵物种、珍稀鱼类救护、社区共管等不同的管理措施，一般的行动流程见图5.2.2。其中设定禁渔期和禁渔区、捕捞网具管理、生境恢复、增殖放流对渔业资源的保护与恢复尤为重要。

1. 设定禁渔期和禁渔区

在国家规定的禁渔期间及鱼、虾类繁殖季节，保护地内及周边地区应杜绝渔业捕捞活动，所有捕捞作业的人员、船只、网具要撤出捕捞水域。因科研需求，经保护区管理

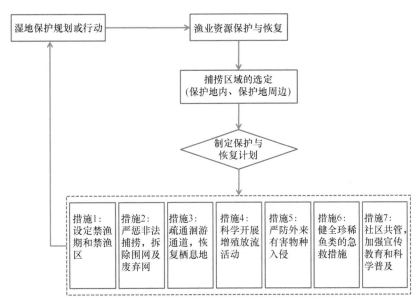

图 5.2.2　渔业资源保护与恢复的流程图

部门和县级以上地方人民政府渔业行政主管部门审批通过后，方可在规定时间、区域内进行捕捞。在已有的禁渔制度基础上，保护区管理部门可根据保护地内渔业资源量的实际情况，适当延长禁渔时间。

在禁渔期间，保护区管理部门和县级以上地方人民政府渔业管理部门应加强联合巡逻，联合执法，尤其是对重点保护的鱼、虾、蟹类等产卵场要加大巡查力度，实行禁捕。

2. 严惩非法捕捞，拆除围网及废弃渔具

加大对保护地内及周边水域进行非法电捕鱼、炸鱼、毒鱼及使用迷魂阵、密眼网、布网等破坏渔业资源行为的打击力度，坚决依法严惩非法捕捞，对情节严重构成非法捕捞水产品罪的，依法追究其刑事责任。在保护地内禁止使用电力、鱼鹰捕鱼作业。在特定水域确有必要使用电力或者鱼鹰捕鱼作业时，必须经县级以上地方人民政府渔业行政主管部门和保护区管理部门的批准。

除规定的养殖区域外，对保护地内水域存在的围网予以拆除。为了杜绝废弃渔具的危害，禁止在保护地内及周边水域随意丢弃网具。发现丢弃的网具，直接没收或带回管理站销毁。对随意丢弃渔具的行为，予以罚款或警告；构成犯罪的，依法追究其刑事责任。

3. 疏通鱼类洄游通道，保护"三场一通道"

不得围垦或破坏重要水生动物苗种基地、索饵场、产卵场、越冬场及鱼虾蟹洄游通道。实施退田还湖、撤除围网等渔业综合措施，疏通鱼类洄游通道，保持保护地内水体的自然连通，恢复鱼类的栖息生境。对已围垦的重要水生生物洄游通道、产卵场、索饵场开展保护性修复，促进鱼类资源的恢复。制定鱼类等水生动物栖息地保护规划和措施，并将保护经费纳入预算。

4. 开展增殖放流活动，促进渔业资源恢复

增殖放流活动主要在保护地周边水域开展，保护地内进行增殖放流活动需经上级管理部门批准，保护区管理部门组织专家科学评估、论证后实施。

保护区周边水域的增殖放流活动由保护区管理部门和渔业行政管理部门联合开展。每年向保护地周边水体投放一定量的人工培育鱼、虾、蟹、贝类等苗种，以促进渔业资源恢复。投放的鱼苗种类、比例必须符合《中华人民共和国渔业法》及农业部、地方政府的相关规定。

（三）渔业资源的合理利用措施

在评估湿地渔业资源现状的基础上，制定合理的开发利用规划，执行利用与保护并重的方针，和谁开发谁保护、谁破坏谁恢复、谁利用谁补偿的政策，使渔业资源的管理由开发利用转为保护性管理为主。渔业资源的合理利用分为保护地内和保护地周边两种情形。保护地内的渔业资源管理利用由保护区管理部门审批，保护地周边地区的渔业资源管理利用由县级以上渔业行政管理部门审批，两个部门实施联合监管。渔业资源合理利用行动流程如图 5.2.3。

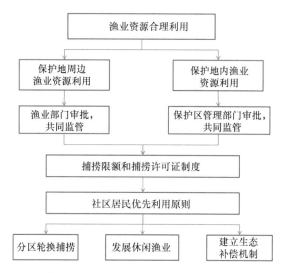

图 5.2.3　渔业资源合理利用行动流程图

1. 实行捕捞限额和捕捞许可制度

保护地内的捕捞限额总量由保护区管理部门确定，保护地周边地区水体的捕捞限额总量应由保护区管理部门和县级以上人民政府渔业行政主管部门协商确定。根据保护地内及周边地区渔业资源的实际情况和《中华人民共和国渔业法》的相关规定确定捕捞限额总量。捕捞限额总量及其实施情况必须向社会公开，并接受上级主管部门的监督检查。

保护地内的捕捞应严格控制捕捞许可证的批准发放，逐步减少捕捞许可证的数量。保护地周边的捕捞也应严格控制捕捞许可证的批准发放，防止渔业资源被过度捕捞。捕捞许可证不得买卖、出租或转让，捕捞作业时必须人证一致。

2. 实施邻近社区居民优先分配原则

保护地内及周边地区的渔业捕捞采取优先安排邻近地区、兼顾其他地区的原则，统筹安排。某些保护区可以根据当地社区的实际情况，考虑将保护地内的渔业资源的捕捞许可与相关权益只限定给当地居民有偿使用，同时限定捕捞种类、数量、个体大小及渔具使用。比如，日本钏路湿地采用了这一原则实现了当地渔业资源的可持续利用（专栏 5.2.1）。

专栏 5.2.1　日本钏路湿地的渔业捕捞管理案例

钏路湿地（Kushiro Wetland）位于日本北海道东部钏路川下游地区，南北长 36km，东西宽 25km，总面积约为 22070hm²，是日本国内面积最大的湿地。1980 年，钏路湿地成为日本第一个列入国际湿地保护名录的湿地；1987 年，日本在该地成立钏路湿地国立公园。

（1）保护的重要性

钏路湿地包括弯曲的河流、湖泊、沼泽及其他潮湿的生态系统，其中有 600 多种植物包括芦苇属（*Phragmites*）植物、莎草科（Cyperaceae）植物和欧洲桤木（*Alnus glutinosa*）等。该湿地不仅是丹顶鹤（*Grus japonensis*）和极北鲵（*Salamandrella keyserlingii*）的重要栖息地，而且还有许多优质淡水鱼等资源。

（2）存在的问题

钏路湿地存在最大的问题就是农业活动对湿地的侵占和营养物的沉积与富集。

（3）保护措施

钏路湿地实现渔业资源的可持续利用，其做法是：①保护区内的渔业资源只能供保护区内的居民使用，保护区外的居民和游客无权使用渔业资源；②保护区内的居民所捕捞的渔产品只能自家消费，不能商业出售；③保护区居民渔业捕捞方式只能采用垂钓的方式，不能用渔网或其他方式。2011 年 3 月，日本对钏路河的河湾和洪泛平原进行恢复，将主要河道之前拉直的 1.6km 河道进行恢复，并连接到之前被截断的河道，拆除防洪提，恢复了 2.4km 的河湾河道。这个修复工程的四个目标：①恢复野生鱼类和无脊椎动物天然栖息地；②通过增加洪水频率，提高地下水位，恢复漫滩植被；③在湿地核心区减少沉积物和营养负荷；④恢复天然弯曲河流的典型自然景观。后期监测结果表明，该项目不仅恢复了河湾的典型自然景观，而且实现了上述 4 个目标。鱼类和无脊椎动物物种的数量和物种种类都增加了，很可能是因为恢复的深水区域为生活在截断的静水区域的鱼类提供了栖息环境，此外激流种也迁移到了恢复河段。拆除防洪提和恢复河道弯曲非常有效地提高了水浸过洪泛区的频率，并提高了水位。在恢复工程完成 1 年后，湿地植被迅速恢复。洪水经常漫上洪泛区，且由水携带的细颗粒泥沙 80%～90%的被湿地植被过滤掉了。

3. 限定捕捞强度，使用合法网具

限制渔业捕捞强度，减少捕捞压力。联合渔业管理部门，严格控制保护地内及周边地区捕捞渔船的数量、马力，限定捕捞作业时间及捕捞网具规格，参照重点保护渔业资源品种名录和重要渔业资源品种的捕捞标准，推行最小网目制度和幼鱼比例检查制度，调整捕捞作业结构。捕捞的渔获物中幼鱼不得超过相关法律法规规定的比例。

4. 划定捕捞区间进行轮换捕捞

根据保护地周边地区渔业资源量的情况，合理划定不同的捕捞区间。规定在不同的捕捞区间开展不同强度的渔业捕捞活动，并且在不同时间进行轮换捕捞，使其他区间的鱼类得到休养生息，从而保证渔业资源的可持续利用。

5. 合理发展休闲渔业

鼓励在保护地内发展休闲渔业。在湿地保护地内水域进行渔业捕捞的垂钓者，每年应向保护地管理部门申请购买垂钓许可证。捕捞垂钓者所缴纳的费用主要用于保护地建设和资源保护。垂钓者即使购买了许可证，也不能随心所欲，必须遵守"一手一竿，一竿一钩"的基本规定，并且所钓鱼的种类、尾数和大小也必须符合相关管理规定。

三、湿地可持续水产养殖管理

为了强化生态效益，提倡在湿地保护地推广生态养殖，采取网箱、轮养、混养等措施，控制鱼、虾、蟹、蚌、莲等动植物的种养规模，保护湿地生态环境和湿地资源的再生能力。在湿地保护地从事水产养殖时，首先，必须确保其生产用地的合法性，杜绝非法围垦河湖滩地和天然水域等；其次，对于新发展的生产项目还必须开展环境影响评价；最后，对于合法生产活动，必须采用不低于国家或部门的有关标准或规定，评估其生产现状对湿地保护目标的影响。如果当前生产活动影响了保护目标的达成，则需要采取措施限制和调整水产养殖活动，以保证湿地保护目标的实现。

（一）水产养殖用地管理

保护地周边可用于水产养殖的水域、滩涂等由地方人民政府统一规划、管理。使用单位或个人应当按有关规定申请养殖证，并按核准的区域、规模从事养殖生产。优先安排当地的渔业生产者。使用者不得破坏养殖水域和滩涂的固有属性及改变湿地用途。未经县级以上人民政府批准，个人或集体不得擅自将红树林、滩涂等围垦成养殖池塘或农业用地。

合理规划养殖区域和养殖密度。根据湿地保护地的实际情况，合理规划水产养殖区域，与保护区保持一定距离，建立缓冲地带。根据水域和滩涂环境状况，划定不同养殖区块，合理安排养殖生产。减少在天然水域开展网箱养殖的面积和密度，严禁非法扩大、侵占养殖水域和滩涂。

地方政府渔业行政主管部门应依法加强对保护地周边养殖用地的监督与管理。

（二）水产养殖品种管理

水产养殖品种和计划应提前报地方人民政府渔业行政主管部门备案。养殖的苗种质量和规格应因地制宜，同时符合国家或地方质量标准。养殖密度和面积应符合地方政府布局规划的要求，并与向渔业行政主管部门备案的养殖计划一致。

严禁养殖外来有害或具有潜在威胁性的物种。如果引进非本地品种养殖，必须按照国家相关规定办理审批手续，并且向保护区管理部门备案。对非本地品种的养殖要加强监管，防止逃逸。当发生逃逸事件时，应及时报告当地渔业管理部门和湿地保护区管理部门，对引进的外来生物种进行动态监测与评估，并制定有效措施尽量减少逃逸的养殖品种对野生本地种产生不利影响。

（三）渔用饲料和药品管理

使用渔用饲料应符合《饲料和饲料添加剂管理条例》和农业部《无公害食品　渔用配合饲料安全限量》（NY 5072—2002）。使用水产养殖用药应符合《兽药管理条例》和农业部《无公害食品　渔用药物使用准则》（NY 5071—2002）。

养殖生产和用药应当以保护水域或滩涂环境为优先，减少饲料、抗生素、鱼药的使用，不得使用含有毒有害物质的饵料、药物。网箱养殖中应减少饵料的投放，合理用药，不得造成水域的环境污染。

当地渔业行政主管部门应对水产养殖单位和个人进行养殖用料和用药的指导及技术培训，定期对养殖水产品饲料与药物残留抽样检测。

（四）水产养殖的水质管理

在保护地周边地区开展水产养殖活动，其水质必须达到或高于国家标准《渔业水质标准》（GB 11607—1989）与《无公害食品　淡水养殖用水水质》（NY 5051—2001）或《无公害食品　海水养殖用水水质》（NY 5052—2001）的要求。具体要求参见表5.2.1。

表 5.2.1　渔业用水中各项污染物的浓度限值

项目	指标		检测方法
	淡水	海水	
色、臭、味	不应有异色、异臭、异味		GB/T 5750.4
pH	6.5～9.0		GB/T 6920
溶解氧/（mg/L）	＞5		GB/T 7489
生化需氧量（BOD）/（mg/L）	≤5	≤3	HJ 505
总大肠菌群/（MPN/100ml）	≤500（贝类50）		GB/T 5750.12
总汞/（mg/L）	≤0.0005	≤0.0002	HJ 597
总镉/（mg/L）	≤0.005		GB/T 7475
总铅/（mg/L）	≤0.05	≤0.005	GB/T 7475
总铜/（mg/L）	≤0.01		GB/T 7475
总砷/（mg/L）	≤0.05	≤0.03	GB/T 7485
六价铬/（mg/L）	≤0.1	≤0.01	GB/T 7467

项目	指标		检测方法
	淡水	海水	
挥发酚/（mg/L）	≤0.005		HJ 503
石油类/（mg/L）	≤0.05		HJ 637
活性磷酸盐/（mg/L）		≤0.03	GB/T 12763.4
水中漂浮物质需要满足水面不应出现油膜或浮沫要求			

注：此表引自《绿色食品 产地环境质量》（NY/T 391—2013）

水产养殖单位和个人应定期监测养殖用水水质。水质不达标时，应立即停止使用，并向当地渔业行政主管部门报告。

（五）水产养殖废水管理

加强对保护地周边水产养殖废水排放的监管。在保护地周边进行养殖活动的企业或个人，其所排放污水或废水的水质、水量不得低于国家规定的排放标准 [《污水综合排放标准》（GB 8978—1996）]，未经处理的废水不得直接向保护地周边的水域排放。其他废弃物集中处置，不得危害保护地及其周边的环境。

四、湿地可持续渔业管理创新模式

不同湿地面临的生态问题与社会压力差异很大，虽然无法找到一种普适性的湿地渔业可持续利用模式，但是，在湿地渔业管理实践中已经呈现出了一些值得借鉴的创新方法，积累了一些成功经验，包括绿色食品认证、地役权交易、特许经营制度、社区共管、生态养殖等模式。

（一）绿色食品认证模式

从湿地保护的要求出发，湿地保护地的水产品应该尽可能达到绿色食品 A 级甚至 AA 级标准，这样不仅可以减少生产过程中农药和化肥的投入，降低生产成本，还可大幅提高湿地农产品的附加值，增加经济效益，实现湿地资源利用的经济-生态双赢。绿色食品分为 A 级和 AA 级（等同于有机食品）。AA 级绿色食品指在生态环境质量符合规定标准的产地，生产过程中不使用任何有害化学合成物质，按特定的生产操作规程生产、加工，产品质量及包装经检测、检查符合特定标准，并经专门机构认定，许可使用 AA 级绿色审批标志的产品。A 级绿色食品指在生态环境质量符合规定标准的产地，生产过程中允许限量使用限定的化学合成物质，按特定的生产操作规程生产、加工，产品质量及包装经检测、检查符合特定标志，并经专门机构认定，许可使用 A 级绿色食品标志的产品。

湿地里产出的农产品申请绿色食品必须具备如下 4 个条件：①产品或产品原料产地必须符合《绿色食品 产地环境质量》（NY/T 391－2013）；②水产养殖及食品加工必须符合绿色食品生产操作规程，详见《绿色食品 农药使用准则》（NY/T 393－2013）、《绿

色食品 肥料使用准则》（NY/T 394－2013）等；③产品必须符合绿色食品产品标准，参见《绿色食品产品适用标准目录》（2015 版）；④产品的包装、贮运必须符合绿色食品包装贮运标准，详见《绿色食品 包装通用准则》（NY/T 658－2015）等。

根据《绿色食品标志管理办法》，符合绿色食品相关要求的申请人向所在地省级绿色食品工作机构（省绿色食品办公室）提出使用绿色食品标志的申请，通过省级绿色食品工作机构、定点环境监测机构、定点产品监测机构、中国绿色食品发展中心的材料审查、现场检查、环境监测、产品检测、认证审核、认证评审、颁证完成申报工作，具体流程见图 5.2.4。详细信息请查阅中国绿色食品发展中心官方网站（http://www.greenfood.agri.cn/）。

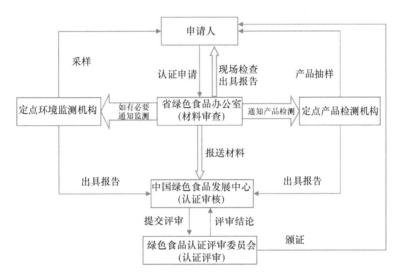

图 5.2.4　绿色食品的认证流程

此外，湿地保护地的水产品还可以依据农业部《农产品地理标志管理办法》的要求，申请地理标志认证，建立质量控制追溯体系，并接受农业行政主管部门的监督检查。

（二）地役权交易管理模式

湿地保护涉及湿地资源利用过程中个人利益、企业利益、社会公共利益的协调与平衡。地役权能够实现不同主体在同一土地上的利用需要的并存与调和。地役权体现的是一种非占有利益，不以对供役地的占有为条件，其主要内容是容许地役权人在供役地实施一定行为，或限制供役地人在供役地实施一定行为（曹树青，2006）。地役权制度具有利益引导和利益补偿的内在逻辑，是一种能够减少社会对抗的权利冲突解决模式，能够引导各种利益主体团结到湿地保护的旗帜下，在湿地保护制度建构方面具有独特的价值和功能。国外获得保护类地役权的方式主要有三种，即通过行政命令、行政合同、捐赠鼓励三种途径获得（戴新毅，2013）。因为《中华人民共和国物权法》没有赋予行政机关相应的权利，通过行政命令设立地役权的方式存在法律上的障碍，故可以参考国外的有效做法，选择通过行政合同和权利人捐赠的模式获得。

在实际操作过程中，根据湿地保护的具体目标和经费情况，国家或公众的代表机构

（需役地权利人）与保护地内或周边区域的湿地所有权人（供役地权利人）进行充分协商后，签订保护类地役权合同，给予湿地所有权人一定补偿，激励保护湿地的行为，并要求供役地在一定时期内按照合同要求进行合理、有限的开发利用，确保不会对湿地生态安全造成危害，以提升湿地功能和价值，实现既定的湿地保护目标。一般保护类地役权合同对供役地权利人的义务要求主要包括三个方面（唐孝辉，2015）：一是对生态环境破坏行为的禁止或限制；二是接受地役权人的监督、检查；三是实施某些保护湿地的行为。

（三）自然资源特许经营模式

自然资源特许经营是通过自然资源的所有权和经营权分离，促进自然资源的市场化，提高自然资源的利用和管理水平的一种手段（闫海和吴琼，2011）。自然资源的市场化主要包括两个方面：出让市场和转让市场。出让市场是作为自然所有者的国家和取得自然资源特许经营权的经营者之间的纵向法律关系，转让市场则是平等的民事主体之间流转自然资源特许经营权的横向法律关系。

在湿地保护项目中，特许经营主要指政府特许经营，是政府授权特定企业拥有公共资源、公共物品的经营权，或在一定地区享有经营某种特许业务的权利（刘一宁和李文军，2009）。在湿地保护中，可供转让的特许经营权主要包括：滩涂利用、水产养殖、水产捕捞、特许捕猎/垂钓、旅游开发、植物采摘、取水等项目。湿地管理机构通过拍卖、招标、竞争性谈判等方式将某项特许经营权转让给经营者，以合同方式约定其权利与义务，管理和控制湿地资源开发经营的范围、类型和程度，并向经营者发放许可证。特许经营者向政府支付的特许经营费，一部分可以用作补偿湿地管理机构的保护经费，另一部分可以用来奖励经营企业的自主保护行为。

特许经营制度将湿地资源的所有权和经营权进行分离，形成了管理者和经营者角色的分离，避免了重经济效益、轻资源保护的弊端。湿地资源特许经营权的获得须在行政许可法的框架下，经申请—审批—登记发证等法定程序获得行政主管部门的许可授权。

（四）社区共管共享模式

与传统的管理模式相比，社区管理具有开放性、参与性、互利性等特征（雷光春等，2012）。根据湿地保护地当地政府和群众生存发展的需要，通过促进当地社区居民积极参与和利益共享，把保护地周边的社区居民视为自然保护区的共同管理者，把孤立的生态系统变成了开放的生态经济系统，从而实现保护湿地生态环境和发展社区经济的"双赢"目的。

社区共管要求保护机构、社区共同参与自然资源管理，按照实施的先后顺序可以分为三个阶段：初始阶段、计划阶段、共管的审批和实施阶段（张金良等，2000）。首先，在社区共管的初始阶段，必须取得地方政府的支持，并建立社区共管工作领导小组与工作小组，开展本底资料的收集，为社区共管工作实施做好准备。其次，在计划阶段，成立社区共管委员会，开展参与式社区评估，确定当前湿地资源保护与利用的主要矛盾，开展多利益相关方协商，选择社区共管项目，明确各方的权利与义务，制定湿地资源社区共管项目方案。第三阶段,主要是领导小组审批社区共管项目方案,社区与保护机构签署共管协议,开展项目监督与评估。

社区共管项目是围绕湿地保护计划的总体目标所设计的一系列活动,社区共管正是通过这些活动把相关利益方凝聚和结合在一起,最终实现社区共管目标(如南矶湿地的"点鸟奖湖"活动,详见专栏5.2.2)。因此,选择和确定合适的社区共管项目是成功实施社区共管的关键。选择和确定社区共管项目是一个全面了解问题,掌握相关现状,系统分析影响资源保护和制约社区经济发展的主要因素,梳理相关利益方关系,确定问题关键,重点解决问题的过程。在实际操作中,可以从如下几个方面来考虑确定社区共管项目(陈继芳等,2007):①根据具体湿地保护计划或行动的目标和要求,可以确定社区共管项目总的目标和范围;②根据社区湿地保护地和社区的实际需求确定;③根据社区共管机制需要确定;④根据保护地和社区的共同利益和能做的贡献来确定;⑤根据社区环境、经济、技术保障和能力来确定。在项目实施过程中,保护机构可以与社区签订协议,约定各方权利与义务。社区还可以成立相应的自助组织提高自身的参与能力与执行能力。

专栏 5.2.2 江西鄱阳湖南矶湿地"点鸟奖湖"案例

江西鄱阳湖南矶湿地国家级自然保护区位于鄱阳湖主湖区的南部,地处赣江北支、中支和南支汇入鄱阳湖开放水域冲积形成的三角洲前缘。保护区总面积为 33 300hm^2,行政区域隶属南昌市新建区,与该东北部的南矶乡边界基本一致,地理范围在北纬 28°52′21″~29°06′46″和东经 116°10′24″~116°23′50″。保护区涉及南矶乡全部的 3 个村委会管辖的 9 个自然村,即向阳村村委会、红卫村村委会和朝阳村村委会。

1)保护的重要性

1997 年江西省人民政府批准建立江西南矶山省级自然保护区,2008 年晋升为国家级自然保护区。其主要保护对象是赣江三支(北支、中支和南支)河口与鄱阳湖开放水域之间的水陆过渡地带湿地生态系统,以及其伴随的水文、生物和湿地演替等湿地生态过程;珍稀水鸟及其栖息地;重要的经济鱼类产卵和育肥场所,以及洄游型鱼类的主要洄游通道。

2)存在的主要问题

保护区内主要产业以传统渔业为主,耕地较少(总共不足 3000hm^2),以水稻为主。保护区内有 29 个子湖泊,其中有 20 多个子湖泊被当地政府或村委会发包或承包给当地渔民,渔业生产与生物多样性保护的矛盾特别突出。此外,水环境污染、旅游开发、冬季烧荒等人为干扰也是威胁湿地生态的重要因素。

3)采取的措施

为了有效化解"人鸟争食"矛盾,保护区管理局尝试采取"点鸟奖湖"的办法,在每年候鸟越冬期间,开展 2 次鸟类同步调查,根据湖区候鸟数量多少对承包渔民进行物质和精神奖励,兼顾生态保护与渔业生产的平衡。2013 年 12 月初,鄱阳湖南矶湿地国家级自然保护区管理局与新建区南矶乡政府、世界自然基金会（WWF）中国项目共同启动了首届"鄱阳湖南矶湿地越冬候鸟文化节"活动，在江西率先采取"点鸟奖湖"举措，以湖区内候鸟数量的多少，给承包湖区的渔民发放一定奖金。

南矶湿地保护区内有 13 个湖池参与"点鸟奖湖"，均位于保护区的缓冲区和实验区，占保护区总湖池数量的 46%，后有 2 个湖池因违规被取消了资格。2013 年 12 月，第一次"点鸟奖湖"活动共统计到 24.15 万余只鸟，根据每个湖的水鸟计数结果，我们按照每只 1 元的标准，给予湖池经营者相应奖励。2014 年 1 月，第二次"点鸟奖湖"活动共统计到 11.5 万余只水鸟，奖励标准翻倍为每只 2 元。2015 年 1 月第三次"点鸟奖湖"活动共统计到 12.63 万余只水鸟（汪凌峰等，2017）。目前，南矶湿地保护区已有 16 万亩湖面纳入到"点鸟奖湖"活动。随着"点鸟奖湖"活动的开展，不仅给越冬候鸟留住了面积更大、时间更长的栖息水面，还增强了渔民爱鸟护鸟的环保意识。"点鸟奖湖"活动，能够有效地在渔民生产跟鸟类栖息和湿地保护之间找到一个平衡点，是社区共管、人鸟双赢的一种新探索。

（五）功能分区管理模式

根据生态环境特征、生态环境敏感性和生态服务功能在不同地域的差异性和相似性，通过相似性和差异性归纳分析，将区域空间划分为不同生态功能区（蔡佳亮等，2010）。通过分区特征分析，掌握不同区域的生态系统类型及主导生态功能及其对区域社会经济发展的贡献，引导区域资源的合理利用与开发，充分发挥区域生态环境优势，并将生态优势转化为经济优势，实现区域经济、社会、生态的协调持续发展（赵其国和高俊峰，2007）。

依据生态功能区划的理论，在湿地渔业管理中，可以根据各地区生态功能的宏观定位和当地湿地生态系统的特点，编制生态功能分区管理方案，实行分区差异化管理，协调不同利益相关方对湿地保护与利用的要求，实现湿地可持续发展的总体目标。比如，香港米埔湿地制定了多层次的分区管理方案，对不同基围实行差异化管理，有效地协调了水产养殖与生物多样性保护的关系（专栏 5.2.3）。

专栏 5.2.3　香港米埔湿地传统基围虾养殖案例

米埔自然保护区位于香港西北部深圳河河口地区，由世界自然基金会（WWF）香港分会和香港特别行政区政府渔农自然护理署（简称渔护署）联合管理。1995 年，共 1540hm^2 的红树林、潮间带滩涂、鱼塘等生境被指定为米埔内后海湾国际重要湿地。

1）保护的重要性

后海湾和米埔湿地为数以万计的水鸟提供觅食和栖息的生境，支撑湿地动植物的多样性，为当地居民提供经济收入和食物。近20年来，每年有5万～7万只水鸟在米埔湿地越冬，最高数量达9万余只。米埔和后海湾湿地还是全球第二大黑脸琵鹭越冬地，黑脸琵鹭最高数量达423只（2010年1月），为其全球种群的20%。

2）存在的主要问题

后海湾和米埔湿地的湿地面临着淤积不断增加、陆生乔灌木持续扩张、外来物种入侵、都市发展、水产养殖等威胁（秦卫华等，2010）。

3）保护措施

为维持该区域的水鸟重要栖息地的面积与质量，WWF和香港渔农自然护理署实施了分区域、分类型的管理模式。米埔内后海湾国际重要湿地分为核心区、生物多样性管理区、资源合理利用区和私人土地4大分区，各个分区有其管理目标（秦卫华等，2010）。米埔保护区内的基围位于生物多样性管理区内。

在分区的基础上，细分管理单元。为了提升管理效果，生物多样性管理区进一步划分为7个不同的管理单元，每个管理单元都有其特定的管理目标。根据最新的保护进展，管理单元也会进行调整，以达到最大的保护效益。

采用传统基围虾塘的方式管理基围，实现湿地资源的保护与利用相协调。冬季夜间，后海湾为高潮位时，打开基围水闸，将后海湾的海水放进基围，海中的虾苗也被水带进基围。后海湾为低潮位时，一般也在晚间，把水闸打开，让海水和虾一并流出基围，利用置于水闸处的鱼网捕捉鱼虾。次日早晨涨潮时，再把海水引进虾塘以保持水位，并预防鱼虾因水温过高而死掉。收虾季节完毕，把基围的水完全排干，以捕捉剩下的鱼类。这时，每个基围可吸引逾1600只越冬鸟类前来觅食，鸟类主要捕食遗留在塘底没有商业价值的鱼虾。此外，为了维持基围的生物多样性，保护区还采取了一系列的生境管理措施，包括定期清理淤泥堵塞的基围，把淤泥堆放在基围中间或一侧，形成人工小岛，供鸟类栖息；控制基堤上乔木的高度和数量，保存传统景观和鸟类生境；控制芦苇的面积，既可避免其面积过大影响鸟类栖息，又能发挥其净化水质的功能；控制基围水位，使保护区内红树林、滩涂、基围等多种湿地类型共存（何诗雨等，2016）。

小结

在资源环境约束日益趋紧的形势下，规范湿地渔业生产活动，倡导渔业生产方式革新，是促进渔业可持续发展和湿地资源合理利用的必由之路。湿地渔业资源可持续利用指南的制定立足原有的不同行业部门的水、土、生物等资源利用和保护的规范与标准，遵循"保护优先、科学恢复、合理利用、持续发展"的方针，对湿地保护地渔业捕捞、水产养殖活动进行了系统地规范，并提供了易于操作的行动流程和参考模式。

本研究旨在规范湿地保护地内及周边地区的渔业生产活动，从而减少来自不同部门及当地居民在保护地内及周边地区开展的活动对生物多样性造成的威胁因素。通过具体实施，期望能够加强湿地保护地子系统的管理与保护，将湿地保护纳入部门活动的主流化进程，严格规范湿地开发利用行为，减少对湿地保护地的胁迫，从而实现我国湿地和生物多样性的合理利用和保护。为此，特提出如下几方面行动建议。

（1）完善现有政策与法律体系，营造有利于湿地渔业资源保护与合理利用的宏观政策环境。

（2）加强湿地渔业资源动态监测，开展渔业资源可持续捕捞量研究，为可持续捕捞管理提供参考阈值。

（3）加强多规合一，把湿地资源保护纳入各类发展与保护规划，指导各地制定相应的渔业资源保护与合理利用的具体措施。

（4）编制湿地渔业发展的行业标准，对各类湿地的水产捕捞和水产养殖活动从生产方式、用地要求、生产设施、鱼类品种、生产用水及废水排放等方面进行规范，并为渔政执法提供可靠依据。

（5）加强可持续渔业模式技术研究与示范。通过吸纳、总结国内外湿地管理的成功经验，完善湿地保护与合理利用的技术模式，为湿地保护管理部门提供决策依据。

本节作者：周杨明　江西师范大学地理与环境学院
　　　　　于秀波　中国科学院地理科学与资源研究所

第三节　湿地水环境污染控制

湿地水污染是湿地退化的重要标志，也是中国湿地面临的最严重威胁之一。1995~2003 年，第一次全国湿地资源调查结果表明，湿地水环境污染是我国天然湿地面积削减、生物多样性减少、生态功能下降的重要原因之一。2009~2013 年，第二次全国湿地资源调查结果再次指出，我国湿地受到的环境压力持续增大，由湿地水环境污染所导致的生物多样性减少、生态功能下降等问题进一步加剧。随着湿地水污染的加重，外界进入湿地的污染物远超湿地的水环境承载能力，湿地的水生态系统健康和功能受到影响，自净能力受到破坏。实践证明，完全依靠自然的自净能力修复或人为的修复和保护措施，远不足以解决湿地的水污染问题。为科学有效地解决湿地水污染问题，应针对不同的污染来源及特征，结合具体湿地的水环境特点，采取适宜的水环境污染控制措施。湿地水污染的控制技术种类繁多、形式多样，不同技术对目前普遍存在的水污染问题和处理效果存在较大差异，水污染的治理尚未形成科学、完整的技术体系。本研究尝试将环境保护部的环境污染治理与水环境污染控制体系与国家林业局的湿地保护体系进行整合，是一次跨部门、跨学科的大胆有益的尝试与创新。

一、湿地水环境污染现状及分析

本节分别从湿地水环境的污染现状、湿地水环境的污染来源及湿地水环境的污染特征等方面描述我国湿地水污染。

（一）湿地水环境污染现状

根据环境保护部发布的《2016 中国环境状况公报》，2016 年，我国重点监测的 112 个湖泊及库塘湿地中，未达到Ⅲ类水质的有 38 个，占比达 33.9%。其中 108 个监测营养状态的湖泊及库塘湿地中，中营养 73 个，富营养 25 个，两者占总数的 90.7%。"三湖"中，太湖、巢湖为轻度污染，滇池为中度污染。

河流湿地中，我国重点监测的 1617 个河流湿地断面中，未达到Ⅲ类水质的有 466 个，占比达 28.8%。其中，黄河、松花江、淮河和辽河流域河流湿地为轻度污染，海河流域河流湿地为重度污染。

滨海湿地中，我国重点监测的 417 个近岸滨海湿地点位中，一类海水比例为 32.4%，二类 41.0%，三类 10.3%，四类 3.1%，劣四类 13.2%。其中，辽东湾、黄河口和胶州湾近岸滨海湿地水质一般，东海、渤海湾和珠江口近岸滨海湿地水质差，长江口、杭州湾和闽江口近岸滨海湿地水质极差。

（二）湿地水环境污染来源

湿地水环境的污染来源可分为两大类，即天然污染源和人为污染源。本书针对的污染控制对象主要为人为污染源。根据人为污染源的排放现状，可将其分为点源污染、面源污染及内源污染。其中，点源污染主要包括工业污染源和生活污染源等；面源污染主要包括城市面源污染和农业面源污染等。根据人为污染源的来源不同，又可划分为工业污染源、农业污染源和生活污染源等污染类型。

湖泊湿地的水环境污染来源主要包括陆域点源、陆域面源和湖泊内源污染负荷三大类。其中，陆域点源主要包括工业污染源、城镇生活污染源和第三产业污染源；陆域面源主要包括农业农村面源、城市面源和水土流失污染源，其中农业农村面源包括农业农村污染（农村生活污水、生活垃圾、农村居民粪便）、农业种植业污染（农田化肥流失、农田固体废物）、畜禽养殖污染三种；湖泊内源污染负荷主要来自沉积物释放氮磷等泥源内负荷、藻类大量生长繁殖而产生的藻源性内负荷、船舶排放的污染等方面。

库塘湿地的水环境污染亦可分为点源污染、面源污染和内源污染三类。其中点源污染主要包括城市工业废水及生活污水等集中排放的污染源，面源污染主要包括农业生产、禽畜养殖、水产养殖等产生的污染等，内源污染主要包括底泥中营养成分的释放、藻类大量生长繁殖而产生的藻源性内负荷、重金属的积累，以及船舶排放的污染。

河流湿地水环境污染源亦可分为点源污染、面源污染和内源污染三大类。点源污染主要包括工业和生活废水的排放点，面源污染主要包括农业农村面源、城市面源和水土流失污染源，内源污染主要是指污染物沉淀、吸附形成的底泥污染。

不同于前述三类湿地，滨海湿地水环境的污染源可分为陆源污染源和海上污染源。其中，陆源污染源主要包括工业排放、农业生产及生活污水与经河流流入湿地的污染源，海上污染源包括港口和海上船舶污染源、水产养殖污染源等。

（三）湿地水环境污染特征

我国重点监测的湖泊湿地中，水环境污染监测的主要指标为总磷、化学需氧量和高锰酸盐指数。其中，太湖湿地和巢湖湿地主要污染指标为总磷，滇池主要污染指标为总磷、化学需氧量和五日生化需氧量。

重点监测的库塘湿地中，水环境受污染的主要指标为总磷、硫酸盐和锰。其中，三峡库塘湿地主要污染指标为总氮、总磷；涉及渔业水域的库塘湿地主要污染指标为总氮、总磷、高锰酸盐指数、铜、石油类和挥发酚。

重点监测的河流湿地中，水环境受污染的主要指标为化学需氧量、总磷和五日生化需氧量。其中，黄河流域河流湿地主要污染指标为化学需氧量、氨氮和五日生化需氧量；松花江流域河流湿地主要污染指标为化学需氧量、高锰酸盐指数和氨氮；淮河流域河流湿地主要污染指标为化学需氧量、五日生化需氧量和高锰酸盐指数；海河流域河流湿地主要污染指标为化学需氧量、五日生化需氧量和氨氮；辽河流域河流湿地主要污染指标为化学需氧量、五日生化需氧量和氨氮。

重点监测的滨海湿地中，水环境受污染的主要指标为无机氮和活性磷酸盐。其中，渤海近岸滨海湿地主要污染指标为无机氮；东海近岸滨海湿地主要污染指标为无机氮和活性磷酸盐；南海近岸滨海湿地主要污染指标为 pH、无机氮和活性磷酸盐。直排海污染源主要包括汞、六价铬、铅和镉等污染物。

二、湿地水环境监测和评估方法

（一）湿地水环境监测

湿地水环境监测的主要目的是监测水环境特征的现状和演变趋势，监测湿地水环境变化对湿地生态系统的影响，监测湿地水环境污染控制的效果，以及监测湿地水环境的突发污染情况并及时预警。

科学设计湿地水环境的监测方案，主要包括监测点布设、监测内容和指标、监测方法和技术、监测时间和频率等内容。

1. 监测点布设

采样点应能覆盖所需的水环境监测和评价范围，除特殊需要（因地形、水深和监测目标所限制）外，所有采样点应在监测范围内均匀布设，可采用网格式、断面式或梅花式等布设方式，以便确定监测要素的分布趋势；尽可能地沿用历史点位或测站，便于纵向比较，重点区域（如汇流口、污染源、栖息地等）加密布点。

湖泊、河流及库塘湿地的采样点数量应综合考虑湿地水域面积、湿地水域形态特征、原有的常规检测点位进行适当增加，具体数目可参考公式（5.3.1）。

$$N=\ln t\ (A^{1/2})+2+R \tag{5.3.1}$$

式中，N 为监测点数；$\ln t$ 为取整数；A 为水域面积（km^2）；R 为河流数+河流拐弯数+湾区数，如水域形态规整，R 为 0。

滨海湿地一般每 $50\sim100km^2$ 设 $1\sim2$ 个监测站位，必要时不同的监测区可根据实际情况适当增减监测站位（包括在监测区外设若干个对照站位）。

水样采用断面式的布设方法，沉积物样布设点与水样保持一致。

采样一经确定，不应轻易更改，不同时期的采样点应保持不变。

2. 监测内容和指标

湿地水环境监测的内容主要包括水质、沉积物和污染物等，详见表 5.3.1。

表 5.3.1　湿地水环境监测项目与指标

指标分类	湖泊湿地	河流湿地	库塘湿地	滨海湿地
水质	水温、pH、透明度、电导率、悬浮物、硬度、溶解氧、高锰酸盐指数、化学需氧量、五日生化需氧量、总氮、总磷、氨氮、叶绿素 a，挥发酚、石油类、六价铬、砷①、镉、铅、铜等重金属，滴滴涕、六六六、多氯联苯、二噁英、邻苯二甲酸酯等持久性有机污染物	水温、pH、透明度、电导率、悬浮物、硬度、溶解氧、氧化还原电位、高锰酸盐指数、化学需氧量、五日生化需氧量、总氮、总磷、氨氮、叶绿素 a，挥发酚、六价铬、砷、镉、铅、铜等重金属，滴滴涕、六六六、多氯联苯、二噁英、邻苯二甲酸酯等持久性有机污染物	水温、pH、透明度、电导率、悬浮物、硬度、溶解氧、高锰酸盐指数、化学需氧量、总氮、总磷、氨氮、叶绿素 a、硫酸盐、氯化物、硝酸盐，挥发酚、六价铬、砷、镉、铅、铜等重金属，滴滴涕、六六六、多氯联苯、二噁英、邻苯二甲酸酯等持久性有机污染物	化学需氧量、溶解氧、pH、水温、水色、透明度、盐度、氨、硝酸盐、亚硝酸盐、无机氮、无机磷、活性硅酸盐、悬浮物、氯化物、硫化物，油类，六价铬、砷、镉、铅、铜等重金属，滴滴涕、六六六、多氯联苯、二噁英、邻苯二甲酸酯等持久性有机污染物
沉积物	有机质、全氮、全磷、全钾、全盐量、重金属等	有机质、全氮、全磷、全钾、全盐量、重金属等	有机质、全氮、全磷、全钾、全盐量、重金属等	有机质、硫化物、有机碳、粒度、重金属等
污染物	监测污染源排放口、污染物种类、浓度和排放量	监测污染源排放口、污染物种类、浓度和排放量	监测污染源排放口、污染物种类、浓度和排放量	监测污染源排放口、污染物种类、浓度和排放量

3. 监测方法和技术

水质的监测方法参照《地表水环境质量标准》（GB 3838—2002）、《海水水质标准》（GB 3097—1997）、《水和废水监测分析方法（第四版）》（中国环境科学出版社）、《水环境中持久性有机污染物（POPs）监测技术》（化学工业出版社）等标准或技术规程。

沉积物的监测方法参照《森林土壤氮的测定》（LY/T 1228—2015）、《森林土壤钾的测定》（LY/T 1234—2015）、《森林土壤磷的测定》（LY/T 1232—2015）、《土壤检测》（NY/T 1121—2006）、《森林土壤有机质的测定及碳氮比的计算》（LY/T 1237—1999）等标准或技术规程。

污染物的监测采取社会调查的方法。

4. 监测时间和频率

水质和沉积物的自然指标中，如水温、电导率、pH、溶解氧等可通过在线自动监测

---

① 砷（As）为非金属，鉴于其化合物具有金属性，本书将其归入重金属一并统计

系统进行实时连续监测，其他指标的监测时间设置为丰水期、平水期、枯水期各采样 1～2 次。污染物中需要通过社会调查获取资料的监测项目每年进行一次。

（二）湿地水环境污染评估

在湿地水环境调查和监测的基础上，开展湿地水环境污染特征评估，根据评估结果筛选经济可行的湿地水环境保护技术，为分阶段开展湿地水环境污染控制提供科学依据。开展湿地水环境污染评估及控制工作的技术路线如图 5.3.1 所示。

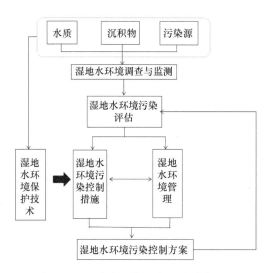

图 5.3.1　湿地水环境污染评估技术路线

湖泊、河流、库塘及滨海湿地水环境污染评估可采用综合污染指数法进行表征。根据综合污染指数值，可将湿地水环境质量状况划分为 5 级，分别为："好""较好""轻度污染""中度污染""重污染"，详见表 5.3.2。

表 5.3.2　湿地水污染评价标准

综合指数	水质状况	分级依据
<0.20	好	多数项目未检出，个别项目检出但在标准内
0.20～0.40	较好	检出值在标准内，个别项目接近或超标
0.40～0.70	轻度污染	个别项目检出且超标
0.70～1.00	中度污染	有两项检出值超标
>1.00	重污染	相当部分检出值超标且超标严重

综合污染指数的计算见公式（5.3.2）。

$$P = \frac{1}{n}\sum_{i=1}^{n} W_i \frac{C_i}{C_{oi}} \qquad (5.3.2)$$

式中，P 为综合污染指数；C_i 为第 i 项污染物实测浓度；C_{oi} 为第 i 项污染物评价标准；W_i 为权重系数；n 为污染物个数。

湖泊湿地评价指标可优先选取：总氮、总磷、溶解氧、高锰酸盐指数、化学需氧量、氨氮、挥发酚、汞、铅、石油类等项。

库塘湿地评价项目可优先选取：总氮、总磷、溶解氧、高锰酸盐指数、化学需氧量、氨氮、挥发酚、汞、铅、石油类、总大肠菌群、氯化物、硫酸盐、硝酸盐等项。

河流湿地评价项目可优先选取：总磷、溶解氧、高锰酸盐指数、化学需氧量、氨氮、透明度、氧化还原电位、挥发酚、汞、铅、石油类等项。

滨海湿地评价项目可优先选取：pH、无机氮、活性磷酸盐、化学需氧量、石油类等《海水水质标准》GB 3097—1997 中所列指标。

三、湿地水污染控制技术

（一）湿地水环境污染源控制技术

针对不同类型的湿地水环境污染源，宜采取相应的控制措施和技术。

1. 点源污染控制技术

针对湖泊、河流、库塘及滨海湿地所处流域内威胁湿地水环境与生态环境安全的重要点源污染，实施污染防治措施，主要包括城镇生活污染防治、分散式生活污染防治和典型工业点源污染防治。

4 种不同类型的湿地中，湖泊、河流及库塘湿地的点源污染防治可采取以下技术：城镇生活污染防治通常采用建设污水处理厂；分散式生活污染防治可采用新型活性污泥法、生物塘、生活污水净化槽、厌氧滤池法、生物接触氧化法、膜生物反应器等技术措施；典型工业点源污染防治分为含氮工业废水处理工艺和含磷工业废水处理工艺，可供选择的污水脱氮方法有氨吹脱法、电渗析法、折点加氯法、离子交换法和生物脱氮法等；可供选择的污水脱磷方法有混凝沉淀或混凝气浮-过滤、晶析除磷法、生物与化学并用法、厌氧-好氧法和 Phostrip 除磷系统等技术措施。

滨海湿地的点源污染防治可适宜地采取上述处理技术。此外，针对含油废水的点源污染可采取的技术有絮凝法、电化学法、高级氧化法、重力分离法、粗粒化法、膜分离法、气浮法和吸附法等。

2. 面源污染控制技术

针对湿地的面源污染现状特征，面源污染处理技术主要包括城市面源处理技术、农业面源处理技术和生态拦截净化技术等。

湖泊、河流、库塘及滨海湿地的城市面源控制可采用低影响开发（low impact development，LID）、雨污分离、初期雨水控制与净化、地表固体废弃物收集等技术。其中，低影响开发技术是指在城市开发建设过程中采用源头削减、中途转输、末端调蓄等多种手段，通过渗、滞、蓄、净、用、排等多种技术，有效实现对面源污染的控制（谭琪和丁芹，2014；Muhammad and Reeho，2015），包括生物滞留带、雨水花园、生态草沟等技术手段（图 5.3.2，专栏 5.3.1）。

植被缓冲带
红树林植被缓冲带
生态草沟
透水路面
雨水花园

图 5.3.2　万绿园库塘湿地低影响开发技术应用设计
引自《海口市龙昆沟、东西湖等 11 个水体水环境综合治理 PPP 项目可行性研究报告》

专栏 5.3.1　库塘湿地面源污染案例分析

海口市万绿园库塘湿地存在水系渠化、岸线硬质化严重的现状问题，雨污径流等面源污染负荷直接进入水体，导致湿地水污染严重。通过低影响开发技术的应用，利用海绵设施改造硬质地面，选用土著红树林植物沿湖体周边打造植被缓冲带，在湖南侧广场及临侧道路沿线建设生态草沟和雨水花园，加强对雨水的疏导、滞留与吸纳，从而实现对面源污染的控制和净化，对万绿园库塘湿地的水污染控制具有显著效果。

湖泊、河流、库塘及滨海湿地的农业面源控制可采用化肥减量化、氨挥发控制、畜禽粪尿分类、固体粪便堆肥处理利用、污水就地处理后农地回用等技术。此外，针对库塘湿地污染较重的化肥流失、畜禽养殖、水土流失等问题，可采取水土保持及农村生活、分散型畜禽、种植业废弃物污染负荷削减与资源化利用等技术；针对滨海湿地污染较重的养殖污染问题，可采取生态养殖等技术。

生态措施可有效阻隔面源污染扩散，截流污染物，并利用生态净化功能降解污染物。湖泊、河流、库塘及滨海湿地可采取的生态拦截净化措施包括生态田埂技术、生态拦截带技术、生态拦截沟渠技术、生态护岸边坡技术、前置库技术、人工湿地技术等。此外，根据不同类型湿地的特点，湖泊湿地可采取生态拦截湖滨带技术等措施，河流湿地可采取滨岸带构建技术、旁路多级人工湿地技术、砾石床技术等，库塘湿地可采取消落带（湿地）建设工程技术、消落带氮磷生物消纳技术、水田生态系统农业面源污染物拦截和消纳关键技术等措施。

3. 内源污染控制技术

针对湿地的内源污染现状特征，内源污染处理技术主要包括污染底泥控制技术、藻类控制技术和其他控制技术等。

湖泊、河流、库塘及滨海湿地的污染底泥控制技术主要包括原位处理技术和异地处理技术两类（敖静，2004；胡小贞等，2009）。原位处理技术主要有沉积物氧化、底泥覆盖、安全覆盖和安全固化、原位修复等技术，异地处理技术主要有污染底泥环保疏浚技术。

湖泊及库塘湿地的藻类控制可采用物理、化学和生物处理技术（秦伯强等，2006；李安峰等，2012）。物理法包括机械或人工打捞、黏土絮凝和遮光技术等；化学法通常采用絮凝、抑制和综合方法进行化学除藻，一般不宜采用；生物法包括以藻制藻、微生物絮凝剂除藻、生物控制试剂、水生动植物调控等。

湖泊、库塘及滨海湿地的其他内源控制技术包括养殖污染防治、漂浮物清理、航运污染防治和港口、码头污染防治等。河流湿地的其他内源控制技术包括漂浮物清理、航运污染防治等。

（二）湿地水环境污染物处理技术

针对不同类别的湿地水环境特征污染物，宜采取不同的处理技术。

1. 无机营养盐处理技术

针对湿地水环境中营养程度较高的情况，可采取物理处理技术和生态处理技术。物理处理技术主要包括增氧曝气、引水调水等技术；生态处理技术主要包括微生物处理技术、生物浮岛或浮床技术、人工湿地、生态修复技术等。

2. 重金属处理技术

针对湿地水环境中重金属含量超标的情况，采取的处理思路：一是降低重金属在水体中的迁移能力和生物可利用性，二是将重金属从被污染的水体中彻底清除。对于重金属污染浓度较高且集中分布的湿地，可采用物理化学处理法，包括离子交换法、吸附法、膜分离法、沉淀法等（王丽苑和李彦锋，2009）。此外，还可利用水生植物、水生动物等对湿地水环境中的重金属污染进行修复（彭宣华，2014）。大量水生植物对重金属锌、铅、铜、镉等有很强的吸收积累能力，可采用的技术包括人工湿地修复技术、植物固定修复技术等，另外还有水体底栖动物的富集作用及微生物絮凝法、生物吸附法等生物方法。

3. 持久性有机污染物处理技术

持久性有机污染物的特殊性质使得它们从发生源进入环境之后，会在各种不同的环境介质中发生分配、迁移、转化等环境行为，进而对全球环境造成严重的污染（刘征涛，2005）。针对湿地水环境的特征，可采用物理修复和生物修复处理技术。

其中，物理方法通常有吸收法、洗脱法、萃取法、蒸馏法和汽提法等（周勤等，2008）。

物理方法常作为一种预处理手段，对持久性有机污染物起到浓缩富集并做部分处理的作用。物理方法操作相对简便，较适用于高浓度持久性有机污染物的工业废水或废液及事故性污染的处理，但只能使污染物发生形态和地点的变化，不能彻底解决持久性有机污染物引起的污染问题。

生物修复技术主要是利用植物、微生物或原生动物等来吸收、转化、清除或降解持久性有机污染物。针对湿地水环境中的持久性有机污染物，生物修复技术主要分为植物修复、微生物修复（韦朝海等，2011）。植物修复技术是指利用植物及其根际微生物去除、转化和固持底泥、水体中一些持久性有机污染物，包括根际微生物降解、根表面吸附、植物吸收和代谢等。微生物修复是利用微生物的代谢活动把持久性有机污染物转化为易降解的物质甚至矿化。针对某种持久性有机污染物的微生物获取途径包括：特定功能的菌群筛选和培养；从受污染的水体和底泥中分离筛选后富集培养，再返回受污染水域；利用基因工程菌的接合转移。

4. 石油类处理技术

石油类污染物进入湿地水环境后，严重影响水体的自净作用，致使水底质变黑发臭，且污染范围易愈扩愈大，破坏湿地的正常生态环境。针对石油类污染物，可采取的技术措施主要以微生物修复为主，如生物化学法。

生物化学（生化）处理法是利用微生物的生化作用，将复杂的有机物分解为简单物质，从而将有毒物质转化为无毒物质，使含油污水得到净化（张学佳等，2009）。微生物可将有机物作为营养物质，使其一部分被吸收转化成为微生物体内的有机成分或增殖成新的微生物，其余部分可被微生物氧化分解成简单的有机或无机物质。根据氧气的供应与否，生化法可分为好氧生物处理和厌氧生物处理；从过程形式上可分为污泥法、生物过滤法和氧化塘法。大庆地区的湖泊湿地面临着较重的石油类化合物污染威胁，张海等（2007）针对该区域湖泊湿地的污染物特征、水质特点和气候条件，采用了砾石床、砾石芦苇床、炉渣芦苇床和炉渣床等系统，通过投加厌氧细菌、烃降解菌等微生物去除石油类化合物，去除效果显著，平均去除率分别达到24.7%、28.4%、45.9%、42.9%。

（三）湿地水环境污染应急措施

1. 湖泊、河流及库塘湿地水污染应急措施

针对不同类别的湖泊、河流及库塘湿地水环境突发污染事件应采取不同的应急处置措施。

1）重金属类水环境污染

重金属类包括汞及汞盐、铅盐、镉盐、铬盐等，多数具有较强毒性。应急处置时应急处置人员应首先考虑围隔污染区，将污染区水抽至安全地区处理。也可在污染区投加生石灰或碳酸钠沉淀重金属离子，排干上清液后将底质移除到安全地方固化处理。汞泄漏后应急人员应佩戴防护用具，尽量将泄漏汞收集到安全地方处理，无法收集的现场用硫磺粉覆盖处理。

2）化学品等危险废物泄漏

化学品等危险废物包括氰化物、氟化物、金属酸酐、苯类化合物、卤代烃、酚类等。应急处置人员须戴全身防护用具，及时发现泄漏点，阻止污染物扩散，尽可能围隔污染区。对已经泄漏的污染物，及时用砂土或干燥的石灰进行覆盖、收容、稀释、处理，使泄漏物得到安全可靠的处理，防止二次事故的发生。并将收集的泄漏物运至废物处理场所进行处置。

3）农药

应急人员应佩戴全身防护用具，围隔污染区，用黏土、高吸油材料或秸秆混合吸收未溶的农药，收集到安全场所用碱性溶液无害化处理。对污染区，用生石灰或漂白粉处置，最后用活性炭进行吸附处理。

4）腐蚀性物质

腐蚀性物质主要包括酸性物质、碱性物质和强氧化性物质。处置时应急处置人员应戴防毒面具，酸性物质污染区投加碱性物质（生石灰、碳酸钠等）中和，碱性物质污染区投加酸性物质（如稀盐酸、稀硫酸等）中和，强氧化性物质可投加草酸钠还原。

5）矿物油类

应急处置时应尽可能用简易坝、拦污索等围隔污染区，用黏土、秸秆、高吸油材料等现场吸附，并转移到安全地方焚烧处理。必要时可点燃表层油燃烧处理，污染水体最后用活性炭吸附处理。

6）藻类水华暴发

藻类水华大规模暴发时，可采取机械除藻、投加微生物生态菌剂等应急措施。

此外，具有饮用水水源地功能的库塘湿地，发生地震、重大汛情、严重干旱等灾害时，应加强水质监测，及时排查湿地范围内新增污染源并采取处理措施。

2. 滨海湿地水污染应急措施

滨海湿地水环境遭遇突发污染事件时，重金属类水环境污染、化学品等危险废物泄漏、农药、腐蚀性物质的应急处置措施可参照上述处理措施。此外，溢油水环境污染和赤潮暴发时可采取以下措施。

1）溢油水环境污染

健全溢油水环境污染应急响应机制。发生溢油事故时，应及时启动溢油应急预案，采取有效措施，开展溢油应急响应工作。应急处置时应尽可能用简易坝、拦污索等围隔污染区，围控回收溢油，并转移到安全地方处理。

2）赤潮暴发

建立健全滨海湿地赤潮灾害监测与预警预报网络，按照赤潮灾害发生、发展规律和特点，对所获得的监测信息进行分析评价，及时向当地人民政府和上级海洋行政主管部门报告，并按照职责分工及时做出赤潮灾害预测预警，做到早发现、早报告、早处置。

四、湿地水污染分阶段控制措施

湿地的水污染控制是一项综合的系统工程，具有长期性和复杂性，湿地水污染是一个从量变到质变的渐变过程，其治理同样需要一个长期渐进的过程，短时间内较难得到有效治理。湿地水污染的控制应以湿地的污染现状为依据，根据不同的污染特征选择适宜的控制技术，制定科学的、经济可行的控制目标。本研究根据湿地水污染的严重程度，采取"不同污染阶段，不同控制措施"的水污染控制策略，稳步提升湿地水环境质量。

（一）湿地水污染控制目标

在湖泊、河流、库塘及滨海湿地水环境调查的基础上，开展湿地水环境污染特征评估。通过湿地水污染评价指标体系评估结果，筛选经济可行的湿地水环境保护技术，分阶段开展湿地水环境污染控制；建立完善的湿地环境监测体系，有效支撑湿地水环境的污染控制和环境管理；通过湿地生态系统功能评价指标体系评估结果，有针对性地加强湿地水环境管理；最终实现全面、系统地控制湿地水环境污染的目标。

（二）分阶段湿地水污染控制措施

湖泊、河流、库塘及滨海湿地水环境污染的控制阶段划分见表5.3.3，处于各阶段的湿地应制定至少高于现状等级一级的水环境污染控制目标，直至湿地水环境达到水质好、水生态健康的状态。

表 5.3.3　水环境污染控制阶段划分

水环境污染控制阶段	水污染评价
第一阶段	重度污染
第二阶段	中度污染
第三阶段	轻度污染
第四阶段	较好
第五阶段	好

湿地水环境污染控制措施的实施可分为 5 个阶段。具体湖泊、河流、库塘及滨海湿地应根据湿地现阶段的水环境特征，制定适宜可行的水环境质量提升方案和措施（图 5.3.3）。

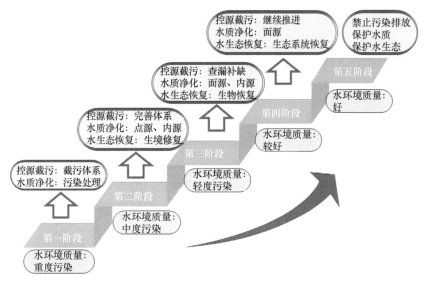

图 5.3.3 分阶段湿地水污染控制示意图

1. 第一阶段

针对处于第一阶段，湿地水环境重度污染的湖泊、河流、库塘及滨海湿地，应加强湿地所处流域的污染源控制，采取的控制措施主要包括控源截污措施和湿地水污染控制技术，以削减污染负荷为根本，建立湿地控源截污体系，重点开展污染负荷最严重区域的污染源处理，为湿地的水质提升和水生态修复奠定基础。此阶段不宜开展水生态修复措施，实施引水调水等措施时应开展科学论证。

2. 第二阶段

针对处于第二阶段，湿地水环境重度污染的湖泊、河流、库塘及滨海湿地，应采取的控制措施主要包括控源截污技术和湿地水污染控制技术，进一步加大控源截污的实施力度，完善湿地的控源截污体系，以污染负荷较严重且相对易处理区域的点源污染和内源污染为重点处理对象，控制和削减湿地水环境污染负荷，从而快速、有效地提升湿地水质。此阶段可适当采取部分生境恢复技术和生物恢复技术，为下一阶段湿地的水质提升和水生态修复做铺垫。

3. 第三阶段

针对处于第三阶段，湿地水环境轻度污染的湖泊、河流、库塘及滨海湿地，应采取的控制措施主要包括湿地水污染控制技术和水生态恢复技术。该阶段为湿地水环境质量提升的"敏感过渡期"，应在完善湿地控源截污体系的同时，以面源污染和内源污染控制为重点，削减湿地污染负荷、提升湿地水质。该阶段应侧重于采取水生态恢复技术，恢复受损湿地的水生态系统功能结构和生物多样性，恢复和提升湿地水环境的自净能力。

4. 第四阶段

针对处于第四阶段，湿地水环境质量较好的湖泊、河流、库塘及滨海湿地，在严格控制污染源进入湿地水环境的基础上，划定生态保护红线，采取的水环境污染控制措施以水生态恢复技术为主，加强对湿地面源污染的控制，并通过生态手段进一步提升湿地的水生态系统结构稳定性和生物多样性，增加生态系统的自净功能，维护湿地水环境的健康和安全。

5. 第五阶段

针对处于第五阶段，湿地水环境质量好的湖泊、河流、库塘及滨海湿地，应加强湿地水环境质量的保护，采取预防和保护措施，清理和治理现有的和潜在的污染源，划定并严守湿地生态保护红线，严格保护湖滨带、滨岸带、消落带、红树林、珊瑚礁、海草床等生态敏感区，推动湿地水环境在保护中发展，在发展中保护，防止湿地水环境质量下降。

五、湿地水环境污染控制管理

湿地水环境污染控制的管理应与其功能类型相匹配，以调节功能为主的湿地污染控制管理，应侧重湿地水环境的水质和水量管理，提升湿地水质，保证湿地水量；以生态环境功能为主的湿地，应侧重湿地污染控制对水生态的保护，维持湿地水生态系统结构的稳定性和生物多样性；以人文功能为主的湿地，应加强湿地水质和水生态景观的保护。总体来看，湿地水环境应开展以下水环境管理措施。

（1）开展科学研究和监测，连续周期收集和分析数据，提出湿地水环境保护管理建议，为湿地保护管理工作提供科学依据。

（2）加强湿地水环境保护巡查，建立湿地水环境巡查制度，实现水环境保护巡查常态化。

（3）加强湖泊湿地湖滨带，河流湿地河流形态、基底、滨岸带，库塘湿地消落带的维护与管理，明确行政管理部门，安排专人进行日常管护。

（4）加强具有水源地功能库塘湿地的风险源管理，建立风险源目标化管理模式，严格审批湿地周边建设项目，严格控制运输危险化学品、危险废物等物质进入湿地范围。

（5）加强湿地周边污染源的巡查和监管，完善污染物统计监测体系，将工业、城镇生活、农业等各类污染源纳入调查范围，严格环境监管执法，加大对污染源的控制力度。

（6）推进湿地水环境智慧化管理，在健全现有湿地水环境监测网络的基础上，促进湿地管理由粗放式向精细化、信息化转变。

（7）加强湿地管理人员培训，提高管理人员的专业水平和业务能力，设立专业的科研机构，并配置高素质的科研队伍，提升人员专业管理能力。

（8）进一步完善公众参与机制，提高公众的湿地水环境保护意识，积极参与湿地的保护管理；加强信息化平台建设，方便公众及时获取相关信息。

六、湿地水污染控制案例

滇池湿地的水污染控制和水环境保护治理是我国湿地水污染治理的标志性工程。经过近 20 年的不懈努力，滇池水污染防治成效逐步显现，滇池外海总氮浓度由 3.01mg/L 下降至 1.65mg/L，总磷从 0.33mg/L 下降至 0.10mg/L，化学需氧量从 65mg/L 波动下降至 50mg/L；滇池草海总氮由 15.34mg/L 下降至 5.40mg/L，总磷从 0.42mg/L 下降至 0.19mg/L，化学需氧量从 87mg/L 下降至 51mg/L（王圣瑞，2015）。滇池的营养状态已由重度富营养转变为中度富营养，水质企稳向好，蓝藻水华发生规模和频次不断下降，湿地水环境明显改善。

（一）滇池湿地的水污染特征

"十二五"末（2015 年），滇池湿地的水质总体为劣Ⅴ类，湖体氮磷浓度超标，湖泊营养水平较高，仍属于富营养，蓝藻水华仍将在较长时期内存在，并有大规模暴发的可能。"十一五"以来滇池流域点源污染得到控制，但污水处理厂尾水带来的污染负荷却成为主要污染源之一，导致滇池湖体化学需氧量（COD）升高趋势明显。

（二）滇池湿地水污染控制措施

"十二五"期间，滇池湿地水环境污染控制的措施可分为环湖截污类工程、入湖河道综合整治类工程、农村农业面源污染治理类工程、生态修复与建设类工程、内源污染治理类工程与外流域引水和节水类工程等六大类。其中，环湖截污类工程主要包括工业污染防治项目、城镇污水处理设施建设工程、排水管网及调蓄池工程和环湖截污系统建设与完善工程，以工业污染防治项目为例，共实施 5 项工程，运行后削减化学需氧量、总氮、总磷分别为 5088t/a、264t/a、29t/a；入湖河道综合整治类工程主要针对昆明主城区主要河道进行了环境综合整治，开展工程 24 项，削减化学需氧量、总氮、总磷含量分别为 6317t/a、1077t/a、167t/a；农村农业面源污染治理类工程主要包括面源污染防治工程、垃圾处置工程和畜禽污染防治项目；生态修复与建设类工程主要包括生态修复工程和饮用水源地保护项目；内源污染防治类工程主要针对滇池外海重点区域的底泥疏浚及蓝藻和水葫芦的治理，共开展 5 项工程，削减总氮、总磷含量分别为 2927t/a、610t/a；外流域饮水和节水类工程主要包括再生水设施建设工程和水资源调配工程（图 5.3.4）。

（三）滇池湿地水污染控制效果

滇池水污染控制工程实施后，"十二五"末期滇池湿地水环境质量总体改善，水质企稳向好。2015 年，滇池外海处于中度富营养状态，水质为劣Ⅴ类，主要超标指标为化学需氧量、总氮和总磷；滇池草海处于中度富营养状态，水质为劣Ⅴ类，主要超标指标为化学需氧量和总氮。滇池外海北部水域发生中度以上蓝藻水华 32 天，比 2014 年减少了 14 天。与 2010 年相比，湖体草海和外海主要水质指标浓度显著下降，营养水平已从"十一五"的重度富营养转变为中度富营养。

小结

湿地水环境污染控制研究有助于指导各级湿地管理机构科学合理地开展不同类型

图 5.3.4 滇池流域水污染防治"十二五"规划控制单元分区图
引自《滇池流域水污染防治规划（2011—2015 年）》

湿地水污染防治与生态修复工作，增强湿地水环境的自我维持与自净能力，具有较强的推广性和可操作性，为湿地的保护与管理及国际公约履约提供了科学依据。本研究遇到了水环境污染控制体系与湿地水生态恢复体系"两种体系，两种语言"的融合，不同学科侧重点不一致等一系列问题。建议在国家林业局、联合国开发计划署、全球环境基金和国家环境保护部的持续关注下，能够逐步实现湿地环境治理与湿地生态修复跨学科融合，综合利用两种体系的不同特点，真正将水污染控制的技术方法、标准纳入到湿地生态保护中，实现人与湿地的自然、完美融合。

术语与定义

1）湖泊湿地

湖泊湿地是由地面上大小形状不一、充满水体的自然洼地组成的湿地，包括各种自然湖、池、荡、漾、泡、海、错、淀、洼、潭、泊等各种水体名称［国家标准《湿地分类》（GB/T 24708—2009）］。

2）河流湿地

河流是陆地表面宣泄水流的通道，是江、河、川、溪的总称。河流湿地是围绕自然河流水体而形成的河床、河滩、洪泛区、冲积而成的三角洲、沙洲等自然体的统称［国家标准《湿地分类》（GB/T 24708—2009）]。

　　3）库塘湿地

库塘湿地属于人工湿地，包括为蓄水、发电、农业灌溉、城市景观、农村生活而导致的积水区，包括水库、农用池塘、城市人工景观水面和娱乐水面等［国家标准《湿地分类》（GB/T 24708—2009）]。

　　4）滨海湿地

滨海湿地是指低潮时水深浅于 6m 的水域及其沿岸浸湿地带，包括水深不超过 6m 的永久性水域、潮间带（或洪泛地带）和沿海低地等［《中华人民共和国海洋环境保护法》（2017 年修订）]。

　　5）水环境污染控制

水环境污染控制指通过运用水环境污染控制技术和管理措施，控制被污染水体的污染物排放，净化和提升水体水质，维护水生态系统结构完整和功能稳定，保护、恢复和提升水体的环境质量。

　　6）点源污染

点源污染指有固定排放点的污染源，主要包括工业污染源和生活污染源。

　　7）面源污染

面源污染指溶解性或固体污染物在大面积降水和径流冲刷作用下汇入受纳水体（包括湖泊、河流、库塘和滨海等）而引起的水体污染，没有固定的排污口和污染物输送通道，主要包括城市面源污染和农业面源污染。

　　8）内源污染

内源污染指来自土壤冲刷、大气沉降、岸带侵蚀或矿化作用而积累在湿地水域底部的、含有对人类或者环境健康有害的土壤、沙、有机物或者矿物质，在湿地内部长期积累和大量排放，导致湿地水体污染物明显增加。

　　　　　　　本节作者：杨苏文　金位栋　中国环境科学研究院

第四节　湿地及周边基础设施建设技术指南

湿地是国家生态安全的重要组成部分和社会可持续发展的重要基础。加强湿地保护和合理利用对建设美丽中国具有重要的现实意义。2014 年 1 月公布的第二次全国湿地资源调查结果显示，全国湿地总面积 5360.26 万 hm²，湿地面积占国土面积的比率为 5.58%。与第一次调查同口径相比，湿地面积减少了 339.63 万 hm²，减少率为 8.82%。基建占用是湿地减少的主要威胁之一，其中城镇土地扩张是基建占用的最主要形式。与第一次全国湿地资源调查结果相比，截至第二次全国湿地资源调查，10 年来受到基建占用威胁的湿地面积增加了 10 倍以上（首次 12.76 万 hm^2，第二次 129.28 万 hm^2）。基建占用会显著影响湿地的景观格局、自然要素组成，进而改变湿地生态系统的物质循环和能量流动，最终降低湿地生态系统的功能，破坏湿地生物多样性组成。尤其是我国沿海湿地，随着地区开发和经济发展，大规模围填海、临港工业和港口码头的建设，滨海湿地已经严重萎缩，功能严重退化。

湿地及周边基础设施的建设，一方面对湿地生态功能造成了威胁，另一方面湿地保护地的管控和保护工作又需要具备必要的基础设施，如保护管理站、生态监测点、巡护步道等，湿地保护地周边由于区域发展需要占用一部分湿地用于特殊工程（铁路、港口等）的建设。因此湿地及周边基础设施的建设和占用对于区域发展和湿地保护来说是一柄"双刃剑"：湿地的保护和管理依赖于湿地保护地内的基础设施建设和完善，湿地周边区域经济的发展与湿地保护地周边的基础设施息息相关，与此同时，基础设施的占用又是湿地所面临的重要威胁。有鉴于此，规范湿地保护地内及周边基础设施建设是湿地保护的重要环节，涉及基础设施占用的湿地是环境影响评价中应该重点关注的敏感区域。湿地保护地内的基础设施规划和建设应遵循景观协调、环境友好、因地制宜及功能与美观性一致的原则，湿地保护地周边基础设施的建设必须把"先补后占"作为一个关键技术要求。规范湿地保护地内及周边基础设施建设重点是减轻基础设施对湿地生态系统及生物多样性的影响。

《湿地及周边基础设施建设技术指南》首先对主要的涉及湿地基础设施类型及其建设和运行过程中生态环境影响分析的基本方法进行了论述，然后分别从湿地保护地内和湿地保护地周边两个层面对基础设施的建设规范进行了梳理和明确，最后提出在湿地内及周边基础设施开发和运行过程中必须重视监督管理，对违法、违规行为予以严厉整治。

一、湿地及周边基础设施建设及其影响分析

由于主管部门管理职责的不同，湿地保护地及周边基础设施类型与技术要求均存在差异，本研究分别展开论述，让读者明确主要基础设施的类型，基础设施规划对湿地的基本要求，明确违规建设活动的界定。

（一）湿地基础设施类型

湿地自然保护地内及周边的基础设施主要由管护性基础设施和涉湿地保护地建设项目组成（图 5.4.1），其中管护性基础设施主要由标志物、建筑物、道路、科研监测站（点）、宣教设施、野生动物及其栖息地保护设施、公共服务设施、给排水设施、供电通信设施、环卫工程设施及其他配套设施等工程构成。涉湿地保护地的建设项目主要包括在保护地周边进行水利工程、电力设施、地下管网、港口码头、防洪工程、铁路选线等建设活动。

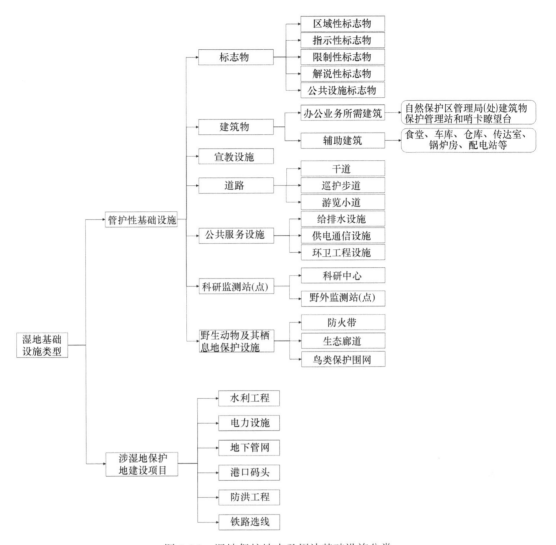

图 5.4.1　湿地保护地内及周边基础设施分类

　　建筑物包括办公业务所需建筑和辅助建筑，前者包括自然保护区管理局（处）建筑物、保护管理站和哨卡、瞭望台等，后者包括食堂、车库、仓库、传达室、锅炉房和配电间等；道路包括干道、巡护步道和游览小道；科研监测站包括科研中心、野外监测站（点）等；野生动物及其栖息地保护设施包括防火带、生态廊道、鸟类保护围网等；公共服务设施包括给排水设施、供电通信设施、环卫工程设施等。

（二）湿地基础设施建设项目生态环境影响分析

1. 环境影响因素识别

　　在了解和分析基础设施建设项目所在湿地保护地的范围功能区划、生态保护规划及环境现状的基础上，分析和列出基础设施建设项目的直接与间接行为，以及可能受上述行为影响的环境要素和相关参数。

环境影响因素识别应明确建设项目在施工过程和生产运营等不同阶段的各种行为与可能受影响的环境要素间作用的效应关系、影响性质、影响范围、影响程度等，定性分析基础设施建设项目对湿地保护地内及周边生态环境要素可能产生的污染和生态影响，详见表 5.4.1。

表 5.4.1　基础设施建设项目不同阶段的环境负面影响

建设项目阶段	可能受影响的环境要素	可能产生的负面影响
施工过程	湿地土壤	表层土壤扰动，破坏土壤结构，使土壤硬化、肥力降低
	湿地植被	遭到践踏破坏
	湿地动物	干扰动物常规活动、破坏动物栖息环境
	湿地水体	水体重金属沉降极速，影响水质，改变水体水文特征，使水质自净能力下降
运营期间	湿地景观	永久性占地改变湿地景观格局及其原有功能
	湿地土壤	改变土壤物理结构、化学性质和生物因子，使土壤贫瘠化
	湿地植被	影响植物群落结构，使植物物种组成趋于简单化
	湿地动物	影响湿地动物的分布和节律

环境影响因素识别方法可采用矩阵法、网络法、地理信息系统（GIS）支持下的图层叠加法。

2. 生态环境影响分析步骤

（1）对湿地保护地区域进行湿地调查法研究确定影响区域生态环境的重要/关键因子。

（2）确定基础设施建设项目不同阶段产生的不同影响因子的相对重要性程度，即权重，选取层次分析法、综合指标法、GIS 空间分析法等方法定量表达不同影响因子对湿地生态环境敏感性的影响作用大小。

（3）加权求和，进行重分类，获取基础设施建设工程开发期、运行期和运行期满后对湿地生态环境敏感性的分区图。

（4）根据湿地保护地不同分区的特征和基础设施类型差异，分别提出相应的工程建设方案。

二、湿地保护地范围内基础设施建设的技术要求

湿地保护地范围内基础设施建设的技术要求主要涉及湿地保护地内及周边主要标志物、道路交通设施、地下管网、主要建筑物、科研监测站（点）、宣教设施及野生动物栖息地保护设施等的建设技术要求。

（一）湿地基础设施建设规划的原则

在湿地自然保护地及周边地区开发和运行管护性基础设施应严格执行《中华人民共和国自然保护区条例》的有关规定，符合自然保护区总体规划的要求，遵循从严控制、从简建设、同自然景观和谐一致的原则，不影响或有利于湿地生态系统、物种和自然遗迹的保护，不得破坏自然景观和保护对象的栖息环境。

湿地自然保护地及周边地区进行基础设施开发建设应在湿地综合调查的基础上进行。调查内容包括保护地内及周边地区的自然、社会经济状况，工程项目建设条件，保护地范围内原有的基础设施状况等。湿地自然保护地内已建有自然保护区和湿地公园的，应本着综合利用、节约资源的原则，做好与相关标准间的衔接，充分发挥设施的功能和作用，不应各成独立体系。

在湿地自然保护地内开发和运行基础设施，首先应按照自然保护地区界、功能区划分、各类建设项目内容、外部衔接道路和内部交通、防火路网等，景观湿地勘察、论证、比较后，选择优势方案编制自然保护地基础设施建设工程总平面设计图。

其中，自然保护地核心区，只能布设必需的科研监测、观察和保护性工程设施，必须有严格的控制条件和管理措施。对防火瞭望塔（台）、野生动物观测点等工程，在条件许可下应布设在核心区以外。缓冲区可以布设科研观察、必要的保护性工程。实验区除布设保护性工程外，应适度集中布设自然保护地管理和区域可持续发展的工程项目。

在湿地保护地内及周边进行建设项目规划和调控思路可参考图 5.4.2。

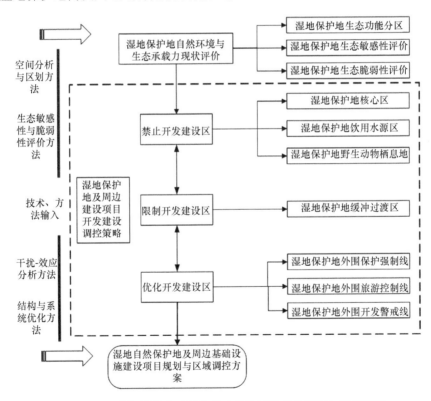

图 5.4.2　湿地保护地内及周边基础设施建设项目规划与调控思路

（二）主要标志物建设技术要求

按照功能属性，标志物可以分为区界性标志物、指示性标志物、限制性标志物、公共设施标志物和解说性标志物等。

区界性标志物是表明自然保护地和功能分区区域界限、位置，如保护区区界标志、核心区及实验区区界标志等。

指示性标志物是为了人们和车辆提供指南，以帮助寻找目标，如道路标志物、生态林入口标志等。

限制性标志物是表达规定、规则，限制人们行为方式和活动区域，如禁止烟火、禁止货车通行、禁止放牧等。

公共设施性标志物是表明设施位置，如休憩、服务、饮水、厕所、垃圾箱等。

解说性标志物主要说明和介绍当前位置和区域基础信息，如饮用水水源保护区、防火隔离带的标志物，古树铭牌等。

1. 标志物的设立位置和数量

在人类活动的自然保护区区界、自然保护区功能分区界限应设置区界性标志物，在自然地形明显、人为活动较少的地段，标志物间距一般为 500～1000m；在自然地形不明显、人类活动较为频繁的地区或转折点，标志物间距一般为 200～300m 且转折点必须设置。

在进入保护地的区界或保护地不同功能分区界限的显要位置，一般设置 1 个区界标牌，介绍保护地的名称、范围、主要保护对象、保护价值、保护要求、管理机构等内容；针对每个功能分区的标志物应当介绍功能分区的名称、范围、功能、保护要求等信息。

水域应通过在地图、海图、航道图等标注，条件成熟的可在边界设立浮标或永久性标志。

其他标志物根据指示方向、提示警告和表达信息等需求而设置。

2. 标志物的材料、外观

区界性标桩以坚固耐用的材料制作，一般以水泥预制件为主，长方形柱体，柱体平面长 0.24m，宽 0.12m，露出地面 0.5m，埋入地下深度根据具体情况确定，注明保护地或保护地功能分区的全称及标志物序号。界碑规格为 2.5m×1.5m×0.2m，埋入地下不小于 0.5m。

区界性标牌以经防腐处理的木材或金属材料制作。牌面为 0.68m×1m、1.36m×2m、2.4m×3.5m 不同规格，贴近地面设置，或牌面底部距地 1m 设置；其他标牌的牌面为 0.68m×1m、1.36m×2m 不同规格，牌面底部距地 1m 设置。

标志物（标桩、标牌）宜采用鲜明底色，易识别，文字通俗易懂，清晰明显，整洁美观。对外开放的自然保护地，应注明英文及其他语言并采用国际通用的标志符号，中文书写宜采用等线体，英文书写宜采用印刷体。标志物的外观设置应与自然环境协调，不得破坏自然景观和自然遗迹。

（三）道路交通设施建设技术要求

1. 湿地保护地道路分类

保护地道路分为十道、巡护步道和游览小道，其中干道指国家或地方公路连接自然保护地的道路，路面宽度为 6～8m；巡护步道指设在自然保护地内的由管理局（处）至各保护站、居民点或经营活动场地的道路，砂土路面，以单车道为主，部分路段可设定双车道；游览小道指在保护地内供人们行走的道路，可以根据自然地势设置自然道路或人工修筑阶梯式道路，有条件的可以铺设碎石或片石，路面宽度为 1～1.5m。

巡护步道和游览小道一般不建议使用柏油、水泥等人工材料，建议采用生态材料铺设。

滨海湿地和内陆水域湿地保护地，可以根据需要设立码头。

2. 湿地保护地道路布设原则

（1）湿地保护地核心区不得修建道路。
（2）湿地保护地内步道的建设应减少对湿地的分割，以保证湿地的完整性。
（3）道路线形应顺从自然地形、因地制宜，尽量不要破坏地表植被和自然景观。
（4）道路布设以满足自然保护地管理、科研、巡视防火、环境保护及生活需要为原则。
（5）内部道路可按照不同等级，构成交叉路网，内部道路根据需要与外部交通进行衔接。

3. 湿地保护地内道路设置的其他注意事项

湿地自然保护地内道路不得改变河流或溪流的流向，在沼泽地、坡地、地表松软或分布有苔原植被的特殊地段，应该架设桥梁，宽度为 1～1.5m，高度为 0.5～1m。

道路行走位置不得穿越地质不良和有滑坡、塌陷、泥石流等危险的地段。若不得不穿越有危险性的路段，应设置护栏、护网、隔墙、扶手、台阶等安全防护措施。

湿地保护地内道路的布设不能阻断湿地生物的迁移通道，保护地内有公共交通公路穿行时，应视其具体情况加以限制或利用。若其穿行于缓冲区时，可在两端设置检查站和宣传板，告知穿行的管理要求，并在道路两侧设置防火隔离带；若穿行于实验区时，保护区的路网可与其衔接。

湿地保护地内道路的路线布设，宜采用包线设计，避免高填深挖，尽量不破坏地表植被和自然景观，并注意路段系统排水的要求。

凡有水运（通船）条件的湿地自然保护地，宜利用水运。

湿地自然保护地内道路由于交通量少，一般不进行常年养护，不设置养路工房，采用季节性养路，配置小型养路机械。

对于可能隔断湿地水域的道路，为了保持水域连通性，应当在道路修建过程中同时建造连通性水闸。

（四）地下管网建设技术要求

在保护地及周边修建的地下管网主要包括服务于保护地及周边地区或途经保护地范围的地下输水管网、地下输电管网、地下油气输送管网等。管道工程施工作业单位要根据沿线环境情况和作业性质，对可能产生的环境污染风险进行预测，制定出符合实际的环境风险预防措施。在施工前应探明沿线地下管道等隐蔽物,防止在施工过程中对原有地下管道等隐蔽物的破坏,防止油气等输送介质对环境造成污染。地下管网建设过程中,开挖管沟时应做到分层开挖,土壤分别堆放,施工完毕后,土壤分类对应回填,做好边坡防护,防止水土流失。新建管道应有良好的防腐绝缘层,并采用与外加电流阴极保护相结合的联合防腐措施,防止管道腐蚀泄漏。管网选址与施工应尽量避开鱼类产卵、洄游地,难以避免时,应采取可靠的保护措施。

(五)建筑物建设技术要求

1. 建筑物的类型与规模

湿地自然保护地内的建筑物分为办公业务所需建筑物和辅助建筑物,前者包括自然保护区管理局(处)建筑物、保护管理站和哨卡、瞭望台等;后者包括食堂、车库、仓库、传达室、锅炉房和配电间等。湿地自然保护地内自然保护区管理局(处)建筑工程量为 $30\sim50m^2$/人。在超大型湿地保护地内保护管理站的数量应设置 $10\sim15$ 个,在大型湿地保护地内应设置为 $6\sim10$ 个,在中型湿地保护地内应设置为 $2\sim6$ 个,在小型湿地保护地内应设置为 $1\sim3$ 个,自然保护区管理站建筑工程量应为 $25\sim40m^2$/人。

2. 建筑物布局原则及注意事项

(1)有利于保护管理和科研活动的开展,便于宏观控制措施的实施。

(2)交通方便,有良好的内外衔接条件。

(3)合理利用自然地形,以减少土石方、建筑物基础、护坡和挡土墙工程量。

(4)场地的平整度,应有利于排水,避免土壤受冲蚀。

(5)合理确定场地标高,使场地不被洪水、潮水淹没,不受周期性自然灾害的影响。

(6)应与场外已建的和规划的道路、排水系统及周围场地的标高相协调。

(7)保护管理站原则上应建在自然保护地实验区内,便于管护,一般只建职工食堂和宿舍。

(8)对于保护管理站和已建在自然保护地内的管理局(处)办公用房,其建筑物高度一般不超过周围的树冠层。

(9)瞭望台、监视塔等瞭望设施的布局,必须视野宽阔、控制范围广,设置位置、结构形式和高度,应顺应自然地形条件。

3. 湿地自然保护地内建筑物的材料和外观

湿地自然保护地内的建筑物,外表要与周围自然环境相协调,不得用瓷砖、玻璃墙、大理石等贴面,不得用鲜明的颜色。

建筑物的结构造型、材料和装修标准应与自然保护地的性质、功能相协调,尽量降低建设和维修费用。

对于可以观察到野生动物的区域,应设置野生动物观察亭、哨所,以竹、木、砖、石等当地材料为主。瞭望台高度,应根据地势和周围树木高度及控制范围等条件确定,塔上的瞭望室高度必须高出周围的最高树冠,且瞭望室与周围最高树冠的高差不得小于2m。

（六）科研监测与宣传教育基础设施建设技术要求

1. 湿地自然保护地内科研中心与观测站布局

科研中心应在管理局址集中建设，布置在环境安静、清洁、振动及电磁辐射小的地段，并根据保护区科研的主要研究方向，确定科研中心及相关设施的位置。科研中心的选址必须考虑其产生的废弃、噪音、污水对保护地保护对象和生境的影响。科研中心的"三废"处理应与建筑设计同时进行，"三废"排放应符合《污水综合排放标准》（GB 8978—1996）和地方有关标准的规定。

湿地自然保护地应在核心区和缓冲区设立定位观测站，确定观测内容，配置相应观测仪器，做好观测记录和样品采集。核心区定位观测站只能观测不能采样。缓冲区定位观测站可以观测和采集样品。监测站点布置，应具有保护地主要保护对象或研究对象及生态系统的代表性、典型性。设置监测设施的场地，应保证在恶劣天气条件下能够正常进行观测、观察。监测站点应配置技术先进、使用方便的观测仪器、设备。

湿地自然保护地内生态、资源与环境监测项目的技术要求应符合以下条件。

（1）生态定位监测站不仅要监测湿地生态系统的结构与功能变化，还应监测人类活动引起的生态系统和景观的变化趋势。

（2）气象观测站主要监测自然保护地内各生态系统的气象学、物候学等范畴的大气、物候指标，应建设在保护地内有大面积典型自然植被类型分布的区域，能够反映自然保护地内的小气候状况。

（3）水文、水质监测站主要监测湿地保护地内各河、湖、海及地表水的水化学、毒理学、细菌学等范畴的水质指标，以及地下水水位、含盐量变化等指标。水文监测站应建设在保护地内靠近河流、溪流、闸口的位置。

（4）关键物种监测点，主要鉴定湿地保护地内的关键物种，监测它们在湿地生态系统内的作用及其动态变化趋势。

（5）固定样地主要监测植被密度、盖度、生物量、频度等；监测野生动物或者其迁移痕迹，反应动植物群落结构分布和数量特征。固定样线的长度应设置为 2~5km，根据保护地规模，固定样线总长度为 20~50km。

（6）鸟类的迁徙通道、繁殖地、越冬地和停歇地的自然保护地内可设置鸟类环志站。环志站设计应满足以下几方面要求。

a. 鸟类环志站的设计和环志工作的开展应该满足国家规划和相关法律规定的要求；防止盲目环志、过多过滥，进而造成对鸟类的不利影响。

b. 环志站配置环志管理的建筑工程和环志工作所需要的设施。

c. 环志站的建筑工程为砖混结构，外观应与周围环境协调一致。

d. 环志设施、设备可以按照《鸟类环志技术规程（试行）》执行。

2. 湿地自然保护地内宣教基础设施的设立

宣教工程应包含实物、模型、展板、多媒体等灵活多样的公众教育手段。湿地保护地内可以设立音频、音像讲解、标牌或物品展示等形式的解说系统，实现湿地和生态宣传、教育等功能。宣教馆一般依据内容和展出的形式不同可以分为综合宣教馆、专题馆、博物馆、标本馆和展览馆。

社会影响力高、交通便利、人口分布稠密、年实际接待参观人次在 3 万以上的湿地自然保护地可以设置访客中心，其他年接待参观人次在 1 万以上的湿地自然保护地可设置陈列馆、生态教育基地，其余湿地自然保护地可以在管理局内设宣教室。

访客中心或陈列馆的建设地点应综合考虑交通条件、生态旅游线路的现状和规划、可参观的野外资源的分布、社区人口分布等因素，充分发挥其功能和作用。建筑位置、朝向、高度、体量、空间组合、造型、材料和色彩及其使用功能，在选址及总图设计时统筹考虑。陈列馆的建筑面积：超大型、大型自然保护区不大于 600m^2，中型、小型自然保护区不大于 300m^2。

访客中心、陈列馆建筑工程设计应符合以下几方面规定。

（1）室外台阶宽度不宜小于 1.5m；踏步宽度不宜小于 30cm，踏步高度不宜大于 16cm；台阶踏步数不小于 2 级；侧方高差大于 1.0m 的台阶，设护栏设施。

（2）访客中心或陈列馆内部和外缘，在参观人群正常活动范围边缘，临空高差大于 1.0m 处，均应设护栏设施，其高度应大于 1.05m；高差较大处可适当提高，但不宜大于 1.2m；护栏设施必须坚固耐久且采用不易攀登的构造，其竖向荷载和水平荷载应均按 1.0kN/m 计算。

（3）访客中心、陈列馆建筑设施，应符合《无障碍设计规范》（GB 50763—2012）的规定。

观鸟屋等观察站点建设要求如下。

（1）观鸟屋等观察站点宜在动物聚集地带 50m 之外，尽量减少人类活动对野生动物的影响，可选择河岸、灌丛、草被等作为隔离。

（2）观察站点内应配备必要的观测仪器设备、常见动物图谱等。

（七）野生动物栖息地保护设施建设技术要求

1. 生态廊道生境连接设计

（1）生态廊道的生境连接设计应建立在物种生态习性研究和历史连接状况的基础上，优先保证核心区之间的自然连通。

（2）生态廊道应满足湿地野生动物对生境和其他资源的需求，应连续而不应有缺口。

（3）生态廊道的最佳宽度取决于边缘效应的强度和不同动物物种需要。

（4）核心区间自然的连通性应得到保持和恢复。

（5）动物通道根据保护地具体情况宜采用跨越、涵洞的方式。

2. 鸟类围网设置

（1）湿地保护地鸟类救助应以救助站短期治疗、尽快自然放飞为主，尽量少建或不建笼舍。

（2）救护鸟类的笼舍及活动场四周地面下应铺设 30cm 以上金属围网（地下墙）以防止鼠害。

（3）鸟类生境笼舍四周和顶棚应以孔径 4cm×4cm 的钢丝网围成，其围墙基础可以采用浆砌片石。

（4）钢丝围网高度为 3.0～6.5m。

3. 水生生物保护设施设立

（1）为《濒危野生动植物种国际贸易公约》（CITES）附录物种、国家重点保护物种、国家重点保护经济水生动植物资源名录物种和省（市、区）重点保护物种栖息地划定特别保护区域，划定禁渔区，明确禁渔期并实施禁渔区管理。

（2）在重要栖息地设置人工鱼巢（内陆）和人工鱼礁（近海或海湾）。

（3）对珍稀、濒危的水生生物洄游通道、产卵场、索饵场开展保护性修复，禁止过度捕捞、航运等人为活动。

4. 湿地保护地内防火设施设立

（1）自然保护地内可以根据实际情况，设置瞭望台、防火道和防火隔离带，配备灭火设备，以满足预防和及时扑灭火灾的需要，生物防火带主带宽度不应小于 30m，副带宽度不应小于 20m。

（2）在自然保护区内制高点及易发生火灾地区，应设置瞭望塔（台），瞭望半径应覆盖高火险地区，数量能够满足防火需要。

（3）瞭望塔（台）内应配备瞭望、监控、报警和通信设备。

（4）湿地自然保护地内草洲等植被较多、人为活动频繁、火险等级较高的区域，宜设置防火隔离带，阻止火灾蔓延。

（八）其他辅助基础设施建设技术要求

（1）湿地自然保护地内应尽量使用太阳能、风能、沼气等清洁能源。

（2）湿地自然保护地内不得用于自然保护目的之外的水源、污水排放应符合环境保护要求。科研、生产污水必须经过处理后排至保护地之外，不得直接排入水体和洼地污染湿地。保护地内的管理局和管理站应建化粪池。

（3）湿地自然保护地内人类活动区应修建国家规定的一类公共厕所和设置垃圾箱，垃圾箱的设置间隔一般为 50～100m。保护地内的垃圾应运至保护地外进行处理。

（4）湿地自然保护地内的供电工程，应根据电源条件、用电负荷和供电方式，本着节约能源、技术先进、经济合理的原则设计，做到安全适用、维护管理方便。电线杆、电线的设置应尽量避开生态敏感区和野生动物活动区域。

（5）湿地自然保护地内不得建设污染自然环境、破坏自然资源或自然景观的人工景点、景观设施。严格控制景观污染。湿地保护地内若建设绿化带，应与生物防火带结合统筹布置，结合当地的自然条件、植物生态习性、抗污性能和苗木来源，因地制宜地进行配置。

（6）在湿地自然保护地内进行旅游设施开发和运行必须严格遵守《国家湿地公园建设规范》（LY/T 1755—2008），湿地自然保护地核心区内严禁修建旅游设施，开展旅游活动。

三、湿地保护地周边基础设施建设项目的技术要求

其主要涉及在湿地及周边开发和运行水利工程设施、电力设施、地下管网设施、港口码头、防洪工程及铁路选线设施的基本技术要求。上述项目建设要有影响评价，如有问题的要有整改措施及补偿措施。

（一）水利工程开发和运行技术要求

水利工程开发建设具体应遵守中华人民共和国水利行业标准《水利水电工程施工组织设计规范》（SL 303—2017）。

在鱼类洄游通道建闸、筑坝，对渔业资源有严重影响的水利设施建设，建设单位应当建造过鱼设施或者采取其他补救措施。进行水下爆破、勘探、施工作业，对渔业资源有重要影响的，作业单位应当事先同有关县级以上人民政府渔业行政主管部门协商，采取措施防止或者减少对渔业资源的损害，造成渔业资源损失的，由有关县级以上人民政府责令赔偿。

鼓励、支持建设生态水利工程。生态水利工程是确保水生态和水资源安全的水利建设活动的总称，是指在保护好湿地流域生态的基础上实施水利建设。其核心是生态设计、生态建设、生态监控、生态保护、生态修复、生态安全、水资源污染防治、水资源良性循环、优化配置、生态管理和可持续利用（专栏 5.4.1）。其中要求包括以下几个方面。

（1）水利工程建设和设计必须生态化，如采用生物护岸、修建生态河道、生态沟渠等，以构建一个与自然和谐、与周边景观环境协调的"生态型""环保型"湿地环境。

（2）配备湿地水资源与水利工程的生态监控系统，定期对湿地污染源情况、水资源数量、水位、水质污染状况等的动态变化、植被、水利坡面工程等进行监控，建立湿地资源的信息管理系统。

（3）建立湿地洪涝预警系统及相关灾害的快速应急预案，实现科学防洪、提高防汛能力的目的。

对能源的开发，不能仅仅追求局部经济利益，应该着眼长远，按照"大水利"的思路制定总体规划，转变"技术经济最优"的工程目标。工程项目的选择、建设和运营要体现生态效益、经济效益、社会效益的统筹兼顾。

在不宜进行水电项目的自然保护地，禁止进行水电工程建设和其他大型水利工程建设。对严重破坏和影响生态环境、保护地的水电建设项目，应该重新进行评估和审查。

应避免在湿地自然保护地内兴建大型的水坝、水闸等水利枢纽工程，尽量保持流域生态系统的自然连通性、生物多样性和景观独特性。

保护地内及周边地区禁止开发、建设水电站。

专栏 5.4.1　扎龙国家级自然保护区上游湿地补水工程

　　扎龙国家级自然保护区是我国最大的湿地，以及珍稀鸟类丹顶鹤的主要栖息地。黑龙江西部地区频频遭遇的干旱一度导致流经扎龙自然保护区的乌裕尔河、双阳河的径流量明显减少，再加上生活用水的不断增加，使扎龙湿地常常面临缺水状况，直接影响到丹顶鹤等珍禽的栖息繁衍。为保护丹顶鹤的生存环境，解决保护区常年的"渴水"状况，2002 年开始黑龙江省实施了引嫩工程，从松花江上游的嫩江引水补充扎龙湿地储水，2009 年正式建立了扎龙湿地长效补水机制。截至 2013 年 6 月已经累计补水超过 19.52 亿 m^3，最多年补水 3.43 亿 m^3，使扎龙湿地的缺水危机得到明显缓解。

　　扎龙湿地补水后，水环境大大改善，生物多样性得到恢复，丹顶鹤等珍禽栖息地状况明显改善，数量明显增加，湿地苇草和鱼类资源增产。保护区通过对鹤类生存环境及其生态因子进行野外数据收集、分析、比较，发现补水后鹤类繁殖的种群数量、繁殖个体数量显著增加；湿地水资源恢复后，幼雏死亡现象也明显减少，丹顶鹤繁殖成功率显著提高。此外，补水工程不仅使扎龙湿地取得了较大的生态效益，湿地水面不断扩大也在调节气候和降解污染等方面发挥了重要作用，也带来了客观的经济效益。

（二）电力设施开发和运行技术要求

1. 传统电网建设

　　（1）保护地周边的电网开发项目，首先必须选择对生态环境影响最小的设计方案，而非工程造价最低的方案。选址选线应避开野生动植物栖息地和地质遗迹等，并采取对保护地生态环境影响较小的设计措施，如飞艇或其他有利于生态环境保护的施工工艺，采用全方位高低腿基础设计减少土石方的开挖，减少水土流失。采用紧凑型塔形设计，缩小走廊可减小土方开挖量、砍伐量等。

　　（2）如果保护地周边的多条输电线路平行走线穿越保护地，在穿越保护地区段的线路应采取同塔双回设计等，如新乡东 500kV 输变电工程跨越黄河时，也跨越河南豫北黄河故道湿地鸟类国家级自然保护区和河南开封柳园口湿地省级自然保护区的实验区，工程考虑到后期在同一走廊内还有第二回输电线路平行走线，在跨越保护区时按同塔双回设计和施工，大大减缓了二次施工对保护对象和生态环境的不利影响。

　　（3）为了降低输变电工程电磁环境影响，可以在 500kV 输变电线路导线外 5m 拆迁范围内种植树木来减少电磁辐射的影响，也可以采用屏蔽线以减少电磁辐射对周围生物的影响。

2. 风电场建设技术要求

　　（1）风电场建设施工前应进行自然条件调查分析，熟悉施工环境。建设地区自然条件调查分析的内容有：风能资源情况、地质构造、土壤性质和类别、地基承载力、地震级别和烈度、地下水位情况、气候环境特点、土壤冻结深度和风雨季的期限等情况。

（2）风电场工程建设用地应本着节约和集约利用土地的原则，尽量使用未利用土地，并尽量避开省级以上政府部门依法批准的需要特殊保护的区域。

（3）场区配网工程设计时，设计单位根据风电场地形地貌、升压站位置及风机布置情况，合理设计场区配网线路路径，遇到珍稀植物要予以避让，在其旁侧通过，减少因施工造成的植被破坏。结合地方要求与造价控制目标，选择合适的配网形式，如采用架空线路方式输电，根据当地地质情况，采用合理的铁塔基础形式。

（4）风电场设施施工期开挖填方要尽量避免在雨水充沛期进行，应将表层种植土单独存放，底层土可用于工程填方。在升压站基础开挖前剥离的表层土应尽量集中堆放于升压站内的一角，待升压站施工结束后覆土进行场区的绿化。表土堆放区的周围及临时弃土的周围用编织袋装土筑坎进行临时拦挡，为防止大风扬尘，需用塑料布遮盖。

（5）风电场工程建设项目实行环境影响评价制度。风电场建设的环境影响评价由所在地省级环境保护行政主管部门负责审批，凡涉及国家级自然保护区的风电场建设项目，省级环境保护行政主管部门在审批前，应征求国家环境保护行政主管部门的意见。

（6）风电场项目规划时应把对野生动物和当地居民的噪音考虑进去，尽量回避鸟类栖息地和迁徙路线。

（7）风电场设施建设具体规程详见《风力发电场项目建设工程验收规程》（DL/T 5191—2004）、《风电场工程建设管理标准汇编》（中国国电集团公司编制）。

（三）地下管网建设技术要求

禁止在湿地自然保护地上游地区建设排污口，在保护地周围下游区域新建排污口，应当保证保护地水体不受污染；禁止利用渗井、渗坑、溶洞排放、倾倒含有污染物的废水、含病原体的污水和其他废弃物；在湿地保护地周围兴建地下工程或进行地下勘探，应当采取防护性措施，防止地下水污染。湿地保护地周边水域生态环境的监督管理和污染事故的调查处理，依照《中华人民共和国海洋环境保护法》和《中华人民共和国水污染防治法》有关规定执行。

湿地保护地周边区域符合饮用水水源一级或二级保护区的应严格按照《中华人民共和国水污染防治法》进行监督管理和水体保护。

（四）港口码头建设技术要求

港口码头的选址不能占用且不能影响自然保护地、重要渔业水域和珍稀濒危生物保护地等敏感目标，即禁止在河流、湖泊、海洋保护地范围及周边修建港口码头。原因有如下几个方面。

（1）港口码头施工过程中产生的悬浮物会导致水体浑浊，降低太阳光的透射能力，引起水体中水生植物光合能力下降，影响水生植物的生长；鱼类等水生动物呼吸过程中因吸入泥沙等颗粒性物质，堵塞呼吸道，从而影响水生动物生长，甚至导致死亡。

（2）码头主体结构和后放辅助工程设施，将永久性占用水域并形成陆地，造成被占用的水域丧失原有的功能。

（3）造成底栖生物量损失。

（4）港口码头运营期的环境影响因码头类型不同而异，均对水环境、空气环境产生不同程度的影响。

（五）防洪工程建设技术要求

1. 施工期建设技术要求

（1）取土场尽量设置在保护地外，实在避不开时，应与保护地管理部门协商，优化取土场布置，尽量减少占地面积，以减缓对鸟类栖息地、觅食地、繁殖地的影响。

（2）大堤加固工程、滩区安全建设工程、险工等生活区，应布置在大堤背河侧，减轻夜间灯光对鸟类的影响。

（3）对施工方案进行优化，尽量减少对高大乔木的破坏，保护夏候鸟繁殖地。

（4）位于保护地内的工程禁止夜间施工，进入保护地车辆禁止鸣笛，车辆运输时，应尽量低速行驶，减少对鸟类等其他野生动物的惊扰，减少扬尘、废弃物对生物栖息地的破坏。

（5）防汛道路和撤退道路施工时，严禁在保护地范围内熬制沥青。

（6）10月至次年3月份取土时，应当在取土场周围投放人工鸟食，保证植食性冬候鸟的食物数量。

（7）临时占地要保留30～50cm的表土层，施工结束后，应尽快平整恢复，保证鸟类生境。

（8）在工程施工区设置警示牌，标明施工活动区，严令禁止到非施工区域活动。

2. 建设项目运行期恢复与补偿措施

（1）恢复措施：防洪工程占用的保护地湿地补水设施，应进行重建，恢复保护地湿地补水通道的连通性，工程建设对保护地湿地补水设施的影响将消除。

（2）补偿措施：防洪工程占用保护地苇塘等湿地，应根据《全国生态环境保护纲要》中对占用的重要功能区实行"占一补一"的相关规定，按照原规模进行补偿，并与原有的苇塘等湿地连接成片，以补偿工程占用对保护地湿地的生态影响。

（六）铁路选线技术要求

1. 铁路线路进入湿地自然保护地核心区和缓冲区

严禁铁路线路进入自然保护地核心区和缓冲区。

2. 铁路线路进入湿地自然保护地外围区

铁路线路进入湿地自然保护地外围区或实验区，应尽量减少侵入保护区段的长度，加强各方面的环境保护，采取适当的工程措施尽可能减少对保护地的扰动、破坏，如以桥代路、以隧代堑，不得设置与主体工程无关的任何临时设施（取弃土场、大型施工场地、施工营地等），设置必要的动物通行、地表水径流通道，加强路基边坡的植物绿化措施，设置与环境相融合的噪声防护屏障等，满足相应污染物排放标准，必要时采取相应的生态功能补偿措施，并应进行专项论证，征得保护地区域管理机构的同意（专栏 5.4.2）。

专栏 5.4.2　西城高铁朱鹮防护网

陕西汉中朱鹮国家级自然保护区，位于陕西秦岭南坡，陕西省汉中市洋县县城北 3km。朱鹮因为这里独特的地理、气候条件定居于此。通过保护区不懈的努力，朱鹮总数量已经增加到 2000 多只，其中野生种群 800 余只，全部自由散落在保护区内。

在西安至成都的高铁建设过程中，为了有效保护朱鹮，同时保障铁路运行安全，铁路设计部门和陕西汉中朱鹮国家级自然保护区管理局合作进行科研项目研究，出台并实施了铁路朱鹮防护网设计方案，在铁路车道两旁安装了为保护朱鹮而研发的特制防护网。防护网采用了朱鹮易识别的绿色，网格依据朱鹮体型设计，网格大小让朱鹮即便误撞也不会被卡住。通过红外相机和视频监测设备显示，西成高铁洋县段未发生过朱鹮因撞上防护网而被困的事件。

四、湿地基础设施建设与运行的监督管理

规范湿地保护地及周边基础设施的建设与运行必须加强涉及湿地保护地开发建设活动的监督和管理，对在保护地内及周边进行的盲目开发、过度开发和无序开发以坚决态度予以整治，遏制一切破坏湿地生态环境的基础设施建设行为。一方面，要加强对涉及自然保护地建设项目的监督管理，切实加强涉及自然保护地建设项目的准入审查，加强对项目施工期和运营期的监督管理，确保生态保护措施落实到位。保护地管理机构对项目进行全程跟踪，开展生态监测，发现问题及时处理和上报。另一方面，坚决整治各种违法开发建设活动。

（一）整治各类违法、违规开发建设活动

禁止在湿地自然保护地内进行开矿、开垦、挖沙、采石等法律明令禁止的活动。

对在核心区和缓冲区内违法开展的水（风）电开发、房地产、旅游开发等活动，要立即予以关停或关闭，限期拆除，并实施生态恢复（专栏 5.4.3）。

对于实验区内未批先建、批建不符的项目，要责令停止建设或使用，并恢复原状。

对违法排放污染物和影响生态环境的项目，要责令限期整改，整改后仍不达标的，要坚决依法关停或关闭。

对自然保护地内已设置的商业探矿权、采矿权和取水权，要限期退出。

对自然保护地设立之前已存在的合法探矿权、采矿权和取水权，以及自然保护区设立之后各项手续完备且已征得保护区主管部门同意设立的探矿权、采矿权和取水权，要

分类提出差别化的补偿和退出方案，在保障探矿权、采矿权和取水权人合法权益的前提下，依法退出自然保护区核心区和缓冲区。

在保障原有居民生存权的条件下，保护区内原有居民的自用房建设应符合土地管理相关法律规定和自然保护区分区管理相关规定，新建、改建房应沿用当地传统居民风格，不应对自然景观造成破坏。对不符合自然保护区相关管理规定但在设立前已合法存在的其他历史遗留问题，要制定方案，分步推动解决。对于开发活动造成重大生态破坏的，要暂停审批项目所在区域内建设项目环境影响评价文件，并依法追究相关单位和人员的责任。

专栏 5.4.3　天津七里海古海岸基础设施建设的教训

七里海是全新世晚期以来的海退过程在天津平原残留下来的众多潟湖之一，后演化为淡水沼泽。七里海保护区（即天津古海岸与湿地国家级自然保护区）与天津的北大港湿地自然保护区一样，都处于东亚—澳大利西亚重要的候鸟迁徙路线上。除了以贝壳堤、牡蛎礁构成的珍稀古海岸遗迹和湿地自然环境及其生态系统作为主要保护目标，七里海保护区也是重要的鸟类栖息地。

在寸土寸金的天津滨海新区，为了寻求经济发展，冲动逾越了界限。2011 年开始，天津市宁河区政府主导的旅游开发建设，对七里海保护区核心区进行了游乐场、小木屋、观景廊道等基础设施建设，改变了保护区原有的自然景观。七里海湿地公园 4A 级景区的宣传广告也吸引了大量游客接踵而至。2012 年，当地政府将七里海保护区核心区域 5000 亩苇地转租，并以湿地公园名义进行开发，以谋取经济利益。为了开发旅游项目，核心区内人为开挖了多条河道，天然的芦苇地被开发为人为景观；缓冲区内也竖起了宣传广告牌。

七里海保护区的基础设施建设及旅游开发项目严重违反了《中华人民共和国自然保护区条例》和《海洋自然保护区管理办法》中规定禁止任何人进入自然保护区的核心区，禁止在自然保护区的缓冲区开展旅游和生产经营活动，在自然保护区核心区和缓冲区内，不得建设任何生产设施。《海洋自然保护区管理办法》中规定，核心区内，除经沿海省、自治区、直辖市海洋管理部门批准进行的调查观测和科学研究活动外，禁止其他一切可能对保护区造成危害或不良影响的活动；未经国家海洋行政主管部门或沿海省、自治区、直辖市海洋管理部门批准，任何单位和个人不得在海洋自然保护区内修筑设施。

七里海保护区的教训告诫我们，在湿地及其周边进行开发建设时，既应该发挥人类的主观能动精神，又必须要遵循自然规律，坚决摒弃急功近利、见利忘义、不顾科学的举措。在基础设施开发建设的过程中，必须严格规范各种建设行为，重视生态环境的监测研究，对违法建设行为予以严厉打击和整治。

（二）强化涉自然保护地建设项目的监督管理

切实加强涉及自然保护地建设项目的准入审查，强化自然保护地监督检查专项行动（专栏5.4.4）。建设项目选址（线）应尽可能避让自然保护地范围，确因重大基础设施建设和自然条件等因素限制无法避让的，要严格执行环境影响评价等制度，涉及国家级自然保护地区域的，建设前须征得省级以上行政主管部门同意，并接受监督。对经批准同意在自然保护地范围内开展的建设项目，要加强对项目施工期和运营期的监督管理，确保各项生态保护措施落实到位。保护地（区）管理机构要对项目建设进行全过程跟踪，开展生态监测，发现问题应当及时报告和处理。

专栏 5.4.4　"绿盾"自然保护区监督检查专项行动

2018 年 3 月，环境保护部、国土资源部、水利部、农业部、国家林业局、中国科学院和国家海洋局联合启动"绿盾 2018"自然保护区监督检查专项行动。2017年，环境保护部与国土资源部、水利部、农业部、国家林业局、中国科学院和国家海洋局 7 部门已经在全国组织开展过为期 6 个月的国家级自然保护区监督检查专项行动，全面排查了国家级自然保护区内违法违规问题，重点排查了采矿、采砂、工矿企业和保护区核心区、缓冲区内进行旅游开发、水电开发等对生态环境影响较大的活动。

"绿盾 2018"专项行动是在 2017 年专项行动的基础上，将检查范围扩展到了所有 469 个国家级自然保护区和 847 个省级自然保护区存在的突出环境问题，坚决查处自然保护区内新增违法违规问题。重点检查国家级自然保护区管理责任落实不到位的问题，严格督办自然保护区问题排查整治工作等 4 方面，坚决制止和惩处破坏自然保护区生态环境的违法违规行为，严肃追责问责，落实管理责任，始终保持高压态势，对发现的问题扭住不放、一抓到底，充分发挥震慑、警示和教育作用。

"绿盾 2018"专项行动是自然保护区的一个大扫除，旨在保护好自然保护区的"天生丽质"，还自然以宁静、和谐、美丽，为自然生态系统留下休养生息的国土空间，为人民群众提供更多的优质生态产品，为推动实现建设美丽中国的奋斗目标筑牢生态根基。

为了贯彻执行有关环境保护法规，及时了解建设项目及其周围环境质量、社会因子的变化情况，掌握项目建设过程中环境保护措施实施的效果，保证自然保护地良好的环境质量，在基础设施建设项目区域需要进行相应的环境管理。湿地自然保护地及周边社区主管部门应该联系项目建设单位安排专门的人员或者部门负责基础设施建设的环境管理和监督，并负责有关措施的落实，在施工期、运行期及竣工后对项目区的污水、废气、固体废弃物等的处理、排放及其对保护地生态环境、生物多样性的影响和环保设施

的运行状况进行监督，严格注意相关的排污情况，以便能够在出现紧急情况时采取应急预案。

加强保护地及周边地区开发和运行基础设施项目建设过程中的环境管理与环境监测是执行《中华人民共和国环境保护法》等法规、条例、标准的重要手段，也是实现建设项目社会效益、经济效益、环境效益协调发展的必要保障。必须通过环境管理和环境监测，监控建设项目对保护地辐射范围内地表水、地下水、植被、土壤、野生动植物栖息地及生物多样性的影响，为保护地的环境管理和基础设施项目规划提供依据。

环境管理与监督部门和人员的职责包括以下几个方面。

（1）负责项目区域的环境管理、环境保护和生态保护工作并监督各项环保措施的落实和执行情况。

（2）编制基础设施项目建设和运行期间的生态保护制度，并组织实施。

（3）按照规定进行生态环境监测，建立监测档案和数据库。

（4）按照环保部门的有关规定和要求填写各种环境管理报表。

（5）协助项目主管部门进行项目区域内的环境和生态保护教育、技术培训，提高施工期间施工人员和运行期间管理人员的素质和环保意识。

（6）制定、实施、管理项目区域内污染物排放和环境保护设施的运转计划，并做好考核和统计工作。

（7）加强对环保设施的运行管理，如果出现运行故障，应及时进行检修，严禁非正常排放。

（8）协调、处理因基础设施建设项目的运营而产生的环境问题的投诉及项目区域居民对周围环境的投诉。

（9）配合有关单位和部门对基础设施项目运行过程中出现的环境事故进行调查、监督和分析，并撰写调查报告。

小结

本研究通过明确湿地保护地及周边地区建设和运行基础设施的技术体系，梳理不同类型基础设施开发和运行的技术规范，从法律层面、技术层面、生态保护层面三方面出发，为湿地保护提供了切实可行的行动指南，以加强湿地保护地及周边地区的有效规范和管理。本《湿地及周边基础设施建设技术指南》以湿地资源保护与生态安全为基础；以系统整体性、环境友好性、景观协调性、功能美观性、分步实施性和因地制宜性为主要原则；以贯彻落实项目规划、环评先行，项目实施、环评跟踪，项目运行，环评监督为倡导方针；以《中华人民共和国自然保护区条例》《中华人民共和国环境保护法》《湿地公约》等湿地保护相关的法律法规为主要依据，立足原有的各类行业部门针对建筑物、道路、标志物、风电场等基础设施建设项目的规范与标准，明确了湿地保护地及周边地区进行基础设施开发和运行活动的基本规范。

本《湿地及周边基础设施建设技术指南》既可以为湿地保护决策机构提供科学依据，

也可以为湿地保护区管理部门提供技术指导。本技术指南的发布，对增强湿地保护地的科学管理，湿地资源的合理利用，规范湿地保护地内及周边地区基础设施建设活动，加强不同相关管理部门之间的协调具有重大的现实作用。

本节作者：于秀波　中国科学院地理科学与资源研究所

张广帅　国家海洋环境监测中心

第六章　湿地保护能力建设

湿地保护主要是面向社会协调管控各种人类活动的威胁，建立人与自然的和谐关系，同时也在退化湿地的自然恢复中发挥积极作用助自然一臂之力，需要认知、鉴别、社交、协调、操作等自然科学、社会科学和管理科学等多方面的能力。本章通过建立湿地保护地从业人员能力标准，分析不同层级岗位人员培训需求，为因地制宜加强湿地保护管理机构队伍建设，全面提升从业人员岗位能力，实现湿地保护管理的高效能、低成本尽可能提供指南。同时，本章讨论了如何提升湿地保护地融资能力和《湿地公约》履约能力等，认为既要进一步增强融资能力，也要显著提高资金使用效率；《湿地公约》履约成绩是显著的，但配合做好国家湿地保护各项工作，实现湿地面积不少于 8 亿亩的目标，仍需继续开拓创新、努力工作。

第一节　湿地保护地融资能力

资金投入是湿地保护地良好运行、湿地生态系统发挥综合效益的前提条件。经过多年努力，我国湿地保护地资金渠道基本建立，但距离实现保护目标还有较大资金缺口，需要进一步增强融资能力、加大资金投入。本节在系统分析当前国家湿地保护地主要融资渠道、资金投入状况的基础上，从充分实现湿地保护目标出发测算了未来一个时期内湿地保护地的资金需求和缺口，并对内蒙古自治区根河源国家湿地公园融资进行实例分析，最后提出了提升湿地保护地融资能力的建议。

一、中国湿地保护地资金投入状况

（一）湿地保护地资金来源

融资渠道包括公共财政资金、社会资本投资、社会团体捐赠及国际组织资助等（图 6.1.1）。其中公共财政资金是主渠道，除政府财政预算拨款外，湿地保护主管和相关部门还有不同的财政专项或补助；社会资本投资主要是部分具有一定经营利用条件的湿地保护区通过政企合作等模式引入商业资本，在保护的基础上进行适度开发获取收入；社会团体捐赠主要是社会团体和个人的捐赠；国际组织资助主要来源于多边双边合作机构、国际组织、生态保护类非政府组织（Non-Governmental Organizations，NGO）在中国实施的合作保护项目等。

1. 公共财政资金

目前，公共财政资金投入是湿地保护地最主要的资金来源，甚至是部分湿地保护地唯一的资金渠道。公共财政资金既包括中央财政，也包括省级和保护地所在县市级财政。

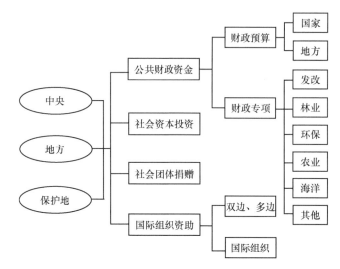

图 6.1.1　中国湿地保护地资金投入渠道分析框架

其中，纳入中央主管部门预算的国家级自然保护区和重点省级自然保护区，地方政府配套一定数额的基本建设预算；其他地方级自然保护区的基本建设费则完全来源于地方政府。

1）中央财政预算资金

在中央财政预决算体系中，关于湿地保护的财政资金投入主要列于节能环保支出和农林水支出两大项中，如表 6.1.1 所示。

表 6.1.1　全国财政体系中投入到湿地保护地的财政科目

科目	明细科目
农林水支出	林业自然保护区
	动植物保护
	湿地保护
节能环保支出	自然保护区
	生物及物种资源保护
	环境保护宣传
	环境国际合作及履约
	农村环境保护
	信息管理
	水资源节约管理与保护

在农林水支出科目中，列支了湿地保护专项预算科目，2014～2016 年支出额分别达 22.05 亿元、25.71 亿元、25.91 亿元，资金量呈逐年增加趋势，对湿地生态系统的保护与恢复起到了重要作用。此外，林业自然保护区预算科目和动植物保护预算科目也有部分与湿地自然保护区和湿地动植物有关的财政支持资金。

在节能环保支出科目中，主要是水资源节约管理与保护科目中的部分财政资金投入到湿地保护当中。此外，与湿地生态系统有关的自然保护区、生物及物种资源保护、环境保护宣传、环境国际合作及履约、农村环境保护等预算科目的部分资金也投入到湿地保护中。

2）中央各部门财政资金支持

除了中央财政预算外，湿地保护主管和相关部门，如林业、农业、水利、海洋、国土、环保等部门（图 6.1.2），根据各自职责也有相应的资金支持，使湿地保护地的资金来源和用途呈现多样化特点。

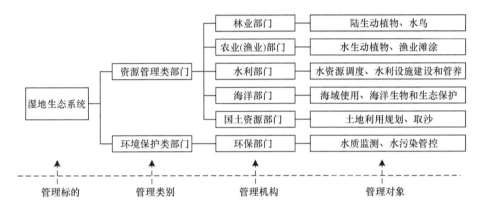

图 6.1.2　我国湿地实体资源分部门管理模式

林业部门负责全国湿地保护工作的组织、协调、指导和监督，并组织、协调国际湿地公约的履约工作，已经形成了比较稳定的投资渠道，对湿地保护区的投资主要有对直属保护区的投资、对重点保护区的基建投资和专项补助三种形式。

农业部门在自然保护区方面的投资重点是渔业水域和水生生物多样性保护，已形成多个持续稳定的经费来源，如中央财政农业资源及生态保护补助资金、农业生态环境保护项目、渔业种质资源保护项目、农业外来入侵生物防治项目、物种资源保护项目等。

水利部门对湿地保护地的财政资金投入主要用于水资源保护、防灾和水利设施建设等。

海洋部门对湿地保护地的财政资金投入主要在滨海湿地的保护管理上，如投资国家级海洋类型保护区，系统地、有针对性地保护海洋生态系统和海岸带生物资源等。

国土资源管理部门承担保护与合理利用土地资源、矿产资源、海洋资源等自然资源的责任，对湿地保护地的资金投入主要用于湿地资源的保护与恢复。

环保部门对全国自然保护区实施综合管理，对湿地保护地的投资包括基本建设投资、专项事业费补助等。

此外，国家发展改革委部门基于环境资源、应对气候变化、农村经济、社会发展等业务，有针对湿地资源和湿地保护区的资金投入项目。旅游部门对开展湿地生态旅游有财政资金支持，主要用于湿地公园、湿地风景名胜区和湿地保护区旅游景区基础设施建设与配套服务设施建设。建设部门基于风景名胜区、城乡建设等业务，对湿地保护地也有一定投入。

3）地方财政资金支持

地方政府投资主要指省、市、县各级政府的计划、财政和有关主管部门对本地区湿地保护地的经费投入。由于中央财政资金大多流向国家级湿地自然保护区和重点省级湿地自然保护区，很难惠及中小湿地自然保护区，因此地方财政资金作为中央财政投入的重要补充，在中小湿地保护地资金来源当中居于重要地位。其中，省级政府财政资金主要流向省级湿地保护区，市县级财政资金主要流向当地湿地保护区。

地方政府对于湿地保护地的投资形式主要有基建费、人头事业费和专项业务费三项。其中，绝大多数地方级保护区和少数国家级保护区的基建费完全来源于地方政府，而对于纳入中央主管部门投资计划的多数国家级保护区和少数重点省级保护区，地方政府也配以一定数额的基建投资；湿地保护区管理机构的人头事业费（人力资源成本开支）基本上都由地方政府支出；相比之下，专项事业费的来源则不如人头事业费稳定，常视当地具体情况及地方政府财政计划和财政水平而定。

湿地资源较为丰富的省份，地方政府对于湿地保护的财政支持也更加重视。例如，自 2009 年起黑龙江省人民政府设立了扎龙湿地专项补水资金，每年投入 400 万元，年均补水 2.5 亿 m^3；2012 年，在省级财政预算中安排 150 万元的湿地认定专项资金，启动了湿地认定工作；自 2012 年起，省财政每年安排 1000 万元的湿地保护补助专项资金（http://www.hljrd.gov.cn/detail.jsp?urltype=news.NewsContentUrl&wbtreeid=1385&wbnewsid=9737[2018-2-18]）。广东、山东每年分别安排 3000 万元、2000 万元开展湿地生态效益补偿试点。湖北省 2013 年拨款 6212 万元，用于神农架大九湖湿地等 6 大湿地的保护与修复（经济日报，2013）。

2. 社会资本投资

湿地自然保护地的公共物品性质决定了其公益性是第一位的，市场运营程度有限。但在一些湿地旅游等资源丰富、地理位置较好的地方，湿地保护地也尝试引入商业资金，通过获取市场收益的方式，扩宽融资渠道。社会资本投入的方式主要是 PPP（Public-Private Partnership）模式，即"政府和社会资本合作模式"。

PPP 模式根据《关于在公共服务领域推广政府和社会资本合作模式的指导意见》（国办发〔2015〕42 号）是指政府采取竞争方式择优选择具有投资、运营管理能力的社会资本，双方订立合同，明确责权利关系，由社会资本提供公共服务，政府依据公共服务绩效评价结果向社会资本支付相应对价，保证社会资本获得合理收益。政府通过与社会资本的合作，引入资金和管理技术，缓解了财政短期支出压力和政府债务压力，并提高了湿地保护地的运营管理水平和效率。PPP 模式是一种目前较为普遍的公共服务供给方式，如四川广安白云湖国家湿地公园 PPP 项目，该公园位于广安市广安区和岳池县交界处，规划总面积 1236.67hm²，湿地面积 1019.02hm²，广安已决定对该公园采取 PPP 模式进行深度开发建设，引入社会资本，力争于 2020 年初步建成（四川省人民政府，2016）。PPP 模式中较为典型的是特许经营模式，自然资源特许经营是对自然资源的利用和管理，是实现自然资源的所有权和经营权分离，为自然资源的市场化创设基础的手段。目前，已有部分湿地保护地在条件允许的情况下尝试通过政府与企业合作，开展特许经营，实现商业资金的引入。特许经营收费可使湿地保护地获得一定收入。例如，2017年，海口市人民政府采用特许经营模式开展美舍河凤翔湿地公园的生态科普馆项目运作，总投资为4922.69万元，拟建设美舍河凤翔湿地公园生态科普馆、湿地鸟类观测科普馆。其中，生态科普馆建筑面积3030m^2；湿地鸟类观测科普馆建筑面积1310m^2（http://news.ifeng.com/a/20180209/55908610_0.shtml[2018-2-20]）。

3. 社会团体捐赠资金

社会团体捐赠资金主要指个人、企业或社会团体对湿地保护捐赠的资金，通过项目用于湿地保护投入。其中，基金会是重要的社会团体，有关投资是湿地保护地重要的资金来源。例如，湖北省湿地保护基金会是地方性公募基金会，主要工作包括推进湿地保护事业发展、开展交流合作等，自成立后组织了各种类型的专题调研活动，摸清了湖北省湿地"家底"，推动建设国家湿地公园，为湖北湿地保护事业提供了技术和资金支撑（http://news.163.com/14/0327/16/9OBUC78O00014JB6.html[2018-3-20]）。深圳市红树林湿地保护基金会是国内首家由民间发起的地方性环保公募基金会，致力于以红树林为代表的滨海湿地的保护，2015年总筹款额为883.64万元，2016年总筹款额达到1268.27万（红树林基金会，2016）。

4. 国际组织资助资金

国际组织资助资金的注入和支持也是目前中国湿地保护地的重要资金来源渠道。国外资助投资主要包括联合国有关机构、自然保护国际组织、多边和双边援助机构等对中国保护湿地的各种资助和科技合作。目前，中国与世界银行、亚洲开发银行、联合国开发计划署、联合国环境规划署等国际组织及美国、日本、加拿大和欧盟及其成员国意大利、德国等，合作开展了多个湿地保护项目。"中国湿地生物多样性保护与可持续利用"项目自于2000年7月启动，经过近10年实施后，于2009年圆满结束。该项目由全球环境基金、联合国开发计划署和澳大利亚国际发展署共同资助，是联合国开发计划署和全球环境基金在湿地生物多样性领域的最大项目，捐赠资金总额达1200万美元，项目区包括黑龙江三江平原内陆淡水沼泽、江苏盐城沿海滩涂、湖南洞庭湖及四川和甘肃交界处的若尔盖高原沼泽等。项目在国家、省和项目点层面开展了各种形式的示范活动，将湿地生物多样性保护主流化，贯彻落实于生产领域，促使保护生物多样性成为国家和地方政府决策与行动的常规考虑内容，为中国湿地生物多样性保护做出了贡献。

（二）中国湿地保护地投融资体系的问题

1. 湿地保护地资金投入不足，缺口较大

中国湿地面积广大，近年来政府对湿地资源的重视程度越来越高，保护地数量增多，面积扩大。但与此同时，囿于各种原因湿地保护相关经费投入仍不足以覆盖全部湿地保护区，大部分湿地保护地每年可获得的资金仅能维持保护地基本的日常管理支出，缺乏

足够的人头事业费、监测和巡护费用、科研费用、科普宣传费用。许多湿地保护地没有完善的科研监测设施设备，人才流失严重，自然保护区在调查、监测、科研，保护地基础建设，退化湿地恢复治理，执法队伍与能力建设等方面，都缺乏相应的资金支持。甚至有些湿地保护地为了建设必要的基础设施，不得不采取银行贷款的方式，背上了沉重的债务负担。

2. 湿地保护地融资渠道单一，未能建立有效的财政保障机制

湿地保护地普遍存在融资渠道单一的问题，极度依赖各级政府财政，未能建立有效的财政保障机制。同时，商业资本和金融资本不发达，国际资金引入力度不够，融资结构不合理。

1）中央层面

政府公共财政是目前湿地保护地最主要的资金来源，但中央财政尚未建立起有效的支出保障机制。大部分的中央财政主要用于保护区的基础设施建设，且主要分配给国家级保护区，没有专门的湿地类型自然保护区财政支出。同时，林业、环保、水利、农业等部门均有投入，导致交义重叠、效率不高和多头管理。各个自然保护区基本上是"各自为政"，政府对自然保护区的资金没有统一的管理和协调，一旦相关湿地保护项目结题或申请不到新的项目，保护区的融资水平便会迅速下降。长久来看，过于单一的融资渠道不利于保护区稳定发展，也容易导致保护区管理者搞自养式开发利用，甚至急功近利、竭泽而渔。

2）地方政府层面

目前，中央财政主要支持国家级湿地自然保护区和重点省级湿地自然保护区的基础设施建设和能力建设，人头事业经费、其他日常经费和中小湿地自然保护区全部费用主要依靠省级财政和当地市县政府财政。由于湿地所在区域往往也是"老少边穷"地区，经济发展滞后财政并不富足，湿地保护增加了地方财政的负担，许多地方投入资金都远远不能满足需要，拉大了湿地保护的资金缺口。

3）社会资金层面

众多中小湿地自然保护区获得的财政投入资金不足，远远不够日常开支，多寄希望于商业资本投入。但基于地理位置、资源禀赋、区位交通、人员能力等差异的存在，这些湿地保护地自养条件先天不足，创收整体表现并不好，尤其是位于贫困县的保护地，自身没有竞争优势，地方财政也难以支持，陷入了"越贫困越想融资，但越融不到资从而更加贫困"的恶性循环之中。再加上湿地保护要始终坚持"保护第一"的方针，禁止在自然保护区核心区和缓冲区建设生产经营设施，即使实验区开展旅游开发活动，也受到较大限制。

此外，湿地保护地缺乏必要的金融服务，如商业银行并未根据湿地保护特点推出合适的贷款机制，保险业由于市场规模较小，完全无法起到保障作用，保护区内金融体系整体运行效率偏低，这也导致了湿地自然保护区更加难以引入金融及商业资本。

4）国际资金层面

许多湿地保护地都在找机会积极争取双边和多边国际援助湿地保护项目，但从整体来看，目前尚未有较多的国际资金引入，合作层面较浅，多属于短期项目性质，项目结束后，融资水平便迅速下降，难以形成长效合作机制。

3. 湿地保护地资金使用缺乏规划和监督机制，效率低下

湿地保护地的资金投入大部分都用于初步建设方面，具体表现在基础设施建设优先于保护地管理，保护地要获得经费进行基础设施建设相对比较容易，但是申请资金进行物种栖息地改善和环境维护则很困难。同时，保护地内野生动物是活动的，湿地环境也随时发生着变化，保护必须顺应这种动态变化，如果仅仅是维持原来建立时的范围，则是对资金的一种浪费。近年来，随着湿地保护地建设的速度和步伐越来越快，建设投资水涨船高，主要的保护资金都用于新建立的湿地保护地初期投入，忽视了保护地日常运营费用和科研监测费用。实际上，湿地保护地的后期管理和科学研究才是其长期发展所在和投资重点，但"重规模、轻管护"思想在湿地保护地投融资建设过程中体现得非常明显，忽视了资源动态监测和可持续管理的需要。

同时，不管是中央还是地方，都缺乏相应的投融资规划和监督机制，投融资重视短期效益，忽略长远规划，资金到位率不够，已经到位的资金也缺乏相应的监督与绩效管理机制，造成湿地保护地资金使用效率低下，不利于湿地保护地的可持续发展。

二、中国湿地保护地的资金空缺

（一）湿地保护投入空缺测算依据

结合国家战略和各部门实施的湿地保护相关规划的资金投入，选择以下依据和标准分析相对于需求而言的资金缺口，以期对进一步的资金需求和空缺分析提供依据和支撑。

一是将我国当前每平方千米保护投入和发展中国家的平均水平进行比较，在此基础上结合我国湿地保护面积，计算出我国当前的湿地保护需求与空缺。

二是鉴于目前对湿地保护资金投入及使用的金额统计尚不规范，获得完整且准确的空缺资金难度较大，因此将基于典型湿地保护地调研情况，以其实际资金投入与需求情况为例，对我国湿地保护资金空缺进行估计。

（二）基于发展中和发达国家单位面积平均投入的缺口分析

据初步统计，目前中国各类自然保护地超过 1 万个，覆盖了中国陆地面积的 18% 左右。

根据学界不同的研究结果，中国保护地每平方千米的保护投入在 337～718 元，而发展中国家的平均水平为 997 元，发达国家高达 13 068 元（https://www.yicai.com/news/2227042.html[2018-9-26]）。因而，按照发展中国家的投入标准，我国保护地每平方千米的资金缺口在 279～660 元；按照发达国家的投入标准，我国保护地每平方千米的资金缺口在 12 350～12 731 元；平均来看，我国每平方千米的保护地投入资金缺口为 6315～6966 元。全国湿地总面积 5360.26 万 hm²，湿地面积占国土面积的比率（即湿地率）为 5.58%。受保护湿地面积 2324.32 万 hm²，即 23.24 万 km²。两次调查期间，受保护湿地面积增加了 525.94 万 hm²。根据受保护湿地面积和单位面积的资金缺口，当前每年我国湿地保护的资金缺口在 14.7 亿～16.2 亿。

（三）基于中国典型湿地保护地实际资金缺口的分析

本次调研选取了辽宁辽河口国家级自然保护区、广东湛江红树林国家级自然保护区、海南清澜红树林省级自然保护区、云南拉市海高原湿地省级自然保护区、洪湖湿地国家级自然保护区、多布库尔国家级自然保护区 6 个湿地类型自然保护区，湿地面积大、类型多，有一定代表性。各个典型保护区具体的年均资金空缺情况如表 6.1.2 所示。

表 6.1.2　调研湿地保护区的年均资金空缺情况　　（单位：万元）

名称	人头事业费	基本建设费	能力建设费	科研宣教费	其他费用	合计
辽宁辽河口国家级自然保护区	0	200	70	0	0	270
广东湛江红树林国家级自然保护区	50	100	170	100	60	480
海南清澜红树林省级自然保护区	40	100	100	120	0	360
云南拉市海高原湿地省级自然保护区	60	250	74	200	60	644
洪湖湿地国家级自然保护区	700	0	0	0	500	1200
多布库尔国家级自然保护区	1117	901	0	169	200	2387

注：数据来自项目组实地调研数据

基于对各个典型湿地自然保护区的调研及与当地环保与林业部门的沟通，推算出全国湿地保护区资金的空缺情况（表 6.1.3），湿地保护基本建设、能力建设及人头事业等方面的资金费用空缺比较严重。湿地保护区还存在诸如资金到位不及时的现象，导致项目不能及时开展等。

表 6.1.3　中国湿地保护区资金空缺估算结果　　（单位：万元）

项目	人头事业费	基本建设费	能力建设费	科研宣教费	其他费用	合计
计算结果	328	259	69	98	137	890

注：数据来自项目组实地调研数据

由表 6.1.3 可见，我国各湿地保护地的年均资金缺口数约为 890 万元，其中人头事业费缺口数约为 328 万元、基本建设费缺口数约为 259 万元、能力建设费缺口数约为 69 万元、科研宣教费缺口数约为 98 万元及相关其他费用缺口数约为 137 万元。到 2013 年底，我国指定国际重要湿地 46 个，建立湿地自然保护区 577 个，建立湿地公园 468 个（http://www.gov.cn/wszb/zhibo601/wzsl.htm[2018-10-12]），由此可以推算出湿地保护地年资金缺口总量为 93.0 亿元。总的来看，当前我国湿地保护资金仍然存在较大的缺口，基本管理我国湿地保护的资金缺口在 15 亿/年左右，而有效管理我国湿地保护的资金缺口在 90 亿/年左右。

三、根河源国家湿地公园融资方法和融资计划实例

（一）根河源国家湿地公园概况

根河源国家湿地公园，依托额尔古纳河最大支流之一的根河源头区域建立，位于内蒙古大兴安岭腹地，拥有森林、沼泽、河流、湖泊等多种生态系统，森林与湿地交错分布，是目前我国保持原生状态最完好、最典型的寒温带湿地生态系统区域之一。湿地公园占地面积 59 060.48hm²，各类湿地面积 20 291.01hm²，湿地率 34.36%，是众多东北亚水禽的繁殖地。

根河源国家湿地公园自成立以来，在资源调查、基础设施建设、机构建设等方面取得了一定成效，但由于地理位置、资金、人员、信息、体制等各方面原因，湿地公园还存在一些问题，其中资金缺口是制约公园进一步发展的重要阻碍。科学分析和探究根河源国家湿地公园投融资需求与缺口，探索多元化融资渠道，对于提高湿地公园建设水平，形成生态效益与经济效益相统一的良性循环，具有重要意义。

（二）根河源国家湿地公园现有资金投入状况

根河源国家湿地公园有 80 位职工，人员事业经费来自天然林保护管理资金，平均每人 41 000 元/年的工资，总额为 328 万元/年。近年来，根河源国家湿地公园获得中央财政湿地奖励金 500 万元等多项资金支持（表 6.1.4）。国际组织 GEF 项目资金 200 万元，分为 5 年拨付，用于完善基础监测设备、购买实验分析等设备、聘请国际和国内专家组织培训，提升人员素质和实际操作能力。国家旅游局和内蒙古自治区旅游局拨付给根河源国家湿地公园 400 万元建立房车营地。内蒙古自治区交通厅拨付其 4000 万元修路。2013 年，内蒙古自治区林业厅投资根河源国家湿地公园 500 万元用于发展多种产业，建立野生动物繁育基地。2015 年，根河源国家湿地公园旅游开发部（根河假日旅游公司）接待各地游客 51 979 人次，实现旅游产值 502.5573 万元。其中：景区门票收入 217.487 万元，房车基地食宿收入 159.5073 万元，娱乐收入 83.583 万元，其他收入 42 万元，预计每年收入 300 万～500 万元，可供湿地公园日常管理使用。

表 6.1.4　根河源国家湿地公园资金投入分配情况

资金投入内容	资金来源	金额
人员事业经费	天保管理资金	328 万元/年
湿地奖励资金	中央财政	500 万元
国际项目资金	GEF 项目组	200 万元/5 年
房车营地建设费	国家旅游局和内蒙古旅游局	400 万元
道路修建费	内蒙古交通厅	4000 万元
野生动植物繁育基地	内蒙古林业厅	500 万元
日常管理费用	湿地公园年均营业收入	300 万～500 万元

注：数据来自项目组实地调研数据

相比之下，我国第一个国家湿地公园——杭州西溪国家湿地公园诞生至 2005 年初，

已经完成总投资约 88.14 亿元的湿地综合保护一期、二期、三期工程，用于湿地保护建设和生态旅游开发，年均投资额度约为 8.81 亿元。通过和西溪湿地三期项目资金情况的对比，根河源国家湿地公园的实际资金投入仍然有很大的缺口，环境教育学校、游客接待中心、公园标示系统、公园交通转运系统等基础设施资金不足，湿地公园的各项建设仍需要大量资金。但是，为防止过分功利的投资建设对根河源湿地生态的保护与恢复带来不利的影响，在以各级政府财政投入为主支持湿地公园及周边基础设施建设的基础上，需要充分吸纳社会公众参与，推进投资体制的创新，以产权为纽带，以互利互惠、共同发展为目标，实现投资主体的多元化和投资方式的多样化，调动政府、企事业和社会投资者的积极性，依靠社会各方面力量的广泛参与，保证湿地公园的建设资金来源。

（三）根河源国家湿地公园经费需求与缺口估计

根河源国家湿地公园经过一段时间的运营，目前限制因素可概括为以下 5 个方面：一是发展意识方面的不足，包括对保护与利用关系的认识、湿地公园发展内生动力、湿地公园发展定位等；二是发展能力方面的限制，包括旅游服务管理和科研监测能力不足；三是发展条件方面的限制，包括基础设施差、道路不合理、通信不畅、本底数据欠缺等；四是发展机制方面的限制，包括监督机制不健全、激励机制和协作机制不完善；五是发展环境方面的限制，主要是当地的经济社会发展不充分的限制。

1. 根河源国家湿地公园工程建设经费估算

针对现有人员、设备状况及所存在的问题，制定湿地公园自然资源保护和生物多样性保育方案，野外巡护、宣传与教育方案，可持续性经济和区域协调发展方案及保护管理基础设施建设与设备购置方案等，各类工程设备费预算为 1752.27 万元。

2. 根河源国家湿地公园管理经费估算

《内蒙古根河源国家湿地公园管理计划》实施经费预算中，健全湿地公园保护管理房舍工程项目预算费用为 1000 万元，占总投资的 24.94%，位居所有项目的首位；第二为重点保护野生动物的保护管理项目，预算费用为 600 万元，占比达到 14.96%；第三生态旅游发展项目，预算费用为 500 万元，占比达到 12.47%；第四为生态系统恢复项目，预算费用为 400 万元，占比达到 9.98%；第五为科普宣教硬件设施项目，预算费用为 320 万元，占比为 7.98%；第六为湿地公园监测项目，预算费用为 240 万元，占比为 5.99%；第七为生态系统重建项目，预算费用为 200 万元，占比达到 4.99%；其余项目预算费用合计为 750 万元，占比 18.7%。2016～2020 年总的管理经费估算为 4010 万元。

（四）根河源国家湿地公园融资方法与方案计划

将融资引入根河源国家湿地公园生态旅游资源开发领域，其实质是将项目融资体系引入到旅游资源开发的大系统中，形成新的项目融资体系，并发挥其功能。

1. 政府财政资金来源与申请方式

目前国家层面对湿地公园的财政投入主要是林业改革发展资金中的湿地补助资金，

具体包括湿地保护与恢复补助项目、退耕还湿补助项目、湿地生态效益补偿补助试点项目。其一，湿地保护与恢复项目，主要用于林业系统管理的国际重要湿地、湿地类型自然保护区及国家湿地公园开展湿地保护与恢复相关的支出，如湿地监控、监测设备购置和湿地生态恢复及聘用管护人员劳务支出等。具体用于三个方面的支出：一是监测、监控设施维护和设备购置支出；二是退化湿地恢复支出；三是管护支出。2010 年，中央财政设立了湿地保护补助专项资金，3 年共安排专项资金 6 亿元，用于国际重要湿地、湿地类型自然保护区和国家湿地公园开展湿地监控监测和生态恢复项目，目前共实施项目203 个。其二，退耕还湿试点项目。退耕还湿试点支出用于国际重要湿地和国家级湿地自然保护区及周边的耕地实施退耕还湿的相关支出。中央财政根据各省审核上报的拟退耕还湿面积，按每亩一次性补贴 1000 元的标准，确定支出总额并切块分配到省。其三，湿地生态效益补偿试点项目。湿地生态效益补偿试点支出主要用于对候鸟迁飞路线上的重要湿地因鸟类等野生动物保护造成损失给予的补偿支出。补偿对象为属于基本农田和第二轮土地承包范围内、履行湿地保护义务的耕地承包经营权人。湿地生态效益补偿试点支出也可用于因保护湿地而遭受损失或受到影响的湿地周边社区（村、组）开展生态修复、环境整治等方面的支出。

根河源国家湿地公园从资金供给层面可以侧重湿地保护与恢复问题，焦点和核心应当是如何充分利用中央政府对湿地保护的投入，积极申请湿地保护与恢复项目，参与湿地生态补偿，增加资金的来源。但中央和地方财政所能支配的财力既要受到经济发展规模和水平的限制，又要受其财政制度安排制约，所以湿地公园每年可获得的资金较少。

2. 借贷资金来源与融资方法

根河源国家湿地公园除日常保育工程、恢复工程和科研宣教活动之外，还有餐饮、零售、娱乐区域，另外公共区域有公共交通枢纽和公路等，除政府公共配套设施由财政支付投入以外，还需大量的设施资金和项目开发资金，如此大型的项目仅仅依靠政府财政的投入远远不够，因此可利用借贷融资方法。

鉴于根河源国家湿地公园的建设周期久、运营时间长，致使贷款期限与利率将在根河湿地项目的信贷融资方案上被严格要求，需要一定的扶持政策。例如，根河源国家湿地公园可申请一定年限的宽限期，即在贷款期限内给根河源国家湿地公园项目的运营充分减压，提供相当宽松的空间，利用运营现金偿还贷款。同时，如果该项目的建设过程中可以用基准利率下浮一定比例取得贷款利率，不仅能体现政府对根河源国家湿地公园开发建设的政策上的支持，而且可显示出投入根河源国家湿地公园项目建设运营，对商业银行来说是扩大影响力不可多得的机会。

3. PPP 融资与运营模式

根河源国家湿地公园属于经营性较强的公共项目，适合采用 PPP 模式实现根河市林业局与社会资本的合作共赢。从根河市林业局来看，湿地公园项目投资规模大、生命周期长，采用 PPP 模式可以平滑财政支出，缓解短期投资压力，保障根河市林业局其他公共服务供给；从社会资本方来看，与根河市林业局合作，运营收入较为稳定，其投资回报存在的风险较小。

项目合作期内,湿地公园项目公司仅享有该项目及其附属设施的使用权、经营权和收益权;项目及其附属设施等各项有形及无形资产的所有权和处置权仍然归根河市林业局所有。湿地公园属于准公益类项目,项目回报机制为可行性缺口补助(财政可行性缺口补助+使用者付费),即运营期内湿地公园项目公司通过财政的运营补贴和公园门票收入,收回投资、维持运营、偿还利息并取得合理利润。

依据项目合同设定的项目收益估算和风险分配机制,由于根河源国家湿地公园每年的营业周期较短,当项目运营期门票收益达不到预期时,根河市林业局应当给予项目公司一定的资金补助,以协助项目公司持续运营;在项目运营期门票收益超过预期时,超出部分收益在项目公司和根河市林业局间进行合理分配,避免项目公司取得超额收益。

四、湿地保护地融资能力提升建议

根据当前湿地保护地的资金缺口和潜在的资金投入渠道,针对其中制约资金投入的障碍,从提高资金投入数量和增强效果出发,提出以下几方面政策建议。

第一,建立稳定的财政投入增长机制。财政资金是湿地保护地最主要、最基础、最稳定的资金投入,随着社会经济发展水平不断提高、政府财力不断增加,从中央财政到地方财政应建立对湿地保护地投入的稳定增长机制。一般地,地方财政负担日常运营费用,中央财政在湿地保护基础上对需要集中支持的湿地保护与恢复项目予以支持。

第二,进一步提高财政资金使用效率。建议整合分散在各个部门的涉及湿地保护的资金,发挥合力。一方面,可以自上而下整合各个部门的相关专项资金,另一方面,也可以自下而上在地方政府实施层面来整合资金。此外,还应以加强监督为前提,给予保护地管理机构更多地决定资金使用的权力。

第三,在落实保护的前提下,积极通过合理利用来吸收商业资金、获取自营资金。一方面,在政府与社会资本合作的政策框架下,创新融资手段,拓宽商业资金投入渠道。另一方面,在我国生态文明体制改革、政府机构改革的背景下完善国有自然资源资产管理制度,明确自营收入用于保护的数量或比例,促进湿地生态系统保护。

第四,在人们湿地保护意识不断提高的背景下,通过制定完善捐赠相关的法律法规,进一步完善捐赠制度,构建畅通的捐赠渠道,发挥社会资金提升保护意识、补充保护经费不足的作用。其中,特别需要注意捐赠资金信息公开问题,以公信力来促进捐赠资金投入。

第五,湿地保护地要进一步加强内部管理、加强培训学习、加强相互交流合作,提高保护地管理机构及其工作人员对各类融资渠道的方法、要求、特点的认识,结合湿地保护地保护规划制定相应的融资方案,提升其融资能力和资金运用能力。

本节作者:温亚利　北京林业大学经济管理学院

第二节　湿地保护地从业人员能力要求

中国是全球湿地类型最丰富、数量较多的国家之一,湿地资源对国民经济发展起着重要作用。随着经济的迅速发展,湿地资源的需求增加,中国湿地生态系统面临的威胁因素增加,压力增大。中国政府高度重视湿地保护工作,建立各类湿地保护地以保护和合理利用湿地资源,但与其他类型的自然保护地一样,湿地保护地仍面临着诸多严重问题和挑战。很多湿地保护地人力匮乏,从业人员能力严重不足(专业素养欠缺),且缺失相关的工作标准,管理岗位也亟待规范,从而导致管理效率低下,管理计划或业务规划缺失,很难对管理人员的绩效进行评定,也就无法评估实现预定成果的进展情况,这成为湿地保护地管理的主要薄弱环节。为应对这些挑战,构建一个合理的湿地保护地从业人员能力标准成为当务之急。该标准的制定有利于科学合理地设置机构框架,规范管理人员岗位职责,评估相关人员能力,为开展相应的岗位能力培训提供依据,提高相关人员的专业能力和管理水平,从而有效应对湿地威胁因素,降低湿地退化风险。最终达到提高湿地保护地管理能力,有效保护和合理利用湿地资源,维持湿地生物多样性和生态系统功能,实现可持续发展与和谐发展,维护国家生态安全,落实党中央生态文明建设及湿地保护战略的需要。

一、湿地保护地机构设置及机构人员

(一)机构框架

湿地保护地管理机构以自然保护区为例,可设办公室和计财、资源保护、社区宣教和管护执法等职能科室(图 6.2.1),湿地公园可增设旅游管理职能部门。

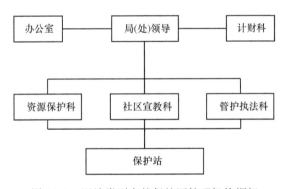

图 6.2.1　湿地类型自然保护区管理机构框架

(二)局领导和各科室的主要职责

1. 局(处)领导

局长主持全面工作,组织制定管理制度、工作计划,抓好机构队伍建设等,确保有关法规、政策得到有效贯彻落实,辖区资源保护、科研、监测、宣传、社区、对外交流合作等工作有序开展。

副局长协助局长工作,抓好分管科室的工作和局长交办事项。

2. 科室

1）办公室

（1）协调全局综合性事务，参与研究有关保护工作及制定有关规章制度等。

（2）协助局领导处理日常事务和行政事务管理工作，负责重要文稿起草及文字材料审核把关工作，做好文件收发、运转、档案管理等文秘工作。

（3）做好对外联络、关系协调、筹办有关会议及后勤管理工作。

（4）负责人事管理工作。

（5）负责机关效能建设、综合治理、计划生育和工青妇等工作。

（6）负责车辆的调度及其安全运行管理工作。

（7）负责网站、网络的管理等。

2）计财科

（1）制订、执行财务管理制度。

（2）负责编制和执行财政预算工作，接受财政、审计、税务及上级有关部门的监督检查。

（3）负责固定资产管理工作。

（4）负责资金使用审核和财务内部审计工作，及时处理往来账目并向局长报送财务收支情况报表。

（5）负责人员工资造册及发放，并办理各类社会保险费的核算和缴纳工作。

（6）牵头做好保护项目的编制、申报和立项工作，承担年度计划的编报、统计工作，积极向林业、环保等有关部门争取资金。

（7）负责保护项目的招投标、施工监督、资金筹措与管理、项目进度统计和竣工验收等。

3）资源保护科

（1）建立健全资源保护的规章制度和实施机制。

（2）做好资源建档工作，掌握生态系统变化及野生动植物分布变化趋势。

（3）及时了解主要人类活动威胁，指导、监督、检查各管理所、各哨卡日常管理工作，培训、指导、监督和检查护林员的巡护工作。

（4）协助公安机关依法打击各种破坏湿地的违法行为。

（5）负责野生动植物定位观测站及气象、环境、生态监测站的管理工作。

（6）做好科技信息资料的收集管理和使用工作。

（7）加强对外交流与合作，组织、配合国内外专家有关科研、考察活动。

（8）负责科研成果的评估和推广工作等。

4）社区宣教科

（1）制定、实施宣传、教育工作计划，提高湿地的社会认知度和公众保护意识，组织大型宣传教育活动。

（2）负责宣教中心的日常管理工作。

（3）制定社区发展规划，协同地方政府做好社区建设。

（4）搞好科研课题成果转化和实施，对公众进行技术指导，帮助社区群众发展生态经济，支持社区经济发展。

（5）协助或负责发展生态旅游及旅游宣传、服务接待工作。

（6）配合做好有关项目的编制、申报和立项工作等。

5）管护执法科

（1）宣传贯彻执行国家有关法律法规，加强主要人类活动威胁管控，确保区域生态环境和主要保护对象不受威胁、破坏。

（2）组织查处破坏湿地资源和野生动植物资源等违法案件，协助公安机关调查有关保护地的重大刑事案件。

（3）开展湿地保护基础建设工作，提高预防、发现和打击违法犯罪活动的能力，加强要害部位安全防范工作等。

6）旅游管理科

（1）编制、报批、实施生态旅游规划及年度生态旅游计划。

（2）负责生态旅游区的监督管理，监测生态环境质量变化，防止过度利用。

（3）负责旅游从业人员的培训、考评。

（4）联合宣教科编制生态旅游解说系统、宣教声像、图文资料等。

7）保护站

（1）制定管护计划，落实各项管护措施，全面负责本辖区自然生态保护管理工作。

（2）认真落实巡查、防火瞭望和防火巡逻等制度。

（3）将监测与管护相结合，填写管护日志，记录发现的野生动植物情况等。

（4）做好进入保护地有关注意事项的宣传说明工作。

（5）对行人、车辆实行严格检查，杜绝违禁物品进出保护地。

（三）机构人员

湿地保护地根据需要建立专门管理机构的，应配置和管理工作任务相适应的工作人员，包括编制内人员和临时聘用人员。

1. 湿地类型自然保护区管理人员编制

核算公式为

$$B=(5Y+N+A/3000)\times L\times C\times I$$

式中，B 为各自然保护区管理人员编制数；5 是每个自然保护区的人员系数，按照自然保护区管理的 5 大功能（领导管理、行政运转、科研保护、宣教协调和执法管护）

来确定；Y 为人员编制最低基数，国家级为 3，省级为 2，市、县级为 1；N 为自然保护区所需的管理站，根据《自然保护区工程设计规范》对自然保护区管理站建立最低数量的规定，超大型（面积超过 100 000hm²）自然保护区建立管理站的最低数量为 12 处，大型（面积 50 001～100 000hm²）自然保护区为 8 处，中型（面积 10 000～50 000hm²）自然保护区为 4 处，小型（面积小于 10 000hm²）自然保护区为 2 处；A 为自然保护区总面积（hm²），3000hm² 指按国家标准，每 3000hm² 需要设一位管理人员；L 为跨行政区域的系数，不跨行政区域的系数为 1，跨 2 个县级行政区域的系数为 1.25，跨 3 个或 3 个以上县级行政区域的系数为 1.5；C 为人口密度系数，所在市（州）人口密度 0～40 人/km² 的为 0.8，所在市（州）人口密度 41～80 人/km² 的为 0.9，所在市（州）人口密度 81～150 人/km² 的为 1.1，所在市（州）人口密度 151 人/km² 以上的为 1.2；I 为完整性系数，自然保护区完整成片的为 1，分片不完整的为 1.25。

2. 湿地公园管理人员编制

湿地公园管理人员编制可参考保护区核算公式，唯一区别为人员系数由 5 变为 6，增加合理利用这项功能。

二、湿地保护地人员能力等级

湿地保护地人员能力等级分管理决策层（策略规划）、管理指导层（团队管理）、执行层（具体执行）共 3 个层次 5 个等级，各等级的工作类型、职责和学历要求如表 6.2.1 所示。

表 6.2.1　中国湿地保护地从业人员的能力等级

能力等级和主要职责	工作类型	管理责任（指导、管理、监督和决策资源分配）	典型的保护区岗位	学历及工作经验
等级 5 主要领导，负责总体规划和策略制定	关注政策变化；确保机构合法、合规发展；协调、争取外部支持和资源；主导机构内部规划、制度的建立、执行和完善	参与上级管理机构的政策制定和负责决策落实；制定管理计划，全面领导、决策；协调与上级机构或同级部门之间的关系，筹措、争取国际、国内项目资源；全面负责机构预算与资源配置	保护区管理局局长	本科及以上，工作经验丰富
等级 4 副职领导或高技能人才，负责中层管理或高级技术指导	制定项目计划，管理项目进程；在不同工作环境中，从事复杂或技术性较强的工作	管理多个部门或项目组；管理监督项目开发，评估项目成果；在计划内做决策；监督项目预算与资源管理	保护区管理局副局长、总工程师、高级工程师	本科及以上，工作经验丰富
等级 3 负责日常管理监督或中级技术指导	管理具体工作进程；从事需要一定技能和经验的工作	负责项目具体执行；管理科室/分站；根据项目计划，管理分配资源	科室领导、保护站站长、技术工程师	本科及以上，有一定工作经验
等级 2 负责部分团队管理及技术工作	从事需要应对突发情况的具体工作；或需要一定技术和分析能力的工作	完成具体作业任务；具备确保完成任务的决策权；监督、报告与任务相关的资源使用情况	科室员工、一般技术人员	大中专及以上，有一定工作经验
等级 1 负责非技术性工作	规定的日常工作	无监督任务；决策权和责任有限	巡护员、后勤人员	高中以上，有一定工作经验

三、湿地保护地人员能力分类

湿地保护地人员能力分类共 16 项（表 6.2.2），其中通用技能 1 项，其余 15 项是特定技能，分别为相关工作人员所必需。

表 6.2.2　中国湿地保护地从业人员能力分类

类别	能力	说明
1	通用个人与工作技能	所有级别工作人员都应该具备的能力
2	财务与物质资源管理	涉及保护区的财务、基础设施及各种设备的使用、管理
3	人力资源管理	关于人员的监督与管理
4	员工发展与培训	正式与非正式的员工发展、能力培训
5	交流与沟通	工作方面正式与非正式的信息交流技能，包括与上下级和同事之间及与合作伙伴和利益相关者之间的沟通和协调能力
6	技术与信息	包括信息技术、电气与电子设备的使用，主要是手机、电脑的使用
7	项目开发与管理	对不同类型项目和工作计划的规划、管理与监督
8	野外作业	在缺乏正常生活所需的郊野或无人地区，安全有效地工作所需的实用技能
9	自然资源评估	调查、评价、评估及监测保护区自然资源
10	生态系统、栖息地与物种的保护管理	涉及动植物、生态系统、栖息地及景观地保护管理的实践与技术
11	可持续发展与社区	与当地社区共同工作、扶持地方社区的技能
12	保护区的政策、规划与管理	现代保护区管理所必备的高级专用技能
13	场地管理	保护区基础设施的实际管理
14	执法	识别非法活动、协助捕获嫌疑人、自我防卫的通用技能
15	旅游监管	保护区对旅游开发计划的环境评估及旅游活动对生态环境、生物多样性影响的监测、监管
16	宣传、教育与公众关系	把有关保护区的信息有效传播给大众，包括游客、社区及媒体

四、湿地保护地人员能力标准

（一）能力标准

针对每一个能力等级和能力技能，设定不同的能力标准，包括以下三个方面。

（1）技能：工作人员执行某项工作职责的特定活动。其中将管理和监督工作称为"通用技能"，将特定的专业技能称为"特殊技能"。

（2）范围与背景：基于不同的背景，相同的技能可以在一个范围内以多种方式展现能力。"范围"一栏为多种情形与背景提供了指导。

（3）知识：胜任相应工作等级所需要的知识，展现该技能所需要具备的理解力。

（二）能力标准细则

1. 通用个人与工作技能

通用个人与工作技能（GEN）是保护区所有工作人员都必须具备的能力，通常称为

"软性"技能，包括工作态度、基本交流、法律法规意识、行为与品行（表 6.2.3）。

表 6.2.3　通用个人与工作技能

	通用技能	范围与背景	知识
GEN1	对工作积极、认真、负责	任务及时间管理	
GEN2	与他人保持良好关系，善于团队合作	协作，团队工作，协助同事，对同事、社区居民、志愿者尊敬有礼	
GEN3	能有效地与人交流，乐于沟通	书写活动，口头汇报，口头信息传递	• 单位管理制度、程序及工作方法
GEN4	了解法律法规，具备良好自然保护意识	遵守法规、单位规章、操作规程，具有良好环境与社会意识	• 单位的组织架构与员工
GEN5	按照指示、指南、规章及程序进行工作	遵守财务、行政及汇报等程序	• 能读会算
GEN6	对相关信息保持机密性	记录与档案，不讨论敏感信息	• 文化种族及性别意识
GEN7	尊重不同文化、民族及性别差异	同事、社区、合作者及利益相关方	• 缓解工作紧张与压力
GEN8	个人安全防护	自我保护、个人急救等基本技能	
GEN9	控制负面情绪并降低个人压力	避免因私事影响工作	
GEN10	个人外表得体	穿着得体干净	

2. 财务与物质资源管理

财务与物质资源管理（FIN）对应保护区的财务、基础设施及各种设备的管理、使用，其中通用技能涉及主管资金使用人员的基本财务计划与管理能力，专用技能适用于财务专职人员，详见表 6.2.4～表 6.2.6。

表 6.2.4　财务与物质资源管理第 2 级能力

	通用技能	范围与背景	知识
FIN2.1	整理各类票据	清账、认领、支付要求、收据	• 基本财务记录
FIN2.2	准确清楚地记录账目	按程序存档及记账	• 记账与备案体制
FIN2.3	管理存储设备及物资	财产编目与库存控制	• 库存与财产编目体制

表 6.2.5　财务与物质资源管理第 3 级能力

	通用技能	范围与背景	知识
FIN3.1	做预算、计划并监测资源使用	物资、服务、劳力	
	专用技能	**范围与背景**	• 会计、预算、采购、供应、设备、审计等方面的政策与程序
FIN3.2	管理设备、物资及财产	资产、设备、办公室、工作室、野外站所、车辆，维修，保险	
FIN3.3	监督采办、采购	遵循单位/捐赠者要求的程序	• 财会电算化系统
FIN3.4	记账	文本及/或电脑文件	• 合同程序
FIN3.5	负责支付事项	工资、福利、日津贴、奖金、发票、认领物、收入、收据	• 编目与运作体系
FIN3.6	发放与监督合同、协议	根据程序与法规	

表 6.2.6　财务与物质资源管理第 4 级能力

	通用技能	范围与背景	知识
FIN4.1	洽谈正式合同	物资与服务的供应或授权等的合同、标书和协议	• 有关合同、标书和协议的法律法规
FIN4.2	分析管理预算及资源管理	财务分析，监督控制开支与收入	• 财务管理与会计
FIN4.3	拟订与监测财务计划	预算计划，商务计划预测，现金流通计划	• 洽谈、谈判技巧

3. 人力资源管理

人力资源管理（HRM）主要是人员的监督与管理，不同等级岗位管理权限及所需能力不同，详见表 6.2.7～表 6.2.9。

表 6.2.7　人力资源管理第 2 级能力

	通用技能	范围与背景	知识
HRM2.1	激励个人与团队	无直接指导情况下工作的团队、合同工及义务工	• 激励技能

表 6.2.8　人力资源管理第 3 级能力

	通用技能	范围与背景	知识
HRM3.1	领导与激励工作团队	组队、监督，指导与建议，提供反馈	• 单位的远景、使命、任务、目标，长远规划与短期项目
HRM3.2	监督、评估员工表现，提供反馈	非正式监测与正式评估，识别晋升贤才，以及培训与发展需要	• 单位结构与员工调配
HRM3.3	找出工作业绩差的原因，并就业绩相关事项找员工谈话	与个人/工作组交谈并进行评估；与个人交谈，就工作、业绩等提出建议和指导	• 单位的人力资源发展，人事政策与程序 • 了解相关的培训及员工发展机遇
HRM3.4	解决工作中的冲突	洽谈、调解及裁决	• 交流技巧
HRM3.5	拟订员工业绩标准	使用职业标准	

表 6.2.9　人力资源管理第 4 级能力

	通用技能	范围与背景	知识
HRM4.1	确认人员编制需要、员工结构、分派工作与责任	组织结构，功能性职权与个人职责描述	• 单位的远景、使命、任务、目标，长远规划与短期项目
HRM4.2	人员招聘与晋升、程序、过程应公平而且透明	确定职权，做广告，面试与招聘	• 单位组织结构与员工安排
HRM4.3	安排并保障员工的福利	健康、福利与保险，特别关注野外作业人员及巡护人员	• 单位人力资源发展，人事政策与程序
HRM4.4	设计与实施激励与奖赏员工的计划	工作提升、奖金、奖励、额外加薪	• 面谈技巧（招聘、评估、解聘、批评、处罚）
HRM4.5	实施正式的纪律与处罚程序	根据已定程序	

4. 员工发展与培训

员工发展与培训（TRA）包括日常工作传授与正式培训活动，需要有系统的培训规划和课程设计，来整体提升员工素质，详见表 6.2.10～表 6.2.12。

表 6.2.10　员工发展与培训第 2 级能力

	技能	范围与背景	知识
TRA2.1	指导工作，评估工作技能	指导并监督工友学习	• 基本教学技巧

表 6.2.11　员工发展与培训第 3 级能力

	通用技能	范围与背景	知识
TRA3.1	备课、授课与职业培训	授课、演示、练习、实践活动；编写手册及教学辅助材料	• 培训设计与授课技巧 • 写作与启发技能
TRA3.2	提倡并带领在工作中学习	自学、技能分享	• 交流技能与演示技巧
TRA3.3	策划并执行培训活动	短期课程与学习班；使用多种技巧促使培训活动顺利完成	• 促使活动成功的技巧

表 6.2.12　员工发展与培训第 4 级能力

	通用技能	范围与背景	知识
TRA4.1	评估培训需求,制定培训规划	需求分析、培训与发展政策与规划	• 培训需求评估与分析 • 熟悉培训设计与细节
TRA4.2	规划、设计、监督和评估员工在职培训项目	确定目标、日程;确定学员、教员、培训方式;评估培训的结果与影响	• 了解科研单位及教育部门的培训项目 • 员工能力发展的实践

5. 交流与沟通

交流与沟通(COM)指从口头交流、简单记录到正式会谈,包括在各类岗位、各个层面的沟通与协调,详见表 6.2.13～表 6.2.17。

表 6.2.13　交流与沟通第 1 级能力

	通用技能	范围与背景	知识
COM1.1	有效的口头信息传递	向公众解释保护区工作	• 书写技巧 • 洽谈技巧 • 地方语言
COM1.2	简单记录工作活动	日常巡护记录	
	专用技能	范围与背景	
COM1.3	用其他语言及/或方言交流	其他语言及方言	

表 6.2.14　交流与沟通第 2 级能力

	通用技能	范围与背景	知识
COM2.1	做有效的口头/书面演示	基本指导性或解说性演示	• 简易演示技巧 • 书写技巧 • 洽谈技巧 • 地方语言
COM2.2	翔实的工作活动	活动记录	

表 6.2.15　交流与沟通第 3 级能力

	通用技能	范围与背景	知识
COM3.1	组织安排并主持正式会议	准备日程安排,主持会议,协商行动计划,通过前次会议记录	• 会议程序 • 演示技巧(公开讲话并使用演示辅助器具) • 精通保护区及其管理的各基本方面 • 技术报告框架
COM3.2	做技术性展示	学习班、讨论会、会议等	
COM3.3	书写技术报告/文章	基于工作活动	
COM3.4	分析及交流复杂事宜	基于科研、经验及文献对问题做临界分析,报告与展示中包括分析、结论及合理建议	
COM3.5	在公共事务中代表保护区	会议、讨论会;会谈、活动、媒体访谈等	

表 6.2.16　交流与沟通第 4 级能力

	通用技能	范围与背景	知识
COM4.1	洽谈合作或者合同谈判,解决争端与冲突	解决冲突的方法:商谈、调解、申请仲裁及诉讼	• 解决冲突的技巧 • 洽谈程序与技巧 • 高级专业知识 • 合同形式 • 涉及立法及事宜
COM4.2	建立员工对决策、计划、活动的参与及反馈机制	正式与非正式磋商程序	
COM4.3	建立公众参与决策反馈的交流机制	与利益相关方及合作方	

表 6.2.17　交流与沟通第 5 级能力

	通用技能	范围与背景	知识
COM5.1	与国内外科研机构、合作伙伴等的正式洽商会谈	权力范围内	• 相关的专业知识 • 相关政策 • 激励方法
COM5.2	建立与上级管理机构、当地政府及社会各方面顺畅的沟通机制	正式与非正式磋商程序	
COM5.3	建立机构组织文化,激发员工工作热情	座谈、组织活动	

6. 技术与信息

技术与信息（TEC）包括电脑、GPS、电子巡护、相机、手机等信息技术、电气与电子设备的使用等，详见表 6.2.18～表 6.2.21。

表 6.2.18　技术与信息第 1 级能力

	通用技能	范围与背景	知识
TEC1.1	手机、相机、GPS 的基本操作	电话、拍照、定位	• 设备的基本功用

表 6.2.19　技术与信息第 2 级能力

	通用技能	范围与背景	知识
TEC2.1	电脑的基本操作与维护	办公软件、网络和电子邮件、硬件与软件的基本维护	• 基本电脑功能，常用软件 • 设备使用手册

表 6.2.20　技术与信息第 3 级能力

	通用技能	范围与背景	知识
TEC3.1	电脑的基本维护	简单替换部件；解决基本的软件、硬件问题；备份与杀毒程序	• 电脑硬件与软件、操作与维护 • 当地局域网操作与维护 • 设计知识
	专用技能	**范围与背景**	
TEC3.2	管理图书档案、电子文档资料及其他信息资源	书本、文件；地图与图像；保护区巡护、监测、科研、宣教、社区活动等的记录与归档	• 图书与档案编目与管理技巧

表 6.2.21　技术与信息第 4 级能力

	通用技能	范围与背景	知识
TEC4.1	使用并维持电脑的高级功能	当地局域网，使用专用软件（如图像处理、数据处理分析）	• 电脑硬件与软件、操作与维护 • 当地局域网操作与维护 • 使用地理信息系统 • 数据库管理
TEC4.2	操作地理信息系统	电子绘图并使用相关地理信息系统程序	
TEC4.3	数据库的建立、维护与使用	水文、气象、物种、样地等监测数据库的管理	

7. 项目开发与管理

项目开发与管理（PRO）指适应不同类型项目和工作计划的规划、实施管理与监督，是提升保护管理能力和人员素质的重要途径，详见表 6.2.22～表 6.2.24。

表 6.2.22　项目开发与管理第 3 级能力

	通用技能	范围与背景	知识
PRO3.1	制定项目实施计划	工作计划、时间表、后勤服务	• 相关的专业知识 • 分配任务、决策及其他管理技巧 • 监督技巧
PRO3.2	管理实施工作计划的员工、合同工及合作者	管理后勤，提供技术性指导，监测进展情况	
PRO3.3	记录并监督项目成果	投入、产出、影响	

表 6.2.23　项目开发与管理第 4 级能力

	通用技能	范围与背景	知识
PRO4.1	准备并协商获取资源与支持的建议书	项目申请争取政府或民间资源，项目建议书	• 问题分析，拟定逻辑框架 • 相关机构/组织的立场与政策 • 经费支持单位的宗旨与要求 • 设计使用灵活管理技巧 • 多种多样的保护区筹资方案 • 广泛的管理技巧
PRO4.2	拟订正规的项目计划	项目具体规划、内容、进度安排	
PRO4.3	在项目实施中，指导管理人员及领队	总体监督项目活动	
PRO4.4	领导正式的项目检查与评审	业绩表现，投入与产出，与项目计划的一致性	

表 6.2.24 项目开发与管理第 5 级能力

	通用技能	范围与背景	知识
PRO5.1	领导拟订策略与管理制度	与保护及保护区管理相关的政策与策略	• 策略规划
PRO5.2	领导开发与实施省级、国家级的项目与计划	为全国性保护区、濒危动植物项目与规划做贡献	• 了解相关国家项目 • 其他相关机构/组织的立场与政策
PRO5.3	与其他机构一起建立协作伙伴关系，制定计划与规划	国内、国际机构及非政府组织	

8. 野外作业

野外作业（FLD）指适应缺乏正常生活条件的郊野或无人区的工作，详见表 6.2.25～表 6.2.27。

表 6.2.25 野外作业第 1 级能力

	通用技能	范围与背景	知识
FLD1.1	在野外注意环境保护及环境安全	不抽烟，不酗酒，安全使用火种，行为安静，不破坏环境，不打猎，妥善处理废物与垃圾	• 破坏环境的长期影响及后果 • 地方特有的险情、疾病与病症 • 基本急救常识
FLD1.2	确认不适或患病，为疾病或咬伤进行紧急处理	如恶心、痢疾、疲劳、暴热、暴晒、严重疾病的早期症状（如疟疾、登革热），蛇及其他动物咬伤	• 保持个人健康与卫生 • 了解与野外作业相关的危害因素 • 紧急情况下的措施及取得联系的细节
FLD1.3	良好的身体素质，能安全有效地进行野外工作	体力与耐力，会游泳（有水域处），野外工作时关心自己及他人的安全	• 潜水所需安全措施（针对海洋保护区）

表 6.2.26 野外作业第 2 级能力

	通用技能	范围与背景	知识
FLD2.1	照管、检查及维持基本野外工作与扎营设备	帐篷、宿营地、厨房烹饪设备、灯具、睡袋、地席、扎营器具	
FLD2.2	安排扎营地	选择合适的场所，组织安全妥善用火用水，妥善处理废物，妥善安排厕所设施；确保场所在离开时清洁安全	• 全球定位系统的运行，全球定位系统的准确性与缺陷
FLD2.3	使用指南针、图表或地图进行导航和定向	使用及理解地形图，使用地图参照，确认并找出指南针所示位置	• 相关设备的说明、使用、缺陷及危险
FLD2.4	使用与照管野外工作设备	望远镜、测量仪器、指南针、温湿度计、相机、对讲机等	• 了解地方地形地势的特性及风险
FLD2.5	使用全球定位系统（GPS）建立地理坐标、导航和定向	GPS 的照管与维护；装备使用 GPS；确定地点的地理坐标并确定其在地图上的相应位置；使用当地的适当坐标系统；输入基本的航向点	• 保护区无线电系统功能 • 熟悉攀爬、登山及入洞等技巧
FLD2.6	使用并维护野外交流用电子设备	照管设备，维持电池，使用无线电基本交流，与营地及对讲机间的交流	• 了解与水下作业有关的证件
FLD2.7	安全穿行	跨越困难或有危险的地形，这包括开辟通行小径，上下陡坡，过河，穿越难以跨越的地层（如雪、冰、湿地、碎石），使用绳索、安全带及其他手段	

	专用技能	范围与背景	知识
FLD2.8	水中作业技能	水中安全及导航，游泳，潜水，使用合乎国际公认标准的配套的水下呼吸器潜水设备，船只的操作使用	• 海洋生态系统和生物多样性基本概念

表 6.2.27 野外作业第 3 级能力

	通用技能	范围与背景	知识
FLD3.1	计划野外考察及巡护，并安排后勤	保证交通、食物、扎营、野外设备及安全措施，与参加人数、逗留时间及野外旅行的目的相符合	• 可使用的设备及其操作 • 了解该地区的直接知识，保护区的地形解剖图，熟悉现有地图
FLD3.2	组织并领导野外搜寻与营救	协调紧急服务，组织搜寻团队，安排搜寻方案，组织安排伤残人员撤离	• 利用多种方法对搜寻与营救工作进行援助，包括联系紧急服务
	专用技能	范围与背景	
FLD3.3	运行和使用基台无线电和通信设备	照管并运用设备，使用当地无线电和通讯，回应求救信号（SOS）呼叫	• 急救的标准程序

9. 自然资源评估

自然资源评估（NAT）包括对保护区内自然资源进行调查、评价、评估及监测保护，详见表 6.2.28～表 6.2.31。

表 6.2.28 自然资源评估第 1 级能力

	通用技能	范围与背景	知识
NAT1.1	认识普通与典型的植被栖息地类型、动植物种类	根据地方实情，包括常见、重要、有用及入侵物种	• 调查的目的和目标 • 地方语言与文化 • 当地地形
NAT1.2	记录及报告所观察到的目标保护区野生动植物	口头报告，使用基本报表	• 当地动植物，包括关键物种与受保护物种
NAT1.3	协助普查、监督及其他调查工作	按调查领队的指示	• 野外作业技能
	专用技能	范围与背景	• 使用基本设备
NAT1.4	识别关键动物的痕迹与迹象	常见、重要、有用及入侵物种	

表 6.2.29 自然资源评估第 2 级能力

	通用技能	范围与背景	知识
NAT2.1	就野生动植物、栖息地、自然资源及物理景观特性有指导地进行调查	运用培训时所学作业方法和技巧，如采样条、数窝巢、测量脚印；普通栖息地及其特征（如水道、洞穴、低山）的定位、识别、地图绘制及测量；使用地方知识与技能进行调查	• 当地地形地势 • 当地语言与文化 • 野外工作技能 • 制作野外标本
NAT2.2	采集、准备及照管野外动植物标本	设陷阱捕捉、采集，并在野外保全与储存植物及找到的动物标本和残余物	• 调查与监测的目的和目标 • 熟悉野外工作设备
NAT2.3	记录与汇报调查和监测的数据资料	使用标准形式及报告系统记录调查信息	• 基本调查、普查方法，科学方法的基本原理
NAT2.4	使用及照管科学仪器	相机、数据阅读器、高度计、陷阱、捕捉设备等	

表 6.2.30 自然资源评估第 3 级能力

	通用技能	范围与背景	知识
NAT3.1	操作专用考察设备	摄像捕捉、无线电追踪/遥感设备定点图像，测量仪器等	• 统计分析与数据展示 • 技术设备的使用说明
NAT3.2	分析、理解及展示考察与监测数据	统计分析，解释及展示	• 遥感及解读 • 调查设计与抽样方法的原理
	专用技能	范围与背景	
NAT3.3	相关物种的标本采集,标本整理组织	植物与动物	• 相关的调查技巧
NAT3.4	解读卫片及遥感信息	图片与普通卫片格式	• 相关的专业知识

表 6.2.31　自然资源评估第 4 级能力

通用技能	范围与背景	知识
NAT4.1　设计生物地理研究、调查、研究与监测的方法和计划	基于保护区管理重点；确定指示物，检测方法与检测时间；设计个体生态学研究、行为研究、种群与群落研究	· 科研方法与技巧 · 高级保护生态学 · 评价技巧 · 数据分析技巧 · 专业知识
NAT4.2　充分、全面了解本保护区的生态/环境价值	通过文献资料、外围科研力量评估生态/环境价值	

10. 生态系统、栖息地与物种的保护管理

生态系统、栖息地与物种的保护管理（CON）指适应野生动植物、生态系统、栖息地及景观的保护管理，详见表 6.2.32～表 6.2.35。

表 6.2.32　保护管理第 1 级能力

通用技能	范围与背景	知识
CON1.1　控制/清除植被	剪枝、拔除、清除及植物材料（包括入侵植物）的合理处置	· 认识和了解用于种植的物种，了解植树的益处 · 确认应清除的物种 · 相关物种的照管及进食需求 · 相关物种常见疾病与问题
CON1.2　繁育、种植、抚育树木	整地、基本繁育技术、种植、抚育、浇水	
专用技能	**范围与背景**	
CON1.3　检查并在野生动物喂食场所添加食物	喂食场所、饮水处、舔盐池	

表 6.2.33　保护管理第 2 级能力

通用技能	范围与背景	知识
CON2.1　栖息地的恢复、管理或控制工作	按计划与指南进行繁殖、种植、剪枝、清理	· 基础物种及系统生态学 · 植物的繁殖及苗圃技巧 · 野外识别与了解相关物种的需求和行为
CON2.2　科学选择栖息地恢复地点	栖息地选择	
CON2.3　制定已恢复栖息地的样地、样方、样线监测方案、监测计划	栖息地监测计划及方案制定	

表 6.2.34　保护管理第 3 级能力

通用技能	范围与背景	知识
CON3.1　详细说明栖息地及生态系统管理的要求并指导其管理	所需的森林、山地、草地、旱地、淡水、洞穴、珊瑚、红树林等；栖息地管理、运作、创建、恢复与复原	· 熟悉相关的生态环境 · 相关的栖息地管理的目的、影响及利用，恢复与复原技巧 · 关键物种的生态学、食物与栖息地要求 · 动物保养与养殖，包括基本的兽医措施
CON3.2　详细说明并评价可持续的自然资源利用限额	可持续地狩猎、采集、收获相关物种；调整及监测的方法	
CON3.3　详细说明特别措施以协助关键物种的保护、生存或恢复	如舔盐池、泥坑、水供应、窝巢	

表 6.2.35　保护管理第 4 级能力

通用技能	范围与背景	知识
CON4.1　根据生物物理监测计划，设计指标	确定指示物，监测方法与日程	· 相关物种、生态系统及栖息地的生态学与保护生态学 · 有关捕捉、运输、饲养、出口等的法律、规章及公约 · 被保护动物种群的照管、维持及遗传管理 · 所收集植物的维护与遗传管理，及种子/种质资源储存
专用技能	**范围与背景**	
CON4.2　计划、管理及评价动物迁地保护与繁殖项目	被保护动物的舒适与照管，系谱记录，计划的繁殖项目	
CON4.3　计划、管理及评价植物迁地保护项目	植物繁殖，所收集物种的养护，专业园艺技巧	
CON4.4　计划、管理及评价物种与栖息地保护和恢复项目	可行性评估；相关物种（包括入侵物种）及栖息地的恢复计划与管理计划	

11. 可持续发展与社区

可持续发展与社区（DEV）指适应协调各方、解决冲突和社区发展、区社共管等方面工作的需要，详见表 6.2.36～表 6.2.39。

表 6.2.36 可持续发展与社区第 2 级能力

	通用技能	范围与背景	知识
DEV2.1	联络社区村委会或社区居民	经常与社区领导面谈，常规性走访所有社区	• 地方社区、领导人、习俗及传统知识 • 影响社区的问题与事项
DEV2.2	组织地方会议、活动及展示工作	为保护/社区会议与活动提供后勤服务，发出邀请	• 交流技巧 • 培训与推广技能
DEV2.3	为社区保护与可持续利用提供信息、指南及协助	执行实践性项目，如种树、建苗圃、标界、修理社区基础设施	• 保护区规划目的与功能 • 实践性现场管理 • 相关的社区-保护区协议
DEV2.4	监督实地工作与协议的一致性	管理协议、社区保护合同等	• 保护区保护与执行条规

表 6.2.37 可持续发展与社区第 3 级能力

	通用技能	范围与背景	知识
DEV3.1	计划、协调及促进社区能力建设活动	培训活动，交流等	• 地方社区、生计、习俗、信仰及传统知识
DEV3.2	促进地方保护网络与组织的发展	推动成立地方非政府组织、民间组织、合作社及其他团体	• 影响社区的问题与事项 • 保护区、社区政策与规划细节 • 培训与推广
DEV3.3	为社区自然资源可持续利用与管理提供咨询	采集、收获、林下经济	• 交流技巧 • 公众参与性技巧
DEV3.4	就社区争取政府支持提供咨询/指导	小额赠款，争取外部款项与支持	• 地方自然资源采集方法与用途 • 实业开发所需的专业技术知识

表 6.2.38 可持续发展与社区第 4 级能力

	通用技能	范围与背景	知识
DEV4.1	设计并协商综合性保护与开发项目中的社区部分	综合保护和发展项目，长期规划与项目计划	• 地方社区、领导人、习俗及传统知识
DEV4.2	促使社区参与规划、决策与管理	掌握与公众沟通的技巧给社区提供反馈与信息	• 综合保护与发展项目方法和技巧 • 保护区的保护重点、项目与活动 • 支持与财务来源
DEV4.3	与当地宗教/文化领导人合作，倡导保护与可持续利用	为宗教机构及学校提供信息，参加活动，引发讨论与参与	• 交流技巧

表 6.2.39 可持续发展与社区第 5 级能力

	通用技能	范围与背景	知识
DEV5.1	拟订协议争取与利用资源	正式与非正式协议，许可及办证方法	• 有关土地权属、惯例的立法
DEV5.2	解决土地争端，土地分配正式化	检查土地权属记录与争端，磋商并通过法律途径解决争端	• 解决、调解及协商冲突的技巧 • 影响地方社区的政策与法规 • 地方领导、习俗及传统知识
DEV5.3	解决保护区、区及其他利益相关方间的冲突	保护区-社区间冲突；社区-社区间冲突；其他冲突，使用协商、调解及解决技巧	• 保护区的保护重点、项目与活动 • 地方生计与土地使用要求
DEV5.4	确定与动员外部力量，支持与资助地方社区	政府内部各类资助项目，非政府组织及捐赠者资讯，技术支援，推广及经费	• 支持与财务来源 • 交流技巧

12. 保护区的政策、规划与管理

保护区的政策、规划与管理（PAM）主要针对管理机构领导岗位，其中第 3 级能力涉及管理规划的实施，第 4 级能力涉及内部管理规划，第 5 级能力涉及较广范围的政策、规划制定能力，详见表 6.2.40～表 6.2.42。

表 6.2.40　保护区的政策、规划与管理第 3 级能力

	通用技能	范围与背景	知识
PAM3.1	了解并理解相关的法律法规	法律、法规、条例、法令、规章等	• 适应性的管理方法
PAM3.2	更新实施保护区管理规划目标与行动	基于现有的管理方案	• 相关的立法与法律程序 • 保护区详情及其管理方案

表 6.2.41　保护区的政策、规划与管理第 4 级能力

	通用技能	范围与背景	知识
PAM4.1	指导拟订潜在灾害的应对计划	自然灾害（火灾、水灾、地震等）与人为灾害，如武装冲突、人为灾难等	• 对保护区的详细了解，其价值、目的、文化、目前与将来的威胁、问题与机遇
PAM4.2	为计划、政策与评估提供信息与建议	环境影响评估；区域性土地使用计划、开发计划等，建议开展的发展活动对保护区可能造成的影响、建议的缓解措施	• 权力机关、机构及其他相关组织的角色与责任 • 相关的国家法律 • 环境管理体系（EMS） • 评估管理效应的方法
PAM4.3	监测保护区管理的效应	使用世界自然保护联盟/世界自然基金会管理效应评估方案	• 根据最佳做法案例及出版物所总结出的保护区管理办法 • 管理计划过程与形式

表 6.2.42　保护区的政策、规划与管理第 5 级能力

	通用技能	范围与背景	知识
PAM5.1	参与制定省级、国家级生物多样性保护及保护区管理政策	国家法律与政策	• 有关生物多样性保护及保护区管理的国家、地方法律
PAM5.2	拟订并实施选择性保护区管理体系	社区管理，非政府组织与商务伙伴等	• 有关界线划定
PAM5.3	管理保护区边界的正式化，合理化与公开化程序	边界、区域、界线调整及扩展	• 参与性定界程序对保护区的详细了解，其价值、目的、文化、目前与将来的威胁、问题与机遇
PAM5.4	帮助建立与更新有关保护区的法律	保护区，野生动植物及土地使用法	
PAM5.5	协同设计保护区区划系统以实现保护及其他目标	分区：完全保护区、特别利用区、无干扰区、可持续利用区、娱乐区、可持续开发区及其他区域	• 权力机关、机构及其他相关组织的角色与责任
PAM5.6	领导拟订保护区保护管理计划	确定价值、威胁与重点，确定目标并审议可用办法，确定目标并计划行动，确定资源要求	• 相关的国家法律 • 评估管理效应的方法
PAM5.7	与地方协商，获取地方同意支持保护区管理	地方土地拥有者、使用者、占用者、经营者，地方社区，地方权力机关	

13. 场地管理

场地管理（SIT）包括保护区基础设施的建设与实际使用、管理，详见表 6.2.43～表 6.2.46。

表 6.2.43　场地管理第 1 级能力

	通用技能	范围与背景	知识
SIT1.1	参与救火	建筑内、野外	• 操作灭火设备
SIT1.2	安全使用、看管工具与设备	手工用具，机动工具，如割草机等	• 健康与安全相关条规及预防措施
SIT1.3	保持工作场地整洁	清洁、扫除、割草，设备储存，垃圾收集、处理	• 设备操作程序

表 6.2.44　场地管理第 2 级能力

	通用技能	范围与背景	知识
SIT2.1	检查并报告场地基础设施状况	小道，走廊，桥梁，标记，电气、管道与废水系统	
SIT2.2	监督废弃物处理	基本修理及维持厕所、下水道、废水系统、废物池	• 解释规划与细节 • 建筑材料的特点 • 基础设施及公用设施应达到的标
SIT2.3	维护与修理公用设施（电与水）	更换保险丝、插头、插座等；检查电池；维护水龙头、水管、蓄水池、过滤器等	准（为接受检查之用） • 设备的操作程序（参考使用说明） • 相关行政程序
SIT2.4	维护机动车辆与发动机	基本运行（油、燃料、过滤器、车胎等）小型维修	• 安全措施/条规 • 使用修理说明
	专用技能	范围与背景	• 零件术语与特性
SIT2.5	驾驶机动车辆	车辆	
SIT2.6	安全运行与维护小型船只	舷内与舷外发动机	

表 6.2.45　场地管理第 3 级能力

	通用技能	范围与背景	知识
SIT3.1	员工服务基础设施工程的计划及相关细节	道路、休息场所、野餐场所、垃圾处理及相关的结构，绘图、材料、估算数量、估算所需劳力与时间	
SIT3.2	监督维修、施工工作	根据合同检查质量与标准；向管理层及合同方汇报	• 基本比例绘图 • 材料的多种利用
SIT3.3	检查与详细说明施工要求及日程	安装物与基础设施	• 估计并计算数量及价格
SIT3.4	在消防机构指导下，制定防火控火计划	野外与室内火灾	• 相关的建筑规章 • 环境与景观影响
SIT3.5	监督及评估物理地形管理	下水道管理；工程解决（设障碍、建围墙、建下水道、修平台）及"自然"方法（建立植被、改变土地使用技术）	

表 6.2.46　场地管理第 4 级能力

	通用技能	范围与背景	知识
SIT4.1	参与重大基础设施项目的详细计划与设计	公用设施、园林、建筑物和安置物	• 基础设施的多种设计方案
SIT4.2	计划并制定就地膳宿细则	宿营地与山林小屋	• 基础设施使用的预期等级与类型
SIT4.3	计划并制定停车和交通设施细则	地方道路、临时停车点、停车场所、自行车道	

14. 执法

执法（ENF）主要是在日常巡护工作中识别非法活动、协助公安人员取证，同时在打击盗伐盗猎等违法行为时做好自我防卫，详见表 6.2.47～表 6.2.50。

表 6.2.47　执法第 1 级能力

	技能	范围与背景	知识
ENF1.1	在野外识别非法及受限活动的迹象和证据	陷阱、圈套、动植物残余物、盗猎与盗伐迹象、路途、营地；污染或危险材料；非法占地与清除土地；识别受保护物种及被偷捕偷猎的主要目标物种	• 受保护及被偷捕的目标物种（认识、鉴别迹象与残余物）
ENF1.2	对轻微违法者发出非正式警告并引导其将来行为	对有轻微违法犯法的员工、游客、地方社区居民提出警告	• 基本了解法律、规章及法庭程序 • 基本了解地方社区，社区居
ENF1.3	出庭作证	被问时提供清楚真实的回答	民的需求与问题
ENF1.4	在巡护及执法活动时对公众表示尊重与理解	社区居民与访客	• 丰富的野外知识与技能 • 熟知地方地形、地理、地方
ENF1.5	安全有效守纪地参与巡护活动	守纪律，按指示办事，遵循良好野外工作规范	动植物
ENF1.6	有效处理敌对情形，遭人身攻击时进行自卫	受威胁、辱骂及恐吓时保持冷静；基本自卫技巧，使攻击者无能力抵抗	• 充分理解处理对抗及违法活动的制度性程序与条规

表 6.2.48   执法第 2 级能力

通用技能	范围与背景	知识
ENF2.1 正确合法地扣押嫌疑犯	按既定的地方法律程序	• 充分了解地方社区，熟悉其中关键人物
ENF2.2 正确保护、管理与调查犯罪现场	就地保存物证，做记录并采集证据	• 保护区员工配合公安机关逮捕及/或扣留嫌疑犯的法律与权利
ENF2.3 汇报巡护活动及观察到的现象	使用标准形式与程序	• 与地方执法机关的联络
ENF2.4 提供执法安全	识别威胁，保全犯罪现场、巡护点、中心营地及其他地点；为证人及嫌疑犯提供安全保障	• 嫌疑人可能藏身的多个隐蔽处

表 6.2.49   执法第 3 级能力

通用技能	范围与背景	知识
ENF3.1 计划巡护执法行动	识别偷猎者、肇事者及其所用伎俩，识别对职员和公众的潜在危险；制定巡护计划以应对威胁；计划并向下属发布命令执行野外行动	• 相关的法律与程序 • 适用的"证据规定" • 法律与法庭程序
ENF3.2 领导实地巡护与执法活动	领导、组织、纪律、团队合作、普通巡护	• 面谈技巧
ENF3.3 联络社区共同防止、阻止非法活动	社区居民及外部机构	• 地方社区的情形与生计，以及社区居民受到的威胁
ENF3.4 按正确程序处理违法事件及缴获的物证	证据、证人、汇报	
ENF3.5 与执法机构进行协调	森林公安	• 社区关键领导人及成员
ENF3.6 领导执法调查活动	按正确程序对违法行为进行调查	

表 6.2.50   执法第 4 级能力

通用技能	范围与背景	知识
ENF4.1 制定巡护制度，设计巡护路线，规划执法活动	根据既定程序	• 详细了解相关公约、政令、法令、法律与规章
ENF4.2 根据法律要求，帮助制定保护区执法规章	基于国家法律框架的正式保护区规章	• 了解法律过程与程序 • 与社区、公安及司法部门保持密切联络
ENF4.3 安排及收缴非法设备与材料	上交、收集、记录及处置安排	• 与国内执法与调查机构保持良好联系

15. 旅游监管

旅游监管（REC）指对旅游开发计划的环境评估及旅游活动对生态环境、生物多样性影响的监测和适应性管理，详见表 6.2.51 和表 6.2.52。

表 6.2.51   旅游监管第 2 级能力

通用技能	范围与背景	知识
REC2.1 收集有关游客及活动的信息	记录游客量、车辆数及参与活动的人数	• 了解保护区的布局与设施 • 交流技巧
专用技能	**范围与背景**	• 保护区可提供的物资与服务
REC2.2 定点、定时监督游客进行专业的/有风险的旅游活动	监测和监督游客观看野生动植物、爬山、入洞、钓鱼、狩猎、潜水等行为	• 紧急与事故程序

表 6.2.52   旅游监管第 3 级能力

通用技能	范围与背景	知识
REC3.1 对旅游开发计划进行生态环境影响评价	水、土地资源利用，栖息地影响	
REC3.2 设计监测体系评估旅游活动的潜在影响	干扰野生动植物，栖息地破坏，水土流失，垃圾与废物，蓄意破坏	• 保护区多种典型的娱乐活动及其要求
REC3.3 采取具体措施避免或减少游客带来的影响	限制活动区域，更新宣传设施，使用限度等；使用承载力：物理的、生态的、社会的、感知的承载力；许可的变化幅度	• 游客安全政策程序 • 沟通技巧 • 了解宣传教育技能
REC3.4 监督游客和其他用户对保护区的破坏行为	植物采集，动物喂食	• 公众关系 • 立法与执法
REC3.5 监督旅游企业的商业活动	茶点、食物、住宿、纪念品	• 游客可能造成的多种影响
专用技能	**范围与背景**	• 承载力的使用及其限度
REC3.6 监督非法潜水行为	确认区域、许可证	

16. 宣传、教育与公众关系

宣传、教育与公众关系（AEP）是指把保护区的有关信息传播给大众，包括社区、游客及媒体等。宣传、教育工作不只是宣传科室的工作，也是保护区所有工作人员的职责。基层巡护人员数量多，与社区关系紧密，是宣传"保护区基本情况"的基础力量。而对专职宣传部门及人员，应侧重于对他们策划设计、专业讲解、宣传组织等能力提出要求。保护区高层管理者，应侧重于对公众宣传教育和交流项目的策划与评估能力的要求，详见表6.2.53～表6.2.56。

表6.2.53 宣传、教育与公众关系第1级能力

通用技能	范围与背景	知识
AEP1.1 为公众提供保护区及保护对象的基本信息	口头解说保护区的功能，有关保护法规及执行情况	• 保护区范围、保护目的及其价值的基本情况
AEP1.2 与社区建立良好的信息宣传渠道	村委会会议、宣传牌、宣传碑文	

表6.2.54 宣传、教育与公众关系第2级能力

通用技能	范围与背景	知识
AEP2.1 向公众宣传保护区	保护区的功能与目的、野生动植物、文化、特色等综合信息	• 保护区基本情况、工作规划演讲、交流及解说技巧
AEP2.2 面向学校、社区做正式与非正式的解说	向参观团体、学校与社区介绍性、非正式性授课；参与性活动	• 保护区综合信息，事实与数据、动植物、景点
AEP2.3 制作导引、宣传和解说牌	人行道和小路	• 健康及安全程序

表6.2.55 宣传、教育与公众关系第3级能力

通用技能	范围与背景	知识
AEP3.1 策划宣传教育活动	确定目标、主题，确定目标群体，确定适当的媒介	• 图像设计与印刷
AEP3.2 撰写及设计宣传/教育出版物	宣传册、标语、简报、网页	• 保护区旅游策略与计划
AEP3.3 组织社区特别活动	法定节日、民族节日	• 主题解说
AEP3.4 策划及设计宣传展示/标识物	墙报，教育性与互动性展览	• 使用和运用多种解说媒介/材料/技巧
专用技能	范围与背景	• 科研、信息收集与宣传
		• 文化、性别、民族关系
AEP3.5 为媒体提供信息	新闻，广播与电视访谈，新闻发布与新闻发布会	• 了解媒介传播技能 • 了解与联络当地媒体和新闻和出版单位

表6.2.56 宣传、教育与公众关系第4级能力

通用技能	范围与背景	知识
AEP4.1 制定社区关系发展、社区宣传策略	宣传方式、宣传内容	• 社区文化
AEP4.1 研究并策划一个宣传项目	功能、设计、布局	• 大众心理学
AEP4.2 领导制定有关介绍说明、宣传教育的策略与行动计划	目标群体，目标，主题及方法	• 大众传播技能
AEP4.3 计划与管理媒体/公共关系	新闻发布、访谈	• 公共关系管理

17. 湿地管理站从业人员的能力标准

湿地管理站从业人员均应具备2级及以上能力标准。

（三）岗位和能力等级建议

第1级能力适应基层工作岗位需要，包括日常巡护和后勤支持，是保护区工作的基础。

第 2 级能力适应各科室一般管理人员和技术人员岗位，要求具备执行能力和基本的技术能力。

第 3 级能力适应各科室负责人和管理站站长等中层管理岗位和中级技术岗位，是保护区管理工作的中坚力量，需要具备一定的专业能力和团队管理能力。

第 4 级能力适应管理机构副职领导岗位、总工程师和高级技术岗位，对管理能力和专业能力都有较高的要求。

第 5 级能力适应管理机构最高领导岗位，要求以主人翁精神、以现代管理理念全面开展各项工作，需要在机构和队伍管理、法规政策执行、资金筹措使用、对外交流与合作、保护目标实现等方面，具备比专业能力更高的水平。

通用个人与工作技能是每个岗位从业人员必备技能，该技能无等级要求。其余每个岗位与不同技能等级的匹配，由岗位职责与要求决定，与岗位职责紧密相关的技能要求等级更高，相关性弱的技能要求等级低，不相关的可不作要求。本标准只做岗位与能力的参考匹配，不作强制规定。鉴于保护地国家级（表 6.2.57）和地方级的工作要求和人员配备不同，所以岗位能力要求有所差异，从业能力标准要求上国家级高于地方级（包括省级、市县级），地方级可在国家级的基础上减少 1 级（表 6.2.57）。

表 6.2.57　中国湿地保护地不同岗位、不同技能的等级建议（国家级）

岗位	财务与物质资源管理	人力资源管理	员工发展与培训	项目开发与管理	交流与沟通	技术与信息	野外作业	自然资源评估	生态系统、栖息地与物种的保护管理	可持续发展与社区	保护区政策、规划与管理	场地管理	执法	旅游监管	宣传、教育与公共关系
局长	4	4	4	5	5	2	—	2	4	5	5	4	—	4	4
副局长	4	4	4	4	4	2	—	2	4	4	4	4	4	4	4
高级技术人员	3	3	3	4	4	3	3	4	4	3	4	4	1	1	1
办公室主任	3	3	3	—	3	2	1	1		2	3	3	—	—	1
财务科科长	4	3	3	—							2				1
资源保护科科长	3	3	3	3	3	2	1	3	2	2	3	3	3		2
管护执法科科长	3	3	3		3	3	3	3	3		4	3	4	3	2
社区宣传科科长	3	3	3		3	3	3	3	3	4	3		—	3	4
保护站站长	3	3	3		3	3	3		—	2	3	3	3		2
中级技术人员	2	3	3		3	3	3	3	3	2		2			1
资源保护科科员	2	2	2		2	2	2	2	2	2	2	2	2	2	2
管护执法科科员	2	2	2		2	2	2	2	2		2	2	3	2	2
社区宣教员	2	2	2		2	2	2	2	2	2	2			2	2
专业技术人员	2	2	2		2	2	2	2	2	2		2			2
行政科员	2	2	3						2	2			2		2
财务科员	2	2	2						2						2
巡护员	—	—	—		1	1	1	1		1		1	1		1
后勤	—	—									1				1
规划旅游科科长（仅湿地公园）	3	3	3	4	3	2	3	3	3	2	3	3	2	4	1
规划旅游科科员（仅湿地公园）	2	2	2	3	2	1	2	2	2	2	2	2	2	3	1

五、湿地保护地岗位和能力标准的案例

（一）海南鹦哥岭国家级自然保护区的机构设置

在现有基础上，根据工作需要并经广泛听取意见、保护区管理层讨论，结合《湿地保护地从业人员能力标准》确认了鹦哥岭国家级自然保护区管理局的组织架构（图 6.2.2）。

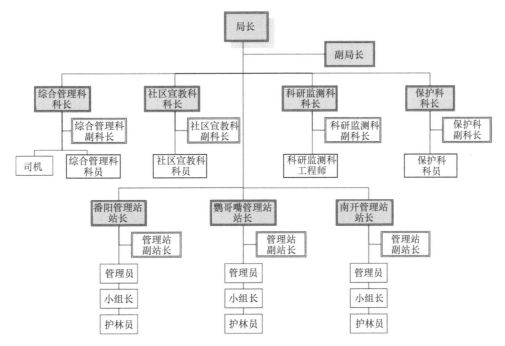

图 6.2.2　鹦哥岭国家级自然保护区管理局的组织架构

1. 新机构的特点

（1）管理站由原来保护科下属二级部门提升为管理局一级部门。

（2）所有一级部门设立副职，清晰界定正副职工作内容的同时，注意为副职的提升创造空间。

2. 能力标准试行中遇到的问题

能力标准是在岗位界定清晰和层级明确的基础上确认并发挥作用的。但是，在鹦哥岭国家级自然保护区应用能力标准过程中，遇到岗位界定不清晰和层级区分不明显的情况。

3. 关于岗位界定存在的问题

事业单位的岗位编制区分为"管理岗""专业技能岗"，其中"工勤技能岗位"是指工人身份的人员承担技能操作和维护及后勤保障工作。如果不对这类情况加以区分，一并按照"工勤人员"确定能力标准，显然不能适应实际管理工作的需要。

4. 关于层级确认的问题

在实际落实应用当中，存在能力标准描述尚不足以支撑保护区岗位的情况，具体表

现为以下几个方面。

（1）护林员成长无盼头，没有职业生涯上升通道。

（2）对新进入保护区的工作人员缺乏发展规划，对其业务素质没有规定和要求。

（3）对于后台支持人员的成长缺乏渠道或激励机制。

（4）级别之间有职能重复。

（5）管理系列从科室员工到科室领导过于粗线条。

（二）能力层级的调整与划分

根据在鹦哥岭国家级自然保护区的实际应用情况及对保护区未来发展目标的设定，结合事业单位的特殊情况，从能力发展出发重新定义了不同岗位的层级区分，在此基础上确认了不同层级的能力标准（表 6.2.58）。

表 6.2.58　能力层级划分职责要求

层级	层级定义	工作职责	典型岗位
L5	战略、规划、协调	参与上级机构政策制定和决策 保护区战略规划、政策制定 跨部门协调沟通，争取外部支持与支援 机构预算与资源配置 指导重大复杂项目和方案	局长
L4	战略规划落实/高级管理/高级技术指导	在战略和规划框架内计划和管理项目流程，计划内决策 管理多个部门或多个职能 根据专业情况执行和领导复杂技术项目	副局长 技术专家/技术顾问
L3	中级管理/专业技术人员	带领部门/团队完成直接上级布置的工作任务 根据项目计划管理分配资源 监督/指导/评价/反馈任务的完成情况 完成特定和复杂的技术任务 流程内突发事件处理/流程外突发事件汇报	部门正职/副职 高级科员 高级工程师 高级护林员
L2	能完成一般性规定的工作任务	完成规定的日常工作任务 工作接受常规监督 对团队内部工作的低层级员工工作有指导义务 监督、报告任务相关资源的使用情况	管理员 科员 工程师 护林员
L1	新人/部分完成工作任务	在持续监督和指导下完成工作	无技能志愿者 试用期新人（见习科员/见习护林员） 助理科员 助理工程师

（三）能力标准的变动

结合鹦哥岭国家级自然保护区的实际情况和世界自然保护联盟（IUCN）对工作人员能力的定义，对《湿地保护地从业人员能力标准》进行了调整。变更后的鹦哥岭国家级自然保护区工作人员能力标准划分为"通用能力""组织规划能力"和"业务能力"三大类 16 项。

（1）从组织发展角度考虑，新增了"组织领导和发展""行政汇报和文档"以满足保护区在扩大和发展中组织和管理信息传递的需要。

（2）从功能和效用考虑，合并原来的"交流与沟通"和"公共关系"两项能力为"沟通与协作"（表 6.2.59）。

表 6.2.59 能力标准调整

	海南省自然保护区工作人员能力标准		变更后的鹦哥岭国家级自然保护区工作人员能力标准
1	通用个人与工作技能	通用能力	一般人员/管理人员通用能力
2	财务与物资管理		保护区政策与规划
3	人力资源		组织领导与发展
4	交流与沟通	组织规划能力	人力资源
5	数字信息化能力		财务与物资管理
6	项目开发与管理		行政汇报和文档
7	野外工作技能		沟通与协作
8	自然资源监测		自然资源监测
9	资源保护管理		资源保护管理
10	可持续发展与社区		执法
11	保护区政策与规划		可持续发展与社区
12	公共关系	业务能力	旅游监管
13	执法		宣传教育
14	旅游监管		野外工作技能
15	宣传教育		数字信息化技能
16	-		项目开发与管理

（四）能力评估结果与分析

1. 能力评估数据收集情况

参与评估的人员根据职位序列和层级分成中层管理人员、初级管理及专业技术人员和护林员类三类。其中中层管理人员包括各科室和管理站正副职负责人；初级管理及专业技术人员包括管理员和各科室员工；护林员类包括小组长和护林员。共收回有效能力评估问卷 218 份，其中中层管理人员问卷 14 份，涉及科长和管理站站长岗位；初级管理及专业技术人员问卷 29 份；小组长和护林员岗位问卷 175 份。

2. 评估结果

1）人力资源素质不能满足需要

缺乏对重要职能人员的系统培养计划，管护人员素质有待提高。从管理人员到技术人员均缺乏自然保护区的工作经验，在数量、素质和管理能力等方面尚不能满足需要。

2）培训体系组织和形式缺乏系统性

鹦哥岭国家级自然保护区通过加大培训力度来提高工作人员的能力水平，但培训效果并未达到理想状况。多数员工感觉培训机会有限，且难以满足资深工作和未来职业发展的需要。培训内容开展形式和组织的不完善，是造成培训未能产生理想效果的主要原因，主要表现为注重基础业务技能培训工作，在管理能力的塑造方面有缺陷。

3）各类人员能力评估结果

（1）中层管理人员

所有中层管理人员在通用能力素质上都有较好的表现。鹦哥岭国家级自然保护区的中层管理人员具有较高的基本素质和职能觉悟，工作态度端正。排除各岗位的不同工作内容导致的业务能力差异因素，科室负责人和管理站负责人的能力欠缺项略有差异。各科室负责人的技能打分如图 6.2.3 所示。

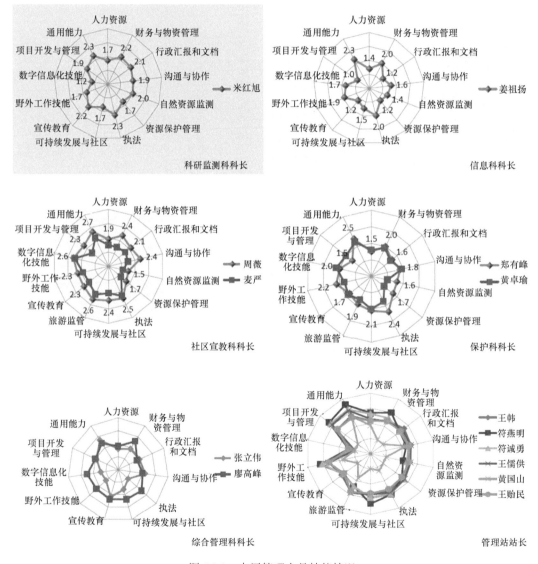

图 6.2.3　中层管理人员技能情况

通过分析发现（图 6.2.3），科研监测科在数字信息化技能方面能力不足，另外在人力资源、野外工作技能、可持续发展与社区、资源保护管理方面也有进一步提高和完善的需求；信息科在项目开发与管理上存在明显不足，另外在宣传教育、资源保护管理、行政汇报和文档、自然资源监测、人力资源管理上也存在不足；社区宣教科在自然资源监测、资源保护管理和人力资源三方面有所欠缺；保护科在人力资源、项目开发与管理、行政汇报和文档及自然资源监测等能力上亟待提高；综合管理科的两位负责人在数字信息化技能、野外工作技能、可持续发展与社区和执法能力上需要加强理论和实践的学习提高；管理站负责人最明显的不足就是在数字信息化技能方面。

（2）初级管理及专业技术人员

通过分析得出（图6.2.4），科研监测科人员在岗位中所需要的能力基本可以满足日常工作需要；社区科人员在自然资源监测能力上需要提高；保护科人员在自然资源监测、资源保护管理、旅游监管及宣传教育等方面需要加强。综合管理科人员在执法及野外工作技能方面需要提高。初级管理人员需要在对外宣传的内容和方式上提高。

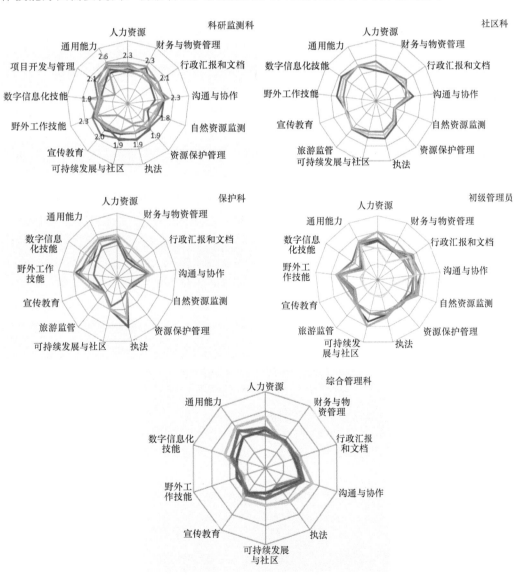

图6.2.4 初级管理及专业技术人员技能情况

一种颜色代表一位工作人员各项技能水平

（3）护林员类

92%的小组长需要数字信息化技能的提升，38%的小组长需要加强旅游监管能力，另外有19%的小组长需要加强野外工作技能和资源保护管理能力的提升。旅游监管、行政汇报和文档、沟通与协作三种能力是普通护林员亟待加强的能力，分别占到参评人员的53%、39%和36%。

小结

鹦哥岭国家级自然保护区结合自身存在问题和管理需求，确定机构框架，调整能力层级，改变能力标准，建立评估方式，得出评估结果。通过对不同岗位能力细则的评估，工作人员对照能力标准找出个人的差距和不足变得容易和清晰。从而以此为基础，对同类岗位能力欠缺项的分析、排序和分类整理，提出发展对策（本文未详细介绍）以提升保护区现有工作人员能力水平。其对策的主要内容为针对性地加强培训，从组织与制度层面（设立培训部门、明确能力培养分工、建立培养规划、构建评估常态化框架、提供培训效果转化机制、完善激励机制）和资源层面（建立培训课体系、建立内部讲师队伍、加强培训效果评估）建立培训体系。随着鹦哥岭国家级自然保护区的快速发展，保护区在整体组织架构中设立培训部门和专职培训人员是保证人员培训和人员能力发展的重要环节。如果说鹦哥岭国家级自然保护区曾经创立的"自主规划培训计划"是保护区发展建设初期促进保护区快速发展的手段，对促进当时保护区日常工作中的业务能力提高起到了重要作用，那么现阶段工作人员能力的培养越来越需要统一的机构和统一的政策进行统一管理。

通过该案例可以看出，每个湿地保护地都会在能力标准上存在自己的问题和挑战，应当以深入分析自身问题为前提，结合《湿地保护地从业人员能力标准》开展机构的设置和调整，同时增加相关的或减少无关的技能，从而有利于提升从业人员的专业水平，提高保护管理工作的有效性，达到提升保护管理水平的目标。当前制定的《湿地保护地从业人员能力标准》具备较好的适应性，能够切合地方实际运用，运用前需要开展调研工作，结合实际情况进行适当修改。该标准能够检验机构设置的合理性，便于每个工作人员找出个人的差距和不足，从而优化和调整机构科室设置和人员分配，有针对性地开展培训工作。能力标准的建立相对于能力发展来说只是完成了从建标杆到照镜子找出能力欠缺项的第一步，工作人员能力水平的发展除员工的自觉主动学习和实践以外，更多地还需要建立相应机制和加强落实。

本节作者：田　昆　张　赟　西南林业大学国家高原湿地研究中心

第三节　湿地保护地从业人员培训需求分析

截至2016年底，我国已确定了49块国际重要湿地，建立了600多个湿地自然保护区、705 个国家湿地公园，初步形成了以自然保护区为主体，湿地公园和保护小区并存，其他保护形式互补的湿地保护体系。为适应保护管理工作需要，近年来很多单位在不断招收大批新毕业的本科生和研究生加入我国湿地保护的队伍。但是，总体来看从事湿地保护工作的年长者多来自林业部门，过去常年从事与伐木相关的工作，或者从渔业或其他部门转做湿地保护工作，他们普遍缺乏相应的湿地保护与管理的专业知识和技能，且未接受湿地保护管理有关的系统培训，以致各湿地保护地从业人员缺乏生物多样性监测、保护规划及相关的地理信息系统等专业知识和应用相关软件的能力。湿地保护地管理人员业务能力不足，已成为当地开展湿地保护与管理工作的一个主要障碍，针对湿地保护地从业人员进行有效的湿地管理培训迫在眉睫。湿地保护地从业人员因岗位和面对的湿地类型不同而对湿地培训的内容和培训方式需求不一样，需要设计针对性的培训内容模块和培训模式。本节通过对湿地保护地从业人员培训需求的调查，分析了我国湿地保护地从业人员培训的需求，提出湿地保护地从业人员整体上较为关心的十大培训模块及比较感兴趣的受训方式。

一、湿地保护地从业人员培训需求调查

提升湿地保护地从业人员专业技能和对湿地保护政策法规掌握运用能力，对做好湿地保护有非常重要的意义。了解他们的需求是制定培训方案的基础，为此，以问卷调查的方式对我国湿地保护地从业人员开展了培训需求调查。

（一）调查问卷设计

本次调查是针对湿地保护地从业人员的匿名调查，问卷内容包括被调查人的基本信息、培训需求、培训方式和对湿地保护与管理培训的建议（附录 3）。被调查人的基本信息包括性别、年龄、学历、工作岗位、从事该工作的时间、所在保护地类型和保护地主管部门。培训需求根据工作岗位进行设计，全面考虑了不同保护地类型、不同工作岗位的需求，培训内容设置为 23 项；为了区分不同培训内容的需求程度，要求问卷中"急需"的培训不能超过 5 项。培训方式包括培训时长、期望的培训形式、参加培训的人数和培训经历认证。湿地保护与管理培训的建议为开放性问题。调查涉及的湿地保护地包括湿地保护区、国家湿地公园、国际重要湿地、湿地保护管理中心和相关非政府组织（NGO）机构等。按不同工作职责和职位级别，将湿地保护地工作岗位分为主要领导、科研监测、执法巡护、公众宣教、办公室内勤、生态旅游管理和其他。

（二）预调查和调查问卷修改

为了调查问卷的科学性和合理性，于 2017 年 3 月下旬对 2016 年参加中国科学院地理科学与资源研究所举办的中国生态大讲堂"湿地监测技术与优化管理模式培训班"的 35 位学员进行了预调查，他们是来自湿地保护区一线工作人员、科研机构人员和从事湿地保护的 NGO 机构工作人员，具有很好的代表性。根据预调查的反馈，进一步完善了调查问卷（附录 3）。

（三）调查问卷发放方式和范围

本次调查问卷发放主要是通过电子邮件，对每份回收的问卷进行质量审核，录入数据。调查的主要对象是我国湿地保护地工作人员，其中包括国家林业局 UNDP-GEF 项目"增强湿地保护地子系统管理有效性，保护具有全球意义的生物多样性"的项目点工作人员，增强大兴安岭地区保护地网络的有效管理项目（大兴安岭项目）、增强海南湿地保护地系统的有效管理、促进全球重要生物多样性的保护项目（海南项目）、增强湖北湿地保护地系统的有效管理项目（湖北项目）、增强安徽湿地保护地系统的有效管理项目（安徽项目）和增强新疆阿尔泰地区湿地保护地的有效管理项目（新疆项目）的示范保护地工作人员。

（四）调查问卷整理和分析方法

本次问卷调查共回收调查问卷 293 份，其中有效问卷为 250 份；来自于同一个保护区（同一个邮箱反馈）的培训需求完全一样的问卷视为 1 份有效问卷，信息缺失超过 20% 的问卷视为无效问卷。为了方便录入和分析，将基本信息用数字代码进行录入；培训需求中"急需"计 3 分，"需要"计 1 分，"不需要"计 0 分，未勾选的内容做空缺处理，因此每一项培训内容的平均分即代表了该培训内容的需求程度。根据工作职责分工，调查问卷共设置 23 项培训内容（附录 3）。

二、湿地保护地人员培训需求调查结果分析

（一）问卷调查对象概况

基于以上评估方法得到培训需求结果，统计了从事湿地保护工作的男女比例、培训需求排序，统计湿地保护地工作人员所需的各项培训内容占比，以及湿地保护的主管部门占比等。图 6.3.1 为本次问卷调查 250 份有效问卷中样本的基本信息。其中，男性比例是女性的近 2 倍，且国家级自然保护区和省级自然保护区男女比例不均衡，男性比例超过 72.0%，远大于女性；主要领导中男性占 95.1%，科研监测和执法巡护人员男性占 80.0% 以上，而公众宣教和生态旅游管理和其他人员男女各占一半，办公室内勤人员则以女性为主。分析结果显示，我国湿地保护地从业人员中，主要领导岗位以男性为主，女性一般从事非野外及较细致的工作。有效调查样本中，受过高等教育及以上学历的占 90% 左右；在 2002 年，我国湿地类型自然保护区工作人员受高等教育及以上学历的仅占 28.4%。这说明我国从事湿地保护工作人员的受教育程度已有非常大的提高。本次调查样本中主要领导大多在 40 岁以上，占比超过 80.0%，科研监测、公众宣教和其他人员以中青年为主，40 岁以下的人占 75.0%，执法巡护和生态旅游管理人员年龄主要集中在 30～50 岁，办公室内勤人员在 50 岁以下的分布较均匀。从岗位工作时间来分析，在岗位工作各个时间段的分布比较均匀，主要领导大多在岗位工作了 5～10 年，占比为 39.0%；工作岗位为其他的员工，工作时间超过 10 年的只占 4.0%。

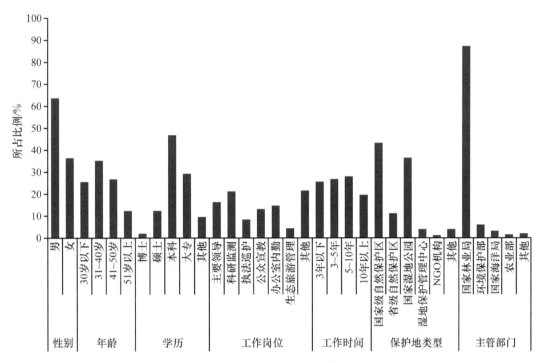

图 6.3.1　调查问卷的基本信息

（二）问卷调查的主要结果

本次湿地保护与管理培训需求调查问卷是根据不同工作岗位（职责和层级）设计，我们将湿地保护地工作人员分为：主要领导、科研监测人员、执法巡护人员、公众宣教人员、办公室内勤人员、生态旅游管理人员及其他人员。250 个调查样本对每项培训内容的需求程度和统计得分情况见表 6.3.1。

表 6.3.1　培训需求得分一览表

序号	培训内容	勾选人数			得分	
		急需	需要	不需要	总分	平均分
1	湿地监测与野外调查技术和方法（水文、植物、动物等）	111	120	19	453	1.81
2	湿地修复与栖息地重建技术与模式	84	145	21	397	1.59
3	湿地保护宣传与自然教育	76	162	12	390	1.56
4	湿地生物多样性保护的理论基础知识	75	161	14	386	1.54
5	新技术在湿地保护中的应用（无人机、GPS 跟踪器、超声波）	69	153	28	360	1.44
6	湿地保护工程项目申报、实施与管理	67	145	38	346	1.38
7	水鸟野外识别与调查方法	58	166	26	340	1.36
8	湿地保护区巡护、执法程序与技巧	58	162	30	336	1.34
9	湿地监测与调查报告编写	51	166	32	319	1.28
10	湿地可持续利用模式	48	173	26	317	1.28
11	遥感与地理信息系统在湿地保护与管理中的应用	52	162	36	318	1.27
12	国家湿地保护政策及有关的法律法规、国际公约	43	177	30	306	1.22

序号	培训内容	勾选人数			得分	
		急需	需要	不需要	总分	平均分
13	项目开发与申报、项目周期管理	48	151	47	295	1.20
14	湿地保护区筹资方法	43	159	47	288	1.16
15	湿地类型保护区（湿地公园）管理计划编制	40	165	44	285	1.14
16	湿地类型保护区（湿地公园）生态旅游管理	42	156	51	282	1.13
17	湿地生态系统服务与价值评估	31	172	44	265	1.07
18	湿地类型保护区（湿地公园）社区参与和社区共管	33	167	50	266	1.06
19	人力资源管理与员工培训	31	160	55	253	1.03
20	国家重要湿地规划与认定	17	176	55	227	0.92
21	计算机办公软件的应用	17	153	80	204	0.82
22	湿地类型保护区（湿地公园）财务管理	4	159	87	171	0.68
23	专业英语学习	7	132	111	153	0.61

据培训需求分析，湿地保护地从业人员最需要的培训包括湿地监测与野外调查技术和方法（水文、植物、动物等）、湿地修复与栖息地重建技术与模式、湿地保护宣传与自然教育、湿地生物多样性保护的理论基础知识和新技术在湿地保护中的应用（无人机、GPS 跟踪器、超声波）等。培训需求得分最低的为专业英语学习、湿地类型保护区（湿地公园）财务管理、计算机办公软件的应用和国家重要湿地规划与认定，这 4 项得分都低于 1，说明这 4 项内容并非大部分湿地保护地从业人员的能力要求，或者他们在这些方面的能力已经比较强。

根据不同工作岗位分析，各类从业人员的培训需求反映了其工作岗位的职责与要求，具体见表 6.3.2。主要领导除希望获得湿地保护与管理的基本知识外，更侧重于湿地保护工程项目申报、实施与管理等方面的需求。科研监测人员主要需要湿地监测技术方面的培训；执法巡护人员最需要的培训是保护区巡护、执法程序与技巧方面的培训，其次是新技术的应用；公众宣教人员最需要的培训是湿地保护宣传与自然教育，其次是监测与保护的相关理论知识；办公室内勤人员需要的培训包括湿地监测与野外调查技术和方法、湿地修复与栖息地重建技术与模式等有关湿地监测与保护修复的相关知识，还需要湿地保护工程项目申报、实施与管理方面的培训；生态旅游管理人员最需要湿地类型保护区（湿地公园）生态旅游管理，其次是湿地监测的技术和方法，还有人力资源管理与员工培训等；其他人员更多需要湿地保护与监测的基础知识与野外监测方法，还需要湿地保护宣传与自然教育和项目开发与申报、项目周期管理方面的培训。

表 6.3.2　不同工作岗位所需培训的主要内容

序号	工作岗位	培训内容	需求平均分
1	主要领导	湿地监测与野外调查技术和方法（水文、植物、动物等）	1.90
		湿地保护工程项目申报、实施与管理	1.85
		水鸟野外识别与调查方法	1.66
		湿地修复与栖息地重建技术与模式	1.61
		湿地保护区巡护、执法程序与技巧	1.61

续表

序号	工作岗位	培训内容	需求平均分
2	科研监测人员	湿地监测与野外调查技术和方法（水文、植物、动物等）	1.96
		湿地修复与栖息地重建技术与模式	1.71
		新技术在湿地保护中的应用（无人机、GPS跟踪器、超声波）	1.51
		湿地生物多样性保护的理论基础知识	1.47
		遥感与地理信息系统在湿地保护与管理中的应用	1.47
3	执法巡护人员	湿地保护区巡护、执法程序与技巧	2.05
		新技术在湿地保护中的应用（无人机、GPS跟踪器、超声波）	1.76
		湿地监测与调查报告编写	1.71
		湿地监测与野外调查技术和方法（水文、植物、动物等）	1.67
		湿地修复与栖息地重建技术与模式	1.57
4	公众宣教人员	湿地保护宣传与自然教育	2.50
		湿地监测与野外调查技术和方法（水文、植物、动物等）	1.72
		水鸟野外识别与调查方法	1.53
		湿地生物多样性保护的理论基础知识	1.50
		湿地可持续利用模式	1.32
5	办公室内勤	湿地监测与野外调查技术和方法（水文、植物、动物等）	1.86
		湿地修复与栖息地重建技术与模式	1.68
		湿地保护宣传与自然教育	1.62
		湿地生物多样性保护的理论基础知识	1.57
		湿地保护工程项目申报、实施与管理	1.46
6	生态旅游管理	湿地类型保护区（湿地公园）生态旅游管理	2.00
		湿地监测与野外调查技术和方法（水文、植物、动物等）	1.91
		新技术在湿地保护中的应用（无人机、GPS跟踪器、超声波）	1.64
		人力资源管理与员工培训	1.64
		湿地保护宣传与自然教育	1.54
7	其他人员	湿地生物多样性保护的理论基础知识	1.92
		湿地监测与野外调查技术和方法（水文、植物、动物等）	1.64
		湿地修复与栖息地重建技术与模式	1.6
		湿地保护宣传与自然教育	1.57
		项目开发与申报、项目周期管理	1.57

本次培训需求调查超过80.0%的人希望培训时长在2周以内；所希望的培训形式为多选，选择邀请专家讲课、野外实践传授技术和参观学习的人数都超过了60.0%，而选择学位学习的人数最少；期望培训班规模主要为10~30人，而期望培训规模小于10人和大于30人的均占15.0%（图6.3.2）。不同工作岗位期望获得的培训方式（时长、人数和培训形式）基本一致。在希望获得的培训经历认证方面，选择结业证和技能水平证明的人大于40.0%，主要领导和执法巡护人员更多地希望获得结业证来证明获得过培训，而科研监测和办公室内勤人员超过60.0%希望获得技术水平证明的培训经历认证。对湿地保护与管理培训的建议这个开放性问题的回答，大多数提到了希望培训能有针对性，并希望采取室内授课、野外实践和参观学习相结合的培训形式。

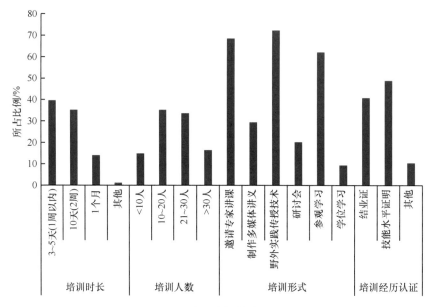

图 6.3.2 希望获得的培训方式

　　本次湿地保护与管理培训需求调查显示，我国湿地保护地从业人员最需要的 10 项培训内容，需求程度由强到弱依次是：①湿地监测与野外调查技术和方法；②湿地修复与栖息地重建技术与模式；③湿地保护宣传与自然教育；④湿地生物多样性保护的理论基础知识；⑤新技术在湿地保护中的应用（无人机、GPS 跟踪器、超声波）；⑥湿地保护工程项目申报、实施与管理；⑦水鸟野外识别与调查方法；⑧湿地保护区巡护、执法程序与技巧；⑨湿地可持续利用模式；⑩湿地监测与调查报告编写。目前，湿地监测与野外调查技术和方法是湿地保护地工作人员的主要培训需求，所有从事湿地保护工作所需的共同培训是湿地保护、监测和管理的基础知识、方法与技巧；而根据各自工作岗位的不同和工作职责的分工，各岗位工作人员有其特殊的培训需求（表 6.3.2）。在培训方式上的需求上，不同的工作岗位并无差异。培训时长方面，大部分人更愿意接受 2 周以内的短期培训；在期望的培训形式上，大部分需求是邀请专家室内授课、野外技术实践和参观学习相结合的培训形式；多数人希望参加人数 10~30 人的培训班；而对于培训经历的认证，结业证和技术水平的证明各占一半。

三、湿地保护地人员培训模块内容

　　基于250个调查样本不同岗位的湿地保护地从业人员对每项培训内容的需求程度的统计，得出每项培训内容的需求排名（表6.3.1，表6.3.2）。在考虑培训内容系统性和国家湿地保护和管理制度、政策的基础上，制订了 10 个培训模块。每个模块具体培训内容包括如下几个方面。

（一）湿地保护的理论基础知识

　　该模块应包括 4 个方面的培训内容：①湿地有关术语；②湿地生态系统服务；③湿地所面临的威胁与问题；④湿地监测与评估方法。

　　湿地有关术语的介绍应梳理不同组织、机构对湿地的定义，介绍不同湿地分类体系，阐述包括物理、化学和生物学等特征（如土壤、水、植物、动物和养分），讲解有关湿地生态系统功能及其形成和维系的生态过程与食物链及食物网、水文连通等生态系统结构的内涵。

　　湿地生态系统服务部分应从介绍目前国内外主要的湿地生态系统服务分类入手，从湿地所包含供给服务、调节服务、文化服务和支持服务方面介绍湿地生态服务的内涵、形成和传递机制，阐释全球到区域和局地的湿地生态服务与人类福祉的关系，通过分析它们的变化影响人类福祉的案例，阐明湿地生态服务对人类的意义。

　　湿地所面临的威胁和存在的问题包括多方面，既有自然原因导致的湿地退化，也有许多人类活动带来的湿地及生态系统服务功能的丧失。这方面应从全球湿地退化和消失状况切入，以案例的方式重点阐述我国湿地所面临的威胁与问题，其中沿海和长江沿线湿地近几年所发生的重要变化可作为主要案例。

　　湿地保护地工作人员对传统的湿地调查方法方面接触较多，而对无人机等遥感技术方面接触较少，应对这些方面的基本理论和方法原理做简明的介绍。

　　湿地评估包括多方面的内容，既有对湿地生态系统结构和功能的评估，也有在此基础上延伸出来的湿地生态系统健康、湿地生态系统服务等综合性的评估。这部分应以案例介绍的形式为主，阐明什么是湿地评估，不同评估类型的目的、意义。

　　此外，在国家生态保护红线相关指南、政策文件介绍的基础上，从划定红线目的、意义和科学依据出发，讲解湿地保护红线划定的相关知识。

（二）国际重要湿地标准及监测计划编制

　　该培训模块应包含下列几方面内容。

　　（1）《湿地公约》的定义、公约使命及对湿地的定义等。

　　（2）入选国际重要湿地的基本条件和标准，如湿地周边或流域内生态、环境安全现状及发展趋势良好、湿地区域四至边界明确、土地权属无争议等，区域内包含典型性、稀有或独一无二的湿地类型，在物种多样性保护方面的国际重要性等。

　　（3）我国入选国际重要湿地的数量、保护管理情况。

　　（4）编制国际重要湿地监测计划的主要步骤等。

（三）湿地生态系统监测与价值评估

　　从调查的对象来看，该模块应包含的培训内容包括湿地类型及其分布、湿地生境状况、野生动植物资源、湿地周边环境及保护利用。针对野生动植物资源，主要调查湿地动植物数量及其分布。湿地生境状况则包括水文、土壤、植被三大基本湿地要素的调查；湿地周边环境及保护利用应包括周边经济社会情况、土地资源利用情况、湿地保护意识等。

从调查的方法来看，湿地监测现在已经发展到天-空-地多尺度联合观测的阶段，传统的地面定位监测、控制实验和生态调查与包括无人机、航空、卫星等多尺度遥感监测紧密结合是湿地监测的有效方法。因此，如何将传统的地面监测与遥感监测相结合应作为湿地监测技术培训的重要内容。

湿地生态系统评估应以指标体系介绍和主要方法工具的讲解为重点，如湿地健康指数、湿地生态系统服务评估指标体系等。并通过全球、区域和局地三类案例，讲解开展湿地生态系统评估方法，包括评估的基本框架搭建、评估目标制定、评估工具及评估结果解释等，对每个典型案例应阐述清楚其可借鉴的和不足的地方（专栏6.3.1）。

专栏 6.3.1　三江源生态系统评估

三江源生态系统评估用千年生态系统评估（MA）框架，以三江源生态环境监测系统获取的数据为基础，构建在多个时空尺度上综合多源生态监测信息进行分析、模拟、决策支持的区域生态评估体系，评估三江源生态系统的状态及其变化趋势。

近期主要任务包括生态系统监测指标与规范、生态系统评估的指标体系与定量化方法、生态区划分、数据库与生态信息系统平台建设、生态系统服务时空变化、驱动力与未来情景分析。

可借鉴的经验与做法：借鉴美国生态系统状况评估的指标体系设置；借鉴联合国政府间气候变化专门委员会（IPCC）报告的组织程序，确保报告的客观、中立与透明；采用省内业务部门与省外研究单位相结合的方式；借鉴中国生态系统研究网络（CERN）生态系统监测、数据库建设、生态信息系统开发与服务等经验，完善生态监测和评估数据与信息平台。

资料来源：刘纪远等（2005）

（四）新技术在湿地保护中的应用

随着科技的发展，自动化、智能化、网络化的新技术不断应用到生态监测中。受条件的限制，保护地工作人员系统了解这些技术的途径比较少，基础也相对薄弱。因此，这部分的培训应以浅显易懂、实用的技术讲解和示范为主，适当介绍前沿应用。目前，无人机航拍、GPS跟踪、红外相机定位监测等技术应用较为广泛，也是湿地生物多样性调查的有效技术手段。此外，湿地遥感监测数据（航天遥感、近地遥感）的使用日益广泛，主流遥感数据分析、应用软件的介绍应包括进来。

（五）湿地监测与调查报告编写

该模块的培训内容拟划分为湿地监测和监测后的调查报告撰写两部分。

湿地监测部分包括监测的内涵（即监测的主要内容、监测对象、主要目的、原因等）、监测的巡护计划（即监测前应怎样制定路线才能够更好地覆盖保护区范围及有代表性的生境）、监测方案（监测过程中需要的注意事项，如监测目标、监测种群、设置调查样带、样线，在此基础上如何针对不同的生物类群合理取样）。

调查报告撰写主要介绍基于已有的野外调查监测数据，如何进行针对所要分析的指标数据筛选、准确性评价，选择什么样的数据分析方法，以及如何咨询专家意见。在此基础上，介绍调查报告撰写提纲编排所包含的基本内容和注意事项。

（六）湿地修复与栖息地重建

该模块内容主要包括湿地修复的原则、湿地修复的方法、湿地修复的流程、湿地修复的实施、湿地恢复的优先性评估及目前国内外有关湿地修复和恢复的典型案例。

作为背景，应介绍退化湿地及自然恢复与人工修复的概念。对退化过程的了解是制定确定修复优先顺序和修复方案的基础。修复过程中，自然过程是基础，人工干预是辅助。所有的人工修复都需要通过自然过程来达到目的。因此，阐释自然恢复和人工修复的关系应作为重要的内容，在此基础上介绍湿地修复应遵循的基本原则（如可行性、与自然过程兼容、美学原则等）。

在许多情况下，需要确定优先恢复的要素和区域，因此，优先性评估非常必要。对湿地保护地人员而言，这部分主要是一个背景知识，因为他们更多的是实施，因而恢复重建技术原则和实施更为迫切。因而，针对性地选择湿地修复所需要的关键技术方法（自然修复方法、人工促进修复方法）、湿地修复的实施是本部分的重点。在修复方法及实施介绍的基础上，阐释湿地修复的综合评价的方法，包括指标遴选、参数量化和综合评分等。

最后，介绍上海崇明东滩鸟类国家级自然保护区互花米草入侵治理等典型案例（专栏 6.3.2），详细阐述湿地退化的原因、方式和影响，解释如何在湿地修复过程中落实湿地修复的基本原则，如何针对不同的区域采取对应的修复方式，如何评估成效。

专栏 6.3.2　上海崇明东滩鸟类国家级自然保护区互花米草入侵治理

盐沼植被是崇明滩涂湿地的重要组成部分，在互花米草引入东滩保护区之前，盐沼植被主要以海三棱藨草（*Scirpus* × *mariqueter*）、藨草（*Scirpus triqueter*）、芦苇（*Phragmites australis*）为主。

1995 年人工引入到崇明东滩的竞争性很强的互花米草，逐渐占据了潮间带的生境，到 2005 年逐步取代了原有的海三棱藨草和芦苇群落植被，破坏了近海生物的栖息环境和食物网结构，导致底栖动物减少，以海三棱藨草块茎、种子为食物的鸟类数量下降。

针对互花米草入侵的问题，上海市政府启动"崇明东滩生态修复项目"，实施总面积为 24.2km², 总投资为 116 014 万元。内容包括互花米草生态控制、鸟类栖息地优化和科研监测基础设施及配套服务设施等三大部分，自 2013 年 9 月底开工建设，于 2017 年 12 月底实施完成。

该项目共分为三个阶段：围堤、涵闸和随塘河水系构建；围堤内外的互花米草清除、鸟类栖息地优化，海三棱藨草种群复壮及互花米草治理科研宣教中心建设等工作；

主要围堤外互花米草治理、闸外防淤减淤工程、配套生态监测系统及配套公共服务设施等工作。

截至目前，已建成 26.9km 长的围堤，4 座涵闸和 1 座崇明最大的出水闸——东旺沙水闸，灭除了近 2 万亩的互花米草，恢复了 3000 多亩的土著海三棱藨草及海水稻，营建了 3 万多亩的优质、稳定、可持续管理的水鸟栖息地，前来东滩过境停歇或越冬的水鸟种群和数量大幅增加。

资料来源：汤臣栋，2016

（七）湿地可持续利用

该模块主要从可持续发展定义、湿地可持续利用坚持的原则、我国湿地的合理利用、湿地保护与合理利用相结合、我国湿地保护与可持续利用的建议、国外典型湿地可持续利用案例方面进行相关内容培训。可持续发展定义主要从可持续定义的发展引申到湿地可持续发展上介绍，培训湿地可持续利用应该遵循的原则、我国湿地从古至今的可持续利用方式、存在问题及加强保护的建议（包括湿地资源利用的基本原则、完整的湿地保护体系构建、湿地渔业资源可持续利用措施等）。最后培训内容辅以国外湿地可持续利用典型案例［如日本钏路湿地（Kushiro Wetland）（Nakamura et al.，2014）］，加深对湿地可持续利用的认识。

（八）湿地保护宣传与自然教育

该模块所涉及的培训内容包括：湿地保护宣传教育的定义、湿地公园环境教育设计与执行、国家湿地公园的宣教实例。介绍湿地保护宣传教育的定义，湿地公园环境教育设计应该遵循的理念（寓教于乐、系统方案、互动参与、五感体验）、需要明确的设计目标（意识、知识、态度、技能、参与 5 个目标同时教育）、需要清晰的方案（科学性、前瞻性、操作性）、设计实施的主要过程（湿地环境教育系统构建，需要有成体系的活动，针对不同的宣讲人群有不同的方案）等。监测与宣传教育为典型案例［如约翰·邦克沙滩湿地中心（JBS），专栏 6.3.3］，介绍其吸引游客的方式（LIVE 野生动物相机和工具）、使用的学习方式（网站和重新安装的视频）、社交媒体等。

专栏 6.3.3　约翰·邦克沙滩湿地中心（JBS）监测与宣传教育

使用 LIVE 野生动物相机和工具吸引游客

约翰·邦克沙滩湿地中心（JBS）位于 2000 英亩的湿地中间，阔叶林底部。该湿地中心有 5400 平方英尺①的设施，包括一个展览和画廊大厅，一个研究/教育实验室，一个教育课程教室和一个观景台来观看湿地。每年为大约 5000 名游客提供服务，其

---

① 1 英尺≈0.3048m

中大多数是学生。

这个游客中心有一个关键项目是网络摄像头实时监测金鹰养殖,吸引了当地人的极大兴趣。该项目是与当地电力公司合作建立了一个带有网络摄像头的观测塔,这是公私合作项目的一个很好的例子。

在 2011~2013 年,一对年轻金鹰的巢在距离 JBS 中心约 1.6km 的活动的电式传输塔上。考虑到金鹰的危险和停电风险,项目决定将鹰巢迁移到更安全的地方。2013 年5 月,JBS 中心、电力供应商——钢铁公司和美国鱼类与野生动植物管理局之间建立了伙伴关系。然而,2013 年 9 月,成年金鹰提早归巢,搬迁不得不延期至 2014 年 7 月。

远程学习工具

网站和重新安装的电视很受人们的欢迎。学生在课堂上利用此视频学习野生动物保护,明白栖息地的重要性。"足不出户保护主义者"不用访问 JBS 中心,公众也能通过视频获得一手保护经验。

该项目已经与美国和世界各地的其他自然中心合作,因为这是湿地保护与宣教的一种可以复制的保护形式。

社交媒体

该项目引发了许多关于美国金鹰的网络讨论,以及在哪里可以找到其他鹰巢并安装相机,促进了关于如何保护其他野生动物和濒危物种的合作,提高了湿地中心的关注度,并吸引更多的人去参观湿地中心。

资料来源:根据英国野禽与湿地基金会咨询公司(WWT Consulting)提供资料整理

(九)湿地保护工程项目申报、实施与管理

针对该模块的培训内容主要有:湿地工程项目的建设程序、林业建设项目的审批权限、项目建议书的撰写、项目可行性研究的撰写、项目设计的主要过程、项目建设的前期准备及工程咨询、勘察与设计。主要介绍我国项目建设基本程序(包括项目建议书阶段,可行性研究报告阶段,编制设计文件阶段等)、不同类型和不同投资资金的林业项目(生产性项目和非生产性项目)具体的审批部门(如对于项目投资<5000 万元的生产性项目,由行业主管部门或各地方发改委审批)、项目建议书的主要要求和涉及的主要内容、项目可行性研究需要包含的主要内容(可行性研究必须从系统总体出发,对技术、经济、财务等多个方面进行分析和论证)、项目设计所涉及的初步设计需要注意的主要内容和要求、项目建设的主要准备(征用建设用地、拆迁、搞好"三通一平")及工程咨询、勘察与设计的定义。

(十)湿地生态系统管理

该模块需要培训的内容包括湿地生态系统管理理论和典型案例。湿地生态系统管理

的基本理论部分应包括湿地生态系统管理的基本原则、湿地生态系统管理的要素、湿地生态系统管理的发展、流域生态系统管理及相关概念。案例讲解主要目的是阐释生态系统管理理论的实际应用。可通过如香港米埔湿地基于目标的湿地管理等典型案例（专栏6.3.4），向受训人员介绍生态系统管理的基本原则（整体性原则、再生性原则等）和基本要素（如确定影响生态系统管理活动的政策、法律和法规，监测并识别生态系统内部的动态特征，确定生态学限定因子等）。

专栏 6.3.4　香港米埔湿地基于目标的湿地管理

香港米埔湿地分为核心区、生物多样性管理区、资源合理利用区和私人土地区，各个分区有其各自管理目标。

生物多样性管理区是为水鸟提供一个避难场所（包括高潮位的栖息地），以及在一个相对高度管理的环境中，集中开展生物多样性保护、教育和培训。

管理目标

（1）目标1：妥善管理米埔，以维持甚至可能增加华南沿海湿地的生境类型及土著物种的丰富度。

以黑脸琵鹭栖息地管理为例

黑脸琵鹭约于10月中旬到达香港。黑脸琵鹭到达几周之前，基堤上的草会被割除，小树也会被移出，并调节水位，以适应黑脸琵鹭栖息所需。

水位控制：对基围水位每年将水排干，给不同的水鸟提供栖息环境。

维持高潮位栖息地：当涨潮时在基围中建小岛，增加生境的多样性。

维持开阔水域：每年进行大型的挖土工程，以减少开阔水域的丧失。

（2）目标2：善用保护区，积极向学生和公众灌输环境教育知识，包括为残障人士提供特别设施和安排参观。

（3）目标3：为从事米埔湿地管理和保护的人员举办培训课程，促进东亚洲—澳大利西亚水鸟迁飞路线的湿地保护和合理利用，特别是中国。

米埔湿地管理培训项目开始于1990年，每年举办10个培训课程（8天），每年举办3~5个考察研讨班（1~5天），每年的参加人员约150人。

参加培训的人员包括：自然保护区/湿地公园职员，政府官员/决策制定者（主要是国家林业局），教育工作者，规划、设计、研究人员，环保社团员工。

（4）目标4：鼓励进行与湿地及其生物区系管理和保护相关的科学研究。

（5）目标5：促进和支持有关降低和减少保护区的野生动物和生境的外部威胁的措施。

资料来源：雷光春等，2017

四、湿地保护地人员培训方式

基于调查问卷结果分析，不同职能岗位上的湿地保护地从业人员期望采用的培训方式区别不大，大多倾向于采用专家室内授课、野外实践和参观学习相结合的方式。期望的培训以短期、人数为 10～30 人的培训班为主。为此，室内授课以专题、培训模块的课程学习为主，传授相关知识和技能；野外实践要和专家室内授课内容紧密结合，起到巩固知识点或能进行野外动手操作的作用，如针对"湿地监测与野外调查技术和方法"培训模块，室内授课后，结合野外实际样带、样方试验调查，加深受训人员对专业知识的进一步理解和掌握。实地参观学习主要在室内授课后，到有重要意义的湿地、保护区等进行参观学习，加强感性认识。例如，在讲授"湿地修复与栖息地重建技术与模式"培训内容时，课后对一些重要的水鸟栖息地实地考察、参观，亲临栖息地观察受威胁程度，加深对栖息地进行修复、重建的必要性和技术方法的认识。从专家室内授课到野外实践再到参观学习，预期培训 2 周左右的时间。

小结

湿地保护地各类人员的培训需求是与其工作岗位（职责）和要求密切相关的，因此在制作培训计划时，建议按照工作人员工作岗位的不同，设计不同的培训内容。根据工作职责，将湿地从业人员分为：主要领导、科研监测人员、执法巡护人员、公众宣传人员、办公室内勤人员和生态旅游管理人员等，如此分类培训便于培训活动的组织管理和课程安排，能增加培训活动的针对性，有利于培训活动的监测与评估。

对全国从事湿地保护的工作人员的培训，根据培训需求，建议培训的 5 项内容包括：湿地监测与野外调查技术和方法、湿地修复与栖息地重建技术与模式、湿地保护宣传与自然教育、湿地生物多样性保护的理论基础知识和新技术在湿地保护中的应用。

根据工作岗位和工作职责的不同，建议对主要领导培训湿地监测与野外调查技术和方法和湿地保护工程项目申报、实施与管理，在培训方式上主要以安排参观学习与短期专家室内授课相结合的培训方式为宜；对科研监测和办公室内勤人员培训湿地监测与野外调查技术和方法和湿地修复与栖息地重建技术与模式；对执法巡护人员培训湿地保护区巡护、执法程序与技巧和新技术在湿地保护中的应用；对公众宣教人员培训湿地保护宣传与自然教育和湿地监测与野外调查技术和方法；对生态旅游管理人员培训湿地类型保护区（湿地公园）生态旅游管理和湿地监测与野外调查技术和方法。对科研监测人员和办公室内勤人员、执法巡护人员、公众宣教人员、生态旅游管理人员等以野外实习和短期专家室内授课的培训方式为宜。

在制订湿地保护与管理培训活动时，建议 2 周以内的短期培训，并以专家室内授课、野外实践和参观学习相结合的方式进行培训，培训班人数可根据需求安排在 10～30 人。

为提高培训效率，培训机构可指定一名培训协调员或培训经理，负责培训活动的计划、组织、协调、指导、监督、检查和监测。为检验学员学习成效，培训最后可组织基本知识的测试和技能检验，并颁发结业证书。培训委托方可安排专门人员，对培训活动实施监测和评估，以确保培训活动能够达到预期目标。

第四节　《湿地公约》履约能力建设

《湿地公约》的宗旨是通过各成员国之间的合作，加强对世界湿地资源的保护及合理利用，以实现湿地生态系统的可持续发展。我国于 1992 年加入《湿地公约》，通过积极的履约活动，湿地保护与合理利用已经成为我国可持续发展优先行动，湿地面积减少、功能下降的趋势逐步得到控制，湿地保护成绩也得到了国际社会的关注与肯定。但是与发达国家相比，我国履约工作中仍然存在着湿地保护立法滞后、科技支撑体系薄弱和认识不足等问题。GEF 中国湿地保护体系规划型项目通过支持国家湿地管理机构工作，制定湿地保护与管理的重要规划，积极开展湿地保护科研监测、宣教及国际合作与交流等工作，为更好履行《湿地公约》提供了重要支持。本节通过典型案例的形式集中展示该项目近期的履约进展。

一、《湿地公约》履约现状分析

世界各国湿地普遍面临着严重的威胁，《湿地公约》自签署后，其加强湿地生物多样性和生态系统保护的宗旨受到了全球的广泛关注和高度重视。迄今为止，已有 169 个国家加入该公约，共有 2372 块湿地列入《国际重要湿地名录》，总面积约 2.52 亿 hm^2。经过几十年的发展，《湿地公约》无论从其组织机构还是理念，都发生了较大的变化，已经由最初的主要关注"特别是作为水禽栖息地"即迁移水鸟（water bird）的公约发展成为一个为保护湿地生态系统及其功能、维持湿地文化、实现社会经济可持续发展的公约。

（一）国际发达国家湿地公约履约经验借鉴

发达国家在湿地保护规划、湿地政策研究与立法方面做了许多有益的尝试和卓有成效的工作（刘红梅等，2010）。

1. 美国

美国湿地保护研究尤为突出，并促进了湿地政策与立法的发展。为遏制湿地面积下降，美国提出湿地"零净损失"政策目标，这一目标的含义被解释为任何地方的湿地都应该尽可能地受到保护，转换成其他用途的湿地数量必须通过开发或恢复的方式加以补偿，从而保持甚至增加湿地资源基数。随后"零净损失"目标相继被一些国家所采纳，成为湿地保护最重要的政策措施，取得了显著的成效。美国还和加拿大联合推行"北美水禽管理计划"（North American Waterfowl Management Plan，NAWMP），通过国际合作促进国内湿地管理学的发展。为了进一步提高美国湿地补偿的质量和成功率，2008 年 4 月，美国陆军工程兵团与美国国家环境保护局联合在《联邦公报》上发布了新的湿地补偿管理条例——"减少水资源损失的补偿规则"。该规则对以往有关湿地补偿的管理条例或指南进行了修订和完善，其有别于以往管理条例的最大特点在于：一是引入了流域（watershed）综合管理的理念，如增加了"用流域方法选择补偿湿地位点"和"溪流（stream）

补偿"的条款或内容；二是统一了各类补偿手段的实施标准和准则；三是指定了补偿实施计划的具体内容，如要求提供长期保护补偿点的承诺书、资金担保书和任务承担方的确认证明等。在湿地保护方面，美国在保护现有高质量湿地的同时，通过建造新的湿地和提升已有湿地质量的方式增加湿地面积。经过多年努力，到 2009 年湿地日前实现了全国湿地面积至少 100 万英亩的增长。

2. 日本

1980 年加入《湿地公约》以后，日本的国际重要湿地数逐年增加，至 2009 年国际重要湿地总数约 33 个。日本对全国列入《拉姆萨尔公约》名录的湿地（国际重要湿地）合理利用和监测状况进行了普查，并且通过研讨会和培训班等形式加强与地方上的合作，促进合理管护。日本有系统的法律制度保护包括湿地在内的整个自然环境，2002 年 3 月颁布了《新国家生物多样性法案》，强调自然环境的再生将成为未来与环境相关项目的首要目标。其他如《基本环境法》《自然保护法》《国立公园法》《自然修复促进法》等，从珍稀动物的保护到对自然资源的开发进行管制，从多个方面努力去保护和再生已经失去的自然环境。日本在生物多样性的信息采集和保护中十分重视遥感等新技术的应用，利用卫星跟踪系统追踪鸟类在亚洲的迁徙已经 10 余年，获得了关于鸟类迁徙的路线、中途停留地和越冬地等第一手数据，为制定迁徙鸟类长期保护计划提供有力数据支持。2008 年，在日本地球环境基金（JFGE）的资助下，湿地国际日本办事处、日本湿地与人间研究会和湿地韩国开始实施为期 3 年的"在东亚—澳大利亚水鸟迁飞路线上的亚洲国家中推广湿地学校网络"项目。该项目旨在把湿地学校网络沿着东亚—澳大利亚水鸟迁飞路线，在更多的国家推广，并计划将项目地点进一步扩大到马来西亚、泰国等东南亚国家，让更多的国家参与到湿地学校网络中来。这个网络使环境保护和环境教育更好地结合起来，提高了青少年湿地保护的意识。

3. 澳大利亚

20 世纪 90 年代以来，澳大利亚联邦政府出台不少湿地保护的政策和措施，其中最为重要的是 1997 年颁布的《澳大利亚联邦政府湿地政策》，该政策的目的是提升联邦政府在湿地保护、生态可持续性利用及改善湿地状况方面的作用，它包括目标及一系列指导准则，为联邦政府直接或间接影响湿地的行动，提供明确的指引。2001 年 6 月，联邦政府和 8 个州（特区）中的 5 个共同制定了《国家生物多样性保护的目标和对象》，确立了十大优先考虑的政策目标。为了指导各州的河口生态保护，2002 年又颁布了《河口管理办法》等重要文件。政府通过立法和开展建设项目的环境评估，限制湿地的开发活动。澳大利亚积极开展履约工作，近年来起草了描述《湿地公约》湿地生态特征的框架和指南；起草了关于指导湿地管理和对其环境进行评价的专门法案；设立了"自然遗产基金""昆士兰湿地项目"和"河流生态环境恢复项目"等促进国际湿地公约的履约行动开展。2009 年将 Paroo 河湿地列入拉姆萨重要湿地，成为国内第 65 块重要湿地，并于韩国、日本等东亚国家签订了相关保护合作协议。

（二）我国《湿地公约》履约状况

自我国加入《湿地公约》以来，中国湿地的履约能力逐步得到提高。2007 年，经国务院批准成立了中国履行《湿地公约》国家委员会，由国家林业局、外交部、国家发展和改革委员会等 16 个部门组成，加强了多部门对湿地保护的重视。2016 年 11 月 30 日国务院办公厅印发了《湿地保护修复制度方案》，开启了我国湿地工作由抢救性保护转向全面保护的新篇章。截至 2016 年底，有国际重要湿地 49 块，不同级别的湿地自然保护区 600 多个，湿地公园 1000 多个，湿地保护率达 44.6%，初步形成了以湿地自然保护区为主体的湿地保护体系。

二、GEF 规划型项目为《湿地公约》履约能力建设添砖加瓦

GEF 中国湿地保护体系规划型项目自 2013 年启动以来，积极支持《湿地公约》履约工作，全面调研了项目区重要湿地现状、存在问题及保护与管理的空缺，并借助项目伞形结构的独特优势，对各省级项目内容进行了系统设计，将更多土地面积纳入保护体系，限制或禁止开发，实现项目区域的新增保护地面积 188 余万公顷，提高了湿地生态系统服务功能，大大增强了项目省和区域湿地生物多样性保护管理工作的有效性。

同时，提升现有湿地保护地管理能力，助力国际重要湿地提名，开展保护地监测、培训与能力建设，支持湿地城市认证，支持全国泥炭沼泽碳库调查技术规程报给《湿地公约》科技评审委员会，以及支持湿地公约 9 项最佳案例引入中国等方面积极促进履约和国内湿地保护管理工作更好地发展。

（一）提升现有湿地保护地管理能力

保护地管理能力的提高重点在基层。GEF 中国湿地保护体系规划型项目在实施过程中针对保护地具体情况，组织了一系列形式多样的培训活动，促进多层面交流与互鉴，提高了保护地保护监测与管理能力。在项目实施期间，邀请相关领域知名专家，举办了 139 期培训班，培训人员 5018 人，203 个保护地受益，其中女性占比 20.38%。图 6.4.1 为建立和运行大兴安岭示范区生态监测系统的培训。

图 6.4.1　建立和运行大兴安岭示范区生态监测系统

（二）助力国际重要湿地提名

列入《国际重要湿地名录》有助于湿地保护地保护管理向国际化、高品质迈进，项目实施期间支持和推荐了多处具有代表性的湿地保护地作为国际重要湿地备选名单，极大地提升了湿地保护地管理的有效性。安徽升金湖国家级自然保护区已于 2015 年底正式列入《国际重要湿地名录》，内蒙古大兴安岭汗马国家级自然保护区和湖北网湖湿地省级自然保护区于 2018 年初正式列入《国际重要湿地名录》。表 6.4.1 为新增国际重要湿地鉴定标准情况一览表。

（三）协助湿地城市认证

国际湿地城市认证是履行《湿地公约》、推动各级政府和社会各界开展湿地保护工作、对外宣传和展示我国生态文明建设成就的一项具体举措。GEF 中国湿地保护体系规划型项目支持国家林业局开展了中国首批湿地城市认证考察和推荐工作，促进了湿地保护与修复在城市规划和建设中的主流化发展。表 6.4.2 为中国首批 6 个拟提名国际湿地城市认证候选城市情况一览表。

（四）国际重要湿地管理培训

我国国际重要湿地管理仍然面临国家层面湿地保护立法缺失、保护管理基础薄弱、科技支持体系落后及全社会湿地保护意识有待提高等问题，需要从中央到地方、从部门到社会的共同努力，特别是需要国际重要湿地管理者的不懈努力和国际社会的大力支持。GEF 中国湿地保护体系规划型项目从技术和推荐保护地学员等角度，积极支持举办国际重要湿地管理培训班（图 6.4.2），促进国际重要湿地管理人员提升管理水平。

（五）支持将《全国泥炭沼泽碳库调查技术规程》介绍给湿地公约科技评审委员会

泥炭沼泽是一种独特类型的湿地，土壤富含有机碳。该规程明确了全国泥炭沼泽碳库调查的目的、任务和工作思路，规定了泥炭沼泽调查区划、调查方法、统计与制图、质量控制和调查成果提交等技术性、原则性要求，旨在查清我国泥炭沼泽碳库的现状，建立全国泥炭沼泽碳库数据库和管理信息平台，并逐步实现对全国泥炭沼泽进行全面、客观地分析评价，为泥炭沼泽的保护、管理和合理利用提供基础资料和决策依据。将该技术规程推荐给湿地公约科技委，不仅是对履行《湿地公约》的积极贡献，也有利于展示我国湿地保护的高水准，促进优秀技术走向国际舞台，扩大全球影响力。

（六）项目资助《湿地公约》9 个最佳案例引进中国

湿地公约最佳案例总结了湿地领域 9 个相关问题，主要涉及——湿地：关我何事；湿地：就地合理利用；湿地：历经世界性的消退；湿地：我能做什么；珊瑚礁：万分危急的重要湿地；《拉姆萨尔公约》：究竟涉及什么；湿地：可持续生计之源；让泥炭地湿润，未来更美好等。引进推广这些典型案例，可以进一步加强对公众湿地保护意识和湿地资源忧患意识的宣传教育，提高全社会的湿地保护意识。

表 6.4.1　上述新增国际重要湿地鉴定标准情况一览表

国际重要湿地标准	安徽升金湖国家级自然保护区	内蒙古大兴安岭汗马国家级自然保护区	湖北网湖湿地省级自然保护区	备注
A组标准：区域内包含典型性、稀有或独一无二的湿地类型				
标准1：如果一块湿地包含一个适当的生物地理区域内典型、稀有或独一无二的自然的或近自然的湿地类型，那么就应该考虑其国际重要性	—	沼泽湿地的水文功能　汗马国家级自然保护区内最具代表性的沼泽湿地面积45 392hm²，占汗马湿地总面积的99.3%，包括兴安落叶松湿林、柴桦沼泽、草本沼泽、泥炭藓沼泽4种湿地型。主要沿塔里亚河河道两侧的林间地和沟谷中分布。多种多样的沼泽湿地能够涵养水源，吸收、容纳雨水和冻土融水，为塔里亚河提供充足、稳定的水源补给。同时减弱雨季洪峰大小 河流湿地的水文功能　塔里亚河由南至北贯穿汗马国家级自然保护区，流域面积107 348hm²，共有一级支流11条，形成一个完整的叶脉状水系。塔里亚河支流繁多，曲折成蜿蜒河或牛轭湖，人为干扰较少，同时由于冻层的存在，河流难以下切，侧方反蚀加强，河道弯曲性多，形成独具特色的宽阔河谷。塔里亚河湿地是激流河的上游，为沿途森林和其他植被提供充足的水源，是额尔古纳河的重要支流	湿地提供的水文功能　网湖湿地自然保护区作为长江一级支流富河的集水区，承受上游流域及周围边水系的大量来水，四周地表径流和自然降水，通过富河和网湖排水来向长江输水。受长江的顶托和倒灌影响，平均每年为长江注入水量14.32亿m³，每年调蓄洪水约为1.64亿m³；承接容草山脉北麓来水。总疾雨面积70 000hm²，阻截水土流失沉积物和漂浮植物，净化来水水质。下年10月至次年4月退水，水草生长，为水产养殖提供大量鱼料；5~8月丰水期，为周边50多万人提供农业生产所需的生产生活用水。湖滨温度和雨水的持续性的调节，改善了局部气候，补充下游水源，维持高标准水质，调节和供了有利的气候条件。因而，在调洪蓄水、补充下游水源、维持高标准水质、调节和稳定区域性气候等方面发挥着不可替代的重要水文功能 湿地提供的其他生态系统功能　由于处于中国华中区的容草山山脉与大别山山脉的峡口中心地带，低山丘陵地貌形成了相对独立的复合湿地生态系统。保持着近自然状态。其复杂又相交织一沼泽—森林相连的湖泊、河流、滩涂、草甸、森林等多种植物群落相互镶嵌。独特的地理位置和复杂性，还反映相对独立的地理空间和复合的生态代表性。保护区除了典型亚热带华中地区湿地类型外，还拥有亚一寒大利亚国际候鸟迁徙路线上具有鲜明的代表性，这在华中区也具有鲜明的代表性，稀有性和独特性	
B组标准：在物种多样性保护方面的国际重要性（基于物种和生态群落的标准）				
标准2：如果一块湿地支持着易受攻击、易危、濒危的物种或受威胁的生态群落，那么就应该考虑其国际重要性	该湿地记录到的179种鸟类中，列入CITES附录I共7种；CITES附录II共1935种；中国国家一级重点保护鸟类43种，二级保护205种；《中国物种红色名录》中，列入濒危等级56种，易危级134种	植物物种：兴安落叶松、浮叶慈姑、粗叶泥炭藓、尾藻、小叶章、钻天柳、甜扬；动物物种：白额雁、大天鹅、小天鹅、灰鹤、黑嘴松鸡、驼鹿、湖鹛、中华秋沙鸭、原麝；生态群落：兴安落叶松—泥炭藓群落、柴桦—泥炭藓群落、小叶章群落、苔草群落、芦苇+香蒲群落、乌苏里貂、马鹿	湖北网湖湿地自然保护区共有浮游植物78种；维管植物141科388属591种，其中蕨类植物21科31属50种、种子植物共120科357属541种，国家重点保护野生植物包括樟（*Cinnamomum camphora*）等5种、保存有两大古樟群；湖北网湖湿地自然保护区有脊椎动物299种。其中鱼类7目10科25种；鸟类有16目39科167种，其中一级保护8种，东洋界57种，广布界25种，具动物32种，其中一级保护3种、二级保护29种。鱼类有9目15科53科74种，中国特有的青鱼（*Aphyocypris chinensis*）、鳗鲡（*Anguilla japonica*）等有重要经济价值鱼类有中华细鲫（*Aristichthys nobilis*）、鳙（*Mylopharyngodon piceus*）、湖北省重点保护种有6种、爬行类3目8科19种。湖北重点保护种1目6科14种、其中中华绒螯蟹（*Lamprotula fibrosa*）北省重点保护种有7种、有底栖动物30种，其中中华绒螯蟹正分布北省重点保护种有较大的生物量。是制作珍珠核的优质原料。正分布浮游动物46种，为其他湿地提供了丰富的生物资源。保护区珍稀濒危物种繁多，列入IUCN红色名录的极危（CR）物种有白鹤（*Grus leucogeranus*）、青头潜鸭（*Aythya baeri*）中华鲟（*Acipenser sinensis*）3种，濒危（EN）物种有东方白鹳（*Ciconia boyciana*）1种，易危（VU）物种有卷羽鹈鹕（*Pelecanus crispus*）、鸿雁（*Anser cygnoides*）、小白额雁（*Anser erythropus*）3种。全球极度濒危物种青头潜鸭正常分布在4~9只，2016年12月发现9只，占其全球种群数250~1000只的0.9%~3.6%	

国际重要湿地标准	安徽升金湖国家级自然保护区	内蒙古大兴安岭汗马国家级自然保护区	湖北网湖湿地省级自然保护区	备注
B组标准：在物种多样性保护方面的国际重要性（基于物种和生态群落的标准）				
标准3：如果一块湿地支持着对于一个特定生物地理区域的生物多样性维持有重要意义的动植物种群，那么就应该考虑其国际重要性	该湿地是亚热带重要的内陆湿地，生物多样性丰富，特别是在此越冬栖息的水禽种类和数量多，据初步调查，在此湿地越冬和栖息的水禽有96种，湿地类型多样，包括人工湿地、滩涂、草滩	汗马国家级自然保护区位于寒温带针叶林向南延伸的南缘，范围内的兴安落叶松（寒加林）的关键构成地带性植被寒温带针叶林是整个区域最主要的关键湿地生态系统。兴安落叶松对于此类型湿地生态系统的形成、演替及生态功能的发挥具有极为关键的作用。在维持该区内生物多样性方面具有极为重要的意义。泥炭藓群落是保护区内泥炭沼泽的主要植被类型，小叶樟群落是草本沼泽优势植被，甜杨是河流洪泛湿地植被群落之一。这些物种在维持所在湿地生态系统稳定、充分发挥湿地生态服务功能，如涵养水源、调节水文、维持较高的生物栖息地、应对气候变化的影响等方面具有重要的意义	中华绢丝丽蚌（Lamprotula fibrosa）作为我国特有物种，分布在长江流域，主要作为优质珍珠核。经济价值极高。据调查，网湖中华绢丝丽蚌（Lamprotula fibrosa）生物总量>50 000kg，居世界第二位，仅次于美国	
标准4：如果一块湿地支持着某些动植物物种生活史中一个重要阶段，或者可以为它们在恶劣条件下提供庇护场所，那么就应该考虑其国际重要性	—	汗马国家级自然保护区的水文条件和永久冻土层是减缓枯落物分解、形成泥炭沼泽的关键因子，生长于泥炭沼泽中的粗叶泥炭藓、苔草属植物和小叶樟等生命周期均依赖于泥炭地的存在；同时兴安落叶松等生长在非泥炭沼泽中湿地植物的关键生命周期。保护区内的湿地能够为灰鹤、黑嘴松鸡、花尾榛鸡等珍稀濒危物种或特有物种提供水源、食物来源和庇护场所，尤其在极端气候条件下的作用更为关键	湖北网湖湿地自然保护区共有脊椎动物299种、兽类7目10科25种；鸟类16目39科167种，其中古北界85种、东洋界57种、广布种25种；国家重点保护野生动物32种，其中一级保护3种、二级保护29种。鱼类有9目15科53属74种，具有重要经济价值鱼类有中华细鲫（Aphyocypris chinensis）、中国特有的青鱼等（Mylopharyngodon piceus）、鳙（Aristichthys nobilis）、鳗鲡（Anguilla japonica）；两栖类1目6科14种。爬行类3目8科19种。湖北省特有种6种，其中中华绢丝丽蚌（Lamprotula fibrosa）是我国重点保护动物30种。有底栖种类有种，在网湖湿地有较大的生物量，是制作珍珠核的优质原料。还分布有浮游动物46种，为其他生物提供了丰富的食物资源布浮游动物23种	基于水禽的标准
标准5：如果一块湿地规律性地支持着20000只或更多的水禽生存，那么就应该考虑其国际重要性	升金湖湿地鹤鹳类、雁鸭类、鸻鹬类鸟类的重要越冬场所，湿地内尤以雁鸭类数量最多，近年记录到越冬水鸟数量在7万只左右	—	水禽总数：仅为越冬水禽，不含夏候鸟。2012年20 559只，2013年22 349只，2014年28 149只，2015年27 992只，2016年49 892只。观测起始年：2012年。观测截止年：2016年。数据来源：武汉大学、WWF、武汉观鸟会、省鄱保护站提供的历年考察报告，及网湖湿地自然保护区日常监测结果	

续表

国际重要湿地标准	安徽升金湖国家级自然保护区	内蒙古大兴安岭汗马国家级保护区	湖北网湖湿地省级自然保护区	备注
标准6: 如果一块湿地规律性地支持着一个水禽物种或亚种种群的1%的个体的生存，那么就应该考虑其国际重要性	当地有10种水禽的数量超过1%数量标准，分别为白鹳、东方白鹳、白琵鹭、小天鹅、鸿雁、豆雁、白额雁、罗纹鸭、白头鹤和鹤鹬	—	保护区珍稀濒危物种繁多，列入IUCN红色名录的极危（CR）物种有白鹤（*Grus leucogeranus*）、青头潜鸭（*Aythya baeri*）、中华鲟（*Acipenser sinensis*）3种，濒危（EN）物种有东方白鹳（*Ciconia boyciana*）1种，易危（VU）物种有卷羽鹈鹕（*Pelecanus crispus*）、鸿雁（*Anser cygnoides*）、小白额雁（*Anser erythropus*）3种。全球极度濒危物种青头潜鸭近三年的监测种群数量保持在4~9只，2016年12月发现9只，占其全球种群数250~1000只的0.9%~3.6%	基于鱼类的标准
B组标准：在物种多样性保护方面的国际重要性（基于物种和生态群落的标准）				
标准7: 如果一块湿地支持着很大比例的当地鱼类属、种或亚种和生活史各阶段、种间相互作用的个体和（或）种群，它们能够体现湿地效益或价值，因而有利于全球生物多样性，那么就应该考虑其国际重要性	—	—	网湖湿地自然保护区栖息着本土90%的鱼，有各种鱼类74种，其中特有种有青鱼、草鱼（*Mylopharyngodon piceus*）、鳙（*Aristichthys nobilis*）、鲢、中华鲟（*Acipenser sinensis*）、暗纹东方鲀（*Takifugu fasciatus*）、鳗鲡（*Anguilla japonica*）等。中华鲟（*Acipenser sinensis*）产卵从长江河源至富河，以及河两边的湖泊产卵、育肥。中华鲟（*Acipenser sinensis*）作为我国一级保护动物，处于极度濒危状态，保护区作为重要栖息场所，有助于维持其生存尤为重要	
标准8: 如果一块湿地是某些鱼类重要的觅食场所、产卵场、育幼场或者洄游途径的迁徙途径，无论这些鱼是否生活在这块湿地里，那么在这块湿地里，那么就应该考虑其国际重要性	—	—	作为以湖泊为主的湿地生态系统的自然保护区，是鱼类栖息的重要栖息、繁衍场所。全区25个小湖泊为鱼类提供重要的食物米源，是其产卵、育肥场所。富河连通长江，是中华鲟（*Acipenser sinensis*）、暗纹东方鲀（*Takifugu fasciatus*）等洄游鱼类的洄游通道和产卵、育肥基地	基于其他鱼类种类的特殊标准
标准9: 如果一块湿地规律性地支持着一个非鸟类湿地动物物种或亚种种群的1%的个体的生存，那么就应该考虑其国际重要性	—	—	—	

注：资料来源各项目统计资料

表 6.4.2　中国首批 6 个拟提名国际湿地城市认证候选城市情况一览表

城市名称	资源本底条件	所依托的重要湿地	特色与优势	不足之处	分数	专家提名
			总体条件好的申报城市			
江苏常熟市（全域申报）	常熟市湿地总面积 30 770.56hm²，湿地率为 24.11%。湿地保护率 61.96%。基本上以保护小区的形式为保护主体，没有国际重要湿地	沙家浜国家湿地公园，2009 年申报成为国家湿地公园（试点）；2013 年通过国家林业局验收	（1）湿地保护与修复理念先进，经济发达，人口稠密的江南水乡特有的湿地与人类活动的有机结合，充分体现了湿地生态系统在生产、生活、生态保护中的协调统一 （2）湿地修复效果显著，在沙家浜、昆湖、南湖、昆承湖等湿地在污染治理与水资源管理中发挥的功能效果明显 （3）领导重视，同时湿地在水资源管理与水污染治理中发挥的功能效果明显	—	822	9
湖南常德市（全域申报）	湿地总面积 19.01 万 hm²，湿地率为 10.44%。湿地保护率达 70.15%	西洞庭湖国际重要湿地。1998 年建立西洞庭湖自然保护区，2002 年 1 月列入《国际重要湿地名录》，2013 年 12 月经国务院批准晋升为国家级自然保护区	（1）领导重视，从省林业厅到常德市及专家相关人员，高度重视国际湿地城市创建 （2）湿地保护修复理念先进，引入德国技术，穿紫河治理、生态驳岸建设、生活污水治理等效果明显，体现了湿地合理利用的理念。生产、生活、生态保护协调统一 （3）湿地保护修复效果显著，有 1 块国际重要湿地，8 块国家级湿地公园。西洞庭湖在全国率先实行综合执法，并开展大规模湿地修复、退捕杨树种植，恢复越冬候鸟栖息地 （4）科技支撑优势。北京林业大学、中南林科技大学等多个高校开展了大量的湿地基础性研究工作，为西洞庭湖湿地保护工作提供了科技支撑	—	800	9
海南海口市（全域申报）	湿地总面积 29 093.09hm²，湿地率为 12.7%。湿地保护率为 55.53%	东寨港红树林国际重要湿地。1980 年 1 月经广东省人民政府批准建立保护区，是我国建立的第一个红树林保护区。1986 年 7 月晋升为国家级自然保护区。1992 年列入《国际重要湿地名录》	（1）领导高度重视湿地保护工作。海口市率先制定并实施了《海口市湿地保护与修复工作实施方案》等 3 个文件，国家林业局湿地保护管理中心将以上三个文件向全国林业系统转发，反响热烈 （2）湿地保护与修复工作成效显著。海口市政府制定并实施了《海口市湿地保护与修复总体规划（2017-2025 年）》，启动了美舍河、五源河等湿地修复工作，并取得了初步成效 （3）湿地管理机构健全。建立了海口市湿地保护管理局（正处级）、海口市湿地保护管理中心（副处级）等湿地保护组织管理体系，共计配备湿地保护专职人员 83 名	—	788	8
山东东营市（全域申报）	湿地总面积 458 132.35hm²，湿地率为 41.58%。湿地保护率为 51.29%。	黄河三角洲国际重要湿地，1992 年建立国家级自然保护区，2013 年列入《国际重要湿地名录》	（1）具有得天独厚的资源优势，湿地资源丰富，位居山东省第一位，也是世界暖温带保存最完整、最典型、最年轻的新生湿地，珍稀濒危鸟类众多，被誉为鸟类重要的"国际机场" （2）领导重视。东营在建市之初就定位为"生态立市，湿地之城"，并制定了相应的湿地保护法律法规、规划，实施了湿地保护与修复工程，取得了显著成效 （3）科技支撑优势。北京师范大学、北京林业大学、中国科学院等多个高校、科研单位已开展了大量的湿地基础性研究工作，为东营市的湿地保护工作提供了科技支撑	—	784	9

续表

城市名称	资源本底条件	所依托的重要湿地	特色与优势	不足之处	分数	专家提名
			总体条件较好的申报城市			
宁夏银川市（市区申报）	银川市区（兴庆区、金凤区、西夏区）湿地面积为19 188.77hm²，湿地率为10.65%，湿地保护率达到了78.5%。	银川国家湿地公园。2006年被批准为国家湿地公园	作为西部干旱半干旱地区的城市，且干旱少雨，但得黄河灌溉之利，自古就是鱼米之乡，被誉为"塞上江南"。银川市委、政府确立了"生态立市"方略，把湿地保护工作提到了前所未有的战略高度，着力打造"塞上湖城，湖在城中"的"塞上湖城，西北水乡"，早在2002年就成立了银川市湿地保护管理办公室	人工痕迹较重，湿地的自然属性不足，国际化定位凸显不够，湿地水质较差	781	9
黑龙江哈尔滨市（市区申报）	湿地总面积13.8万hm²，湿地率13.53%，湿地保护率为60.39%	太阳岛等6块国家湿地公园，其中2块已通过验收	湿地资源优势突出，特别是重要的国际河流——松花江穿城而过，在东北亚区域具有重要区位优势。湿地保护成效显著，已成立了6块国家湿地公园，确定了湿地名录	缺乏全面的湿地保护规划和系统的湿地修复方案	772	8

注：资料来源项目研究报告

图 6.4.2　2016 年 11 月全国国际重要湿地培训班在福建厦门举行
GEF 项目组织保护地人员参加并提供了技术支持

三、《湿地公约》履约对策建议

我国《湿地公约》履约工作仍然需要从多角度做出更大努力，要全面保护湿地，扩大湿地面积，把湿地生态系统作为一个整体，与其他自然生态系统结合起来，与经济社会发展结合起来，采取政策的、法律的、科学的综合措施，吸纳国际资金、引入其先进理念和技术，统筹推进湿地保护与修复，可持续地维护和发挥湿地的多种功能和作用。主要有如下几方面建议。

（一）提升湿地监测、科研和宣教的能力建设

我国还需进一步加强湿地资源调查监测、科技研究和宣传教育等方面的能力建设，完善全国湿地资源调查监测和宣教培训体系。主要内容包括继续开展全国湿地资源调查，开展国家与省级湿地监测中心建设工程，建立国际与国家重要湿地、国家级和省级湿地自然保护区监测点为架构的湿地调查监测体系，建立全国统一的湿地监测网络，开展湿地的长期监测；依托湿地自然保护区和国家湿地公园，建设区域性湿地宣教中心，建立专业的湿地保护宣教队伍，改进宣教手段和丰富宣教内容等；加大现有科研机构的设备投入，改善科研条件和提高能力水平，建立湿地野外研究基地，强化开放的科研交

流平台建设，开展湿地重点科学研究。

（二）作为《湿地公约》履约国，继续严格遵守《湿地公约》的湿地定义和分类

我国政府以往履约事务、全国湿地资源保护管理和资源调查中，都采用了《湿地公约》的宽泛定义。作为《湿地公约》履约国，我国对外应继续严格遵守《湿地公约》的湿地定义和分类。我国可采用不同湿地主管部门间数据汇总的形式，对外统一发布我国的湿地数据和管理等情况。

准确划分湿地的边界，有利于湿地资源的统一确权登记，有利于严格落实党中央、国务院生态文明建设决策部署，统筹山水林田湖草系统治理，加强湿地全面保护和修复，严守湿地生态保护红线，改善湿地生态环境，为全面加强生态环境保护、建设美丽中国作出贡献。

（三）加强湿地国际合作与履约

我国湿地领域的研究力量与湿地管理的实际需求还存在着巨大差距，这极大地限制了全国湿地保护与湿地管理的进一步发展；接下来仍应加强与世界各国在湿地领域的合作和交流，共同应对湿地保护管理面临的挑战。加强与有关国家和国际组织在湿地保护与恢复方面的国际合作与交流，认真履行与相关国家签订的双边协议和《湿地公约》等国际公约，积极参与全球湿地问题的磋商和研究，建立健全湿地保护合作机制，引进和吸收国际上湿地保护的先进理念和技术，努力提高我国湿地保护管理水平，同时也为国际湿地保护与恢复提供有益经验和成功案例，推动全球湿地保护事业的发展，维护我国负责任大国的国际形象。

与此同时，我国还需要积极吸纳湿地公约最佳案例研究成果和经验，借鉴《湿地公约》缔约方大会通过的相关计划、方案及有关决议等重要成果。通过紧跟国际形势，积极落实国家政策，更全面、科学地增强我国的湿地保护能力建设。

本节作者：吕金平　国家林业和草原局 GEF 湿地项目办公室

　　　　　于秀波　中国科学院地理科学与资源研究所

第七章　保护地管理工具

保护地管理是一门综合艺术，是协调各种资源、协同各种湿地保护措施发挥最大效益的关键途径。我国很多湿地保护地所在地的社会经济环境差异，导致其面临的压力也不同；建立时间早晚和保护地管理者能力差异，导致多数湿地保护地管理方法和手段比较单一；很多湿地保护地还缺乏具体的管理目标，以应急性管理活动为主，管理手段与目标相关性不足，对管理成效也缺乏科学、综合的考核指标和考核方法等，这些方面都有待改善。

本章主要从宏观层面上系统地介绍了 GEF 项目管理、财务管理的有关要求、流程、监测评估知识和管理经验。同时介绍了保护地管理有效性跟踪工具（METT）应用到保护地层面，多维度、多指标来评价保护地管理的有效性。最后，从湿地生态系统健康层面探讨了评价湿地保护地生态系统健康的指标框架，在综合科学性、可操作性及项目目标基础上设定湿地生态系统健康指标，探索湿地生态系统健康评价方法的应用。这些方面将有助于湿地保护地管理者从不同层面了解湿地保护地管理的要素和方法，为改善我国湿地保护地管理水平提供有益的参考。

第一节　UNDP-GEF 项目管理流程与经验

一、UNDP 背景介绍

联合国开发计划署（UNDP）是联合国的全球发展网络，为约 170 个国家分享知识与经验。联合国驻华协调员的职责包括在驻地代表联合国协调运作、管理及提供人道主义援助与紧急援助，向联合国总部进行年度汇报、工作评估、协议签署等。在为各国实现 2030 年可持续发展目标（SDG）、维护和平稳定及实现人类可持续发展方面，联合国驻地协调员系统扮演着关键性角色。

UNDP 在华使命始于 1979 年 9 月。时值改革开放初期，UNDP 与中国政府签署了《中国政府-联合国开发计划署标准基本援助协议》。UNDP 在华工作的目标是为中国政府提供连贯、有效、高效的支持，与中国政府、其他联合国驻华机构、公民社会和其他发展组织就民主治理、减贫与平等、能源与环境及灾害管理 4 个领域的工作进行合作，从而帮助其达成国际社会一致同意的发展目标。UNDP 已经调动了超过 10 亿美元资金，用于支持中国发展。迄今为止，共完成了 900 多个项目，涉及的领域十分广泛，包括农业、工业、能源、公共卫生、减贫和经济重建。

UNDP 驻华代表处跟随中国的改革开放步伐不断成长、发展，目前主要专注于 4 个领域：减贫、平等和良治、能源与环境、灾害管理与南南合作——作为促进中国和其他发展中国家之间建立发展伙伴关系的国际平台。UNDP 与中国政府在中央十几个部委、大部分省份和地方开展合作,保证了 UNDP 工作与中国发展计划的一致性。《2016—2020 年联合国对华发展援助框架》(UNDAF) 为联合国-中国合作提供了基础,并与中国第十三个五年计划保持一致,是联合国系统支持中国政府应对发展挑战的战略框架,是联合国与中国政府其他合作伙伴进行广泛讨论所取得的成果。UNDP 近期主要致力于配合中国政府实现联合国 2030 年可持续发展目标,也必将与中国新时代发展战略与时俱进、一脉相承,为实现中华民族伟大复兴的中国梦贡献联合国的智慧和经验。

中国正面临最具挑战性的环境问题,如能源效率、生物多样性丧失、生态系统退化、化学污染和不可持续的资源利用,以及气候变化的威胁。UNDP 作为全球环境基金(GEF)传统的七大执行机构之一,为中国 GEF 项目的设计、管理和执行发挥了举足轻重的作用。为进一步保护中国的自然资源与生态环境,UNDP 将继续与中国政府加强合作,积极引进全球先进理念、成功经验,共同探索在中国的实践,进一步为全球发展与保护提供中国样板和东方智慧。

在生物多样性领域,UNDP 在中国的 GEF 资金占比从第五增资期的 52%,提高到了第六增资期的 70%以上。受财政部委托,UNDP 协调国际实施机构和国内执行机构(包括相关部委、省份)共同设计、实施、监测评估 GEF 生物多样性项目,从主流化、能力建设、示范推广、公众意识提升等渠道入手为中国自然资源和生态环境保护做出应有贡献。

二、GEF 及其项目申请与管理流程

(一) GEF 背景简介

全球环境基金(GEF)是一个由 183 个国家和地区组成的国际合作机构,其宗旨是与国际机构、社会团体及私营部门合作,协力解决生态环境问题。

全球环境基金成立于 1991 年 10 月,最初是世界银行的一项支持全球环境保护和促进环境可持续发展的 10 亿美元试点项目。全球环境基金的任务是为弥补将一个具有国家效益的项目转变为具有全球环境效益的项目过程中产生的"增量"或附加成本而提供新的和额外赠款与优惠资助。联合国开发计划署、联合国环境规划署和世界银行是全球环境基金计划的最初执行机构。

在 1994 年里约峰会期间,GEF 进行了重组,与世界银行分离,成为一个独立的常设机构。将 GEF 改为独立机构的决定提高了发展中国家参与决策和项目实施的力度。世界银行继续作为全球环境基金信托基金的托管机构,并为其提供管理服务。

作为重组的一部分,GEF 受托成为联合国《生物多样性公约》和《联合国气候变化框架公约》的资金机制,它与《保护臭氧层维也纳公约》的《关于消耗臭氧层物质的蒙特利尔议定书》下的多边基金互为补充,为俄罗斯及东欧和中亚的一些国家的项目提供资助,使其逐步淘汰损耗臭氧层化学物质的使用。随后,GEF 又被选定为另外三个国际公约[《联合国防治荒漠化公约》(1994)、《关于持久性有机污染物的斯德哥尔摩公约》(2001) 和《关于汞的水俣公约》(2013)]的资金机制。

自 1991 年以来,GEF 已为 165 个发展中国家的 3690 个项目提供了 125 亿美元的赠

款，并撬动了 580 亿美元的联合融资。发达国家和发展中国家利用这些资金支持相关项目和规划实施过程中与生物多样性、气候变化、国际水域、土地退化、化学品和废弃物有关的环境保护活动。通过小额赠款计划（SGP），GEF 已经向公民社会和社区团体提供了 2 万多笔赠款，共计 10 亿美元。

GEF 投资的主要成果包括：在全世界建立了大体相当于巴西国土面积（854.74 万 km^2，约为中国国土面积的 89%）的保护区；减少了 23 亿 t 碳排放；减少了中欧、东欧和中亚地区消耗臭氧层物质的使用；改善了 33 个大江大河流域和世界上 1/3 的大规模海洋生态系统的管理；通过改进农业耕作方式，减缓了非洲的荒漠化进程，所有这些对改善数百万人的生活条件和食品安全做出了贡献。

GEF 项目每 4 年为一个增资期，2017 年是第六增资期的最后一年，2018 年是第七增资期的第一年，所以 GEF 已经历经 25 年风雨历程，创新、综合和改革是 GEF 近年来积极倡导的方向，努力扩大项目影响力，为从更大尺度、更广区域改善全球生态环境不断做出该资金机制应有的贡献。

（二）GEF 项目申请与实施的周期管理

GEF 项目历经时间比较漫长，它的生命周期大体分为 7 个阶段。

1. 项目概念书、登记表、框架文件阶段

国内外机构撰写项目概念书，起草项目登记表（PIF）文件和规划型项目框架文件（PFD），审阅项目立项文件，由中央部委或者省（市、区）财政厅提交给财政部国际财金合作司，向财政部申请签署项目确认函（LOE），UNDP 总部将审核的 PFD/PIF 和财政部签署的 LOE 提交 GEF 秘书处，待 GEF 理事会批准。

2. 项目准备金阶段（project preparation grant，PPG）

要求国内执行机构提供配套资金承诺函；提供基线调查数据，协助国内外专家编写项目文件（project document）及其附件，国内实施机构与国际执行机构共同审核，报送GEF 首席执行官批准后，项目主要三方（国内执行机构、财政部与国际实施机构）签署项目文件。

3. 项目启动阶段（project inception phase）

协同 UNDP 招聘项目办公室成员，组建项目指导委员会（PSC），进一步完善或适度更新调整项目文件，撰写启动报告（inception report），补充部分缺失的基线数据，组织编写双年计划/年度计划（two year work plan/annual work plan），组织项目启动会（inception workshop）。根据 UNDP 的规定，项目文件签署后三个月内务必召开启动会议，并进行项目管理的相关培训。

4. 项目实施阶段（project implementation）

提交年度工作计划，组织实施相关项目活动；按照时间点提交年度进展报告（annual progress report，APR）、季度进展报告（quarterly progress report，QPR）、项目实施报告（project implementation report，PIR）；每年组织召开项目指导委员会会议暨三方评审会（TPR）。

5. 项目中期评估阶段（mid-term review，MTR）

项目实施接近中期的前半年即可组织 MTR，要求国内项目执行机构配合评估专家工作，提交自评估报告、更新跟踪工具［管理有效性跟踪工具（management effectiveness tracking tool，METT），计分卡（score card）］报告等，审核中期评估报告，提交管理反馈。

6. 项目终期评估阶段（terminal evaluation，TE）

项目结束日期半年前即可组织 TE，最晚需要在项目文件结束之日后半年内完成。要求国内项目执行机构配合评估专家工作，提交自评估报告、更新跟踪工具（METT，score card）报告等，审核评估报告，提交管理反馈。

7. 项目终结（project closure）

召开项目总结大会，运行终结、财务终结，提交项目终结报告（project closure report），所有电子文档归档报 UNDP 备案（表 7.1.1）。

表 7.1.1　GEF 项目周期

GEF 项目周期	
项目准备期	PIF+PFD
	PPG 阶段
项目实施期	项目启动阶段（project inception phase）
	项目实施阶段（project implementation）
	项目中期评估阶段（mid-term review）
	项目终期评估阶段（terminal evaluation）
项目终结期	项目终结（project closure）

三、项目过程管理与监测评估

UNDP 的管理架构分为三个层次，总部位于美国纽约联合国大楼，项目与政策部门负责 UNDP-GEF 项目与全球环境基金秘书处（华盛顿）的对接；亚太区位于泰国曼谷，负责为相关国家办公室提供技术支持；UNDP 中国办公室负责与中国相关部门和省（区）开展合作，全权负责项目管理工作。

（一）UNDP-GEF 项目的过程管理

过程管理是实现项目成果的保障，内容涵盖了项目生命周期、项目管理的基本原则、项目管理的基础、项目管理的基本内容、项目实施和项目阶段管理、财务管理、招投标、审计、文档管理、监控与评估等方面。

项目生命周期主要是上述 GEF 项目的 7 个阶段，又可以概括为项目建议（涵盖阶段 1）、项目批准（涵盖阶段 2）、项目实施（涵盖阶段 3～6）、项目终结（涵盖阶段 7）这 4 个周期。UNDP 管理的核心是在项目每个周期前与国内执行机构密切协作，使项目始终按照正常轨道实施，确保按时、按质、按量完成项目阶段性任务，资金使用合法合规，最终实现项目目标。

UNDP-GEF 项目管理的基本原则就是结果导向和过程监控，结果导向是指按预定要求（如时间、质量及预算）实现项目预期成果，即项目产出，主要通过项目文件的逻辑框架、结果链等工具来衡量。过程监控是指项目的管理和实施应完全符合 UNDP 的政策和程序。

UNDP-GEF 项目管理的基础主要依据三方（国内执行机构、财政部、国际实施机构-UNDP）签署的项目文件、批准的（双）年度计划、指导委员会会议纪要等这些相关文件。

UNDP-GEF 项目管理的基本内容包括人员雇用、分包合同、培训、采购、财务管理、审计、监测评估和报告、项目终结、文档管理等（相关财务等管理重点在第四部分阐述）。GEF 项目重点文档见表 7.1.2。

表 7.1.2　GEF 项目重点文档

文档中文名称	文档英文名称
项目文件	Project document
项目修订文件	Project revision document
各类协议书	Agreement
年度工作计划/预算调整	Annual work plan/budget revision
财务报告/预拨申请/资金授权和支出证明	Financial report/advance request/funding authorization and certification of expenditure（FACE）
各类付款授权、凭证及辅助文件	Payment authorization，voucher and supporting document
综合支出报告	Combined delivery report
各类合同及采购订单	Contract and purchase order
雇用及采购过程的记录及说明文件	Documentation of recruitment and procurement process
年度项目报告	Annual project report
年度设备清单	Annual inventory of equipment
各类监测评估报告，如专家的差旅报告	Monitoring and evaluation report including mission report
设备移交文件	Equipment transfer document
其他必需的文件	Other necessary document

（二）项目监测与评估

UNDP-GEF 项目监测与评估主要通过阶段进展报告、监测评估工具、指导委员会（三方评审会）与实地考察调研、独立评估（中期评估和终期评估）、实时跟踪等手段进行。

1. 阶段进展报告

阶段进展报告主要包括每季度末提交的季度进展报告（QPR）、每年 12 月 31 日前提交的年度总结报告（APR）、每年 6 月 30 日前提交的项目执行报告（PIR），以及相关的技术与财务报告等。这些报告的编写需要项目办公室充分重视，报告对项目各方具有重要价值，要把报告作为适应性管理和结果上报的工具。

对于项目实施方来说，告知项目团队项目的具体工作，提醒项目团队适时调整策略，强制项目团队找出解决方案。对于 UNDP 来说，可以确定最佳实践方案、资源共享，并融入项目设计中；可以纳入 UNDP-GEF 重点领域的业绩报告和年度业绩报告；为 UNDP 宣传部门和执行办公室的发言提供信息，向执行委员会汇报工作，以及 UNDP 年度报告提供基础信息。对于 GEF 来说，秘书处为 GEF 理事会编写年度监测报告，用于重点领域对战略进行调整。

报告中需要设计一些重要监测问题，重点阐述项目的目标和成果水平累计进展，以及项目产出和投入的年度；还需要分析项目风险，并在 ATLAS 系统中更新；报告还要针对年度实施过程中发生的评估，陈述项目如何解决中期评估和终期评估提出的建议；还要阐述合作伙伴关系，与当地社区、非政府组织、私营机构及小额赠款项目组共同学习总结经验；最后，报告要阐述项目实施过程中如何解决妇女和青年参与的问题，确保性别和年龄平等。

2. 监测评估工具

监测评估工具主要包括项目文件中包含的逻辑框架（尤其是指标体系与预算）、保护区管理有效性跟踪工具和记分卡（METT and score card，项目设计时需要有基线数据，项目办公室在中期评估和最终评估之前需要更新完成）、生态系统健康指数（ecosystem healthy indicator，EHI）、自评估报告（self-assessment report）等。

3. 指导委员会（三方评审会）与实地考察调研

指导委员会是项目管理架构中的最高决策机构，项目指导委员会由国家项目主任（NPD）主持。重点任务是听取并批准项目过去一年的年度报告、批准项目未来一年的年度计划、对项目实施中的重大问题进行决策。根据 GEF 要求，项目每年要召开三方评审会（TPR），考虑到它的职能与指导委员会相似，为提高效率，UNDP 通常建议项目办公室合并两个会议功能，一并进行。为了全面了解项目，一般在指导委员会会议后安排实地考察调研，查看项目示范进展，进一步听取利益相关方意见与建议。

4. 独立评估（中期评估 MTR 和终期评估 TE）

GEF 项目中期、终期评估是根据 GEF 相关规定组织与安排的，UNDP 作为项目国际实施机构，全面负责组织独立评估，通常以项目文件签署日期为基础在中期和终期日期的前后半年即可组织评估。一般由一外一中两位专家组成的独立评估组，时间大约持续 4 周，含 2 周现场考察与一对一访谈，1 周消化资料，1 周编写评估报告。评估的目的是希望积极实施项目，加强示范、加大宣传、加速研究、加强能力建设，全面提高项目实施成效和资金使用效率，项目办公室需要为项目评估做好全面的资料、效果、人才、能力、舆论准备。独立评估需要各级领导高度重视，全面协调，确保为项目提交满意答卷。

对于两个评估（MTR，TE）的异同可以用以下表格阐述清楚（表 7.1.3）。

表 7.1.3 GEF 项目两次评估比较

中期评估（MTR）	终期评估（TE）
独立评估人	
学习、反馈、分享	
监测工具	问责制和透明化
识别缺陷和瓶颈	综合教训和良好实践
强调完全参与	强调独立性
寻求内部改进	以外部利益相关者为导向
实现预期成果	适用于今后的活动
过程中的	总结性

评估前，项目办公室需要做好全面准备。

（1）彻底整理项目技术及财务文件、成果资料。GEF 评估需要的文档见表 7.1.4。

表 7.1.4 GEF 评估需要梳理的重点文档

序号	文档中文名称	文档英文名称
1	项目文件	Project document
2	项目修订文件	Project revision document
3	各类协议书	Agreement
4	年度工作计划/预算调整	Annual work plan/budget revision
5	各类付款授权、凭证及辅助文件	Payment authorization，voucher and supporting document
6	综合支出报告	Combined delivery report
7	各类合同及采购订单	Contract and purchase order
8	雇用及采购过程的记录及说明文件	Documentation of recruitment and procurement process
9	年度项目报告	Annual project report
10	年度设备清单	Annual inventory of equipment
11	各类监测评估报告，如专家的差旅报告	Monitoring and evaluation report including mission report
12	设备移交文件	Equipment transfer document
13	其他必需的文件	Other necessary document

其他项目支撑文件，包括以下核心文件列表：①全球环境基金项目登记表、项目文件和逻辑框架表；②项目实施计划/项目启动报告；③实施/执行伙伴安排；④项目工作人员及主要利益相关方的信息和联系方式，包括项目委员会和其他伙伴；⑤项目示范点、建议参观地点；⑥中期评估和其他相关评估；⑦项目执行年度报告；⑧项目预算（区分成果和产出）；⑨项目跟踪工具；⑩财务数据；⑪项目宣传材料样本：新闻稿、手册、纪录片等；⑫项目配套资金表格。

（2）全面系统、深入充分总结项目实施情况，形成自评估报告。

（3）认真总结经验教训、深入剖析问题与根源、合理评价政策影响。所有项目过程中形成的技术报告、导则、规范、相关的政府文件都要按照统一规范印刷就绪，归档。

（4）注重总结、挖掘可供宣传的故事、数据、人物等。

（5）选择好座谈人群，最大限度地提供一手信息。充分交流，坦诚讨论，做到"公平、公正、公开""知之为知之，不知为不知"，显示专业性，增加透明度。

（6）统筹时间，合理安排路线，做好衔接，确保安全。

（7）做好评估报告的意见反馈、修改完善，递交评估成果。

（8）做好运行终结与财务终结。GEF 评估各方分工见表 7.1.5。

表 7.1.5　GEF 评估中的各方分工

UNDP	国内执行机构/项目办公室	首席技术顾问	评估专家
起草任务大纲（TOR），经亚太区确认后，在纽约总部网站刊登招聘广告	巩固项目活动，完善项目成果，出台相关政策，提交 METT、EHI 等项目计分卡	指导项目 MTR 准备与技术指导	在网上提交简历，以及相关的投标申请材料
招聘评估专家，进行背景调查，签订合同	进行自我评估，完成中英文自评估报告、计分卡，初拟日程	全面指导，修改完善报告与计分卡	签署合同，提交启动报告
协调评估专家日程、各省项目办公室日程	项目办公室报告、资料准备，各省之间日程衔接	协助项目办公室做好全面准备	服从大局，确保自己的时间与团队时间一致
协调、参与评估	完善日程安排，全面组织现场评估	参与总体会议，参加部分宣传评估	消化资料，现场评估
随时为评估报告提供修改资料信息			撰写评估报告
对评估报告提出修改意见			修改完善报告
报告定稿，支付专家费用，专家打分与入库		组织编写后续管理安排	

5. 实时跟踪是确保 UNDP-GEF 项目能够按照正常轨道运行的保障

UNDP 项目负责人会定期和不定期地与项目办公室进行各种形式的沟通及协调，确保为项目实施提供技术、管理、监测评估的指导，有时候需要与国家项目主任（NPD）对重大问题进行交流，对项目实施缓慢的事宜会加以协调推进。实施跟踪的核心依据是项目文件的逻辑框架。

UNDP-GEF 项目积极倡导适应性管理，是指项目能够预测挑战并能作出有效反应。主要是因为 GEF 项目周期比较长，从项目概念提出到实施终结通常经历 7~8 年的时间，而国内外形势随时发生着翻天覆地的变化，也随时可能出现新的风险，并伴随着良好的机遇。为了利用好有限的资源、切实提高项目实施成效，项目管理者需要根据监测评估的最新成果，通过全面分析、科学预判，利用集体智慧科学决策，对项目产出、活动和预算做出允许范围内的适度调整（项目成果之间的预算调整不得超过项目总预算的10%），以便达到费小效宏的目的。对于项目目标和成果层面不允许调整，否则需要暂停项目实施，重新修改项目文件，并获得 GEF 批准。

（三）项目总结大会

根据 UNDP-GEF 项目例行安排，项目在完成终期评估报告，项目结束日期前后需要组织项目总结大会。通常由国内执行机构的项目主任、项目指导委员会成员单位、主要利益相关方、示范区、科研院所、NGO、国内外相关媒体参与，国家项目主任发表总结讲话，系统梳理项目成果、经验教训、后续可持续性安排等，也可以借助这个平台发布项目的一系列成果，包括出版物等。媒体的参与和认真准备是至关重要的。

四、项目的财务管理

作为贯穿在整个项目管理过程中的重要环节，项目中的财务管理直接关系到项目的进展效率和资金的申请与使用。因此将财务管理更合理、更科学地应用到项目管理过程中，应该是项目团队的每一位成员需要熟悉和掌握的内容。

UNDP 对项目的财务管理要求早在 1998 年的《联合国开发计划署项目国家执行管理手册》中已明确列出。随着这些年来项目管理出现的新的需求和趋势，UNDP 也在不断地更新系统并持续调整对项目管理的政策和要求，结合了最新的管理准则和内容，就GEF 项目管理过程中的财务管理做了简要的梳理和归纳。

（一）项目准备阶段的财务管理

在项目文件的设计阶段，项目实施单位应在保障技术层面达到项目预定目标的同时，对于项目各项活动的预算编制进行详细的成本测算，确保项目活动的预算真实、合理，并能为项目的任务产出提供必要且相匹配的资源。

GEF 项目资金要求项目的杂项及项目管理（项目办公室的日常管理费用）的预算不得超过项目总预算的 5%，并且不鼓励项目成果之间的预算调整。如确实有需求，成果间的预算调整也不能超过项目总预算的 10%，如需超过这一比例，调整必须经过 GEF批准才可以通过并实施。近些年来 GEF 逐步加强了对项目资金的监督和控制，对于项目某个成果内的预算调整也出现越来越严格的控制要求，但凡有不同预算科目之间超过2 万美金的调整均需充分说明理由，并由 UNDP 区域办公室批准后才可得以实施。另外，如在项目实施过程中增加了新的预算编码，这一部分的预算也要严格控制在项目总预算的 5%以内。

因此，日趋严格的财务管理要求在项目准备阶段项目管理人员和财务管理人员需要在充分沟通并熟悉项目目标和需求的前提下通力合作，根据项目目标细化产出的活动参数，制定合理的活动预算，为后面的项目实施打下良好基础，并最大限度地避免项目成果内特别是成果间的较大资金额度的调整，保障项目活动的顺利实施。

（二）项目实施阶段的财务管理

当项目文件获得批准，项目正式进入实施阶段后，财务管理涉及的重点环节有以下内容。

1. 财务机构设置和职责

项目实施单位应在项目文件批准后尽快组建项目团队确保项目人员及时到位，还应设置项目财务机构并配备合格的财务人员。项目办公室成立后，应准备正式的函件（政府的红头文件）通知联合国开发计划署，包括项目账号、项目主任和项目主管/负责人的分管内容及签字样。在项目执行期内以上内容如有任何变动应及时通知联合国开发计划署。

当项目办公室的财务人员发生变动时，须按规定办理财务交接手续，并及时将变更信息上报至联合国开发计划署及省项目办公室。项目办公室的财务人员负责办理赠款资金的提款报账，完成会计核算，编制和报送财务报告等财务工作，并按照联合国开发计划署的要求及时与其进行项目财务对接，保障项目的资金及时到位，及时报告花费，严格确保项目活动的资金使用符合项目管理的规定和流程。

2. 资金的使用与管理

项目实施单位应做好项目资金的使用、监督和管理工作，主要包括制定资金使用计划，修订预算，向联合国开发计划署和省项目办公室提交提款报账申请，组织项目会计核算，监督项目资金使用和财务管理及配合审计与检查等。

1）专用账户/簿

项目实施单位应申请开设项目赠款及配套资金的专用账户或账簿，保证项目资金专项管理、单独记账、独立核算，确保项目资金专款专用。

2）工作计划与预算

项目办公室应于每年的3月底前提交当年和下一年度的工作计划及项目执行期内的预算调整。预算调整应包括项目整个周期的预算安排，即根据项目综合支出报告中往年的项目决算，年度工作计划的项目执行当年及未来几年的计划预算。工作计划和预算调整经联合国开发计划署批准后即可按当年的计划开始赠款资金的申请使用。

3）赠款资金的申请与花费报告

项目办公室通过提交花费报告（FACE 表）申请赠款资金的使用并报告项目的花费。FACE 表应根据联合国开发计划署批准的季度工作计划中各成果项下对应的预算科目为项目未来一季度的预拨款提出申请，并依据项目办公室过去一季度实际支出资金的财务记录报告花费。FACE 表应由项目主任或授权的项目负责人签字，经联合国开发计划署批准后拨付预拨款。

除了预拨款的资金拨付方式，项目实施单位也可申请由联合国开发计划署直接付款以支付项目资金。直接付款的条件如下：①付款的活动列入年度/季度计划中；②项目实施单位提交由项目主任/项目负责人签署的直接付款申请/授权；③提供相关的支持文件，如合同、收款方账户信息、原始发票等。

4）赠款资金的使用与管理

GEF 赠款资金须依据《联合国开发计划署项目国家执行管理手册》及具体的项目文件中的预算表格与预算说明所规定的内容执行。任何单位不得挪用、挤占、截留、滞留赠款资金。

5）配套资金的管理与使用

配套资金将由各项目实施单位和相关部门共同协调解决，配套资金作为项目工作开展的专项资金，应按照相关管理规定积极筹措和使用。除项目文件规定由赠款支付的费用额度外，其他一切与本项目有关的费用均由配套资金支付。配套资金的核算依据国家相关规定应单独建账、独立核算。

3. 采购管理

本着公平、公正、公开的基本原则，联合国开发计划署对于项目资金的采购有着极其严格的管理要求，强调注重规范、有效的招标过程及选择性价比最优（通过至少三家的比价）的采购标的。联合国开发计划署的采购主要包括货物和服务（公司和个人/专家）。项目实施单位应将每年的采购计划及时体现在年度工作计划中，包括拟采购的物品或服务/分包的规格要求、所需的预算、采购时间、送达/验收时间和付款时间等（图 7.1.1）。

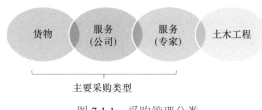

图 7.1.1　采购管理分类

为确保采购特别是服务类采购的有效性和针对性，制定一份详尽的工作大纲/任务大纲是十分必要的。工作大纲的内容应至少包括背景情况、任务目标及预期成果、工作范围、相关报告及产出的提交进度与付款条件/安排、监评要求、个人或公司的资质、是否需要供应商提供配套设施支持该项任务，以及项目单位须提供哪些方面的设施或专业支持等（图 7.1.2）。

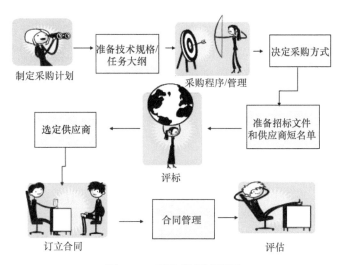

图 7.1.2　采购管理流程图

具体的采购方式是由物品与服务的采购金额决定的，具体采购方式如图 7.1.3 所示。

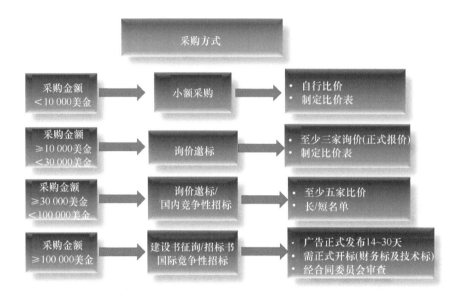

图 7.1.3　物资采购限额及方式图

4. 设备（非消耗性资产）管理

项目实施单位应根据《联合国开发计划署项目国家执行管理手册》中的相关规定，负责非消耗性资产（指生命周期较长并且价值一般为 1500 美元或以上的物品）及消耗性资产（亦称易耗品，指那些存在周期短或定期被消耗掉的，并且单位价值较低的物品）的采购、验收、结算、登记、使用和移交等管理工作。

由赠款资金采购的非消耗性资产在使用前均需在设备明显位置张贴 UNDP/GEF 标识和项目标识，并由项目单位指定的专人进行资产登记、领用、处置、清查盘点等日常管理。非消耗性资产的处置须按照联合国开发计划署对非消耗性资产管理的有关规定办理。资产管理人员更替时应及时办理并完成交接手续。

项目实施单位须每年对非消耗性资产的管理和使用情况以书面形式上报至联合国开发计划署。在项目结束时，由赠款资金采购的非消耗性资产的所有权可申请由联合国开发计划署正式移交给项目实施单位。项目资金购买的非消耗性资产在项目实施周期内暂不提折旧，项目结束后交付项目实施单位后由使用单位按照国家有关规定计提折旧。

5. 项目档案管理

项目档案是指自项目立项至项目结束所有与项目有关的文书档案、会计档案、声像档案、实物档案等。项目必存的档案及文件资料应包括项目文件、项目修订文件、季/年度工作计划/预算调整、财务报告/预拨申请、各类付款授权凭证及辅助文件、综合支出报告、各类合同及采购全过程的记录及说明文件、季/年度项目报告、年度设备清单、各类监测评估报告、会议纪要、设备移交文件及其他必需的文件等。

项目的财务档案应单独进行归档管理，并按相关规定妥善保管。项目实施单位应同时保存电子档案和纸质档案，并于项目结束之后的 5 年内仍将项目档案妥善保管。

6. 财务监督与审计

为确保项目资金按照赠款方及联合国开发计划署相关财务准则和要求的规范管理，并审查项目财务管理的有效性，联合国开发计划署要求所有项目在实施周期内必须经过一次及以上的审计。项目审计的范围包括：项目计划和预算，项目执行效率，收支明细、财务记录及资金使用报告，设备/服务的采购、使用及管理，差旅，项目监测评估及报告，以及项目实施单位的管理架构，是否有适当的内控和记录保存机制等。同时联合国开发计划署也会回顾往年的审计报告并检查提出的改进建议是否得以落实。根据赠款方的要求，近年的审计也会着重检查项目杂项支出的比例是否超支及某些活动是否存在超预算支出。根据以往项目审计的实施经验和教训，联合国开发计划署近年来调整了对项目的审计方式，由原来的委托独立第三方（国家审计署或审计公司）进行的传统审计逐步向新型审计过渡。新型审计基于 2015 年生效的联合国机构间商定的拨付资金的统一框架（harmonized approach to cash transfers，HACT），旨在通过一套简化的申请项目资金、报告花费及监督、评估的程序，加强国家执行机构的管理和问责能力，有效管理风险，降低交易成本，促进其与联合国开发计划署形成更紧密的协作模式。

在 HACT 框架下的新型审计包含对实施机构的预审、现场评估及财务审计或抽查。在项目准备阶段联合国开发计划署会委托第三方审计机构对项目实施单位进行预审和评估，根据评估结论和建议得出风险评级，如评级确认为低风险（指机构具有良好的财务内控及管理能力），则在项目文件和计划批准后按期进行资金拨付，而联合国开发计划署在未来的项目实施过程中会根据项目的具体进展和实际实施情况确定项目抽查和审计的时间和方式。如在预审过程中风险等级为中或高风险，则联合国开发计划署会根据具体的风险等级来确定项目资金拨付和花费报告方式，并制订相应的监督、保障措施。新型审计下的项目抽查基本维持传统审计的检查或审计内容，但更为关注项目资金的使用效率及项目计划与实际实施的一致性（图 7.1.4）。

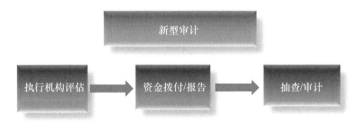

图 7.1.4　GEF 项目审计

项目实施单位的财务部门和财务人员在审计过程中应积极配合相关部门的监督检查，如实反映情况，及时提供相关材料和档案说明。针对审计提出的实施建议，项目实施单位应及时开展管理改进、补救措施，确保项目资金使用的合理、合规，并提高自身的财务管理水平。

图 7.1.5 是年度管理涉及的项目财务管理的关键环节，贯穿了项目的计划、预算、资金拨付和使用、审计/审查及进展的监督和评估。

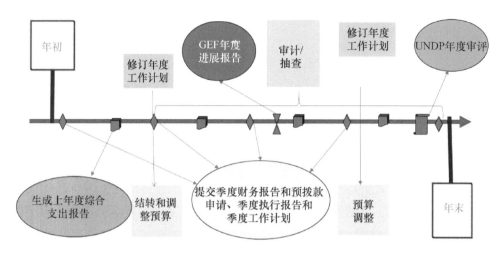

图 7.1.5　项目阶段财务管理

（三）项目收尾阶段的财务管理

在项目完成所有计划的活动、实现项目设计的所有产出和项目目标时，经项目最后一次指导委员会一致同意，项目实施单位即可书面通知联合国开发计划署进行项目实施终结。项目实施终结时项目实施单位可同时申请非消耗性资产的产权转移，并尽快完成收尾活动的尾款支付。

在联合国开发计划署确认完成所有的预拨款和直接付款、设备移交、项目办公室提交所有的报告和项目总结报告后，即可进行项目的财务终结。项目的财务终结须在实施终结后的3～12个月内完成,实施单位应及时将项目的剩余金额退还联合国开发计划署，最终退回至 GEF。

（四）经验总结

结合过去多年项目实施过程中出现的各种各样的问题和吸取的众多教训，借此分享以下经验供大家参考、借鉴。

1. 项目办公室应在项目实施之初制定自己的财务制度和管理办法

结合联合国开发计划署的财务管理要求，项目办公室如能在项目团队组建之时就制定出符合自己项目办公室特点的财务内控制度和管理办法，会为项目实施过程中的涉及的财务管理提供清晰的指导原则和规范的管理方法，同时还避免了由于项目办公室成员更替导致的信息断层，可提高交接效率。财务管理办法还可以随着新的政策变化或环境变化适时调整，以充分适应项目条件变化的需求。

2. 项目管理知识的培训应持续贯穿在整个项目周期中

项目管理特别是财务管理相关知识的培训不仅仅应在每个项目启动之时进行，还应该贯穿在整个项目周期的管理过程中。根据以往的大量经验，往往在项目启动会上的培训收到的问题和反馈是最少的，特别是对于那些对 GEF 项目了解其少的项目办公室成员来说。而在项目执行已进入半年到一年甚至更长的时间之后,类似的培训会收到项目办公室成员非常积极的反馈,而在培训会上提出的问题也更深入和实际。随着很多项目办公室在项目执行过程中频繁的人员更替及联合国开发计划署经常性的财务政策调整,定期对项目办公室成员进行财务管理知识的培训是非常重要且必要的。

3. 重视工作计划、避免超计划申请项目资金

联合国开发计划署鼓励所有的项目实施单位制定切实可行的工作计划,并严格按照工作计划申请项目资金。有些项目实施单位在制定工作计划时比较随意,导致项目计划和实际进度脱节,在财务上体现为一次性提前申请大量项目资金,实际的花费进展却相当缓慢。为杜绝这种现象的产生,联合国开发计划署近年来开始严格监督项目单位的到账资金,如果出现项目资金到账超过 6 个月仍未花完的情况,项目实施单位须将 6 个月以上未花完的资金全部退回至联合国开发计划署的账户后再重新申请资金。而这一退款过程将牵涉项目实施单位和联合国开发计划署项目和财务部门相关人员的大量时间和精力,因此建议所有项目实施单位应结合实际、认真制定切实可行的工作计划并申请资金,确保项目资金按期支付,避免超计划申请导致的超时退款。

4. 过程文件/支持文件的重要性

项目的财务档案应确保赠款资金的所有支出记录均附有相关的凭据和支持文件。例如,会议费的支出,除费用发票以外,会议的计划和通知、会议资料和报告总结、参会者签到表、与酒店的协议(如适用)等均应附在该笔支出的票据后面及时入档。项目实施单位应杜绝任何项目支出仅有发票、缺乏过程文件支持的情况出现。

5. 严格、规范项目的合同管理

在往年的审计中发现,最典型也较具普遍性的问题就是合同管理过程中出现的问题,包括:①分包合同首付款超过 30%的合同款;②分包合同承包单位没有按要求履行义务但项目办公室仍为其支付合同款;③分包合同资金用于工资发放,但工资领用人与该合同承包单位无直接关系;④合同未包含必要的信息,产出和提交时间规定不明,付款金额描述不清等。希望项目实施单位在合同管理过程中应规范制订详尽的合同内容,严格按照工作大纲的要求把控承包单位的实施进度,并基于产出合格并及时的原则确保合同款的按时拨付。

6. 财务制度和要求差异化的处理

项目实施过程中项目单位经常会碰到联合国开发计划署和国内实施机构之间各自有不同的财务制度和要求,最常见的如采购和非消耗性资产的管理,国内实施单位通常会有更严格的管理制度。在这种情况下,需要以最严格的财务管理制度进行管理,以进一步加强项目资金的有效使用和规范管理,确保不踩踏任何相关主管机构的"红线",满足项目面临的不同层面的审计和监督。

7. 加强沟通和协调

项目实施单位在日常的实施过程中遇到任何的障碍或困难，特别是影响项目进度、拖后项目执行率的问题，应及时与联合国开发计划署积极沟通，以促进问题的及时解决、确保项目活动顺利进展和实施。

五、UNDP-GEF 项目系统风险管理

UNDP-GEF 项目非常关注项目实施过程中的系统风险管理，一般按照标准分为 7 类风险，所有项目都需加强监测、防范风险。

1. 环境风险

环境风险主要是应对各种自然灾害，包括洪涝和干旱、地质灾害、飓风和热气旋、气候变化及极端天气事件等。尤其是生物多样性和生态系统服务类型的项目，项目活动和产出与大自然密切相关，需要及时跟踪相关进展，确保科学应对这些环境风险。

2. 财务风险

由于 GEF 批准的资金额度是以美元来计算的，从外部因素来看，利率和汇率波动、银行破产等都会影响项目可以使用的资金量。从内部因素看，政府及其相关部门的配套资金能否及时足额落实到位，共同筹资是否存在困难，财政机制是否可行有效等都能影响到项目资金，最终影响项目实施成效。

3. 运营风险

运营风险主要包括项目设计复杂性、管理不当、专业疏忽、人为疏忽、能力不足、安全危机、基础设施故障、监测与评估薄弱、执行率低等风险。

4. 组织风险

组织风险主要是项目管理架构是否合理有效、机构执行能力和实施安排、项目办公室能力等，需要及时调整，确保项目运行平稳高效，切实避免项目团队南辕北辙、人员冲突频繁顶牛的现象发生。

5. 法规风险

法规风险主要是新的不可预知的法规和政策是否有利于项目实施和项目成果的实现，项目目标中设计的关键政策或法规在立法过程中未能通过等，确保实现主流化的法律保障是关键因素。

6. 政治风险

政治风险主要是政府承诺能否落实、政治意愿是否支持、政权是否稳定、政权交替是否频繁、军事冲突和不稳定性等因素。在新时代的中国，政治风险是比较低的，关键是项目主管领导需要重视项目实施成效，具有对项目的主人翁责任感。

7. 战略风险

战略风险主要是有没有建立合作伙伴关系。因为 GEF 项目是需要通过项目搭建的平台推动利益相关方通力协作，只有建立坚实高效的合作伙伴关系，才能确保项目成效。

另外，诸如偷猎、侵占自然资源、人口压力导致的保护与发展的矛盾都是需要密切关注的风险。

项目管理者的职责就是根据风险类别进行项目分类，适时采取切实可行的措施将各种潜在因素导致的风险控制在可控的范围内，确保项目在正常轨道和可控风险内实施。

六、项目管理程序、策略和经验及对项目实施的期望

GEF 项目每 4 年为一个增资期，现在已经结束了 6 期，于 2018 年启动第七增资期。目前，GEF 项目申请与实施面临的主要威胁包括变化着的全球环境基金战略与逐渐减少的资金；对项目指导、咨询和分析能力的高质量需求；中国的快速变化，保护和发展之间的权衡，生态环境与发展的联系和生态环境预防危机比以往任何时候都更重要。与此同时，随着中国成为世界第二大经济体，GEF 资金在中国的优势逐渐减弱，需要国内执行机构加强对 GEF 重要性的再认识，充分发挥它的杠杆作用，利用好 GEF 项目的平台。

（一）项目管理程序

针对这些威胁，UNDP 也提出了项目管理的基本程序，包括设立专门预付款账户或者专账管理项目资金；成立项目指导委员会、省内的领导小组、技术专家组；招聘专职项目办公室成员、国内外专家；组织召开好项目启动会［项目指导委员会（PSC）、项目办公室（PMO）、领导小组等机构到位，启动报告初稿完成，年度计划有初稿，利益相关方清楚］；每年必须至少召开一次项目指导委员会（PSC）/三方评审会（TPR），汇报项目进展，讨论下一年度工作计划，决策重大问题；每年一度的项目审计等。

（二）提高项目管理成效的策略和经验

项目管理是一个系统工程，需要综合高效的管理能力、统筹规划的战略定力、全面协调的沟通技巧、纵观全局的管理手段、切实高效的管理工具，具体包括明智规划和适应性管理、加快项目设计和实施（两年度工作计划）、加强战略伙伴关系、加强项目监督与评估、及时交流与沟通、知识库管理与共享（项目周期中加强技术投入，特别是文件制定、监测和影响评价、咨询管理等）、注重政策建议（加强指导和分析能力建设，推进政策水平、知识管理，针对性和多元化的政策途径）。

UNDP 高度重视项目实施的成功，十分关注项目实施的成效，根据多年来与国外相关机构、国内相关部委和省份，以及项目管理和评估的知名教授专家的交流与探讨，在党的十九大后的中国"新时代"，形成了来源于实践、服务于实践、指导将来实践的"新时代"GEF 项目管理思想，可以概括为 7 条。

1. 一个中心："实现项目目标"

项目实施务必以结果为导向，全力以赴为"实现项目目标"这个中心服务。任何的

战略、计划、行动、预算都必须始终坚持这个中心不动摇，克服艰难险阻，确保实现项目目标。

2. 两个基本点："结果正确，过程准确"

项目实施需要始终确保项目成果的正确性，确保取得的结果符合项目设计时的"初心"，即项目目标，符合项目文件逻辑框架的指标体系和成果要求。与此同时，项目管理和实施过程要完全符合 UNDP 的政策和程序，完全符合财政部关于国外资金使用的各项规定，完全符合国内执行机构有关管理要求和审计程序。没有过程的结果是不合规定的，没有结果的过程是没有意义的，两者缺一不可、不可偏废。

3. 三大阶段："项目启动、中期评估、终期评估"

项目实施是一个系统工程，全过程都很重要，但是三个具有里程碑意义的阶段需要项目管理团队高度关注，竭尽全力做好各项工作。项目启动关系到项目全面实施的第一步，"良好的开端是成功的一半"，需要充分利用初始阶段即项目启动前三个月的时间，充分消化吸收项目文件，确保适应性调整项目内容；要充分利用项目首席技术顾问解决包括年度计划、相关报告、技术产出、指导委员会筹备、宣传推广等的技术问题，项目首席技术顾问是项目的技术领袖和代言人，需要确保发挥作用；需要国内执行机构协同 UNDP 搞好人员招聘，要综合考察其技术背景、对人员与项目的管理经验、交流与协调能力、团队合作水平、政策意识等；项目启动之际，要对照新形势和新机遇审阅项目文件、撰写项目启动报告、编写年度计划、组建指导委员会、组织启动会议。项目委员会必须至少每年组织一次，需要提前 2 周将会议文件提交参会代表审议；项目实施要注重通过报纸、网络、典型事件和故事、公众意识、政策主张等方式加大宣传，扩大项目影响。两个评估直接关系到项目实施能够按照正常轨道实施和全面总结提升项目成果，在 MTR 和 TE 之前更新所有跟踪工具，是对项目实施成效的全面检验，都需要高度重视。

4. 四种意识："全局（战略）、政治（主权）、担当（责任）、服务（合作）"

意识形态对项目成功起到引领作用。首先，项目团队需要树立全局（战略），GEF 项目通常设计到主流化（政策、法律法规、体制机制、规划计划）、示范区（引进来与走出去）、能力建设、宣传推广等，这是一个系统工程，项目实施需要从全局和战略高度认识项目和着手实施项目。其次，GEF 项目需要与国内执行机构主流工作紧密配合，政府部门需要有强烈的项目拥有感，要与中国新时代的政治方向同向而行，在国内外重要场合和平台涉及国家和民族核心利益方面需要树立主权意识，既要和平解决相关争端，又要维护国家核心利益。对于采取任何手段和方式损害国家利益的行为，国内外机构对此类行为都必须"零容忍"。再次，项目的责任担当是项目成功的保障，需要国家项目主任的全面领导力，也需要全体成员的责任担当，"为官一任造福一方"，国内外机构的所有人员务必勇于担当、通力合作，对于奋发有为的人员需要全面激励，对于无所作为的人员需要教育整改，对于胡作非为的人员需要绳之以法、绝不姑息。最后是服务意识。GEF 实施机构不一定是业务部门，所以瞄准生物多样性保护这个目标，要有服务意识，为业务部门做铺垫，只要对生物多样性保护有利的工作努力去做，要有"功成不必在我"的胸怀。

5. 五条秘诀："正能量、团队精神、利益相关方、接地气与通仙气、过程监测"

项目成功实施需要以正能量全场引领，对于人、财物与成果管理都以无私无畏的精神、透明阳光的正能量一以贯之。团队精神文章多次提及，项目人员通力合作的灵魂，需要大家以"海纳百川有容乃大，壁立千仞无欲则刚"的宽容和坚持推进项目实施精彩纷呈。作为秘诀，再次提及也不为过，多次强调也十分必要，务必千方百计推进"内部和谐"。加强利益相关方参与和有效沟通，充分发挥各种项目外部资源的作用对推动项目实施非常重要，项目办公室万万不可"闭门造车"，务必千方百计促成"外部给力"。UNDP作为项目国际执行机构，对GEF、财政部负责，在对本项目进行管理的同时，也提供技术、管理、财务的指导意见，帮助项目实施单位确保项目目标的实现。重大问题需得到UNDP批准，需要双方协商、交流和沟通以避免不必要的错误与损失。项目目标的实现需要项目参与各方对项目目标有一致的意见，需要各实施单位群策群力来推进项目实施进展。对于本项目而言，只要各项目实施单位严格按照项目文本制定和实施有价值的各项活动，就能保证项目的顺利进行。确保各相关单位对项目内容的充分了解、积极参与，确保群策群力实现项目目标的最终实现。项目示范选择需要体现项目的涉及面，要积极开发引进国际成功经验和先进技术，示范内容又要充分体现当地人民群众的呼声和愿望，结合精准脱贫，实现可持续发展，确保项目"接地气"；项目有包括首席技术顾问在内的形象代言人，为了推进项目成果主流化，需要把项目成果和呼声，通过建言献策上升到政策，做到"通仙气"，从而实现项目的点面结合。项目过程监测至关重要，要确保技术报告与财务报告质量控制，通过年度审计、跟踪工具、指导委员会、中期与终期评估等形式做到过程监测全覆盖，项目实施始终在正确轨道执行。

6. 六把标尺："明智、协调、分析、包容、创新、交流"

"明智"是指项目执行过程中任何活动和指标要具体、可测量、可达到、有相关性、有时限性，这样才能保证项目的科学性。"协调"是要保证项目质量、数量、时间与连贯性，确保项目有机体的统筹协调。"分析"是指实施过程中具体问题具体分析，项目实施和相关研究要以最新、最可信数据科学分析、综合考量。"包容"是指项目利益相关方较广、考虑维度多，决策需要大家积极参与、广泛磋商，力争达成共识、形成合力，对于不同意见需要以宽广的胸襟求同存异。"创新"是要求项目管理在方法论、技术研究、宏观管理、交流合作等方面考虑创新的可行性，符合GEF项目的最新要求。

"交流"是项目实施过程中需要随时加强的工作，随着科学技术的进步，人类社会交流沟通的手段日新月异，包括邮件、电话、Skype软件、各种会议、微信、微博和客户端等进入人们的日常生活，但人们往往忽视了面对面交谈和电话沟通的重要性。沟通交流对于人类社会的发展和进步是至关重要的，能够为人类和平做出贡献。据研究分析，人类历史上超过一半的战争是因为双方沟通交流不足，造成了很多的误判，从而引发了战争。在此，作者愿意以两次个人亲身经历与同仁共享。

实例 1：作者（马超德）作为世界自然基金会中国淡水项目主任，在世界自然基金会（WWF）工作期间，曾于 2010 年春天借调在 WWF 英国分会工作。其间作者经常有机会与分会的同事和管理层沟通交流。国际机构的工作人员往往习惯于邮件交流，但是时常造成误解和出现歧义，作者也几次深受其害。作者也及时请教相关同事的经验与感受。给作者印象最深刻的是与保护总监 Green Davis 先生沟通时，他提及他几十年的工作经历和十多年的管理经历中，感觉交流是最为值得重视的方面，总结起来，他认为现代科技进步给人们带来了实实在在的方便，但是反而带来了更多的误解。他说"电子邮件是最容易导致人们误解的沟通渠道"，这不是语言问题，在英国人之间用英文通过电子邮件交流也屡屡出现误解，写出来的文字不同人有不同层面的解读。这方面的教训很多，有时候导致重大冲突和损失。所以，他建议，对于重要邮件，一定要发完邮件后再电话解释，这样有助于问题的解决，必要时需要面对面会谈交流。

实例 2：2010 年作者参与南非的流域规划工作，其间与一位著名的环境流专家交流，她从事环境流研究与实践工作 20 多年，作者有幸就技术与管理问题与她进行沟通。在座谈了一个下午后，她总结到，环境流问题很复杂，在过去几十年的工作实践中，最主要的挑战是生态学家和工程师之间的沟通交流，在技术、理念、操作、管理等方面许多时候都是各执己见，甚至是直接地针锋相对，而回首过去最成功的解决途径是加强沟通、换位思考，彼此解释到位、了解到位、实施到位，才能达成共识，实现共同的目标。她最后风趣地总结到，"我们这个下午的会谈，涉及环境流的话题很多，多年以后可能你所记住的不多，但是，最为核心的是利益相关方的交流至关重要。用三个字来总结就是'communications，communications and communications'，这可能对其他复杂事宜也触类旁通，希望你多年之后仍然对此记忆犹新"。

7. 七条准则："接地气、看得见、摸得着、说得出、厘得清、见效快、推广开"

"接地气"是项目充分体现群众呼声，全面吸收基层智慧，发挥人民的力量，为人民带来实实在在的实惠，为人民的世代可持续发展做好谋划。"看得见"指成果（示范现场成果、形成的相关报告、出台的相关文件、采购的相关设备、配套资金的落实）是有形的，经得住考验。"摸得着"是可核实、可测量、可汇报、有实体的成果。"说得出"是希望项目的成果和实施能够总结出一系列可供全社会借鉴的经验。"厘得清"是希望项目团队能够把项目贡献的逻辑关系梳理清晰，项目投入和产出的逻辑关系需要直接清晰，有一系列材料能够支撑这些逻辑。"见效快"是希望项目采取的行动和举措能够在项目实施期间或者可以预期的时间内能够见到明显的成效。"推广开"是项目的实施路线图和方法论能够在相似条件下可以复制，可以推广，并且在一定期限内取得预期成果。能够达到这七条准则的项目，一定是成功的项目，一定会得到独立评估专家的公正评价，得到国内外广泛认可，必将成为全球的样板和典范，能够为 GEF 的创新、综合、转型提供原始素材和持续动力。

小结

GEF 项目历经 7~8 年时间，通过国内外利益相关方通力合作才能实现项目目标，项目的申请可能十易其稿，层层审批，确实来之不易，需要国内外机构充分重视项目的实施，付诸强有力的领导力，形成清晰明确的管理结构框架，建立坚强有力的稳定团队，充分依靠国内外专家提高科技水平，将适应性管理与风险管理结合，注重以成果为导向的时间、质量控制，有效沟通，切实行动，科学管理，确保目标的完全实现。

通过项目实施，我们的期望是提高有效性（effectiveness），执行一个实施高效、成果丰硕的国际项目；加强可持续性（sustainability），形成一套促进生物多样性保护可持续的机制；打造高超的团队（capable team），组建一支能力全面、水平高超的项目管理团队；锤炼精英专家（talent expertise），构建一组具有国际视野、技术精湛的专家队伍。最终为建成"五位一体"的小康社会，推动人与自然和谐，建设美丽中国，实现可持续发展贡献联合国的智慧、经验和力量！

"海纳百川有容乃大，壁立千仞无欲则刚"是中华文明和智慧的经典，推进中国的生态文明、建设美丽中国需要勇于担当的一代，以此名句与自然资源管理和生态环境保护的各位同仁共勉！

本节作者：马超德　赵新华　联合国开发计划署驻华代表处

第二节　湿地保护适应性管理：保护管理有效性跟踪工具

湿地保护地是湿地长效存续的重要手段之一。全球范围内，一方面是湿地保护面积和投入渐增，另一方面是湿地面积减少、生物多样性锐减、生态系统服务功能持续退化。湿地保护的实际成效大多不尽如人意。全球范围内要求具象呈现保护地管理有效性的呼声越来越高。评估保护地管理有效性（protected area management effectiveness，PAME）由此进入决策者、公众，包括生态保护资金提供者的关注视野。

2004 年，国际社会开始将评估保护地管理有效性这一工作提上了保护决策的工作日程。2005～2010 年，短短 5 年间，全球掀起了首轮保护地管理有效性的评估风潮（Leverington et al.，2010；Nolte et al.，2010）。保护地管理有效性评估方法大致可分为 4 类：循证深入评估法、基于同行评定的保护区系统综合评估法、基于专家知识的快速记分卡评估法及基于假设的分类评估法（Ervin，2006）。截至 2015 年，全球 180 多个国家超过 9000 处保护地进行过管理有效性评估，评估次数累计达 18 000 次，所用评估工具多达 95 种（Coad et al.，2015）。

众多评估工具中，应用最为广泛的当数管理有效性跟踪工具（management effecttiveness tracking tool，METT）。目前，此评估工具也是国际生态环保类基金［如全球环境基金（Global Environment Facility，GEF）］在全球范围内力推的一种保护地管理有效性评估方法。全球环境基金第五增资期资助的"中国湿地保护体系规划型项目"项目（以下简称"GEF-5 中国湿地保护体系规划型项目"），在 5 年项目实施期内，使用 METT 持续跟踪 5 个项目区具代表性保护地管理有效性的变化情况。

在回顾 METT 发展和推广历程的基础上，本文将以实际案例为引线，总结 METT 在中国湿地类型保护地管理有效性评估中的使用经验和发现，进而分析其应用推广前景，最终给出建立长效的评估中国湿地保护地管理有效性的研究建议。

一、METT 的发展演进

管理有效性跟踪工具（METT）正式诞生于 2002 年。当初，世界银行与世界自然基金会的森林保护与可持续利用联盟为跟踪一面积为 5000 万 hm^2 且严重受破坏的林地，依据在实施赠款项目前后的管理成效变化开发了该工具（Stolton and Dudley，2016）。在正式推出这一评估方法之前，METT 内测版的开发参考了澳大利亚弗雷泽岛世界遗产地多年来在开发应用管理有效性评估工作中累积的经验。当时的设计版本选用的评估指标只包括管理过程和管理成效两大类。2001 年年底，METT 内测版在印度、印度尼西亚等 5 个国家的 16 处保护地进行了试用（Stolton and Dudley，2016）。当时主要是通过电话访谈完成了评估（Ervin，2006）。田野测评完成后，METT 开发者根据世界银行和世界自然基金会的使用反馈意见，对测试版进行了调整，并于 2002 年推出正式版（第一版）。

作为 METT 开发方之一，世界银行从 2001 年起就先行引入这一方法，监测其开发的各种项目，在实际使用中根据使用需求持续对版本加以改进。2002 年，全球环境基金要求第三增资期以后所有涉及保护地的项目均需把 METT 方法作为项目实施成效的评估指标之一。世界自然基金会自 2003 年起，就确立了"力争对所有森林保护地都实施 METT 评估"的工作目标。这些先驱性努力最终在 2004 年首见硕果。同年，《生物多样性公约》各缔约国在第七次缔约国大会上，做出了将"评估保护地管理有效性"纳入《保护地工作方案》的历史性决定（Stolton and Dudley，2016）。

随着 METT 应用范围不断扩大，建议改进此工具的提议也越来越多。2005 年和 2007 年，METT 先后两次得以修订（Stolton and Dudley，2016）。修订目的：一是能更好地满足不同类型保护地（含陆地类、内陆湿地类和海洋类保护地）的评估要求，二是能对保护地面临的各种威胁进行全球性的规范和统一。

众多国家和机构也纷纷对 METT 加以借鉴和改进，以回顾和检验其保护地相关工作的成效。时至今日，20 多个国家或机构本土化了 METT，包括不丹、印度尼西亚、印度、南非等国家和保护国际、南非原野基金会、全球野生动物保护协会、大自然保护协会、伦敦动物学会、美国国际开发署、西半球水鸟保护网络、关键生态系统合作基金（Critical Ecosystem Partnership Fund，CEPF）等国际机构或组织（Stolton and Dudley，2016）。此外，联合国开发计划署借鉴 METT，拓展开发出了能力发展计分卡（UNDP's capacity development scorecard）和资金可持续计分卡（financial sustainability scorecard）。经过一番讨论和实地测用，湿地公约在 2015 年第 12 届缔约方大会上通过了将国际重要湿地管理有效性跟踪工具（R-METT）作为公约推荐的管理有效性评估方法的决议。R-METT 是在 2007 版 METT（第三版）的基础上，针对湿地特点特别加以修改的。

因简单易行、快速省时又经济实惠，METT 在全球应用广泛。在众多国际组织和政府机构的共同推动下，这一工具已成为评估保护地管理有效性最常用的工具方法（Coad et al.，2015）。截至 2015 年底，全球至少 127 个国家近 1/5 面积比例的海洋和陆地保护地用这种工具评估过管理有效性（Stolton and Dudley，2016）（图 7.2.1）。

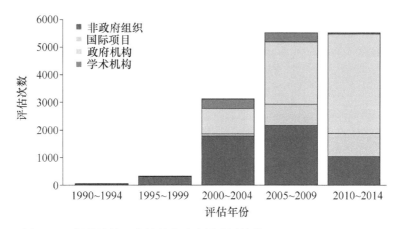

图 7.2.1　保护地管理有效性全球应用发展趋势（Dudley et al.，2007）

二、METT 的原理、方法与适用范围

保护地管理的根本目的在于实现其预期设立目标，这受制于资源投入、法律法规、体制机制、社会发展背景等诸多因素。保护地管理机构若想实现高效的运营和管理，就需要丰富全面的信息支持大大小小各类决策。除生态、文化、社会经济价值等保护地基本信息之外，保护地管理机构还需适时监测保护地内外生物多样性等保护价值的变化趋势，及时洞悉保护地所在区域及全国的社会、经济和文化发展与变化。否则，作为社会公共产品供给部门，保护地管理机构交出的"答卷"不尽如人意，管理问责模糊，将难以争取保护资金，更难赢得公众的认可和支持（Gilligan et al.，2005）。

因评估目的多样，被评估保护地的类型和主要保护对象各异，适用的评估方法侧重点多有不同，主要体现在评估内容组成和评估指标组合搭配各异上。METT 是一种复式快速评估工具，由基本信息表和问卷表两部分构成（图 7.2.2，表 7.2.1）。基本信息表含两项内容：一是保护地基本信息表，二是保护地威胁分类打分表。问卷表设计沿用的是"适应性保护管理"这一基础性逻辑框架（图 7.2.2），共有 30 个问题，全面涵盖了保护地管理的六大方面，包括背景（现状与威胁）、规划（拟定的保护目标）、投入（资源适配）、过程（执行力度）、产出（实施结果）和成效（保护价值）。开发用于评估各管理环节的评估问题为 1~14 个，其中用来评估保护"管理过程"的最多，为 14 个；涉及"管理背景"的只有 1 个，反映保护"管理成效"的也只有 2 个。这意味着 METT 是一种量化的评估方法，兼顾了保护地管理各个主要环节，但所测结果"管理过程"所占权重较大，而反映管理活动在保护地的价值保有、提升或减缓流失等方面取得成效的功能严重偏弱。这是 METT 工具最典型的内生性特点，决定着其适用范围。

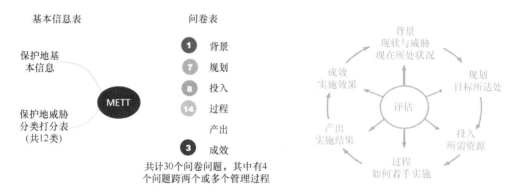

图 7.2.2 METT 评估工具内容组成和逻辑框架

圈中序号代表相应方面问题数量

表 7.2.1 METT——保护地管理有效性跟踪工具的内容组成

类型		内容组成
第一部分：基本信息表	a)保护地基本信息	评估表填写人及联系方式、评估时间、保护地名称、世界保护地数据库中被评估保护地的统一编号、保护地所在国家、类别、面积、建立时间、土地权属组成、管理权、员工组成、年度资金、主要保护价值、主要管理目标、评估人员组成及数量、评估动因
		若属国际命名保护地，填写国际命名类型、重要价值、命名日期等相关信息
	b)保护地面临的威胁及严重程度	按国际常用分类列有十二大类威胁，包括：①住宅与商业区建设；②农业与水产业；③能源与开矿；④交通与功能通道；⑤生物资源使用及损害；⑥人类进入与干扰；⑦自然系统改变；⑧外来物种及其他问题物种与基因；⑨污染；⑩地质事件；⑪气候变化；⑫特定的文化与社会威胁
第二部分：问卷表	问卷表共含 30 个问题（每个最高得分 3 分）和 4 个附加问题（每个最高合计得分为 3 分），问卷表最高得分为 102 分。括号内给出了各问题在管理有效性评估工具框架中对应的管理环节（文献来源：Avramoski et al.，2016）		

	1. 法律地位（背景）
	2. 保护地条例（规划）
	3. 执法（过程）
	4. 保护地目标（规划）
	5. 保护地设计（规划）
	6. 保护地边界确界（过程）
	7. 管理计划（规划）
	   7a. 规划过程—利益相关方参与
	   7b. 规划过程—规划定期更新
	   7c. 规划过程—管理结果融入规划
	8. 日常工作规划（规划/产出）
	9. 资源调查（投入）
	10. 巡护管理体系（过程）
	11. 科研（过程）
	12. 资源管理（过程）
	13. 员工数量（投入）
	14. 员工培训（投入/过程）
		15. 当前经费（投入）
		16. 资金保障（投入）
		17. 经费使用（过程）
		18. 设备（投入）
		19. 设备维护（过程）
		20. 宣教（过程）
		21. 土地与水资源利用规划（规划）
		   21a. 土地与水资源利用规划—兼顾生境保护
		   21b. 土地与水资源利用规划—兼顾生态系统连通性
		   21c. 土地与水资源利用规划—兼顾生态系统服务功能和物种保护需求
		22. 周边的政府与商业伙伴（过程）
		23. 原住民（过程）
			24. 当地社区（过程）
			   24a. 对社区的影响—双方关系坦诚度及信任度
			   24b. 对社区的影响—保护的同时提升社区福祉
			   24c. 对社区的影响—社区支持度
			25. 经济效益（成效）
			26. 监测与评估（规划/过程）
			27. 访客设施（产出）
			28. 商业旅游经营者（过程）
			29. 收费（投入/过程）
			30. 价值状况（成效）
			   30a. 价值状况—基于研究或监测
			   30b. 价值状况—项目挂钩特定价值提升
			   30c. 价值状况—生物多样性和生态与文化价值是保护地日常主要业务

METT 广为应用的趋势既令人振奋，又引人关注，因为任何评估工具和方法的适用范围都是有限的。正确地解读和应用评估结果是任一评估工具或方法免于误用和滥用的重要前提，METT 也不例外。METT 最适合用来跟踪某一特定保护地保护管理随时间的变化趋势，通过重复评估，比对不同时期的评估结果，找出保护管理中存在的薄弱环节，以便加以改善。未经任何标准化方法加以校正的 METT 原始值绝不可直接用来比较不同保护地管理成效的高低。这是 METT 这一工具的内生特点和产生背景决定的，即不适合用做不同保护地保护成效的比较，而是适用于跟踪某一保护地保护管理随时间的变化。这决定了 METT

不能视为独立评估或适应性管理的唯一参照依据（Stolton et al.，2002）。

随着 METT 的推广应用，对 METT 评估结果的分析和解读也随之得以拓展和延伸。现在，这一方法还被用来分析某一地区、国家或者某类保护地（如森林、湿地或者海洋保护地）的整体管理水平，明确管理长处和待提高的薄弱环节。2007 年，Dudley 等对全球 51 个国家 330 处保护地的管理有效性评估结果进行分析后发现，保护地管理呈现出一定的趋同性。例如，某些管理内容，如保护地立法、边界确定、保护地设计等总体评估得分较高，而涉及社区与访客管理、管理规划、监测与评估、资金和环境教育宣传等管理内容的评估得分往往较低。这一研究还发现，保护地的管理水平高低还与保护地的保护严格程度具有一定的相关性。这也侧面佐证了保护地分类管理有利于保护地保护价值实现的观点。

在此基础上，2015 年，Geldman 等采用 METT 标准化变差而非 METT 原始值作为衡量保护地管理成效的比较指标。这样既可消除某些"底子好"的保护地 METT 分值反而低于某些"底子薄"的保护地的情况，也可以解决因某些评估问题对某些保护地不适用（如保护地收取门票费、原住民等），导致 METT 分值"变相地"被拉低，直接比较 METT 原始值在方法学上是不可取的难题。

$$\text{METT 标准化变差} = \frac{\text{TSMS}_{t=1} - \text{TSMS}_{t=0}}{100 - \text{TSMS}_{t=0}} \times 100 \qquad (7.2.1)$$

式中，$\text{TSMS}_{t=0}$ 代表初始时 METT 标准化值；$\text{TSMS}_{t=1}$ 代表当前的 METT 标准化值。

METT 问卷表共计 30 个问题。如上所述，有些评估问题不具有普适性，不适用于某些保护地，如"保护地内的原住民"这一评估问题；有些评估问题还列有附加问题，评估时有时也会被略过不答，结果导致不同保护地因实际情况不同，最终可回答的适用评估问题总量会有所差异。为消除因适用的评估问题多寡不同导致 METT 评分出现差异的现象，可将 METT 原始值加以标准化。

$$\text{METT 标准化值（TSMS）} = \frac{(\sum_{i=0}^{n=30} \text{Score}) \times \text{Questions}_{max}}{(\text{No. of questions} \neq 0) \times \text{Score}_{max}} \times 100 \qquad (7.2.2)$$

GEF 项目采用的 METT 工具是在早期 METT 版本的基础上补充完善的新版本。其中问题 7、21、24 和 30 还各有 12 个附加问题，每个附加问题各占一分。因此，GEF 版 METT 原始值取标准化的公式应为

$$\text{TSMS}_{GEF} = \frac{(\sum_{i=0}^{n=30} \text{Score}) \times \text{Questions}_{max} + (\sum_{i=0}^{n=12} \text{Score}) \times \text{Supplementary Questions}_{max}}{(\text{No. of questions} \neq 0) \times \text{Q-Score}_{max} + (\text{No. of supplementary questions} \neq 0) \times \text{SQ-Score}_{max}} \times 100 \text{①}$$

$$(7.2.3)$$

式中，Score_{max} 指单个评估问题最高价值，其固定值为 3；$\sum_{i=0}^{n=30} \text{Score}$ 代表 30 个评估问题得分总和；Questions_{max} 代表实际评估回答的问题数；$\sum_{i=0}^{n=12} \text{Score}$ 代表 12 个附加问题的得

---

① 公式（7.2.3）根据 Geldman 等（2015）给出的公式（7.2.1）和（7.2.2），由本章著者改写而成

分总和；Supplementary Questions$_{max}$ 指实际评估回答的附加问题数，（No. of questions$\neq 0$）代表 METT 问卷部分总问题数；No. of supplementary questions$\neq 0$ 指附加问题总数；Q–Score$_{max}$ 代表实际评估回答的问题最高得分值，其等于 $3 \times$ Questions$_{max}$；SQ–Score$_{max}$ 指实际评估回答的附加问题的最高得分值。

经标准化后，METT 值，尤其是标准化的 METT 变差可用于比较不同保护地间的管理成效。再次强调：METT 所测评分值的高低不代表被评估保护地价值的高低。这是因为，相较于其他保护地管理有效性评估工具，如基于大量野外监测和科研数据的循证类评估，METT 工具更加侧重于衡量保护过程的实现度。换言之，其测量的是保护管理行动的有效执行度，而不能较好地反映保护行动是否同效成功转化为保护目标和保护价值的实现度。从这个意义上来说，METT 侧重衡量保护过程而非保护结果。这也决定了 METT 评估在评估保护地保护价值实现度方面，属于一种"依赖型的非独立性评估"，其结果需与其他数据配合应用，综合加以分析和考虑，共同支持有效决策。

作为保护地管理有效性评估快速记分卡的一种，METT 全球应用最广，从最初的方法设计仅针对单个保护地的评估（Stolton et al.，2002）到目前用于某类保护地，甚至是全球保护地体系管理有效性的评估（Geldmann et al.，2015），远远超越了 METT 开发设计者的初衷。METT 作为一种基于专家判定的量化评估方法，易伴有评估误差和认知偏差，导致评估打分难或评分结果不靠谱（Avramoski et al.，2016），甚至有人曾一度担心 METT 评分会出现人为操纵现象（Geldmann et al.，2015）。事实上，当评估人员是保护地管理人员时，由于过度关注保护管理细节，往往易陷入"管理失望"状态，其评分常较外部专家的偏低（Stolton and Dudley，2016）。Avramoski 等（2016）还指出：METT 还具有"框架效应"特点，即评估者会对 METT 问题给出不同的解释，导致逻辑意义相似的不同说法会引向不同的决策判断。例如，评估人员有时会给出保护地受威胁程度较高，保护管理不佳但保护地管理有效性却得分不低的评估结果，这种"逻辑不合"的评估现象就是典型的框架效应表现之一。方法学上，METT 各问题赋分相同，未进行加权。事实上，METT 涵盖的 30 个问题在保护管理中的重要性是不等的（Stolton et al.，2002）。这就要求 METT 评估者和审核者在解读 METT 得分时，应加以慎重。甚至有专家认为应按管理有效性六大环节各环节实际得分率，来具体判定各管理环节的实际成效。

在全球保护地管理机构囊中羞涩的大形势下，METT 虽设计有瑕疵，却不能影响其成为那些无力（不论是财力还是技术能力）制定更加详细监测体系的保护地，监测管理有效性动态变化的简便易行的上选方法（Avramoski et al.，2016）。在经费短缺的情况下，开展细致的保护成效评估往往是不现实的。即使是 METT 这样简易的快速评估，在其开发初期，也被世界银行的项目管理人员视为"工作负担"，因为保护成效评估常被视为"任务蠕变"，认为挤占本来不多的保护经费进行管理成效评估就是"钱没花在刀刃上"。保护地管理者、出资方和决策者往往对自己管理或资助的保护地现状及发展趋势了解不足，决策常常低效且针对性不强，有时甚至是错误的却长期不晓（Craigie et al.，2015）。在这种现实情况下，对保护地管理工作的实际成效定期进行检测，及时进行管理和决策纠偏，就需要参照有效的管理有效性评估结果。因此，铭记 METT 评估方法的特点，正确加以应用，则不失为保护经费有限情况下适应性管理的首选决策参考信息源。

三、METT 的应用实践

截至 2016 年，全球 METT 数据库录入的保护地 METT 评估信息，共涉及 127 个国家 2506 处保护地，总面积达 427 370 967hm²（表 7.2.2）。就中国而言，METT 数据库收录的开展过 METT 评估的保护地数量为 116 处，总面积为 32 633 300hm²。

表 7.2.2　全球保护地 METT 最新应用统计表

所属洲名	国家数量/个	评估保护地数量/处	评估保护地面积/hm²
北美洲	11	212	14 290 192
大洋洲	8	24	2 798 781
非洲	45	1 115	175 461 322
拉丁美洲	3	62	2 760 560
南美洲	11	342	84 546 886
欧洲	23	296	57 588 312
亚洲	26	455	89 924 914
合计	127	2 506	427 370 967

数据来源：Stolton and Dudley，2016

GEF 从第三增资期开始就硬性要求所有保护地类项目需实施 METT 评估。在此之前，某些非政府组织和众多科研人员也利用 METT 及与 METT 类同的方法对中国的某些保护地进行过评估，评估工作却多以一次性评估而结束。例如，2003 年和 2005 年，在世界银行和世界自然基金会的支持下，欧阳志云团队对国家林业局主管的 634 处保护地进行了管理有效性评估，其中 553 处保护地提交了有效问卷，调查保护地涉及除香港、澳门和台湾以外的全国 31 个省、直辖市、自治区/州的国家级、省级和市县级保护地分别为 153、386 和 14 处（权佳等，2009）。METT 评估的真正价值在于对同样的评估对象重复加以评估，以持续跟踪保护管理的变化动向和趋势。从这个意义上来说，GEF-5 中国湿地保护体系规划型项目是中国首次遵循 METT 方法学，完整应用这一评估方法的一次应用全实践。此次实践两次迭代应用评估结果，指导项目推进，其应用经验和教训具有前所未有的代表性和参考价值。本小节将对此次评估努力进行简单的回顾和概括总结，以期为 METT 日后在中国的推广应用提供可借鉴的一手经验。

（一）应用实践

基于既有实证支持，全球环境基金坚信 GEF 项目资金能提升单个保护地的管理水平，增强保护地体系的可持续性治理，进而促进生物多样性保护（Coad et al.，2015）。因此，自 GEF 第三增资期伊始，GEF 开始将 METT 值视为反映保护地生物多样性保护水平和状态变化的有效指标（Zimsky et al.，2010），要求在实施 GEF 项目时，在项目获批前、项目实施中期和项目实施结束时先后分三次进行 METT 评估（Swartzendruber，2013），从而成为全球首家将 METT 评估作为项目实施成效硬性评估要求的机构。METT

正式成为"制度性"评估工具，实现了该评估工具从自发或自愿使用到制度要求的历史性转变。应 GEF 资助项目硬性规定，全球环境基金第五增资期支持的、由国家林业局具体负责执行实施的"生命之流——加强中国湿地保护体系"项目就从单个保护地和特定保护地组合两个层面完整地应用了 METT 方法。

GEF-5 中国湿地保护体系规划型项目属于规划性项目，由 6 个子项目组成，其中 1 个属于国家层面的面上政策推动类项目，不涉及点上保护地的保护工作，其他 5 个则属于特定区域层面保护地体系治理能力提升项目，属于区域层面政策及点上保护地示范项目相结合的项目。因此，该项目所有区域层面的子项目都依 GEF 项目管理要求对项目区具代表性的保护地进行了 METT 评估，具体涉及大兴安岭全域（行政区划跨黑龙江和内蒙古两省（区）相关地区）、海南省、新疆维吾尔自治区、安徽省和湖北省共 38 处保护地（表 7.2.3）。鉴于本章编写时，所有项目正陆续进入收尾阶段，METT 终期评估尚未全面拉开，故本章案例分析内容不得不抱憾地仅限于既有的两次评估结果。这一缺憾并不影响对 METT 应用实践的分析、归纳和总结。

表 7.2.3 GEF-5 中国湿地保护体系规划型项目开展 METT 评估的保护地列表（面积单位：hm^2）

大兴安岭地区 43 处保护地 (3 100 300)	海南 53 处保护地 (42 149 463)	新疆 35 处保护地 (22 952 334)	湖北 357 处保护地 (1 567 649.5)	安徽 11 处保护地 (626 678)
1. 多布库尔 (128 959)	12. 东寨港 (3 337)	19. 两河源 (680 776)	24. 洪湖 (41 412)	33. 升金湖 (33 400)
2. 南瓮河 (229 523)	13. 清澜红树林 (2 905)	20. 科克苏 (30 667)	25. 丹江口 (45 103)	34. 十八索 (3 652)
3. 双河 (88 849)	14. 东方黑脸琵鹭 (1 429)	21. 布尔根河狸 (5 000)	26. 梁子湖 (37 946)	35. 安庆沿江 (120 000)
4. 呼中 (167 213)	15. 花场湾 (150)	22. 哈纳斯 (220 162)	27. 龙感湖 (22 322)	36. 铜陵淡水豚 (31 518)
5. 岭峰 (68 373)	16. 新盈 (507)	23. 额尔齐斯河科克托海 (99 044)	28. 天鹅洲白鳍豚 (2 000)	37. 石臼湖 (10 667)
6. 绰纳河 (105 580)	17. 三亚河/铁炉港/青梅港 (728)		29. 天鹅洲麋鹿 (1 567)	38. 扬子鳄 (18 565)
7. 根河源 (59 060)	18. 新英湾 (115)		30. 网湖 (20 495)	
8. 毕拉河 (56 604)			31. 长江新螺段白鳍豚 (13 500)	
9. 汗马 (107 348)			32. 沉湖 (11 579)	
10. 阿鲁 (64 386)				
11. 额尔古纳 (124 527)				
合计：1 200 422	合计：9 171	合计：1 035 649	合计：195 924	合计：217 802

注：根河源、东寨港、两河源、洪湖和升金湖为 5 个区域项目中，GEF 资金重点支持和示范的项目点。括号内数据为各保护地面积数

如表 7.2.3 所示，GEF-5 中国湿地保护体系规划型项目从区域水平和单个保护地水平，对项目区共计 38 处总面积为 2 658 968hm^2 的湿地保护地（含国家级、省级自然保护区和国家级湿地公园等不同类型的保护地），按 GEF 资金资助项目适用规定，用 METT 对这些保护地的管理有效性进行了评估。国家林业局 GEF 湿地项目管理办公室在项目建议书准备阶段，首先在湖北洪湖国家级自然保护区组织了一次专门的培训，聘请国内专家就 METT 评估方法的原理、内容及填写注意事项进行了详细的介绍。各项目区有关

保护地选派的与会人员在专家的带领指导下,试填写了 METT 评估表,并就填写中遇到的具体问题向与会专家进行了具针对性的咨询探讨。

在此基础上,GEF 项目聘请的负责各子项目的国内外专家又在随后的项目建议书准备过程中,在各项目主要示范区召开了专门的 METT 填写座谈会,按 METT 评估表所列内容,逐项介绍填写内容及要求,并请与会的各代表性保护地的参会人员现场初步填写了 METT 评估表,随后请各保护区代表在回到各自所在单位时再召集相关人员,讨论并完善 METT 评估表。最后,各保护地将所填写的 METT 评估表发给 GEF 指定的 METT 技术专家,由后者结合各保护区填写的威胁分析和赋分值、相关问题评分和解释,以及其他可获得的信息(包括实地考察调研发现、保护地填写的生态系统健康指数表等),交叉验核相关信息,对有疑问的问题向保护地指定人员做进一步的了解,讨论适宜的打分结果。根据 GEF 的 METT 评估表填写要求,所有评估内容均悉数填写,无一遗漏。某些不适用的评估问题,也以"不适用"特别加以标明,而不是简单地以不回答为便。METT 最终评估结果经由 GEF 项目实施机构提交 GEF 项目执行机构(GEF-5 中国湿地保护体系规划型项目为联合国开发计划署)指定专家进行最终审核,经确认合格后提交至 GEF 项目管理办公室备案。

(二)应用结果分析

从受评估保护地空间尺度级别来看,METT 的应用大致可分为三个层次(Dudley et al.,2007):①用于单个保护地或者彼此毗邻的保护地群的评估,为单个或者同域同质保护地管理者提供管理提升指导;②用于评估特定类别或组合的保护地,为大型资金项目或政府间组织提供有关跨域同质特定类别保护地管理的决策建议,如淡水湿地类保护地或国际重要湿地管理有效性评估;③用于保护地体系评估,对某个国家或地区所有保护地进行评估,为国家或区域层面大尺度异质保护地管理提供战略性管理思路和决策方向的判定。

本部分从区域层次和单个保护地层次对 GEF-5 中国湿地保护体系规划型项目的 METT 评估结果进行归纳总结,并对评估结果进行初步分析,启发示范其对保护地管理的指导用法。本小节内容拟从以下三个层面,从宏观到微观依序铺开:①跨区域层面——涉及 5 个区域项目所有的代表性保护地;②区域层面——以大兴安岭地区所有代表性保护地为例;③单个保护地层面——以大兴安岭地区根河源国家湿地公园为例。

1. 跨区域层面案例

如表 7.2.3 所示,GEF-5 中国湿地保护体系规划型项目对中国境内从南到北、从东到西、最具湿地保护管理特色的五大区域——大兴安岭、海南、新疆、湖北和安徽内最典型的湿地类保护地进行了 METT 评估。五大区域 2012 年统计的保护地总数量为 499 处,总面积达 70 396 424.5hm^2。在 GEF 项目实施期间,按项目规划,开展 METT 评估的保护地共计 38 处,总面积达 2 658 968hm^2,占上述区域既有保护地的数量和面积比例分别为 7.6%和 3.8%。2012 年,38 处建区时间不等的选定保护地按 GEF 要求的 METT 评估规程,完成了项目初期的首轮评估,其中评估得到的 METT 原始值详见表 7.2.4 和图 7.2.3,评估测得的各保护地受威胁总程度如图 7.2.4 所示。五大区域项目所受威胁及严重程度如图 7.2.5 所示。

表 7.2.4　五大区域项目代表性保护地项目初期（2012 年）METT 原始值

大兴安岭	多布库尔	南瓮河	双河	呼中	岭峰	绰纳河	根河源	毕拉河	汗马	阿鲁	额尔古纳	总值	均值
	35	50	48	48	31	30	46	48	53	44	53	486	44.18
湖北	洪湖	丹江口	梁子湖	龙感湖	天鹅洲白鳍豚	天鹅洲麋鹿	网湖	长江新螺段白鳍豚	沉湖				
	47	23	45	50	41	53	47	46	48			400	44.44
海南	东寨港	清澜红树林	东方黑脸琵鹭	花场湾	新盈	三亚河/铁炉港/青梅港	新英湾						
	42	39	45	27	26	30	15					224	32.00
安徽	升金湖	十八索	安庆沿江	铜陵淡水豚	石臼湖	扬子鳄							
	45	50	56	59	34	62						306	51.00
新疆	两河源	科克苏	布尔根河狸	哈纳斯	额尔齐斯河科克托海								
	65	71	47	64	28							275	55.00

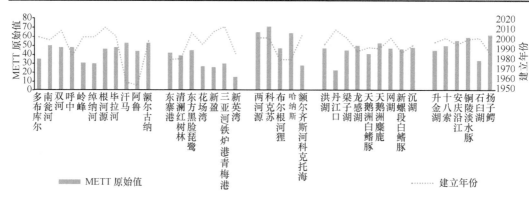

图 7.2.3　项目初期（2012 年）五大区域项目代表性保护地 METT 原始值

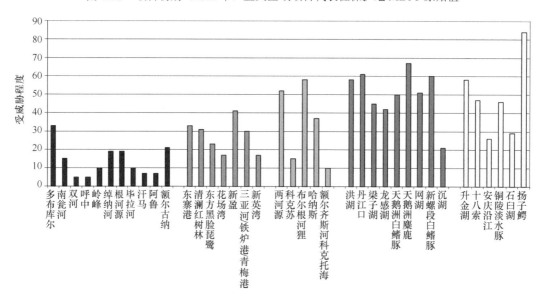

图 7.2.4　项目初期（2012 年）五大区域项目 38 处代表性保护地受威胁程度

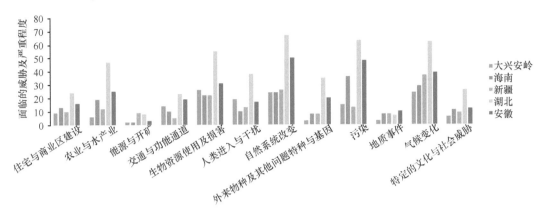

图 7.2.5　五大区域项目保护地面临的威胁及严重程度

2012 年，GEF 项目启动前，五大项目区代表性保护地的保护管理有效性得分均值为 45.32，大兴安岭与湖北的 METT 均值与五大项目区总均值接近，安徽与新疆两省份的高于五大项目区总均值，海南的 METT 均值最低。据此可以基本看出，海南省的保护地管理水平在所有项目区可提升的空间最大。结合图 7.2.4 和图 7.2.5 两个威胁分析图，不难看出，在所有项目区中，海南省的保护地面临的威胁严重程度居湖北和安徽之后，而后两者的 METT 值均接近或高于五大区域项目平均水平。这从侧面进一步说明较项目区其他省份，海南省保护地的管理需要付出更大努力应对保护威胁。

气候变化和自然系统改变是所有区域项目保护地面临的共性威胁。此外，各区域项目所受威胁呈现出"地域特色"。例如，大兴安岭和新疆的保护地面临的主要威胁是污染和生物资源使用及损害；海南主要是农业与水产业、污染和生物资源使用及损害；湖北和安徽的湿地保护地面临的威胁面广、程度深，只有能源与开矿及地质事件这两类威胁的影响程度相对较低。这样的面上宏观信息，对于区域层面的保护地决策者和管理者在规划和安排有限的保护资源时，具有方向性和总体性的指导作用。

具体到各区域项目的代表性保护地，虽所处区域的主导性威胁相同，但各保护地所受威胁又千差万别，具体到各保护管理时又要有差别性地具体情况具体分析。大兴安岭地区 11 处被评估的保护地，多布库尔保护区所受威胁严重程度最高；海南是新盈国家级湿地公园，新疆是布尔根河狸保护区，湖北是天鹅洲麋鹿保护区，安徽则是扬子鳄保护区。这意味着，在这些地区，上述 5 处保护地的管理难度更大。从这个意义上来看，区域内保护管理资源分配时也宜向这些地区进行适当倾斜。

2. 大兴安岭地区案例

随着研究视野从整个 GEF-5 中国湿地保护体系规划型项目跨区域层面聚焦至大兴安岭地区，我们进一步从单一区域层面纵深剖析这一区域保护地管理有效性随时间的演变趋势，了解如何正确解读 METT 评估结果，以指导保护地管理者"有的放矢"地提升管理绩效，维护和提升保护地的保护价值。

大兴安岭地区 11 处保护地分别在 2012 年和 2015 年按 GEF 第五增资期项目管理要求，先后两次进行了保护地管理有效性评估，详细结果请参见图 7.2.6。单从 METT 原始值来看，在 GEF 第五增资期项目执行的前半期，除阿鲁保护区外，其他 10 处代表性保护地的管理有效性都有不同程度的提升，提升幅度从 1 分到 24 分不等。如上一小节所述，METT 原始值不宜用于不同保护地之间保护成效的比较，但 METT 标准化变差则可以反映同一评估时期不同保护地管理水平的高低。额尔古纳保护地的 METT 评估结果就是一个极好的实证。经标准化取值后，METT 值增加 1 分的额尔古纳的 METT 标准化变差反而为负的 3.97。这表明，额尔古纳保护地虽 METT 值在项目中期时有些许增加，但实际管理成效却有所"缩水"。经此分析，再回溯仔细查看该保护地的 METT 评估表，结果发现，该保护地 METT 值增加，主要是附加题得分增加，但所有附加题实为附属评估问题，其分值增加，并不能从根本上改变其关联的主评估问题的评分结果。

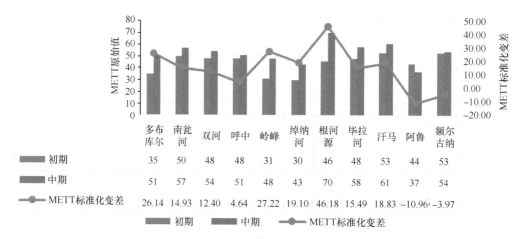

	多布库尔	南瓮河	双河	呼中	岭峰	绰纳河	根河源	毕拉河	汗马	阿鲁	额尔古纳
初期	35	50	48	48	31	30	46	48	53	44	53
中期	51	57	54	51	48	43	70	58	61	37	54
METT标准化变差	26.14	14.93	12.40	4.64	27.22	19.10	46.18	15.49	18.83	-10.96	-3.97

■ 初期　　■ 中期　　—●— METT标准化变差

图 7.2.6　大兴安岭项目具代表性保护地的 METT 值及变化（2012 年对 2015 年）

阿鲁保护区的 METT 评估值在中期评估时略有下降，从中期各评估问题的备注解释来看，METT 评估分值下降，更多原因在于保护地的管理人员在填写 METT 评估表时，对于各指标问题的赋分较项目初期更加严格和可靠，而不是保护地的实际管理水平出现了实质性的下滑（表 7.2.5）。这也是前面反复提到的 METT 评估工具因属于偏定性的量级评分方法，评估者评估时所秉承的客观性、公正性及掌握的信息量的多寡，都会影响最终的评估分值。

表 7.2.5　阿鲁（省级）自然保护区 2012 年与 2015 年 METT 评估值变动比对表

评估问题	2012 年赋分	2015 年赋分
问题 4：管理是否根据既定目标在进行？	3	1
2015 年赋分理由：保护区有既定管理目标，但只有防火、管护和巡护这三方面的既定目标在实施执行，其他目标未完全实现。 解决办法：需要进一步争取经费，配齐机构，完成其他既定目标。		
问题 9：是否有足够的信息来管理保护区？	2	1
2015 年赋分理由：早期开展了保护区科学考察，掌握的相关信息足以支持大部分关键地方的规划和决策，但仅限于那一次，后期没有进一步科考调查。 解决办法：组织相关技术部门或者聘请相关专家进一步摸清资源底数。		
问题 11：是否有针对保护区管理的调查和研究性项目？	1	0
2015 年赋分理由：由于缺少经费，虽有一些调查研究成果，但并未被管理者应用到保护管理工作中去。 解决办法：尽快成立独立管理机构，申请专项经费，通过加强与科研院校合作，开展更多的相关活动，为管理工作服务。		

续表

评估问题	2012 年赋分	2015 年赋分
问题 13：是否雇用了足够的人来管理保护区？	2	1
2015 年赋分理由：编制 160 人，实有 2 人，兼职巡护人员差距较大。 解决办法：增加人员配备，提高人员素质。		
问题 15：当前的经费是否充足？	2	1
赋分理由：以前工作经费由林业局拨付，主要包括管理经费和人员工资，管理经费与实际需求存在差距，现在自治区级的保护区没有经费投入。 解决办法：争取晋升国家级保护区。		
问题 16：经费是否有保障？	1	0
2015 年赋分理由：同上。		
问题 17：经费管理是否能满足关键的管理需要？	2	1
2015 年赋分理由：同上，没有经费，经费管理无从谈起。		
问题 24：当地社区是否参与管理决策？	1	0
2015 年赋分理由：当地社区时常参加保护区的发展讨论会，但无决策权。 解决办法：引导公众参与，共同为保护区出谋划策。		
问题 25：保护区是否正在为当地社区带来经济效益，如收入、就业、环境服务收入？	1	0
2015 年赋分理由：曾经认识到经济效益，拟开展林下资源开发；事实上，截至目前仍未开展任何经营活动。		

　　如前文所述，就 GEF-5 中国湿地保护体系规划型项目五大区域项目而言，大兴安岭地区保护地面临的威胁类别少，严重程度较低。具体到区域水平，11 处被评估的保护地中多布库尔、根河源和额尔古纳所受威胁较为严重（详见图 7.2.7）。综合来看，这一地区的保护地对于气候变化的影响最为敏感，在应对气候变化的国家战略和地区战略中，此区域应作为重要的工作区域加以考虑。

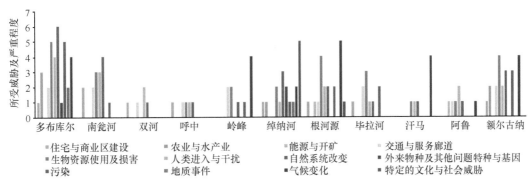

图 7.2.7　大兴安岭地区代表性保护地所受威胁及严重程度

3. 根河源国家湿地公园案例

　　我们将研究视野进一步纵向窄化和聚焦，选取根河源国家湿地公园的 METT 评估结果，进行单个保护地层面的应用解读。根河源国家湿地公园位于根河上游，属额尔古纳河的重要支流。该保护地总面积为 59 060hm²，其中湿地总面积为 20 291.01hm²，包括沼泽湿地、河流湿地和湖泊湿地（国家林业局调查规划设计院，2011）。湿地公园动植物资源、森林和湿地景观资源及文化资源丰富。公园周边定居着这一地区唯一的原住民——敖鲁古雅鄂温克族。该公园地处大兴安岭多年冻土区，区内原始的寒温带针叶林和湿地生态系统对气候变暖条件下的多年冻土维持及该区的生态系统的原生维持十分关键。森林火灾、湿地局部受损和退化、林下经济发展和旅游发展是该湿地公园目前管理中面临的主要挑战。该保护地正式成立于 2011 年，在 2016 年正式由原来的国家级湿地公园试点区升级为国家级湿地公园。升级为国家级湿地公园之后，国家拨付财政资金用于该保护地的基础建设、宣传教育、访客设施、湿地恢复等工作。与此同时，GEF 第五增资期赠款项目在此开展了湿地生态系统价值评估、环境教育宣传等系列保护工作，使得该保护地的工作从建立之初至 2016 年五年间有显著性的发展（图 7.2.8）。这些保护努力在一定程度上确实有助于缓解某些特定的威胁，如生物资源使用及损害（图 7.2.9）。

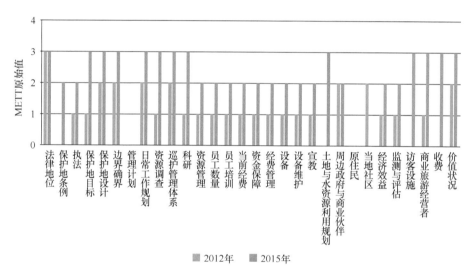

图 7.2.8　根河源国家地公园 2012 年和 2015 年 METT 分值

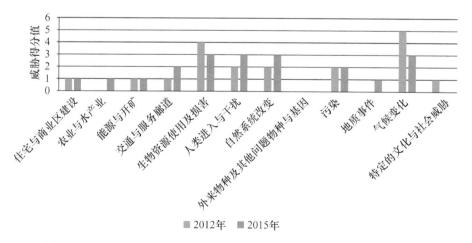

图 7.2.9　根河源国家级湿地公园所受威胁变化情况（2012 年对 2015 年）

通过上述三个层面的应用实例分析与总结，我们不难看出，METT 作为一种快速的管理成效评估方法，在重复量（重复评估）、评估取样量（评估的保护地数量）、评估准确度（评估人员业务水平高且能做到客观、公正评估）和评估保护地已有信息丰富度（评估保护地的基础数据、管理数据、监测和科研等数据新且全）有保障的情况下，不失为一种评估保护地管理有效性的高效工具。各种保障的到位与配齐则决定了这一评估方法的"生命力"和"影响力"。

（三）应用中的问题

在 METT 填写过程中，保护地参与人员多是首次接触此评估方法，对其认识也是在使用中逐步加深认识和了解的。从项目初期最开始接触此工具时的"无所适从"，觉得需要众多信息且分级评分无量化指标而无法下手填写，到项目中期能够根据保护地的实际情况更"真实"地评估保护地的管理现状，给出客观公正的打分，METT 的使用过程也是一个"认识—学习—再学习"和"接触—了解—评判—认可—接受"的过程。在项目实施过程中，METT 评估工具的使用也从最初的质疑、拒绝到后来的深度了解和认可。这也意味着随着项目的不断实施和推进，METT 的评估结果也亦趋向客观、公正和可靠，更能准确地反映被评估保护地的实际管理水平。在 METT 实际应用中，我们观察到的具典型性和代表性的问题主要有如下几个方面。

（1）因保护地管理人员专业水平的局限性，对某些无统一定义的专业术语的了解有限或不同，限制了使用人员准确地打分。例如，"集水区"这一概念的正确使用，事实上受限于特定的空间尺度。在评估时，保护地的工作人员会纠结就他们各自的保护地来说，"集水区"的空间范围到底是多大。

（2）因顾虑 METT 评估分值较低，代表自己的保护地管理差，在评分时会出现"就高不就低"的评分现象。

（3）因信息掌握不全面等原因，有时填写的内容相互之间会出现信息不一致的现象。例如，某保护地内有居民，但在勾选生物资源使用及损害这一威胁时，最初填写时会出现"无资源利用威胁"或"不适用"这样的评估结果，这显然与事实不符。

（4）因保护地缺乏有效的信息整理和储备，评估时可以明显观察到一些需要监测和研究数据支撑的评估问题，赋分时则多是基于定性而非定量的评估进行的判定。保护区面临的威胁分析多是如此，保护地设计、保护地价值等评估问题的赋分更不例外。

（5）同许多事物的发展呈 S 形曲线一样，保护地管理从低一级水平跨越到高一级层次，初始时较易，越到后期越难，导致保护地管理达到中上等水平后，管理成效评估结果长期持平，进入"平台期"，这会让保护地管理者产生"管理焦虑"。此外，保护管理中，有些管理不足的致因在于保护地管理者本身未能依法尽职尽责，干好自己的本职工作（如巡管不利，甚至保护人员缺乏应有的自我约束，"顺走"保护资源等）。评估时，保护地管理人员多倾向将管理不善归因于客观原因而避免自查自省，这也会导致 METT 评估结果不能更加真实地反映管理中存在的某些问题。

这些问题，有些通过专家审阅、全面纳入保护地利益相关者或者保护地填写人员间通过商议及交叉验核，可以消除。然而，某些问题，或因信息储备有限，或因 METT 作为一类定性分级评分法自有缺陷导致的评估"偏差"，亦或因保护地管理事务自身发展规律所限，自然是无法完全规避的。尽管如此，METT 评估工具仍不失为一种简单、易用、较为可信的用于定性判定保护管理趋势的工具。如前所述，经过方法学处理，METT 评估结果也可用做定量评估工具。在此不再赘述。

四、METT 的应用前景与建议

从前述可以看出，METT 作为一种全球应用最广的保护地管理有效性评估工具，除得益于包括世界自然保护联盟的世界保护地委员会（IUCN WCPA）、生物多样性公约（Convention on Biological Diversity，CBD）、世界银行（World Bank，WB）、全球环境基金（GEF）在内的具世界影响力的多家国际组织的全力推介外，更源自这一评估工具无以比拟的优点。国内外许多关于这一评估方法介绍和应用的报告及应用分析案例都对此做过详细的介绍（Coad et al.，2015；权佳等，2010）。归根结底，这一工具最大的特色就在于能让保护地管理者和决策者简洁明了且精准地从无序庞杂的各类保护管理信息中提取出最有用的信息，滤除非关键性的"噪音信息"，以及时动态地进行有效且高效的保护管理决策。

与以往单纯侧重保护地管理中的一个或几个"切面"，如生物多样性价值（含物种生物多样性、种群生存力、种群密度）、群落结构、生态系统健康度或者再同时测定保护对象所受威胁严重程度与保护对象健康度相关性等角度来评估保护地的"价值"不同，METT 查看的是一个保护地的"综合管理实力"，即有效利用各类资源，含立法、规划、资金、人力（含利益相关方）、保护地"天赋资源"等，使保护地最终实现其法定的设立目标。

正因为此，与专门的侧重于生物或文化价值或生物多样性等专项评估工具相比，该综合评估工具的"评估细节精度"会逊色不少。若将 METT 比作是广角镜头，那么专项类评估则可视为长焦镜头。METT 评估方法让保护地管理者在埋头苦干的不懈努力中，时不时地抬头看路，确保保护努力方向"不走偏"。所以，若是外部人员用 METT 对保护地进行评估，评估结果可以让保护地管理者用全新的视角了解自身工作的表现。

METT 评估中发现的任何"上升态势"会对保护地管理者形成"正向激励"，而"下行态势"则会及时提醒保护地者反思保护管理过程，及时采取调整措施和行动，有效"止损"，从而形成良性的"评估—决策"管理反馈回环。METT 评估结果最有价值的应用就是帮助保护地管理者和决策者更好地进行规划和监测。这一价值对于单个保护地管理是如此，对于某一地区、国家甚至全球的宏观规划更是如此。

METT 评估工具在应用方面的优点更使得其易于推广。这些优点包括：①简单易用；②评估问题采用分级赋分（最高为 3 分，最低为 0 分），随附赋分理由和改进建议措施，这对于日后重复评估，包括查看评分理由、权衡新赋分值及核查原提议的改进措施的落实情况等都具有重要的参照价值；③评估过程就是"自检"过程，促使管理者回顾并反思既有工作及成效；④评估方法对评估者能力要求基本上可算是"零门槛"，这可能是许多复杂的专业性要求高的评估方法难以企及的一点。

这些主要的优点使得 METT 评估工具的应用推广几乎不存在任何使用方面的阻力。

因此，对于中国这样一个保护地管理人员专业水平总体偏低的国家，且正努力从先前"单纯追求保护地数量"的发展阶段进入目前"要求保护地数量与质量并举"的保护地建设新时期，METT 评估方法无疑是最有希望全国性同步引入的一种评估方法。若制度化引入一种评估方法，简单易用、不额外增加管理成本和工作量将是决定这种评估方法"实践生命力"的关键因素。从这个意义上来看，中国保护地全面推广应用 METT 评估方法不存在任何技术、资金和能力壁障。

《关于特别是作为水禽栖息地的国际重要湿地公约》于 2015 年正式将 R-METT 测评作为湿地保护地管理考核指标之一。作为《湿地公约》履约成员国，中国亦会将 METT 评估工具作为公约推荐工具加以推广和应用。鉴于此，就湿地保护地管理而言，中国宜将 METT 作为湿地保护地国家法定的监测评估体系的有机组成内容之一。湿地保护地国家主管部门在 METT 评估机制化时，宜稳步有效推进的行动具体包括以下几个方面。首先，湿地保护地国家主管部门宜以部门管理办法或者部门行政令的方式，先行试点将 METT 评估方法规定为湿地类保护地管理有效性国家指定评估工具（若条件成熟，可以将此作为中国保护地管理有效性法定评估工具的母版工具）。其次，湿地保护地国家主管部门有必要组织专家整理编写 METT 使用指南，并将 METT 评估使用纳入湿地保护地管理人员常规培训课件内容中。最后，METT 评估工具具有准确识别保护地生态主要威胁和管理薄弱环节的功能。因此，评估结果对于面上规划，不论是针对单个保护地、保护地"卫星群"、某类特定的保护地或者某特定流域、地区或国家所有保护地的发展战略，均会提供最有价值的趋向性宏观信息。湿地保护地国家主管部门可法定要求各保护地每隔五年同步进行一次评估，评估时间比中国湿地保护行动五年计划编制时间提早一年，所有评估结果应联网并入全国湿地保护地大数据库，用于指导中国湿地保护管理国家和区域五年计划的有效编制。单个保护地同样可以参用 METT 评估多次间隔评估结果，制定更具针对性的保护地管理计划和总体规划。评估结果同样也可用于国际间保护成效"对话"，无缝对接的"METT 统一指标"拿来即用，既接轨国际，又便捷好用。

小结

作为经济实惠的保护地管理有效性评估工具之一，METT 可作为中国保护地管理有效性评估工作的"敲门砖"。METT 的广泛使用使得这种工具的优缺点和应用注意事项更加明晰，现归纳总结如下。

（一）METT 方法适用性

作为基于"专家知识"判定的量化记分卡式评估工具，METT 简单易用，适用于跟踪了解单个或某类保护地管理随时间的变化趋势、保护管理的优势和不足，未经标准化不适用于比较不同保护地管理有效性的高低。METT 评估基于专家知识，囿于"框架效应"，评估结果不可避免地会出现误差或偏差，宜与其他评估或监测结果参照使用。METT 有关保护成效的指标问题比例极低，故侧重的不是保护"效果"的评估，而是排查实现有效保护所需管理要素是否必备（Stolton and Dudley，2016）。

（二）METT 正确使用法

METT 使用易上手。一经熟悉，一天即可完成评估。保护地管理事务千头万绪，涉及的利益相关者众多。在条件允许的情况下，利益相关者最好能讨论商榷共同填写 METT 评估表，这为 METT 评估最佳使用模式。在回顾探讨中，保护地利益相关者既可肯定以往工作成绩，又可相互交流促进对彼此的了解，加深对保护管理问题的认知，以便达成共识，增强协力解决共同关注的保护问题的合作能力。METT 不仅是对既往工作的反思，更是对日后工作方向的思索，详细完整地填写各项评估内容是 METT 结果使用效果最大化的基本保证。

（三）METT 结果适用性

METT 评估问题未进行加权，假定各问题在保护管理中的"等效地位"，这与保护管理实际不符。正确解读 METT 结果需要准确定位保护管理各环节——背景、规划、投入、过程、产出和成效，谁是真正的管理"短板"。METT 评估结果不应视为保护绩效牌，而应作为保护方向指示牌。METT 缺乏反事实数据对照（即同等条件下，不实施保护地管理的情景），导致难以科学地断定人为保护管理努力就是保护成效取得的主要影响因素。

目前，保护地管理有效性评估多侧重于评估保护影响本身，而不关注改善或调整保护管理以加强对保护地的支持（Craigie et al.，2015）。保护地管理信息记录标准化不足、系统性欠缺，导致评估结果受主观因素影响较大，加之保护地管理往往较复杂，不确定性大，易受社会经济和环境变化影响，指导如何有效管理保护地的信息少之又少。中国尚未将保护地管理有效性立法纳入保护管理日程。在努力履行《湿地公约》和《生物多样性公约》等国际公约，保护和维持中国丰富的生物多样性，维系生态系统健康，服务社会经济可持续发展，惠益本国人民及全人类的同时，中国应前瞻性和战略性构建起保护地管理有效性评估体系，花好保护地投入的每一分钱，力保约 1/5 的国土为其他 4/5 的社会经济发展用地提供永续的生态保障。METT 评估是迈出此类努力的第一步。政府意愿和决心是迈出此步的关键。

本节作者：于广志　美国保尔森基金会

孙玉露　国家林业和草原局 GEF 湿地项目办公室

第三节　湿地生态系统健康指数应用探索

湿地是自然界最富生物多样性的生态景观和人类最重要的生存环境之一，因在抵御洪水、改善气候、涵养水源、控制污染、调节径流和维护区域生态平衡等方面发挥着重要的作用，与森林、海洋一起并列为全球三大生态系统，被誉为"地球之肾"。由于湿地兼有水、陆两种生态系统的一些特征，因而具有多种生态功能和社会经济价值，成为人类赖以生存和发展的自然资源宝库与环境调节器。然而，湿地的这些自然环境功能和社会经济价值并未得到社会公众和相关部门的高度重视，城市化与产业发展及人们的生产、生活活动等，造成了湿地面积不断萎缩和退化，导致了一系列的生态环境问题，已经威胁到人类自身的可持续发展。

近年来，生态环境问题受到国家越来越多的重视，"绿水青山就是金山银山"等观念正得到广泛的认可。第二次全国湿地资源调查显示，相较第一次全国湿地资源调查结果，我国湿地保护地面积增加了 525.94 万 hm^2，湿地保护率由 30.49% 提高到 43.51%。截止到 2017 年底，全国已确定了国际重要湿地 57 处，建成湿地自然保护区 602 个，国家湿地公园 898 处，形成以自然保护区为主体、湿地公园和保护小区并存的较为完整的湿地保护网络。然而，人类活动和气候变化导致的我国湿地生态环境恶化的趋势并未改变，湿地生态系统健康评估的目的就是加强湿地生态系统健康监测，及时把握湿地生态系统健康状况及其影响因素，为调整或制定湿地保护策略提供指引，以期为延缓或逆转湿地生态系统退化提供帮助。

一、概要回顾

（一）生态系统健康的内涵

生态系统健康思想最早来源于 20 世纪 40 年代英国学者 Leopold 提出的土地健康（land health）概念，但当时并未引起足够的重视，而生态系统健康的概念则是以 Schaeffer 和 Rapport 为代表的学者，在 80 年代后期首次提出来的。Schaeffer 等（1988）首次探讨了生态系统健康的度量问题，但是没有给出确切的定义。Rapport（1989）首次对生态系统健康的内涵进行了论述，认为生态系统健康是指一个生态系统的稳定性和可持续性，即在时间上维持其组织结构、自我调节及对胁迫的恢复能力。近年来，在可持续发展思想的推动下，生态系统健康研究已成为国际生态环境领域的热点和联系地球科学、环境科学、生态学、经济学及社会科学等学科的桥梁。如何衡量一个生态系统是健康的？其定义和指标是什么？特别是量化指标如何确定？不同的生态系统类型、不同的空间尺度和时间尺度，确定标准亦不同。生态系统是一个复杂的动态系统，其健康是一个综合的、多尺度概念，是多因素的整合。部分学者生态系统健康概念观点如表 7.3.1 所示。

表 7.3.1　生态系统健康概念

年份	学者姓名	生态系统健康的概念描述
1988	Schaeffer	生态系统健康就是生态系统无疾病，而生态系统疾病是指生态系统的组织受到损害或衰退
1989	Rapport	生态系统健康是指一个生态系统所具有的稳定性和可持续性，即在时间上具有维持其组织结构、自我调节和对胁迫的恢复能力
1992	Haskell	健康的生态系统不受疾病困扰、活跃、可保持自身的自主性，对压力有抗性和恢复力
1992	Uageau	健康的生态系统具有生长力、恢复力和完善的结构；对人类社会的利益而言，健康的生态系统应能为人类社会提供服务
1993	Karr	生态系统健康是指生态系统能将内存的潜力发挥出来，状态稳定，受干扰后具有自我修复能力，管理时只需最小的外界支持
1993	Woodley	生态系统健康是生态系统发展中的一种状态。在该状态下，地理位置、辐射输入、有效的水分和养分及再生资源处于最优状态，使该生态系统处于活力水平状态

年份	学者姓名	生态系统健康的概念描述
1993	Bormann	生态系统健康是生态学的可能性与当代所期望的二者之间的重叠程度
1998	Rapport	生态系统健康应该包含两方面内涵：满足人类社会合理要求的能力和生态系统本身自我维持与更新的能力。前者是后者的目标，而后者是前者的基础
1999	Costanza	生态系统健康是指生态系统是稳定和持续的，也就是说它是活跃的，能够维持它的组织结构，并能够在一段时间后自动从胁迫状态恢复过来
2001	马克明	生态系统健康是指一个生态系统所具有的稳定性和可持续性，即在时间上具有维持其组织结构、自我调节和对胁迫的恢复能力。它可以通过活力、组织结构和恢复力等 3 个特征进行定义。活力（vigor）可以通过活跃性、新陈代谢或初级生产力等来衡量；组织力（organization）可以通过系统组分间相互作用的多样性和数量等来衡量；恢复力（resilience）又称抵抗力，可以通过系统在胁迫下维持其结构和功能的能力衡量
2002	崔保山	湿地生态系统健康或湿地健康，是指系统内的关键生态组分和有机组织保存完整，且缺乏疾病，在一定的时空尺度内对各种扰动能保持着弹性和稳定性，整体功能表现出多样性、复杂性、活力和相应的生产率，既可以自我持续发展，又具有提供特殊功能的能力；健康的湿地生态系统应表现出功能的整合性
2002	肖风劲、欧阳华	生态系统健康应具有以下特征：①不受对生态系统有严重危害的生态系统胁迫综合征的影响；②具有恢复力，能够从自然的或人为的正常干扰中恢复过来；③在没有或几乎没有投入的情况下，具有自我维持能力；④不影响相邻系统，也就是说，健康的生态系统不会对别的系统造成压力；⑤不受风险因素的影响；⑥在经济上可行；⑦维持人类和其他有机群落的健康，生态系统不仅是生态学的健康，而且还包括经济学的健康和人类健康
2006	高桂芹	生态系统健康是指系统内的物质循环和能量流动未受到损害，关键生态组分和有机组织被保存完整，且缺乏疾病，对长期或突发的自然或人为扰动能保持着弹性和稳定性，整体功能表现出多样性、复杂性、活力和相应的生产率，其发展终极是生态整合性

　　湿地系统本身具有复杂性，是一个水陆兼有的生态系统，此时将健康这一词汇与湿地一起考虑时，便更加难以确定出一个明确的内涵。生态系统健康的概念一直在发展，但因各自理解、背景及出发点等不同，导致认识各异，但基本上可以从活力、组织力、恢复力及后来考虑到的生态服务功能（主要是对人类健康/人类福祉的贡献）等 4 个特征进行定义（崔保山和杨志峰，2001；马克明等，2001）。活力（vigor）可以通过活跃性、新陈代谢或初级生产力等来衡量；组织力（organization）可以通过系统组分间相互作用的多样性和数量等来衡量；恢复力（resilience）又称抵抗力，可以通过系统在胁迫下维持其结构和功能的能力衡量（Rapport et al.，1998）；生态服务功能是指生态系统对自然和人类不产生危害，甚至能为其提供一定生态服务功能的能力，这里的生态服务功能更多时候更倾向于强调对人类健康/人类福祉的贡献（曹春香等，2017）。综上，本项目将湿地生态系统健康概括为：湿地生态系统能够维持生态系统内正常的物质循环和能量流动，关键组分能够保持功能完整性且缺乏疾病，既能维持系统自身可持续发展，又可对自然或人为干扰保持一定的稳定性，整体功能具有多样性、复杂性和活力，且能为自然和人类提供一定的生态服务（崔保山和杨志峰，2001；曹春香等，2017）。

（二）生态系统健康研究历史

　　要对生态系统健康进行评价，结合评价目的、背景、软硬件条件等，构建生态系统健康评价指标体系是前提条件。在过去的几十年中，因软硬件条件受限，湿地生态系统健康评价的最初指标主要集中在化学和生物方面，包括水、沉积物和有机物的化学组成，物种的组成、丰度、多样性、繁殖和生长状况，种群规模的变化，生态系统的生物量和生产率等。这些指标容易测量，花费也较低，能够在一定程度上提供生态系统受损的早期预警，为决策者提供有利依据（崔保山和杨志峰，2001）。国外生态系统健康研究开始较早，最为经典的是美国国家环境保护局（EPA）提出的三层湿地生态系统健康评估框架：Level I 是基于遥感与地理信息系统技术的景观尺度评价方法，主要有景观发展强度指数（landscape development intensity，LDI）和概要评价法（synoptic approach）两种，优点是花费资源少，评估面积广，缺点是精度较低；Level II 是以简单的观测数据来快速地评价单个或较少数量的湿地状况，优点是耗费有限的资源即可对区域尺度的湿地进行评估，且精度适中，实际应用中通常也采用此方法；Level III 是基于大量的、定量化的实地观测，获取湿地的生物、物理、化学等方面的参数，对湿地生态系统健康状况进行深入、严格的评价，主要有水文地貌法（hydrogeomorphic，HGM）和生物完整性指数法（indexes of biological integrity，IBI）两种，优点是精度较高，缺点是花费较大。三个层次精度层层递进，随之花费也不断增加。

20 世纪 90 年代中期，因生态环境的持续恶化，我国开始关注生态系统健康研究，开始阶段工作主要是在总结国外生态系统健康发展的基础上，探讨生态系统健康的相关理论、方法与案例，如崔保山和杨志峰（2001，2002a，2002b，2003）在阐述了湿地生态系统健康研究进展的基础上，探讨了湿地生态系统健康的内涵，分析了构建湿地生态系统健康评价指标体系的理论框架、方法与案例，强调了时空尺度等问题在湿地生态系统健康评价中的重要性，并指出了该领域的研究趋势。马克明等（2001）归纳了生态系统健康概念、影响生态系统健康的因素，又以水生态系统为例，从指示物种法和指标体系法两方面，归纳了水生态系统健康评估可以包含的指示因子，并指出生态系统健康评价的目的不是为生态系统诊断疾病，而是在一个生态学框架下，定义一个人类最小/最大期望的生态系统状态特征，确定生态系统破坏的最低和最高阈值。

近十几年来，生态系统健康研究也不断由开始的理论研究转变为相应的方法、技术研究。例如，蒋卫国等（2005）基于压力-状态-响应（PSR）模型、遥感与统计数据，采用遥感与地理信息系统技术，对辽河三角洲每个小流域的湿地进行了单因子和综合评价，揭示了盘锦市湿地生态系统健康状况的空间分布规律；贾慧聪等（2011）以青海三江源地区为研究区，基于 Landsat ETM+影像与 PSR 模型，构建了三江源地区湿地生态系统健康综合评价指标体系，运用层次分析法（AHP）和 GIS 空间分析技术，对研究区湿地生态系统健康状况进行了评价、分析，明确了三江源地区生态系统脆弱区位置，为湿地管理与保护提供了依据。

虽然到目前为止，尚未形成一个得到广泛认可的、比较成熟的理论与方法，但生态系统健康的相关理论、评估方法与体系研究，特别是评估成果服务于管理实践必将愈加广泛与深入。本项目中湿地生态系统健康评价体系研究任务的设置，即是结合项目所需与国内外湿地生态系统健康评估研究状况，希望建立一个易操作，使用主体以保护区管理人员为主，又能够在一定程度上定量化，削弱人为主观因素影响，客观评估项目、管理等对生态系统健康影响的评价体系。

（三）湿地生态系统健康评价方法

目前，对于湿地生态系统健康评价的常用方法可以归纳为：指示物种法和指标体系法两种。

1）指示物种法

指示物种法主要是依据该生态系统关键物种、特有物种、环境敏感物种或濒危物种等的生产力、生物量、数量及其他生理、生态指标对环境改变的响应来反映该系统的健康状况。指示物种法的关键在于物种的选取，所选物种必须能够有效反映该生态系统的健康状况，在单一物种不能有效指示系统状况时，可以结合成本、可操作性及精度需求与评价目的，选择更多的指示物种，如水生植被、鸟类、鱼类、哺乳动物、爬行动物等均被广泛用于评价湿地生态系统的健康程度，借以提高评价精度与可靠性。因操作简捷、针对性强，指示物种法在国外被广泛采用，如 Karr（1993）和 Brousseau 等（2011）应用生态完整性指数，用鱼类群的组成、分布、物种多度及关键种、敏感种、固有种和外来种的变化来评价水生态系统；当生态系统受到外界胁迫，如水体污染和富营养化、围湖造田等，湖泊生态系统的结构和功能将受到影响，指示物种的适宜生境也将受到胁迫，其结构、功能和数量的变化可以用来表征湖泊生态系统的健康程度。

但是，指示物种法也存在以下缺点：①仅依靠单一或少量物种难以全面反映生态系统健康状况；②指示物种的筛选标准不明确，且难以衡量指示物种的减少对系统产生的影响；③未考虑社会经济与人类健康因素；④未考虑尺度因素。

2）指标体系法

相比指示物种法，指标体系法综合考虑了生态系统各个组织水平类群、不同尺度下的评价，针对不同的环境背景和评价目的，从生态系统的结构、功能、驱动因子、人类健康等各个角度筛选指标，辅以遥感、地理信息科学、空间统计分析等方法，以其评价的全面性、综合性、时空范围广等特点，得到越来越多的应用，尤其在我国生态系统健康评价应用中，指标体系法相较指示物种法应用更加广泛。例如，澳大利亚联邦科学与工业研究组织（Commonwealth Scientific and Industrial Research Organisation，CSIRO）建立了一套流域健康诊断指标体系，从环境背景、社会与经济变化趋势等 3 方面出发，对流域湿地生态系统健康进行了较为系统的量化评价（张晓萍等，1998）。美国与加拿大政府在 1992 年举办了湖泊生态系统状况的会议，来自两个国家超过 150 名科学家和管理人员筛选出 80 多个包含了诸如鸟类多样性和丰富度、水体有毒污染物浓度、农业生产的可持续性、空气质量等生物、物理、化学、社会经济指标，并认为即使如此仍有可能忽视评估系统的某一方面信息（Shear et al.，2003）。马克明等（2001）在辨析了湿地生态系统健康内涵及其影响因素的基础上，分析了指示物种法与指标体系法的优缺点，并指出以生态学和生物学为基础，结合社会、经济、文化等因素，综合运用不同尺度信息，共同构建多指标综合评价体系应是生态系统健康评价的发展方向。崔保山和杨志峰（2002a，2002b）在系统总结生态系统健康评价指标体系构建理论、方法与案例的基础上，指出应从湿地生态特征（自然性、水平衡、水化学、生物安全及物种多样性等）、功能整合性（调节功能、净化功能、社会文化功能及产品功能等）、社会政治环境（政策法规、社会规划、公众参与及社会公平性等）等几个方面筛选指标。曹春香等（2017）基于"要素-景观-社会"概念模型，在总结前人研究成果的基础上，突出了遥感技术的应用，增加了时空变化趋势方面的考量，构建了一套包含 18 个指标的湿地生态系统健康遥感诊断指标体系。

（四）小结

我国在生态系统健康评价方面的研究虽然起步较晚，但在严峻的生态环境恶化背景及强烈的社会与国家需求推动下，湿地生态系统类型的健康评价研究发展迅速，经由指示物种法到指标体系法，综合评价指标体系法已是目前得到广泛认可，且应用较为广泛的湿地生态系统健康评价方法，但在应用/研究中仍需注意以下几个问题：①科学性，即所选指标因子应切实可以度量和反映生态系统健康状况；②敏感性，即所选指标应对生态系统健康状况变化敏感；③独立性，即指标间信息不冗余、重复；④完整性，即所选指标能够有效覆盖生态系统各个方面特征；⑤可操作性，即所选指标的获取难度应在使用者的能力范围内。本文也将选择指标体系法作为整体框架，综合科学性、可操作性及项目目标，探索湿地生态系统健康评价应用研究。

二、应用探索

（一）模型选择

湿地生态系统健康评价模型可以理解为构建湿地生态系统健康评价体系的思路或框架，模型的选择和构建基本上反映了评价体系构建者对生态系统健康内涵的理解。经过多年发展，国内外学者已经构建了一系列概念模型，其中比较典型的模型是由加拿大学者 Tony Friend 和 David Rapport 在 1979 年提出的"压力（Pressure）-状态（State）-响应（Response）"（PSR）框架模型。压力指标主要描述了自然过程或人类活动给生态系统所带来的影响与胁迫，即包含人类活动、自然灾害产生的间接压力，也包括资源利用、污染物排放、生物入侵等直接压力。状态指标主要包括生态系统与自然环境现状，人类的生活质量与健康状况等，它反映了环境要素的变化，同时也体现了环境政策的最终目标，指标选择主要考虑环境或生态系统的生物、物理化学特征及生态功能。响应指标主要指受到压力后，湿地状态改变过程中或改变后生态系统的一系列连锁反应，可以理解为湿地自身对压力和状态改变的反馈力，包括由于湿地状态改变而造成的对整个生态系统的影响，如对生态系统结构、成分和功能的影响；另外也反映了社会或个人为停止、减轻、预防或恢复不利于人类生存与发展的环境变化而采取的措施，如教育、法规、市场机制和技术变革等。

目前，PSR 模型被广泛地应用于区域环境可持续发展指标体系研究，水资源、土地资源指标体系研究，生态评价指标体系研究及环境保护投资分析等领域。为了便于成果间的对比研究，经综合比较、分析，选择 PSR 这一经典模型作为本项目构建湿地生态系统健康评价指标体系的框架。

（二）问题识别和指标筛选

科学、合理的评价体系在结果可靠的同时，必须对生态系统所面临的胁迫具有一定的敏感性，借此指导生态系统管理与恢复，提高评估体系的针对性。

1. 问题识别

项目组在构建湿地生态系统健康评价指标体系前，首先对我国及各示范保护地湿地生态系统面临的主要问题进行了梳理，鉴于篇幅有限，在此仅作简要归纳（表 7.3.2）。

表 7.3.2　全国及各示范保护地湿地面临的主要问题

全国	安徽	海南	湖北	新疆	大兴安岭
污染	围垦	垦殖	围垦	垦殖	围垦
围垦	基建和城市化	污染	污染和富营养化	污染	污染
过度捕捞和采集	水源截留	过度旅游开发	生物资源过度利用	水源截留	水源截留
外来物种入侵	污染和富营养化	生物多样性下降		气候变化，降水减少	气候变化，降水减少
基建占用	泥沙淤积和沼泽化	气象灾害			
	生物资源利用过度				

2. 指标筛选

要对湿地生态系统健康进行监测、评价，建立科学、合理且可操作性强的评价指标体系是前提条件。为了评价的准确性、客观性，在建立生态系统健康评价指标体系时，需遵循以下原则。

1）科学性

所选指标应切实可以反映湿地生态系统结构、功能、干扰、人类福祉等健康评价所需信息。所选指标必须概念明确，指标信息不冗余、重复，具有不可替代性，且能够有效覆盖生态系统健康评价的各个方面。

本项目中，采用经典的 PSR 模型作为湿地生态系统健康评价指标体系的设计框架，压力方面覆盖人类与自然两方面直接或间接压力，状态方面覆盖物种、水环境、土壤、景观，响应方面覆盖研究区管理能力及社会经济背景因素。

2）可操作性原则

所选指标的获取难度应控制在使用者的能力范围内，合理权衡付出与所得之间的关系，选择合适的指标及其获取方法。本项目中，在定量指标方面参考 WEEIS［2009 年 9 月国家林业局湿地保护管理中心委托中国科学院遥感应用研究所承担并实施"湿地生态系统评价体系研究"（wetland ecosystem health evaluation index system，WEEIS）项目］的易于量化和测量，以及便于通过遥感、GIS 等手段大面积获取的特征；而对于难以量化或测量的指标，则参考 EHI 评分表通过打分获得，或者通过指示物种/现象/过程在一定程度上间接反映所需信息。

3）敏感性原则

所选指标应对时空变化、属性变化等生态系统改变响应迅速、显著。指标越多，所需人力、物力越多，对所需信息反应越敏感的指标，越能有效指示所需信息的变化。

4）强调可比性，照顾特殊性

对生态系统健康状况进行评价，其目的是服务于生态环境保护与管理，如果可以用一个指标体系服务于全国湿地生态系统健康评价，将有利于国家层面等上级机构把握整体状况，便于管理与制定相应措施。项目组在评价体系构建初期亦考虑过强化各研究区之间的对比性问题，并经研究，在指标体系构建上，选择同一种模型，即 PSR 模型，在指标选择上，选择各类型湿地生态系统的共性特征，但强调共性的同时，则容易忽略各保护地间的特殊性，为有效提高所建湿地生态系统健康评价体系与各示范保护地的契合度，项目组在进行指标因子遴选及指标因子监测方法时，首先需要对各省湿地所面临的具体问题进行梳理，以便提高评价指标体系的针对性，另外，因各省、各示范保护地人员组成、技术水平、硬件设施等存在差异，考虑到所建指标体系的可操作性等问题，采用到各示范保护地考察，邀请各示范保护地的管理层、工作人员、项目经理及所聘专家等相关人员参与研讨会，对示范保护地的湿地特征、面临的主要威胁、日常监测项目及其内容、是否有合适的软硬件条件及改善可能、工作人员的专业背景及技术水平等问题进行深入分析、讨论，然后结合现有的研究资料中所采用的评价因子进行各示范保护地的指标体系构建及监测方法的确立。即：同样的指标因子在不同省份、不同保护区采取不同的评价方法，但所采取的方法应能够反映所需评价的内容，而具体采用什么样的评价方法则根据使用者的软硬件条件决定。

5）强调目的性，突出实用性

参照管理有效性跟踪工具（management effectiveness tracking tool，METT）"评以致用"的设计思想，进行体系构建。本体系目的是指导保护区调整或构建保护方向/策略，故所选指标应能有效标定保护区问题所在。

6）宏观微观相结合，强调内容完整性与综合性

指示物种法与指标体系法相结合；遥感与地面观测相结合，通过建模或反演的方法进行空间尺度扩展，实现地理信息可视化、精细化。

基于以上原则，结合前人研究资料，项目组在广泛调研国内外湿地生态系统健康评价研究及对各示范保护地进行考察、组织各方人员进行研讨的基础上，构建了如下框架（表 7.3.3）。

表 7.3.3　湿地生态系统健康评价指标体系

目标	准则	项目层	指标层	参考文献
湿地生态系统健康	压力	自然压力	自然灾害强度	朱卫红等，2012
		人为干扰	人为干扰强度	朱卫红等，2012；林和山等，2012；李晓，2014；Sun et al.，2016；吴春莹等，2017；曹春香等，2017
	状态	水文/水环境	水质	（崔保山和杨志峰，2002b；张远等，2008；Mo et al.，2009；朱卫红等，2012；林和山等，2012；张峰等，2014；李晓，2014；曹春香等，2017
			水源保证率	崔保山和杨志峰，2002b；吴春莹等，2017；曹春香等，2017
		土壤	土壤质量	吴春莹等，2017；曹春香等，2017

续表

目标	准则	项目层	指标层	参考文献
湿地生态系统健康	状态	生物	浮游生物健康度	孔红梅等，2002；周晓蔚等，2011
			底栖生物健康度	孔红梅等，2002；周晓蔚等，2011
			鸟类种群健康度	林和山等，2012
			鱼类种群健康度	马克明等，2001；孔红梅等，2002
			水生植被健康度	曹春香等，2017
		生境	生境破碎度	朱卫红等，2012；林和山等，2012
			湿地面积变化率	崔保山和杨志峰，2002b；吴春莹等，2017；曹春香等，2017；Sun et al.，2017
			湿地自然性	林和山等，2012；李晓，2014
	响应	保护管理	METT 评分	—

（三）指标意义及计算方法

1. 自然压力

自然压力主要指评估对象所承受的外部自然因素来带的干扰，如自然灾害，包含气象灾害、地质灾害、生物入侵等。自然灾害强度反映了自然灾害对湿地生态系统带来的外部干扰强度，可以用灾害的频度、强度、受灾面积、经济损失等方面进行反映。例如，以受灾面积表征自然灾害强度为例，则自然灾害强度（natural disaster intensity，NDI）计算公式如下。

$$NDI_{综合} = \frac{\sum_{i=1}^{n} ND_i}{nA} \qquad (7.3.1)$$

式中，$NDI_{综合}$ 为所评价的研究区总的 NDI 值；ND_i 为第 i 次自然灾害造成的受灾面积；A 为研究区总面积；n 为灾害总次数，$n \geqslant i \geqslant 1$，若 $i=0$，则 $NDI_{综合}=0$。

2. 人为干扰

人为干扰主要指由于人类活动所带来的胁迫因子对湿地生态系统的影响，如围垦、狩猎、人工设施建设、旅游等。考虑到本指标体系主要使用对象为各保护区管理人员，而不同保护区软硬件水平存在差异，以下给出几种直接或间接反映土地利用强度/人为干扰的途径。

1）土地利用强度

土地利用强度反映了人类主导的土地资源利用对湿地生态系统格局与过程的影响。不同的土地利用形式对湿地生态系统干扰的程度不同，如 Brown 和 Vivas 提出了景观发展强度指数（index of landscape development intensity，LDI），该指数定义了 27 种土地利用类型的景观发展强度指数，按照土地利用类型对自然生态系统的干扰程度赋值 1.0～10.0，再结合各类型的权重因子进行计算，此方法后来被用作 Level I 水平的评价方法（张淼等，2014）。项目组参考前人研究，尤其是 LDI 及曹春香在《环境健康遥感诊断指标体系》一书中提出的基于遥感监测的土地利用强度系数，见表 7.3.4。则土地利用强度指数（land use intensity，LUI）计算公式为

$$LUI_{综合} = \sum_{i=1}^{n} LU_i LUI_i \qquad (7.3.2)$$

式中，$LUI_{综合}$ 为所评价的研究区总的 LUI 值；LU_i 为第 i 类土地利用类型占研究区的面积比例；LUI_i 为第 i 类土地利用类型的土地利用强度指数（表 7.3.4）；n 为研究区总的土地利用类型数量。

表 7.3.4　土地利用强度指数对照表

土地利用类型	定义	土地利用强度指数
自然湿地或水体	湖泊、河流等水体，以及自然或低人为干扰湿地（保护强度较高的湿地）	1.00
森林	郁闭度>30%的天然林或人工林	1.58
低强度草地	没有放牧或鲜有放牧的草地	2.77
高强度草地	主要用作放牧的草地	3.41
水田	生产水生作物的水田	4.54
旱地	生产旱生作物的旱地	5.00
低密度居民点	密度低于 10 户/hm²	6.79
未利用地/退化湿地	荒漠化地、裸地	6.92
高强度湿地	养殖塘、盐场等人类活动/利用较高的湿地	7.00
高密度居民点	密度高于 10 户/hm²，但并非县城及以上规格	8.66
城市	县城以上规格	10.00

2）垦殖指数

垦殖指数是指研究区土地资源被用作耕地、养殖等农业生产活动的程度，常用垦殖面积占研究区总面积的比例反映，则垦殖指数（cultivation index，CI）计算公式如下。

$$CI = \frac{\sum A_i}{A} \qquad (7.3.3)$$

式中，CI 为所评价的研究区垦殖指数值；$\sum A_i$ 为第 i 类垦殖活动占用面积；A 为研究区总面积。

3）生物资源利用度

生物资源是指生物圈中对人类有一定经济价值的动物、植物、微生物等有机体及它们所组成的生物群落。生物资源利用度主要用来测度人类对湿地内生物资源的利用强度，借以反映人类对湿地生态系统的"剥削"程度。可以从各保护区的日常监测工作中直接或间接产出所需信息，如海南项目组提出可以通过清查研究区内依靠捕捞为生的农户数量占总户数的比例反映；安徽项目组提出可以通过保护区内单位面积水产产量反映；新疆项目组提出可以通过研究区内牲畜年末存栏量反映草地资源利用度等。则生物资源利用度（biological resources availability index，BRAI）计算公式可表示为

$$\mathrm{BRAI} = \frac{\mathrm{BR}_{实测}}{\mathrm{BR}_{自然最优}} \qquad (7.3.4)$$

式中，$\mathrm{BR}_{实测}$为所选生物资源被利用的实测值；$\mathrm{BR}_{自然最优}$为所选生物资源未受人为利用状况下的最优值，这里的实测值和最优值可以是面积、产量等。

3. 水文/水环境

水是湿地生态系统最基本的要素之一，水文/水环境主要反映湿地生态系统在水质、水源保证率、水文节律等方面的健康状况。

1）水质

水质是反映湿地生态系统水环境质量、受污染状况最直接的指标，同时也可侧面反映湿地生态系统的自我净化能力。通常情况下水质指标以地表水水质级别来表示，在条件允许的情况下，可选择常用的或容易测量的指标如 pH、溶解氧、有毒物质、总氮、总磷、化学需氧量（COD）和浊度等，参照《地表水环境质量标准》（GB 3838—2002）评定。

按照 Ⅰ、Ⅱ、Ⅲ、Ⅳ、Ⅴ、劣Ⅴ六类分别赋值 1 分、0.8 分、0.6 分、0.4 分、0.2 分、0 分。

2）水源保证率

水源保证率（water guaranteed rate，WGR）是指湿地水资源能够满足湿地生态系统基本功能所需的程度，是湿地生态系统最重要的水文指标。计算水源保证率首先需明确湿地生态系统的需水量，湿地需水量一般指湿地生态需水量，即湿地生态系统发挥正常生态功能所需的水量，存在最大和最小需水量阈值，水量过低/过高都会损害湿地生态系统结构/功能，导致湿地退化。杨志峰、崔保山、刘静玲等学者对生态需水量问题都进行了研究（刘静玲和杨志峰，2002；崔保山等，2005；杨志峰等，2005；周林飞等，2007），基于这些研究成果，考虑到各保护区的软硬件水平差异，可以选择如下几种方式。

a. 水源保证率

水源保证率以湿地生态系统当年蓄水量（S）与湿地生态系统多年平均需水量（$\overline{R}$）之间的比值来表示，蓄水量是《全国湿地资源调查技术规程（试行）》（2008）规定的必测指标，湿地生态系统多年平均需水量多以湿地生态需水量表示，参考相关研究（刘静玲和杨志峰，2002；张祥伟，2005；李九一等，2006；周林飞等，2007；许文杰和曹升乐，2009；曹春香等，2017），可通过如下公式获取。

$$\mathrm{WGR} = \frac{S}{\overline{R}} \qquad (7.3.5)$$

湖泊湿地生态需水量：$\qquad \overline{R}_L = \overline{E} + \overline{F} - \overline{P} = \overline{S}/T$

沼泽湿地生态需水量：$\qquad \overline{R}_S = \overline{E} + \overline{G} - \overline{P}$

式中，WGR 为水源保证率；S 为湿地生态系统当年蓄水量；$\overline{R}$ 为湿地生态系统多年平均需水量；$\overline{R}_L$ 为湖泊生态需水量；$\overline{E}$、$\overline{F}$、$\overline{G}$、$\overline{P}$ 分别为多年平均蒸发量、多年平均净流出量、多年平均地下水流出量和多年平均降水量；$\overline{S}$ 为多年平均蓄水量；T 为换水周期；$\overline{R}_S$ 为沼泽湿地生态需水量。这些数据主要来源于水文、气象台站资料。

　　b. 年均水位达标率

以年均水位达到研究区正常年份（湿地生态系统各项功能正常，无明显丰枯水状况的年份）时的年均水位比例表征。

　　c. 丰水期水面面积达标率

以丰水期水面面积达到研究区正常年份（湿地生态系统各项功能正常，无明显丰枯水状况的年份）时的丰水期水面面积比例表征。水面面积可通过实地测量或遥感影像提取。

4. 土壤

　　这里的土壤质量主要指土壤的物理、化学、生物学性质、污染等状况，如土壤含水量、pH、重金属含量、质地等内容。各示范保护地可以根据自身状况选择能力范围内较为科学的指标来反映土壤质量。

　　1）土壤含水量

　　土壤含水量是土壤重要的物理性质，其多少影响着植被的生长、群落的演替等，可以直接反映湿地生态系统的健康状态。土壤含水量可以通过野外固定时间、地点的多个样方土样烘干前后的重量差获得。

　　2）土壤 pH

　　土壤 pH 是土壤重要的化学性质，其高低影响着土壤肥力，同时，湿地土壤 pH 还可影响湿地土壤生态系统的理化、生物过程，以及干湿交替周期等，也是较为易测的土壤指标之一，可以通过野外采集的土壤样本，采用电位法测得。按照国家土壤酸碱性分类：强酸性（pH<4.5）、酸性（4.5≤pH<5.5）、弱酸性（5.5≤pH<6.5）、中性（6.5≤pH<7.5）、弱碱性（7.5≤pH<8.5）、碱性（8.5≤pH<9.5）、强碱性（pH≥9.5），按照下式进行归一化。

$$y = f(x) = \begin{cases} 1 - \dfrac{|x-7|}{2.5}, 4.5 \leqslant x \leqslant 9.5 \\ 0, \ x > 9.5 或 x < 4.5 \end{cases} \tag{7.3.6}$$

式中，y 为土壤 pH 得分；x 为土壤 pH。

　　3）土壤/底泥重金属含量

　　土壤/底泥中的污染物很容易与水体形成交互污染，是评价湿地生态系统健康的重要指标之一。可通过测量土壤样本中的几种常见重金属元素，如铜（Cu）、铅（Pb）、铬（Cr）、锌（Zn）和镉（Cd）等，通过当前国内外最常用的方法之一——内梅罗指数来计算。

$$P_i = \frac{C_i}{S_i} \tag{7.3.7}$$

$$P_{综合} = \sqrt{\frac{(\overline{P})^2 + P_{i\max}^2}{2}} \tag{7.3.8}$$

式中，P_i 为第 i 项金属元素的污染指数；C_i 为其实测值；S_i 为其标准值参考《土壤环境质量 农用地土壤污染风险管控标准（试行）》（GB 15618—2018）中各指标的自然背景值；$\overline{P}$ 为平均单项污染指数；P_{imax} 为最大单项污染指数；$P_{综合}$ 为总的污染指数（曹春香等，2017）。

根据内梅罗指数评价标准，可按照下式进行归一化。

$$y = f(x) = \begin{cases} 1.0, x<0.7 \\ \dfrac{3-x}{3-0.7}, 0.7 \leqslant x<3.0 \\ 0, x \geqslant 3.0 \end{cases} \qquad (7.3.9)$$

式中，y 为土壤/底泥重金属含量归一化值；x 为 $P_{综合}$。

5. 生物

生物健康度是基于指示物种法进行湿地生态系统健康评价的主要指示因子，这凸显了生物健康度的重要性。考虑到体系使用者为保护区管理人员，资源有限，故项目组经总结前人相关研究，选择湿地生态系统健康评价中常用的几项指标。

底栖、浮游、鱼类、水鸟种群健康度：底栖群落的结构和动态是理解水生态系统状态和演变过程的关键。浮游生物泛指生活于水中而缺乏有效移动能力的漂流生物，可分为浮游植物及浮游动物。鱼类一方面对化学污染比其他种群更加敏感，另一方面由于处于食物链顶级，更能综合反映其他生物的变化，所以可以用于反映整个水生态系统的环境状况。水鸟种群对湿地的植被生长状况、食物丰富度等十分敏感，由水鸟种群变化可以在一定程度上综合反映湿地生态系统的健康状况。在具体实施过程中，各示范保护地可结合日常监测内容，或较易开展的内容进行监测，可按下式进行各个物种健康度（species health index，SHI）的计算。

$$N = \frac{n_{后} - n_{前}}{n_{前}}; \quad S = \frac{s_{后} - s_{前}}{s_{前}}$$
$$\mathrm{SHI} = \sqrt{N \times S} \qquad (7.3.10)$$

式中，SHI 为物种健康度；N 为数量变化率；S 为种类变化率。变化率通过两期数量差除以前期数量得到。

6. 生境

湿地作为众多动植物的重要栖息地，其作为栖息地的适宜性也反映了湿地生态系统的健康程度，项目组参考前人研究成果，挑选以下影响湿地生境功能的几个主要属性作为监测指标。

1）生境破碎度

生境破碎化是导致生物多样性丧失的主要原因，通过衡量生境的破碎化状况，可以很好地反映生境适宜性变化，进而反映湿地生态系统的健康状况。可以通过湿地平均斑块面积和一些可以反映破碎化的景观格局指数等反映。

$$湿地平均斑块面积 = \sum N_i / \sum A_i \qquad (7.3.11)$$

式中，$\sum A_i$ 为湿地斑块总个数；$\sum N_i$ 为湿地总面积。

2）湿地面积变化率

湿地面积变化是湿地生态系统发生变化最主要的特征之一，也是最直观的外在表现。湿地面积变化率（change rate of wetland area，CRWA）是指湿地面积与历史面积相比的变化幅度，计算公式如下：

$$CRWA=(A_j-A_i)/A_i \tag{7.3.12}$$

式中，A_j 表示后一时期湿地面积；A_i 表示前一时期湿地面积。

3）湿地自然性

湿地自然性（wetland naturalness，WN）主要指湿地维持自然属性，免受人为干扰的程度，可以用下式计算：

$$WN=(自然湿地面积+人工湿地面积\times0.5)/研究区总面积 \tag{7.3.13}$$

7. 响应

响应主要指受到压力后，湿地状态改变过程中或改变后生态系统的一系列连锁反应，可以理解为湿地自身对于压力和状态改变的反馈力，包括由于湿地状态改变而造成的对整个生态系统的影响，如生态系统结构、成分和功能的影响；另外也反映了社会或个人为停止、减轻、预防或恢复不利于人类生存与发展的环境变化而采取的措施，如教育、法规、市场机制和技术变革等。在这里，我们主要考察各示范保护地的管理及社会支持对湿地变化的响应。管理有效性跟踪工具（METT）从 6 个方面内容设计了包括保护区价值、法规与执法情况、人员数量、人力资源管理与培训、与周边社区及地方政府关系等在内的 30 项问题，每题分 0～3 分 4 个等级，借此跟踪评估保护区管理水平的变化，评价内容较为全面，可以有效反映保护区和社会对湿地生态系统保护的响应状况。

（四）综合评估

1. 标准化

由于本体系中各项评价指标的类型较为复杂，单位也有很大差异，另外评价指标的趋向亦不同，很难对其实际数值进行直接比较，因而需要对实际数据进行归一化处理，使其标准化后的值为 0～1。上述大多数指标已经给了归一化方法，对于未给出的，关于正向指标（数值越大健康水平越好的指标）、负向指标（数值越小健康水平越好的指标）我们选用极值化法进行归一化。

$$X'_{正向指标}=\frac{X_{实际值}}{X_{参照值}}=\frac{X_i-X_{\min}}{X_{\max}-X_{\min}} \tag{7.3.14}$$

$$X'_{负向指标}=\left(\frac{X_{实际值}}{X_{参照值}}\right)^{-1}=\frac{X_{\max}-X_i}{X_{\max}-X_{\min}} \tag{7.3.15}$$

式中，$X'_{正向指标}$ 指那些指标值大小与湿地生态系统健康呈正相关的指标，如水源保证率、物种健康度和湿地自然性等；$X'_{负向指标}$ 代表那些指标值与湿地生态系统健康呈负相关的指标，如 NDI、LUI、CI 和 BRAI 等；$X_{实际值}$和 $X_{参照值}$分别为该项指标的实际测量值和健康水平下的标准参照值；X_i 为该项指标的测量值；X_{max} 和 X_{min} 分别为该项指标最大值（最健康时的值）和最小值（最不健康时的值）。

2. 权重计算

由于不同因素对湿地生态系统健康状况的影响程度不同，所以为了更加精确地反映生态系统健康状况，有必要对不同指标赋予不同的权重值。常用的权重赋值法有层次分析法、比较法、特尔菲法等。经对比分析，项目组选择生态系统健康评估中常用的层次分析法作为本项目指标权重设置的模型。层次分析法（analytic hierarchy process，AHP）是美国运筹学家、匹兹堡大学教授 T. L. Saaty 在 20 世纪 70 年代初期提出的，AHP 是对定性问题进行定量分析的一种简便、灵活而又实用的多准则决策方法。它的特点是把复杂问题中的各种因素通过划分为相互联系的有序层次，使之条理化，根据对一定客观现实的主观判断结构（主要是两两比较）把专家意见和分析者的客观判断结果直接而有效地结合起来，将每一层次元素两两比较的重要性进行定量描述。而后，利用数学方法计算反映每一层次因素的相对重要性次序的权重，通过所有层次之间的总排序计算所有元素的相对权重并进行排序，该方法是一种将决策者对复杂系统的决策思维过程模型化、数量化的过程。该方法自 1982 年被介绍到我国以来，以其定性分析与定量分析相结合地处理各种决策因素的特点，以及其系统灵活简洁的优点，迅速地在我国社会经济各个领域内，如能源系统分析、城市规划、经济管理、科研评价等，得到了广泛的重视和应用。层次分析法具体步骤包括以下几个方面。

1）明确问题

明确研究问题，弄清问题研究的内容及包含的因素，确定各因素间的关联关系和隶属关系。

2）递阶层次结构的建立

根据对研究问题的认识，将问题所包含的因素，按照并列或隶属等关系进行归纳分组，形成层次结构。常见的结构有完全相关结构（上一层次的每个要素与下一层次的所有因素相关，如图 7.3.1 所示）、完全独立结构（上一层次的每个要素均有自己独立的下层因素）和混合结构（前两种状况的结合）。

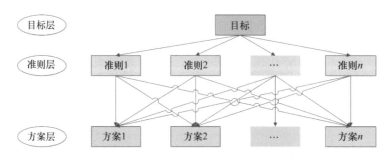

图 7.3.1　AHP 结构示例

3）判断矩阵的建立

针对上一层次要素，对比本层次两两要素间的相对重要性，结构如表 7.3.5 所示。

表 7.3.5　针对要素 A，其下层 *n* 个要素间相对重要性的判断矩阵

A	B_1	B_2	B_3	…	B_j	…	B_n
B_1	b_{11}	b_{12}	b_{13}	…	b_{1j}	…	b_{1n}
B_2	b_{21}	b_{22}	b_{23}	…	b_{2j}	…	b_{2n}
B_3	b_{31}	b_{32}	b_{33}	…	b_{3j}	…	b_{3n}
…	…	…	…				…
B_i	b_{i1}	b_{i2}	b_{i3}		b_{ij}		b_{in}
…	…	…	…				…
B_n	b_{n1}	b_{n2}	b_{n3}	…	b_{nj}	…	b_{nn}

b_{ij} 表示对于要素 A，B_i 相对于 B_j 的重要性。b_{ij} 的值一般通过资料或专家意见判定，为了使判断定量化关键在于设法使不同程度的相对重要性得到定量化描述，在 AHP 中，采用如下 9 级标度法给予衡量（表 7.3.6）。

表 7.3.6　AHP 判断标度

标度	定义与说明
1	b_i 和 b_j 同样重要
3	b_i 比 b_j 稍微重要
5	b_i 比 b_j 明显重要
7	b_i 比 b_j 重要很多
9	b_i 比 b_j 极其重要
2，4，6，8	上述两个要素间的折中标度
$1/b_{ij}$	两个要素的反向比较

在建立判断矩阵时，要对判断系统的要素及其相对重要性有深刻认识，保证比较和判断的元素具有相同的性质，且具有可比性。

4）层次单排序及其一致性检验

层次单排序是根据判断矩阵计算对于上一层次某元素而言，本层次与之有联系的元素重要次序的权值，是本层次中所有元素对上一层次而言进行重要性排序的基础，其实质是计算判断矩阵的最大特征根和相应的特征向量。

本研究选用和积法计算，其步骤如下。

$$\text{将判断矩阵每一列正规化}\quad \overline{b_{ij}} = b_{ij} / \sum_{i=1}^{n} b_{ij}; i,\ j = 1, 2, \cdots, n \qquad (7.3.16)$$

将每一列正规化的判断矩阵按行相加得到向量 $\quad \overline{W_i} = \sum_{j=1}^{n} \overline{b_{ij}}; i,\ j = 1, 2, \cdots, n$

对向量 $\overline{\boldsymbol{W}} = \left[\overline{W_1}, \overline{W_2} \cdots, \overline{W_n} \right]^{\mathrm{T}}$ 正规化处理，$W_i = \dfrac{\overline{W_i}}{\sum\limits_{j=1}^{n} \overline{W_j}}; i,\ j = 1, 2, \cdots, n$；依次得到的列

向量 $\boldsymbol{W} = [W_1, W_2, \cdots, W_n]^{\mathrm{T}}$ 即为所求特征向量，即各因素权重。

计算判断矩阵的最大特征根 $\lambda_{\max}$：$\lambda_{\max} = \sum_{i=1}^{n} \dfrac{(AW)_i}{nW_i}$

式中，$(AW)_i$ 表示 AW 的第 i 个元素，A 为要素矩阵。

对判断矩阵进行一致性和随机性检验，需计算一致性指标：

$$CI = \frac{\lambda_{\max} - n}{n-1} \qquad (7.3.17)$$

一致性指标和平均随机性指标 PI（表 7.3.7）进行比较，其比值称为判断矩阵的随机一致性比率。当随机一致性比率 $CR = \dfrac{CI}{RI} < 0.1$ 认为层次分析排序的结果有满意的一致性，即权系数的分配是合理的。否则，要调整判断矩阵的元素取值，重新分配权系数的值（表 7.3.7）。

表 7.3.5　随机一致性指标 RI 取值表

n	1	2	3	4	5	6	7	8	9
RI	0	0	0.58	0.90	1.12	1.24	1.32	1.41	1.45

5）层次总排序及其一致性检验

利用同一层次中所有层次单排序结果，计算针对上一层次而言本层次所有元素重要性的权值，即为层次总排序，其实质是层次单排序的加权组合。该步骤也需要对每个递阶层次模型的一致性进行判断。

随着层次分析法的广泛使用，可以很便捷地通过一些集成了 AHP 方法的软件进行，而不需要了解上述原理，如 yaahp 软件（http://www.metadecsn.com/）。

3. 综合评估

研究湿地评价方法主要有模糊综合评断法、综合指数法、景观生态法、综合矩阵法等，其中综合指数法因其操作简单、具有等价性、便于对比，因此被广泛应用。综合指数法的公式如下。

$$D = \sum_{j=1}^{n} S_{ij} W_{ij} \qquad (7.3.18)$$

式中，S_{ij} 为标准化数据；W_{ij} 为权重；D 为湿地生态系统健康综合指数。

在实际应用中，获取指标信息后，即可代入上述公式，计算综合指数。本体系灵活多变，使用者可结合自身软硬件水平的变化，增减或改变指标及其测量方法，需要注意的是改变后需要对指标的相对权重进行重新评测，然后计算综合指数。

小结

作为以广大保护地管理人员为使用对象的评价体系，所设计的体系应尽可能地降低难度，借以提高可操作性，但又不能一味地以牺牲评价结果的精度和可靠性为代价。设计一套能够有效权衡操作难度与结果可靠性的评价体系是项目组的主要工作所在，也是本体系区别于其他类似研究工作的特色所在。有鉴于此，项目组在实地调查，并与各示范保护地充分沟通的情况下，采取了以科研性评估方法为基础，若条件/能力可以满足该指标的信息获取，则选用此指标最科学的评估方法，若条件/能力不足以选用该指标最科学的评价方法，则尽量采用各示范保护地力所能及范围内，最科学的替代性指标，借此保持科学性的同时，提高可操作性。

实质上，项目组产出的更多的是一个评估体系的构建思路，这个思路包含如下几个方面。

（1）要尽可能的科学合理、客观真实。

（2）以保护地工作人员为使用对象。

（3）能够达到"加强中国湿地保护地子体系，增强其全球重要湿地生态系统的保护管理，从而实现保护全球生物多样性的效益"的项目宗旨，以及"加强湿地保护地子体系的能力，有效应对现有的和不断增加的对全球重要生物多样性的威胁因素"的项目目标。

为了完成第一点，要求体系的构建需以科学研究为基础，故项目组参考了众多国内外相关研究成果。

为了完成第二点，要求体系的构建需充分考虑保护地的软硬件水平及其相互间的差异，故项目组在梳理各保护地湿地生态系统面临的主要问题的基础上，经与各地方 EHI 研究专家、保护区管理人员、一线工作人员等共同实地考察和讨论，认为可以从保护地日常监测，或以现有/可争取到的条件能够开展的监测内容中，筛选出能够反映所需信息的替代性指标，借以降低信息获取难度，提高体系的可操作性。

为了完成第三点，要求体系的构建不应格局过小，将目光仅局限于某一具体湿地本身，但又不能过于粗放，以免降低体系与实际情况的贴合性，进而影响评价结果的可靠性，所以项目组经多个设计方案筛选后，认为在给出一个体系框架的基础上，着重输出体系的构建思路更为普适，所以在体系构建过程中，我们挑选了国内外湿地生态系统健康评估研究中常用的典型指标，构建了湿地生态系统健康评估的体系框架，给出了各项指标所需反映的信息，阐述了如何反映这些信息，并给出了几个选项供使用者参考。实际使用中，各保护地可以以此评估体系框架为模板，具体的指标信息应如何反映，可以参照本文的设计思路，结合湿地特征及自身条件，筛选合适的替代性指标。

本节作者：马克明　李金亚　中国科学院生态环境研究中心

参 考 文 献

敖静. 2004. 污染底泥释放控制技术的研究进展. 环境保护科学, (6): 29-32, 35.

白洁, 马静, 徐基良, 等. 2012. 我国湿地保护管理现状与优化对策. 世界林业研究, 25(4): 58-62.

班璇, 余成, 魏珂, 等. 2010. 围网养殖对洪湖水质的影响分析. 环境科学与技术, 33(9): 125-129.

鲍达明. 2015. 全国湿地保护工程"十二五"实施规划//第三届中国湿地文化节暨东营国际湿地保护交流会议论文集: 47-51.

鲍达明. 2016. 构建基于生态文明理念的湿地保护管理制度. 湿地科学与管理, 22(1): 4-7.

蔡佳亮, 殷贺, 黄艺. 2010. 生态功能区划理论研究进展. 生态学报, 30(11): 3018-3027.

曹春香, 陈伟, 黄晓勇, 等. 2017. 环境健康遥感诊断指标体系. 北京: 科学出版社.

曹金锋. 2015. 湿地生态保护红线法律制度研究. 重庆: 西南政法大学硕士学位论文.

曹树青. 2006. 生态地役权探究. 环境科学与管理, 31(9): 44-47.

陈继芳, 董伟, 麻友俊. 2007. 如何选择和确定社区共管项目. 陕西林业, (6): 8-9.

陈家宽. 2012. 揭开中国自然湿地保护历史的新篇章. 科学通报, 57(4): 205-206.

陈家宽, 雷光春, 王学雷. 2010. 长江中下游湿地自然保护区有效管理十佳案例分析. 上海: 复旦大学出版社.

陈建伟. 2016. 保护地分级分类分区管理. 人与生物圈, 18(6): 32-33.

陈蓉. 2007. 湿地保护的国际立法与中国相关法律制度的完善. 上海: 华东政法大学硕士学位论文.

陈先根. 2016. 论生态红线概念的界定. 重庆: 重庆大学硕士学位论文.

崔保山, 杨志峰. 2001. 湿地生态系统健康研究进展. 生态学杂志, 20(3): 31-36.

崔保山, 杨志峰. 2002a. 湿地生态系统健康评价指标体系 I . 理论. 生态学报, 22(7): 1005-1011.

崔保山, 杨志峰. 2002b. 湿地生态系统健康评价指标体系 II .方法与案例. 生态学报, 22(8): 1231-1239.

崔保山, 杨志峰. 2003. 湿地生态系统健康的时空尺度特征. 应用生态学报, 14(1): 121-125.

崔保山, 赵翔, 杨志峰. 2005. 基于生态水文学原理的湖泊最小生态需水量计算. 生态学报, 25(7): 1788-1795.

戴新毅. 2013. 地役权制度在区域土地利用中的作用——以贺兰山东麓葡萄文化长廊建设为例. 人民论坛, (29): 225-227.

但新球, 鲍达明, 但维宇, 等. 2014. 湿地红线的确定与管理. 中南林业调查规划, 33(1): 61-66.

刁凡超. 2017. 天津国家级保护区被区政府转租, 整改及赔付开发方费用逾 2 亿. https://www.thepaper.cn/newsDetail_forward_1643832[2017-11-11].

巩岩. 2016. 南四湖流域人工湿地运营管理机制研究. 济南: 山东大学硕士学位论文.

郭会玲. 2009. 江苏省湿地保护地方立法现状及其完善. 林业资源管理, 44(6): 19-23.

国家海洋局. 1995. 海洋自然保护区管理办法.

国家环境保护总局. 2003. 自然保护区管护基础设施建设技术规范(HJ/T 129—2003).

国家环境保护总局. 2015. 中华人民共和国环境保护法.

国家林业局. 2011. 全国湿地保护工程实施规划(2011—2015 年).

国家林业局. 2014. 中国湿地资源简况.

国家林业局. 2015a. 自然保护区工程项目建设标准(征求意见稿).

国家林业局. 2015b. 中国湿地资源(总卷). 北京: 中国林业出版社.

国家林业局, 等. 2000. 中国湿地保护行动计划. 北京: 中国林业出版社.

国家林业局, 国家发展改革委, 财政部. 2017. 三部门关于印发《全国湿地保护"十三五"实施规划》的函. http://www.gov.cn/xinwen/2017-04/20/content_5187584.htm[2017-4-20].

国家林业局调查规划设计院. 2011. 内蒙古根河源国家湿地公园总体规划(2011-2018 年).

国家林业局湿地保护管理中心. 2014. 积极恢复扩大湿地面积. http://www.forestry.gov.cn/main/142/content-725274.html[2015-11-11].

国务院. 1998. 建设项目环境保护管理条例. 广西质量监督导报, 1998(Z1): 1157-1163.

国务院. 2005. 全国湿地保护工程实施规划(2005-2010 年).

国务院. 2017. 中华人民共和国自然保护区条例. 中华人民共和国国务院公报, 1994(24): 991-998.

何俊, 谷孝鸿, 白秀玲. 2009. 太湖渔业产量和结构变化及其对水环境的影响. 海洋湖沼通报, (2): 143-150.

何诗雨, 胡涛, 徐华林, 等. 2016. 香港米埔自然保护区保护与管理经验及启示. 湿地科学与管理, 12(1): 26-29.

红树林基金会. 2016. 红树林基金会(MCF)2016 年度报告. http://www.mcf.org.cn/u_file/download/17_08_25/5fa084c153.pdf [2018-03-20] .

胡小贞, 金相灿, 卢少勇, 等. 2009. 湖泊底泥污染控制技术及其适用性探讨. 中国工程科学, 11(9): 28-33.

胡学玉, 陈德林, 艾天成. 2006. 1990～2003 年洪湖水体环境质量演变分析. 湿地科学, 4(2): 115-120.

湖南省水利厅. 2017. 湖南省水资源公报 2016. 长沙: 湖南地图出版社.

环境保护部环境工程评估中心. 2014. 环境影响评价技术导则与标准. 北京: 中国环境出版社.

环境保护部, 农业部. 2013. 关于进一步加强水生生物资源保护严格环境影响评价管理的通知(环发〔2013〕86 号).

黄心一, 陈家宽. 2012. 新时期我国湿地自然保护区需解决的主要问题及相关建议. 生物多样性, 20(6): 774-778.

黄心一, 李帆, 陈家宽. 2015. 基于系统保护规划法的长江中下游鱼类保护区网络规划. 中国科学(生命科学), 45(12): 1244-1257.

贾慧聪, 曹春香, 马广仁, 等. 2011. 青海省三江源地区湿地生态系统健康评价. 湿地科学, 9(3): 209-217.

江西省山江湖开发治理委员会办公室, 江西省遥感信息系统中心, 中科院南京地理与湖泊研究所, 等. 2015. 鄱阳湖科学考察(总报告). 南昌: 江西省山江湖开发治理委员会办公室.

《江西省水资源公报》编委会. 2001. 江西省水资源公报 2000. 南昌: 江西省水利厅.

《江西省水资源公报》编委会. 2011. 江西省水资源公报 2010. 南昌: 江西省水利厅.

《江西省水资源公报》编委会. 2016. 江西省水资源公报 2015. 南昌: 江西省水利厅.

《江西省水资源公报》编委会. 2017. 江西省水资源公报 2016. 南昌: 江西省水利厅.

姜宏瑶, 温亚利. 我国湿地保护管理体制的主要问题及对策. 林业资源管理, 2010, 38(3): 1-5.

姜鲁光. 2006. 鄱阳湖退田还湖地区洪水风险与土地利用变化研究. 北京: 中国科学院研究生院博士学位论文.

蒋卫国, 李京, 李加洪, 等. 2005. 辽河三角洲湿地生态系统健康评价. 生态学报, 25(3): 408-414.

柯善北. 2017. 顶层设计 为"地球之肾"撑起制度保护伞 《湿地保护修复制度方案》解读. 中华建设, (7): 36-37.

孔繁翔. 2007. 孔繁翔: 太湖水危机的警示. 中国科学院院刊, 22(4): 267-268.

孔红梅, 赵景柱, 姬兰柱, 等. 2002. 生态系统健康评价方法初探. 应用生态学报, 13(4): 486-490.

来洁. 2013. 湖北省拨款 6212 万守 6 亿亩湿地红线. http://news.yuanlin.com/detail/2013527/147910.htm[2018-03-20].

雷光春. 2012. 保护区社区共管模式的探索. 人与生物圈, (6): 76-80.

雷光春, 张正旺, 于秀波, 等. 2017. 中国滨海湿地保护管理战略. 北京: 科学出版社: 8-12.

李安峰, 潘涛, 杨冲, 等. 2012. 水体富营养化治理与控制技术综述. 安徽农业科学, 40(16): 9041-9044, 9062.

李九一, 李丽娟, 姜德娟, 等. 2006. 沼泽湿地生态储水量及生态需水量计算方法探讨. 地理学报, 61(3):

289-296.

李明爽. 2016. 农业部调整长江流域禁渔期制度. 中国水产, (2): 4.

李仁东. 2004. 土地利用变化对洪水调蓄能力的影响——以洞庭湖区为例. 地理科学进展, 23(6): 90-95.

李仁东. 2005. 长江中游平原土地利用地覆被变化的现代时空过程及机制分析. 北京: 中国科学院研究生院博士学位论文.

李润东. 2017. 生态保护红线法律制度研究. 桂林: 广西师范大学硕士学位论文.

李士美, 谢高地, 张彩霞, 等. 2010. 森林生态系统服务流量过程研究——以江西省千烟洲人工林为例. 资源科学. 32(5): 831-837.

李潇. 2013. 朱鹮自然保护区可持续发展对策研究——以陕西汉中朱鹮国家级自然保护区为例. 西安: 长安大学硕士学位论文.

李晓. 2014. 基于PSR模型评价天津滨海湿地生态系统健康. 海洋信息, 4: 39-43.

李燕. 2012. 财政专项 政策给力提速湿地保护. http://news.163.com/12/1213/14/8IK5CBQ800014JB5.html[2018-03-20].

林和山, 陈本清, 许德伟, 等. 2012. 基于PSR模型的滨海湿地生态系统健康评价——以辽河三角洲滨海湿地为例. 台湾海峡, 31(3): 420-428, 447.

刘红梅, 皇甫超河, 杨殿林. 2010. 我国《湿地公约》履约对策研究. 生态经济, (7): 167-169.

刘纪远, 岳天祥, 鞠洪波, 等. 2005. 中国西部生态系统综合评估. 北京: 气象出版社.

刘静玲, 杨志峰. 2002. 湖泊生态环境需水量计算方法研究. 自然资源学报, 17(5): 604-609.

刘绍泉. 2004. BOT模式在我国应用实践与对策研究. 成都: 四川大学硕士学位论文.

刘晓丽, 赵然杭, 曹升乐. 2008. 城市水系生态系统服务功能价值评估初探//任立良, 陈喜, 章树安, 等. 环境变化与水生态. 北京: 中国水利水电出版社: 321-324.

刘一宁, 李文军. 2009. 地方政府主导下自然保护区旅游特许经营的一个案例研究. 北京大学学报(自然科学版), 45(3): 541-547.

刘章勇, 何浩. 2008. 洪湖湿地演替的影响因素与生态恢复对策. 湿地科学与管理, 4(2): 37-41.

刘征涛. 2005. 持久性有机污染物的主要特征和研究进展. 环境科学研究, (3): 93-102.

龙鑫, 甄霖, 成升魁, 等. 2012.'98洪水对鄱阳湖区生态系统服务的影响研究. 资源科学, 34(2): 220-228.

鲁春霞, 谢高地, 肖玉, 等. 2004. 青藏高原生态系统服务功能的价值评估. 生态学报, 24(12): 2749-2755.

马建威, 黄诗峰, 许宗男. 2017. 基于遥感的1973-2015年武汉市湖泊水域面积动态监测与分析研究. 水利学报, 48(8): 903-913.

马克明, 孔红梅, 关文彬, 等. 2001. 生态系统健康评价: 方法与方向. 生态学报, 21(12): 2106-2116.

马涛, 陈家宽. 2013. 我国湿地保护立法探讨. 湿地科学与管理, 19(3): 65-68.

马梓文, 张明祥. 2015. 从《湿地公约》第12次缔约方大会看国际湿地保护与管理的发展趋势. 湿地科学, 13(5): 523-527.

毛玮卿. 2011. 关于湿地生态补偿的一些思考. 北京农业, (33): 56-57.

闵庆文, 马楠. 2017. 生态保护红线与自然保护地体系的区别与联系. 环境保护, (23): 26-30.

农业部渔业渔政管理局. 2016. 2016中国渔业统计年鉴. 北京: 中国农业出版社.

潘明麒. 2009. 洞庭湖退田还湖工程的社会、经济与生态效应. 北京: 中国科学院研究生院博士学位论文.

彭宣华. 2014. 水体重金属污染的生物修复技术展望. 江西化工, (4): 58-59.

钱新娥, 黄春根, 王亚民, 等. 2002. 鄱阳湖渔业资源现状及其环境监测. 水生生物学报, 26 (6): 612-617.

秦伯强, 杨柳燕, 陈非洲, 等. 2006. 湖泊富营养化发生机制与控制技术及其应用. 科学通报, (16): 1857-1866.

秦卫华, 邱启文, 张晔, 等. 2010. 香港米埔自然保护区的管理和保护经验. 湿地科学与管理, 6(1): 34-37.

秦玉峰. 2016. 美丽中国理念下我国湿地立法研究. 湿地科学与管理, 40(3): 131-135.

权佳, 欧阳志云, 徐卫华, 等. 2009. 中国自然保护区管理有效性的现状评价与对策. 应用生态学报, 20(7): 1739-1746.

权佳, 欧阳志云, 徐卫华, 等. 2010. 自然保护区管理有效性评价方法的比较与应用. 生物多样性, 18(1): 90-99.

四川省人民政府. 2016. 广安采取 PPP 模式建国家级湿地公园. http://www.sc.gov.cn/10462/10464/10465/ 10595/2016/7/14/10388109.shtml[2016-07-14].

苏同向, 王浩. 2015. 生态红线概念辨析及其划定策略研究. 中国园林, 31(5): 75-79.

孙伟富, 马毅, 张杰, 等. 2011. 不同类型海岸线遥感解译标志建立和提取方法研究. 测绘通报, 3: 41-44.

谭李春. 2013. 基于多源数据的广西大陆海岸线变迁研究. 测绘与空间地理信息, 36(8): 72-75.

谭琪, 丁芹. 2014. 低影响开发技术理论综述及研究进展. 中国园艺文摘, 30(3): 54-56, 94.

汤臣栋. 2016. 上海崇明东滩互花米草生态控制与鸟类栖息地优化工程. 湿地科学与管理, 12(3): 4-8.

唐孝辉. 2015. 湿地资源保护的物权法进路. 理论月刊, (6): 94-98.

汪凌峰, 胡斌华, 万青, 等. 2017. 鄱阳湖南矶湿地 "点鸟奖湖" 生态激励机制的实践与探讨. 野生动物学报, 38(1): 144-147.

王崇瑞, 李鸿, 袁希平. 2013. 洞庭湖渔业水域氮磷时空分布分析. 长江流域资源与环境, 22(7): 928-936.

王会, 刘明昕, 赵亚文, 等. 2017. 国际湿地城市认证及我国推进的建议. 世界林业研究, 30(6): 6-10.

王丽苑, 李彦锋. 2009. 重金属微污染水体的处理技术及应用研究进展. 环境工程, 27(S1): 96-99.

王利民, 胡慧建, 王丁. 2005. 江湖阻隔对涨渡湖区鱼类资源的生态影响. 长江流域资源与环境, 14(3): 287-292.

王圣瑞. 2015. 滇池水环境. 北京: 科学出版社: 31-37.

王思远. 2002. 基于地理时空数据库的中国近期土地利用/土地覆盖变化研究. 北京: 中国科学院研究生院(遥感应用研究所)博士学位论文.

王苏民, 窦鸿身. 1998. 中国湖泊志. 北京: 科学出版社.

韦朝海, 张小璇, 任源, 等. 2011. 持久性有机污染物的水污染控制: 吸附富集、生物降解与过程分析. 环境化学, 30(1): 300-309.

邬国锋, 崔丽娟. 2008. 基于遥感技术的鄱阳湖采砂对水体透明度的影响. 生态学报, 28(12): 6113-6120.

吴春莹, 陈伟, 刘迪, 等. 2017. 北京市重要湿地生态系统健康评价. 湿地科学, 15(4): 516-521.

徐丽红. 2008. 要么达标 要么淘汰. http://www.cfen.cn/web/cjb/2008-06/11/content-426772.html[2016-07-14].

许倍慎. 2012. 江汉平原土地利用景观格局演变及生态安全评价. 武汉: 华中师范大学博士学位论文.

许文杰, 曹升乐. 2009. 城市湖泊生态环境需水量计算方法研究——以东昌湖为例. 水力发电学报, 28(1): 102-107.

闫海, 吴琼. 2011. 自然资源特许经营权法律属性之辨. 资源与产业, 13(6): 117-121.

杨邦杰, 高吉喜, 邹长新. 2014. 划定生态保护红线的战略意义. 中国发展, 14(1): 1-4.

杨海乐, 徐福军, 叶尔波拉提·托流汉, 等. 2016. 构建新疆阿尔泰山两河流域生态保护体系: 特殊性、重要性与已建保护地的空间格局. 中国人口·资源与环境, S1: 256-259.

杨莉菲, 郝春旭, 温亚利, 等. 2010. 世界湿地生态效益补偿政策与模式. 世界林业研究, 23(3): 13-17.

杨柳, 江丰, 谢正磊, 等. 2017. 鄱阳湖退田还湖圩区土地返耕利用的研究. 中国土地科学, 31(3): 44-50.

杨锡臣, 窦鸿身, 汪宪栢, 等. 1982. 长江中下游地区湖泊的水文特点与资源利用问题. 资源科学, (1): 47-54.

杨志峰, 尹民, 崔保山. 2005. 城市生态环境需水量研究——理论与方法. 生态学报, 25(3): 389-396.

姚晓静, 高义, 杜云艳, 等. 2013. 基于遥感技术的近 30a 海南岛海岸线时空变化. 自然资源学报, 28(1): 114-125.

余德清, 余姝辰, 贺秋华, 等. 2016. 联合历史地图与遥感技术的洞庭湖百年萎缩监测. 国土资源遥感, 28(3): 116-122.

张峰, 杨俊, 席建超, 等. 2014. 基于 DPSIRM 健康距离法的南四湖湖泊生态系统健康评价. 资源科学, 36(4): 831-839.

张海, 张旭, 钟毅, 等. 2007. 潜流人工湿地去除大庆地区湖泊水体中石油类化合物的研究. 环境科学, (7): 1449-1454.

张建龙. 2017. 生态文明体制改革的最新成果——国家林业局局长张建龙解读《湿地保护修复制度方案》.湿地中国网页[2017/7/25].

张金良, 李焕芳, 黄方国. 2000. 社区共管—— 一种全新的保护区管理模式. 生物多样性, 08(3): 347-350.

张淼, 刘俊国, 赵旭, 等. 2014. 基于景观开发强度法的湿地健康变化研究. 水土保持研究, 101(3): 157-162.

张明祥, 严承高, 王建春, 等. 2001. 中国湿地资源的退化及其原因分析. 林业资源管理, (3): 23-26.

张祥伟. 2005. 湿地生态需水量计算. 水利规划与设计, 02: 13-19.

张箫, 饶胜, 何军, 等. 2017. 生态保护红线管理政策框架及建议. 环境保护, (23): 43-46.

张晓萍, 杨勤科, 李锐. 1998. 流域"健康"诊断指标—— 一种生态环境评价的新方法. 水土保持通报, 18(4): 59-64.

张学佳, 纪巍, 康志军, 等. 2009. 水环境中石油类污染物的危害及其处理技术. 石化技术与应用, 27(2): 181-186.

张一诺. 2009. 中国湿地生物多样性保护与可持续利用项目圆满谢幕. http://www.gov.cn/gzdt/2009-06/29/content_1353111.htm[2018-03-20].

张远, 张楠, 孟伟. 2008. 辽河流域河流生态系统健康的多要素评价. 科技导报, 26(17): 36-41.

赵其国, 高俊峰. 2007. 中国湿地资源的生态功能及其分区. 中国生态农业学报, 15(1): 1-4.

中华人民共和国国际湿地公约履约办公室. 2013. 湿地保护管理手册. 北京: 中国林业出版社.

钟业喜, 陈姗. 2005. 采砂对鄱阳湖鱼类的影响研究. 江西水产科技, (1): 15-18.

周林飞, 许士国, 李青山, 等. 2007. 扎龙湿地生态环境需水量安全阈值的研究. 水利学报, 38(7): 845-851.

周勤, 刘晋, 朱云. 2008. 水体中的持久性有机污染物及其控制技术. 化学与生物工程, (1): 12-14.

周相君. 2014. 1973-2013 年广西大陆海岸线遥感变迁分析. 青岛: 国家海洋局第一海洋研究所硕士学位论文.

周晓蔚, 王丽萍, 郑丙辉. 2011. 长江口及毗邻海域生态系统健康评价研究. 水利学报, 10: 1201-1208.

朱建国, 王曦. 2004. 中国湿地保护立法研究. 北京: 法律出版社.

朱卫红, 郭艳丽, 孙鹏, 等. 2012. 图们江下游湿地生态系统健康评价. 生态学报, 32(21): 6609-6618.

邹长新, 林乃峰, 徐梦佳. 2017. 论生态保护红线制度实施中的重点问题. 环境保护, (23): 36-39.

邹长新, 王丽霞, 刘军会. 2015. 论生态保护红线的类型划分与管控. 生物多样性, 23(6): 716-724.

Avramoski O, Erg B, Pezold T. 2016. Strengthening National Capacity in Nature Protection Preparation for NATURA 2000 Network: Initial Assessment of Protected Areas in Albania Using the Management Effectiveness Tracking Tool. Tirana: Natural: 7.

Brousseau CM, Randall RG, Hoyle JA, et al. 2011. Fish community indices of ecosystem health: how does the Bay of Quinte compare to other coastal sites in Lake Ontario? Aquatic Ecosystem Health & Management, 14(1): 75-84.

Coad L, Leverington F, Knights K, et al. 2015. Measuring impact of protected area management interventions: current and future use of the Global Database of Protected Area Management Effectiveness. Philos Trans R Soc Lond B Biol Sci, 370: 20140281.

Costanza R, d'Argec R, Groot R, et al. 1997. The value of the world's ecosystem services and natural capital. Nature, 387: 253-260.

Craigie ID, Barnes MD, Geldmann J, et al. 2015. International funding agencies: potential leaders of impact evaluation in protected areas? Phil Trans R Soc. 370: 20140283.

Dalıl TE. 1990. Wetlands losses in the United States 1780's to 1980's. Washington DC: U.S. Department of the Interior, Fish and Wildlife Service.

de Groot RS, Wilson MA, Boumans RMJ, et al. 2002. A typology for the description, classification and valuation of ecosystem functions, goods and services. Ecological Economics, 41(3): 393-408.

Del Vento S, Dachs J. 2002. Prediction of uptake dynamics of persistent organic pollutants by bacteria and phytoplankton. Environmental Toxicology and Chemistry, 21(10): 2099-2107.

Dudley N, Belokurov A, Higgins-Zogib L, et al. 2007. Tracking progress in managing protected areas around the world. Gland: WWF International.

Ervin J. 2006. Quick Guide to Protected Area Management Effectiveness. Arlington: The Nature Conservancy: 18.

Geldmann J, Coad L, Barnes M, et al. 2015. Changes in protected area management effectiveness over time: a global analysis. Biological Conservation, 191: 692-699.

Gilligan B, Dudley N, Fernandez De Tejada A, et al. 2005. Management Effectiveness Evaluation of Finland's Protected Areas. Helsinki: Nature Protection Publications of Metsähallitus.

Huang XY, Li F, Chen JK. 2016. Reserve network planning for fishes in the middle and lower Yangtze River basin by systematic conservation approaches. Sci China Life Sci, 59(3): 312–324.

Karr JR. 1993. Defining and assessing ecological integrity: beyond water quality. Environmental Toxicology and Chemistry, 12(9): 1521-1531.

Lauren C, Leverington F, Burgess ND, et al. 2013. Progress towards the CBD protected area management effectiveness targets. Parks, 19(1): 13-24.

Leverington F, Costa K, Courrau J, et al. 2010. Management effectiveness evaluation in protected areas: a global study. 2nd ed. Queensland: the University of Queensland, TNC, WWF, IUCN-WCPA.

Mo M, Wang X, Wu H, et al. 2009. Ecosystem health assessment of Honghu Lake Wetland of China using artificial neural network approach. Chinese Geographical Science, 19(4): 349-356.

Muhammad Shafique, Reeho Kim. 2015. Low impact development practices: a review of current research and recommendations for future directions. Ecological Chemistry and Engineering S, 22(4): 543-563.

Nakamura F, Ishiyama N, Sueyoshi M, et al.2014.The significance of meander restoration for the hydrogeomorphology and recovery of wetland organisms in the Kushiro River, a lowland river in Japan. Restoration Ecology, 22(4): 544-554.

Nolte C, Leverington F, Kettner A, et al. 2010. Protected area management effectiveness assessments in Europe. A review of application, methods and results. Bonn: Federal Ministry of the Environment, Nature Conservation and Nuclear Safety.

Ramsar Convention. 2015. Resolution XII.10 Wetland City Accreditation of the Ramsar Convention.www. ramsar.org.[2016-4-29].

Rapport DJ, Costanza R, Mcmichael AJ. 1998. Assessing ecosystem health. Trends in Ecology & Evolution, 13(10): 397-402.

Rapport DJ. 1989. What constitutes ecosystem health? Perspectives in Biology and Medicine, 33(1): 120-132.

Schaeffer DJ, Herricks EE, Kerster HW. 1988. Ecosystem health: 1. Measuring ecosystem health. Environmental Management, 12(4): 445-455.

Shear H, Stadler-Salt N, Bertram P, et al. 2003. The development and implementation of indicators of ecosystem health in the Great Lakes Basin. Environmental Monitoring and Assessment, 88(1-3): 119-152.

Stolton S, Dudley N. 2016. METT Handbook: a guide to using the Management Effectiveness Tracking Tool (METT). London: WWF-UK, Working.

Stolton S, Hockings M, Dudley N, et al. 2002. Reporting progress on management effectiveness in protected areas: a simple site-level tracking tool developed for the World Bank and WWF. Gland: WWF International.

Sun R, Yao P, Wang W, et al. 2017. Assessment of wetland ecosystem health in the Yangtze and Amazon River basins. ISPRS International Journal of Geo-Information, 6(81): 1-14.

Sun T, Lin W, Chen G, et al. 2016. Wetland ecosystem health assessment through integrating remote sensing and inventory data with an assessment model for the Hangzhou Bay, China. Science of the Total Environment, (566-567): 627-640.

Swartzendruber F. 2013. Sub-study on Results Based Management in GEF. OPS5 Technical Document #10. GEF Evaluation Office.

USDA. 2014. Restoring America's Wetlands: A Private Lands Conservation Success Story. https://www.nrcs.usda.gov/wps/portal/nrcs/main/national/programs/easements/wetlands/[2018-03-20].

William J Mitsch, James G Gosselink. 2015. Wetlands. 4th ed. New Jersey: Wiley.

Zambia. Enhancing outcomes and impact through improved understanding of protected area management effectiveness. Washington DC: Global Environment Facility.

Zeng Q, Bridgewater, Peter Lu, et al. 2014. Perspectives on zonation in Ramsar Sites, and other protected areas: making sense of the Tower of Babel. Open Journal of Ecology, 4: 788-796.

Zeng Q, Zhang YM, Jia YF, et al. 2012. Zoning for management in wetland nature reserves: a case study using Wuliangsuhai Nature Reserve, China. SpringerPlus, 1(1): 23.

Zimsky M, Ferraro P, Mupemo F, et al. 2010. Results of the GEF biodiversity portfolio monitoring and learning review mission. Journal of Ecology, 4(13): 788.

附录 1 宁夏主要类型湿地资源的遥感解译标志

永久性河流

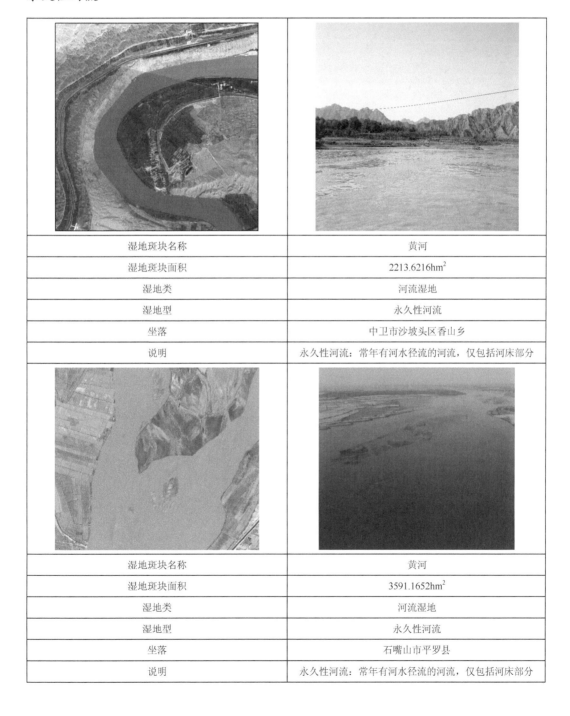

湿地斑块名称	黄河
湿地斑块面积	2213.6216hm^2
湿地类	河流湿地
湿地型	永久性河流
坐落	中卫市沙坡头区香山乡
说明	永久性河流：常年有河水径流的河流，仅包括河床部分

湿地斑块名称	黄河
湿地斑块面积	3591.1652hm^2
湿地类	河流湿地
湿地型	永久性河流
坐落	石嘴山市平罗县
说明	永久性河流：常年有河水径流的河流，仅包括河床部分

季节性或间歇性河流

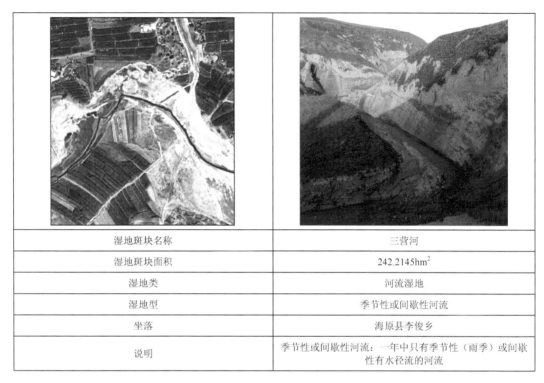

湿地斑块名称	三营河
湿地斑块面积	242.2145hm²
湿地类	河流湿地
湿地型	季节性或间歇性河流
坐落	海原县李俊乡
说明	季节性或间歇性河流：一年中只有季节性（雨季）或间歇性有水径流的河流

洪泛平原湿地

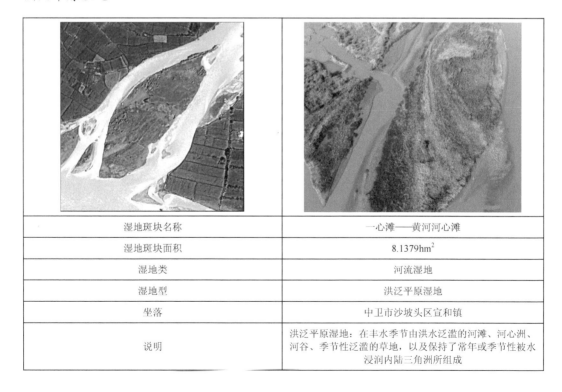

湿地斑块名称	一心滩——黄河河心滩
湿地斑块面积	8.1379hm²
湿地类	河流湿地
湿地型	洪泛平原湿地
坐落	中卫市沙坡头区宣和镇
说明	洪泛平原湿地：在丰水季节由洪水泛滥的河滩、河心洲、河谷、季节性泛滥的草地，以及保持了常年或季节性被水浸润内陆三角洲所组成

永久性淡水湖

湿地斑块名称	宁静湖
湿地斑块面积	10.9452hm²
湿地类	湖泊湿地
湿地型	永久性淡水湖
坐落	中卫市沙坡头区迎水桥镇
说明	永久性淡水湖：由淡水组成的永久性湖泊

湿地斑块名称	月亮湖
湿地斑块面积	61.9653hm²
湿地类	湖泊湿地
湿地型	永久性淡水湖
坐落	银川市贺兰县
说明	永久性淡水湖：由淡水组成的永久性湖泊

永久性咸水湖

湿地斑块名称	红寺堡温泉湿地
湿地斑块面积	107.9220hm²
湿地类	湖泊湿地
湿地型	永久性咸水湖
坐落	吴忠市红寺堡区太阳山镇（太阳山温泉国家湿地公园）
说明	永久性咸水湖：由微咸水/咸水/盐水组成的永久性湖泊

季节性咸水湖

湿地斑块名称	盐池乡西北盐湖
湿地斑块面积	379.6127hm²
湿地类	湖泊湿地
湿地型	季节性咸水湖
坐落	海原县种羊场
说明	季节性咸水湖：由微咸水/咸水/盐水组成的季节性或间歇性湖泊

草本沼泽

湿地斑块名称	野马湾湿地
湿地斑块面积	87.3207hm^2
湿地类	沼泽湿地
湿地型	草本沼泽
坐落	中宁县渠口农场
说明	草本沼泽：由水生和沼生的草本植物组成优势群落的淡水沼泽

灌丛沼泽

湿地斑块名称	天湖沼泽湿地
湿地斑块面积	735.2109hm^2
湿地类	沼泽湿地
湿地型	灌丛沼泽
坐落	中宁县长山头农场
说明	灌丛沼泽：以灌丛植物为优势群落的淡水沼泽

内陆盐沼

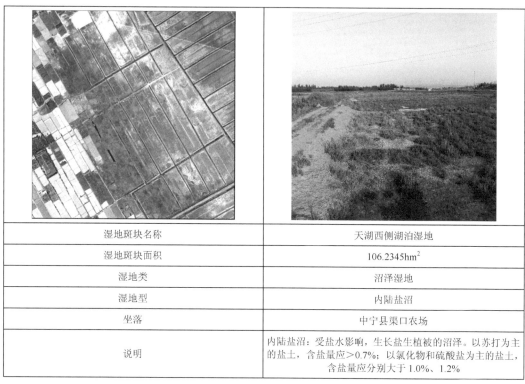

湿地斑块名称	天湖西侧湖泊湿地
湿地斑块面积	106.2345hm^2
湿地类	沼泽湿地
湿地型	内陆盐沼
坐落	中宁县渠口农场
说明	内陆盐沼：受盐水影响，生长盐生植被的沼泽。以苏打为主的盐土，含盐量应>0.7%；以氯化物和硫酸盐为主的盐土，含盐量应分别大于1.0%、1.2%

库塘

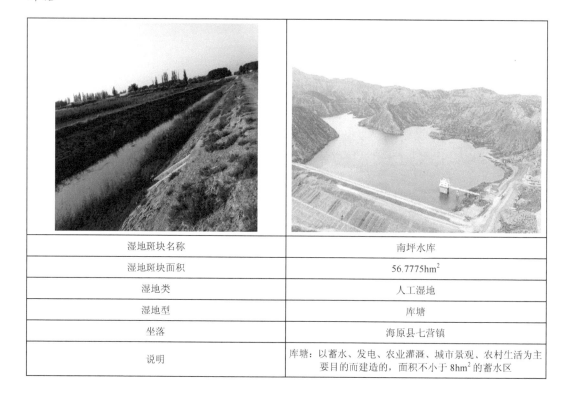

湿地斑块名称	南坪水库
湿地斑块面积	56.7775hm^2
湿地类	人工湿地
湿地型	库塘
坐落	海原县七营镇
说明	库塘：以蓄水、发电、农业灌溉、城市景观、农村生活为主要目的而建造的，面积不小于8hm^{2}的蓄水区

运河、输水河

湿地斑块名称	南河
湿地斑块面积	94.5995hm²
湿地类	人工湿地
湿地型	运河、输水河
坐落	中宁县宁安镇
说明	运河、输水河：为输水或水运而建造的人工河流湿地，包括灌溉为主要目的的沟、渠

湿地斑块名称	良田渠
湿地斑块面积	17.6327hm²
湿地类	人工湿地
湿地型	运河、输水河
坐落	银川市金凤区
说明	运河、输水河：为输水或水运而建造的人工河流湿地，包括灌溉为主要目的的沟、渠

水产养殖场

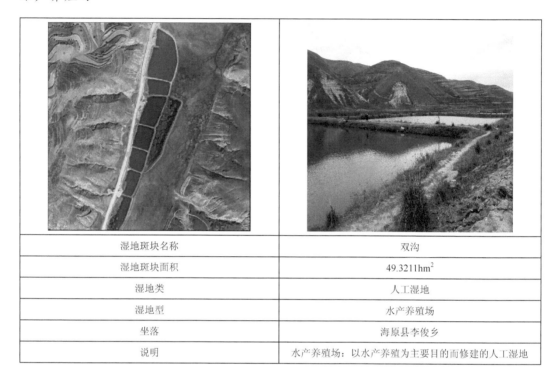

湿地斑块名称	双沟
湿地斑块面积	49.3211hm^2
湿地类	人工湿地
湿地型	水产养殖场
坐落	海原县李俊乡
说明	水产养殖场：以水产养殖为主要目的而修建的人工湿地

本附录作者：杨占峰　厚正芳　北京中林国际林业工程咨询有限责任公司

附录 2 我国已建湿地类型的国家级自然保护区的分布与湿地分类识别

说明 1：根据 1994 年公布并实施的《中华人民共和国自然保护区条例》，我国自然保护区分成自然生态系统、珍稀濒危野生动植物物种和自然遗迹等三大类型，申报时必须对每个自然保护区明确定位，但本附录中我们将野生动植物物种的栖息地和自然遗迹所在地主要是湿地类型的也均统计在内（表 1）。

说明 2：按照我国相关部门公布的湿地分类方案，湿地有河流湿地、湖泊湿地、沼泽湿地和滨海湿地四种自然湿地类型，还有人工湿地，在本文中不再往下等级细分。

表 1 湿地类型国家级自然保护区分布与类型一览表（截至 2018 年 3 月）

所在省（自治区、直辖市）及概况	国家级自然保护区数量	湿地类型国家级自然保护区数量	保护区名称	保护区类型	是否是国际重要湿地
（一）华北地区：国家级自然保护区共有 54 个，湿地类型或兼有野生动植物或地质遗迹的国家级自然保护区有 13 个，占 24.1%，其中有 3 个国际重要湿地					
北京市，湿地类型国家级自然保护区占 0%	2	0			
天津市，湿地类型国家级自然保护区占 33.3%	3	1	天津古海岸与湿地国家级自然保护区	地质遗迹及滨海湿地	
河北省，湿地类型国家级自然保护区占 15.4%	13	2	河北昌黎黄金海岸国家级自然保护区	滨海湿地	
			河北衡水湖国家级自然保护区	湖泊湿地	
山西省，湿地类型国家级自然保护区占 0%	7	0			
内蒙古自治区，湿地类型国家级自然保护区占 34.5%，其中有 3 个国际重要湿地	29	10	内蒙古鄂尔多斯遗鸥国家级自然保护区	野生动植物及沼泽湿地	是
			内蒙古呼伦湖（达赉湖）国家级自然保护区	湖泊湿地	是
			内蒙古辉河国家级自然保护区	沼泽、湖泊湿地及森林与草原生态系统	
			内蒙古毕拉河国家级自然保护区	沼泽、河流湿地及森林、灌丛和草原生态系统	
			内蒙古达里诺尔国家级自然保护区	野生动植物及湖泊、河流、沼泽湿地	

续表

所在省（自治区、直辖市）及概况	国家级自然保护区数量	湿地类型国家级保护区数量	保护区名称	保护区类型	是否是国际重要湿地
（一）华北地区：国家级自然保护区共有54个，湿地类型或草型或兼有野生动植物或地质遗迹的国家级保护区13个，占24.1%，其中有3个国际重要湿地					
内蒙古自治区，湿地类型国家级自然保护区占34.5%，其中有3个国际重要湿地	29	10	内蒙古图牧吉国家级自然保护区	野生动植物兼湖泊、河流、沼泽湿地及草原生态系统	
			内蒙古科尔沁国家级自然保护区	野生动植物兼河流、湖泊、沼泽湿地及草原生态系统	
			内蒙古阿鲁科尔沁草原国家级自然保护区	野生动植物兼河流、湖泊、沼泽湿地及草原、灌丛生态系统	
			内蒙古高格斯台罕乌拉国家级自然保护区	森林-草原生态系统及河流、沼泽湿地	
			内蒙古大兴安岭汗马国家级自然保护区	森林生态系统及河流湿地	是
（二）东北地区：国家级自然保护区共有92个，湿地类型或草型或兼有野生动植物或地质遗迹的国家级保护区有44个，占47.8%，其中有14个国际重要湿地					
辽宁省，湿地类型国家级自然保护区占26.3%，其中有2个国际重要湿地	19	5	辽宁双台河口国家级自然保护区	滨海湿地及野生动植物	是
			辽宁大连斑海豹国家级自然保护区	野生动植物及滨海湿地	是
			辽宁丹东鸭绿江口滨海湿地国家级自然保护区	滨海湿地及野生动植物	是
			辽宁蛇岛老铁山国家级自然保护区	野生动植物及滨海湿地	
			辽宁城山头海滨地貌国家级自然保护区	地质遗迹及滨海湿地	
吉林省，湿地类型国家级自然保护区占50.0%，其中有3个国际重要湿地	24	12	吉林向海国家级自然保护区	湖泊湿地	是
			吉林莫莫格国家级自然保护区	河流、湖泊、沼泽湿地	是
			吉林查干湖国家级自然保护区	湖泊湿地	
			吉林龙湾国家级自然保护区	湖泊和沼泽湿地	
			吉林波罗湖国家级自然保护区	湖泊、沼泽和人工湿地及野生动植物	是
			吉林松花江三湖国家级自然保护区	河流、湖泊、沼泽湿地	
			吉林哈泥国家级自然保护区	河流、湖泊和沼泽湿地及野生动植物	
			吉林园池湿地国家级自然保护区	沼泽湿地	
			吉林雁鸣湖国家级自然保护区	沼泽、河流、湖泊和人工湿地及野生动植物	是

续表

所在省（自治区、直辖市）及概况	国家级自然保护区数量	湿地类型国家级自然保护区数量	保护区名称	保护区类型	是否是国际重要湿地
（二）东北地区：国家级自然保护区共有92个，湿地类型或兼有野生动植物或地质遗迹的国家级自然保护区有44个，占47.8%，其中有14个国际重要湿地					
吉林省，湿地类型国家级自然保护区占50.0%，其中有3个国际重要湿地	24	12	吉林黄泥河国家级自然保护区	森林生态系统及沼泽湿地	
			吉林鸭绿江上游国家级自然保护区	野生动植物及河流湿地	
			吉林大布苏国家级自然保护区	地质遗迹兼湖泊、沼泽湿地	
			黑龙江扎龙国家级自然保护区	河流和湖泊湿地	是
			黑龙江兴凯湖国家级自然保护区	湖泊湿地	是
			黑龙江洪河国家级自然保护区	沼泽湿地	是
			黑龙江三江国家级自然保护区	沼泽湿地	是
			黑龙江宝清七星河国家级自然保护区	沼泽湿地	是
			黑龙江南瓮河国家级自然保护区	沼泽、湖泊和河流湿地	是
			黑龙江珍宝岛湿地国家级自然保护区	沼泽湿地	是
			黑龙江东方红湿地国家级自然保护区	河流和沼泽湿地	是
黑龙江省，湿地类型国家级自然保护区占55.1%，其中有9个国际重要湿地	49	27	黑龙江翠北湿地国家级自然保护区	沼泽、湖泊和河流湿地	
			黑龙江红星湿地国家级自然保护区	河流和沼泽湿地	
			黑龙江大沾河湿地国家级自然保护区	河流和沼泽湿地	
			黑龙江绰纳河国家级自然保护区	河流和沼泽湿地	
			黑龙江双河国家级自然保护区	河流和沼泽湿地	
			黑龙江三环泡国家级自然保护区	河流和沼泽湿地	
			黑龙江公别拉河国家级自然保护区	河流与沼泽湿地及野生动植物	
			黑龙江多布尔库尔国家级自然保护区	河流、河谷和湖泊湿地及野生动植物	
			黑龙江友好国家级自然保护区	沼泽和河流湿地及野生动植物	是

续表

所在省（自治区、直辖市）及概况	国家级自然保护区数量	湿地类型国家级自然保护区数量	保护区名称	保护区类型	是否是国际重要湿地
（二）东北地区：国家级自然保护区共有92个，湿地类型或兼有野生动植物或地质遗迹的国家级自然保护区有44个，占47.8%，其中有14个国际重要湿地					
黑龙江省，湿地类型国家级自然保护区占55.1%，其中9个国际重要湿地	49	27	黑龙江明水国家级自然保护区	沼泽湿地和人工湿地	
			黑龙江乌伊岭国家级自然保护区	沼泽湿地及野生动植物	
			黑龙江黑瞎子岛湿地国家级自然保护区	沼泽湿地及野生动植物	
			黑龙江挠力河国家级自然保护区	野生动植物级河流与湖泊湿地	
			黑龙江乌裕尔河国家级自然保护区	野生动植物兼河流与沼泽湿地	
			黑龙江八岔岛国家级自然保护区	野生动植物纪河流与沼泽湿地	
			黑龙江呼中国家级自然保护区	野生动植物及河流与沼泽湿地	
			黑龙江碧水中华秋沙鸭国家级自然保护区	野生动植物及河流湿地	
			黑龙江新青白头鹤国家级自然保护区	野生动植物及河流湿地	
			黑龙江五大连池国家级自然保护区	地质遗迹及湖泊湿地	
（三）华东地区：国家级自然保护区共有64个，湿地类型或兼有野生动植物或地质遗迹的国家级自然保护区有21个，占32.8%，其中有7个国际重要湿地					
山东省，湿地类型国家级自然保护区占57.1%，其中有1个国际重要湿地	7	4	山东黄河三角洲国家级自然保护区	滨海湿地	是
			山东滨州贝壳岛与湿地国家级自然保护区	野生动植物及滨海湿地	
			山东荣成大天鹅国家级自然保护区	野生动植物及滨海湿地	
			山东长岛国家级自然保护区	野生动植物及滨海湿地	
江苏省，湿地类型国家级自然保护区占100%，其中有2个国际重要湿地	3	3	江苏盐城珍禽国家级自然保护区	野生动植物及滨海湿地	是
			江苏大丰麋鹿国家级自然保护区	野生动植物及滨海湿地	是
			江苏泗洪洪泽湖湿地国家级自然保护区	湖泊湿地	
上海市，湿地类型国家级自然保护区占100%，其中有1个国际重要湿地	2	2	上海崇明东滩鸟类国家级自然保护区	野生动植物及滨海湿地	是
			上海九段沙湿地国家级自然保护区	滨海湿地	

续表

所在省（自治区、直辖市）及概况	国家级自然保护区数量	湿地类型国家级自然保护区数量	保护区名称	保护区类型	是否国际重要湿地
（三）华东地区：国家级自然保护区共有64个，湿地类型或兼有野生动植物或地质遗迹的国家级自然保护区有21个，占32.8%。其中有7个国际重要湿地					
浙江省，湿地类型国家级自然保护区 27.3%	11	3	浙江南麂列岛海洋国家级自然保护区	海洋生态系统及滨海湿地	
			浙江象山韭山列岛海洋生态国家级自然保护区	岛屿、海洋生态系统及滨海湿地	
			浙江安吉小鲵国家级自然保护区	野生动植物及沼泽湿地	
安徽省，湿地类型国家级自然保护区 37.5%	8	3	安徽升金湖国家级自然保护区	湖泊湿地	是
			安徽铜陵淡水豚国家级自然保护区	野生动植物及河流湿地	
			安徽扬子鳄国家级自然保护区	野生动植物及人工湿地	
江西省，湿地类型国家级自然保护区 12.5%	16	2	江西鄱阳湖国家级自然保护区	湖泊湿地及野生动植物	是
			江西鄱阳湖南矶湿地国家级自然保护区	湖泊湿地及野生动植物	
福建省，湿地类型国家级自然保护区 23.5%	17	4	福建漳江口红树林国家级自然保护区	滨海湿地	是
			福建福州闽江河口湿地国家级自然保护区	滨海湿地	
			福建厦门珍稀海洋种国家级自然保护区	野生动植物及滨海湿地	
			福建深沪湾海底古森林遗迹国家级自然保护区	地质遗迹及滨海湿地	
（四）华中地区：国家级自然保护区共有58个，湿地类型或兼有野生动植物或地质遗迹的国家级自然保护区有12个，占20.7%。其中有3个国际重要湿地					
河南省，湿地类型国家级自然保护区 23.1%	13	3	河南黄河湿地国家级自然保护区	河流湿地	
			河南豫北黄河故道湿地鸟类国家级自然保护区	河流湿地及野生动植物	
			河南丹江湿地国家级自然保护区	人工湿地	
湖北省，湿地类型国家级自然保护区 27.3%	22	6	湖北洪湖湿地国家级自然保护区	湖泊湿地	是
			湖北龙感湖国家级自然保护区	湖泊湿地	
			湖北长江新螺段白鱀豚国家级自然保护区	野生动植物及河流湿地	
			湖北长江天鹅洲白鱀豚国家级自然保护区	野生动植物及河流湿地	

续表

所在省（自治区、直辖市）及概况	国家级自然保护区数量	湿地类型国家级自然保护区数量	保护区名称	保护区类型	是否是国际重要湿地
（四）华中地区：国家级自然保护区共有58个，湿地类型或兼有野生动植物或地质遗迹的国家级自然保护区有12个，占20.7%，其中有1个国际重要湿地					
湖北省，湿地类型国家级自然保护区占27.3%，其中有1个国际重要湿地	22	6	湖北石首麋鹿国家级自然保护区	野生动植物及河流湿地	
			湖北咸丰忠建河大鲵国家级自然保护区	野生动植物及河流湿地	
湖南省，湿地类型国家级自然保护区占13.0%，其中有2个国际重要湿地	23	3	湖南东洞庭湖国家级自然保护区	湖泊湿地	是
			湖南西洞庭湖国家级自然保护区	湖泊湿地	是
			湖南张家界大鲵国家级自然保护区	野生动植物及河流湿地	
（五）华南地区：国家级自然保护区共有48个，湿地类型或兼有野生动植物或地质遗迹的国家级自然保护区有12个，占25.0%，有6个国际重要湿地					
广东省，湿地类型国家级自然保护区占46.7%，其中有3个国际重要湿地	15	7	广东湛江红树林国家级自然保护区	滨海湿地	是
			广东惠东港口海龟国家级自然保护区	野生动植物及滨海湿地	是
			广东南澎列岛国家级自然保护区	滨海湿地及岛屿、海洋生态系统	是
			广东徐闻珊瑚礁国家级自然保护区	滨海湿地	
			广东内伶仃岛-福田国家级自然保护区	滨海湿地	
			广东雷州珍稀水生动物国家级自然保护区	野生动植物及海洋生态系统和滨海湿地	
			广东珠江口中华白海豚国家级自然保护区	野生动植物及海洋生态系统和滨海湿地	
广西壮族自治区，湿地类型国家级自然保护区占8.7%，其中有2个国际重要湿地	23	2	广西山口红树林国家级自然保护区	滨海湿地	是
			广西北仑河口国家级自然保护区	滨海湿地	是
海南省，湿地类型国家级自然保护区占30.0%，其中有1个国际重要湿地	10	3	海南东寨港国家级自然保护区	滨海湿地	是
			海南三亚珊瑚礁国家级自然保护区	滨海湿地	
			海南铜鼓岭国家级自然保护区	地质遗迹、海洋生态系统及滨海湿地	
（六）西南地区：国家级自然保护区共有68个，湿地类型或兼有野生动植物的国家级自然保护区有15个，占22.1%，其中有3个国际重要湿地					
重庆市，湿地类型国家级自然保护区占16.7%。	6	1	长江上游珍稀特有鱼国家级自然保护区	跨四川、重庆、云南、贵州，野生动植物及河流湿地	

续表

所在省（自治区、直辖市）及概况	国家级自然保护区数量	湿地类型国家级自然保护区数量	保护区名称	保护区类型	是否是国际重要湿地
（六）西南地区：国家级自然保护区共有 68 个，湿地类型或兼有野生动植物的国家级自然保护区有 15 个，占 22.1%。其中有 2 个国际重要湿地					
四川省，湿地类型国家级自然保护区占 18.8%	32	6	四川若尔盖湿地国家级自然保护区	沼泽湿地	是
			四川南莫日达湿地国家级自然保护区	沼泽湿地和湖泊湿地及野生动物类型	
			四川海子山国家级自然保护区	沼泽湿地和河流湿地及野生动物类型	
			四川长沙贡玛国家级自然保护区	沼泽湿地及野生动物类型	是
			四川诺水河珍稀水生动物国家级自然保护区	野生动植物及河流湿地	
			长江上游珍稀特有鱼类国家级自然保护区	跨四川、贵州、云南、重庆，野生动植物及河流湿地	
贵州省，湿地类型国家级自然保护区占 22.2%	9	2	贵州草海国家级自然保护区	湖泊湿地	
			长江上游珍稀特有鱼类国家级自然保护区	跨四川、贵州、云南、重庆，野生动植物及河流湿地	
云南省，湿地类型国家级自然保护区占 28.6%	21	6	云南大山包黑颈鹤国家级自然保护区	野生动植物及沼泽湿地	是
			云南苍山洱海国家级自然保护区	湖泊湿地	
			云南云龙天池国家级自然保护区	湖泊湿地	
			云南西双版纳纳版河流域国家级自然保护区	河流湿地	
			云南会泽黑颈鹤国家级自然保护区	野生动植物及沼泽湿地	
			长江上游珍稀特有鱼类国家级自然保护区	跨四川、贵州、云南、重庆，野生动植物及河流湿地	
（七）青藏地区：国家级自然保护区共有 18 个，湿地类型或兼有野生动植物的国家级自然保护区有 10 个，占 55.6%。其中有 6 个国际重要湿地					
西藏自治区，湿地类型国家级自然保护区占 54.5%	11	6	西藏麦地卡湿地国家级自然保护区	沼泽湿地和湖泊湿地及野生动植物	是
			西藏玛旁雍错湿地国家级自然保护区	湖泊湿地、沼泽湿地、河流湿地	是
			西藏拉鲁湿地国家级自然保护区	沼泽湿地	
			西藏色林错国家级自然保护区	野生动植物及湖泊湿地	是
			西藏雅鲁藏布江中游河谷黑颈鹤国家级自然保护区	野生动植物及沼泽湿地与河流湿地	
			西藏羌塘国家级自然保护区	高寒草甸与野生动植物及湖泊湿地	

续表

所在省（自治区、直辖市）及概况	国家级自然保护区数量	湿地类型国家级自然保护区数量	保护区名称	保护区类型	是否是国际重要湿地
青海省，湿地类型国家级自然保护区占57.1%，有3个国际重要湿地	7	4	青海青海湖国家级自然保护区	湖泊湿地	是
			青海三江源国家级自然保护区	沼泽湿地、湖泊湿地和河流湿地	有2个国际重要湿地
			青海隆宝国家级自然保护区	沼泽湿地、湖泊湿地和河流湿地	
			青海孟达国家级自然保护区	森林生态系统及湖泊湿地	
（七）青藏地区：国家级自然保护区共有18个，湿地类型或兼有野生动植物的国家级自然保护区有10个，占55.6%，其中有6个国际重要湿地					
陕西省，湿地类型国家级自然保护区占23.1%	26	6	陕西太白湑水河珍稀水生物国家级自然保护区	野生动植物及河流湿地	
			陕西丹凤武关河珍稀水生动物国家级自然保护区	野生动植物及河流湿地	
			陕西黑河珍稀水生野生动物国家级自然保护区	野生动植物及河流湿地	
			陕西略阳珍稀水生动物国家级自然保护区	野生动植物及河流湿地	
			陕西陇县秦岭细鳞鲑国家级自然保护区	野生动植物及河流湿地	
			陕西汉中朱鹮国家级自然保护区	野生动植物及河流湿地	
（八）西北地区：国家级自然保护区共有71个，其中湿地类型或兼有野生野生植物的国家级自然保护区20个，占28.2%，有3个国际重要湿地					
甘肃省，湿地类型国家级自然保护区占38.1%，有3个国际重要湿地	21	8	甘肃尕海—则岔国家级自然保护区	沼泽和湖泊湿地	是
			甘肃张掖黑河湿地国家级自然保护区	河流湿地	是
			甘肃黄河首曲国家级自然保护区	沼泽和河流湿地	
			甘肃敦煌西湖国家级自然保护区	沼泽湿地及野生植物	
			甘肃敦煌阳关国家级自然保护区	沼泽湿地	
			甘肃秦州珍稀水生野生动物国家级自然保护区	野生动植物及河流湿地	
			甘肃漳县珍稀水生动物国家级自然保护区	野生动植物及河流湿地	
			甘肃盐池湾国家级自然保护区	野生动植物及河流湿地	是

续表

所在省（自治区、直辖市）及概况	国家级自然保护区数量	湿地类型国家级自然保护区数量	保护区名称	保护区类型	是否是国际重要湿地
（八）西北地区：国家级自然保护区共有 71 个，其中湿地类型或兼有野生动植物的国家级自然保护区 20 个，占 28.2%，有 3 个国际重要湿地					
宁夏回族自治区占 11.1%	9	1	宁夏哈巴湖国家级自然保护区	沼泽湿地	
新疆维吾尔自治区占 33.3%	15	5	新疆哈纳斯（喀纳斯）国家级自然保护区	湖泊湿地	
			新疆艾比湖湿地国家级自然保护区	湖泊湿地	
			新疆阿勒泰科克苏湿地国家级自然保护区	沼泽湿地	
			新疆巴音布鲁克国家级自然保护区	野生动植物和沼泽湿地	
			新疆温泉新疆北鲵国家级自然保护区	野生动植物和沼泽湿地	

本附录录作者：陈家宽　复旦大学生物多样性科学研究所

李　琴　南昌大学流域生态学研究所

杨海乐　中国水产科学研究院长江水产研究所

杨　柳　上海卡尔迅环境科技咨询有限公司

附录3 湿地保护与管理培训需求调查问卷

基本信息
（请在所选内容的□中画"√"）

性别	□男	□女		
年龄	□30岁以下	□31~40岁	□41~50岁	□51岁以上
学历	□博士	□硕士	□本科	□大专 　□其他
工作岗位	□主要领导 □办公室内勤人员	□科研监测人员 □生态旅游管理人员	□执法巡护人员 □其他人员_____	□公众宣教人员
从事该岗位的时间	□3年以下	□3~5年	□5~10年	□10年以上
保护地类型	□国家级自然保护区 □湿地保护管理中心	□省级自然保护区 □NGO机构	□国家湿地公园 □其他_____	□国际重要湿地
保护地主管部门	□林业	□环保	□海洋	□农业　　□其他_____
期望培训时长	□3~5天（1周以内）	□10天（2周）	□1个月	□其他_____
培训方式	□邀请专家讲课 □参观学习	□制作多媒体讲义 □学位学习	□野外实践传授技术 □其他_____	□研讨会
参加培训人数	□<10人	□10~20人	□20~30人	□>30人
培训经历认证	□结业证	□技能水平证明	□其他_____	

培训需求调查表
请在您认为需要培训的内容后按需求程度画"√"，其中选"急需"不能超过5个

序号	培训内容	急需	需要	不需要
1	项目开发与申报、项目周期管理			
2	人力资源管理与员工培训			
3	湿地保护区筹资方法			
4	国家湿地保护政策及有关的法律法规、国际公约			
5	湿地类型保护区（湿地公园）管理计划编制			
6	湿地保护工程项目申报、实施与管理			
7	国家重要湿地规划与认定			
8	湿地生物多样性保护的理论基础知识			
9	湿地生态系统服务与价值评估			
10	湿地修复与栖息地重建技术与模式			
11	湿地可持续利用模式			
12	湿地监测与野外调查技术和方法（水文、植物、动物等）			
13	水鸟野外识别与调查方法			
14	湿地类型保护区（湿地公园）财务管理			
15	湿地类型保护区（湿地公园）社区参与和社区共管			

续表

序号	培训内容	急需	需要	不需要
16	湿地类型保护区（湿地公园）生态旅游管理			
17	湿地监测与调查报告编写			
18	遥感与地理信息系统在湿地保护与管理中的应用			
19	新技术在湿地保护中的应用（无人机、GPS 跟踪器、超声波）			
20	湿地保护区巡护、执法程序与技巧			
21	湿地保护宣传与自然教育			
22	计算机办公软件的应用			
23	专业英语学习			

本附录作者：刘　宇　张　琼　中科院地理科学与资源研究所

吕金平　国家林业和草原局 GEF 湿地项目办公室